部分实例及案例欣赏

部分实例及案例欣赏

Best Design
Digital communications, the digital era

Autodesk 3D Viz4.2
JongYunsheng

3D Max 3.0 2002.2.7
TanKe

Best Design
Digital communications, the digital era

Best Design
Digital communications, the digital era

部分实例及案例欣赏

Best Design
Digital communications, the digital era

GUANG HONG
GUANG HONG

大连市军队离休退休干部
第十服务管理中心

3ds max 艺术设计教程（第 2 版）

翟淑光　陈新宇　邓晓新　编著

清华大学出版社

北　京

内 容 简 介

3ds max 是目前计算机应用领域中深受欢迎的三维作品制作软件之一。本书以实例教学的方式，介绍了 3ds max 2009 各方面的特点、功能、使用方法和技巧。全书共分为 15 章，包括 3ds max 2009 的基本操作方法，二维对象、三维对象的创建方法，复合对象的编辑方法，为对象赋予材质和贴图的方法，运用灯光、雾等营造环境气氛的方法，动画的制作方法和渲染方法等。

本书力求把学习与实践结合起来，把内容和实际工作结合起来，把学校学习和毕业求职结合起来。

本书附带光盘中提供了书中所有实例素材，网站 swdhzz.jpk.dlpu.edu.cn 提供了许多与本书相关的教学资源，包括动画教学、教学录像、模拟考试、课堂练习、单元测试、电子课件、作品欣赏、疑难解答等。

本书可供三维动画制作爱好者学习和参考使用，也适合职业院校及 3ds max 培训班作为教材使用。

图书在版编目（CIP）数据

3ds max 艺术设计教程/翟淑光，陈新宇，邓晓新编著．—2 版．—北京：清华大学出版社，2011.9

ISBN 978-7-302-26000-4

I. ①3…　II. ①翟…　②陈…　③邓…　III. ①三维动画软件，3DS MAX－教材　IV. TP391.41

中国版本图书馆 CIP 数据核字（2011）第 130316 号

责任编辑：刘利民
版式设计：文森时代
责任校对：张兴旺
责任印制：王秀菊
出版发行：清华大学出版社　　**地　址**：北京清华大学学研大厦 A 座
http://www.tup.com.cn　　**邮　编**：100084
社 总 机：010-62770175　　**邮　购**：010-62786544
投稿与读者服务：010-62776969，c-service@tup.tsinghua.edu.cn
质 量 反 馈：010-62772015，zhiliang@tup.tsinghua.edu.cn
印 装 者：清华大学印刷厂
经　销：全国新华书店
开　本：185×260　**印　张**：20.5　**字　数**：474 千字
（附 DVD 光盘 1 张）
版　次：2011 年 9 月第 2 版　**印　次**：2011 年 9 月第 1 次印刷
印　数：1～5000
定　价：49.80 元

产品编号：038305-01

前　　言

3ds max 广泛应用于三维动画制作、建筑艺术设计与制作等领域，是目前三维艺术设计中使用最多的软件之一。目前市场上同类教材往往只注重对 3ds max 功能的介绍、参数的设置等细节内容的讲解，没有把功能与应用艺术很好地结合，从而导致学习枯燥无味，“功能会用，但做不出有艺术价值的作品”。

对高职学生、社会培训机构来说，培养出能够尽快适应工作需要的动手能力至关重要。本书力求把学习的技能与将来的实际工作紧密结合起来，把工作中必需的内容搬到课堂中来，让学生毕业后能直接从事相关工作。另外，本书把握住“必需、够用”的原则，围绕实际应用和就业需要选择相关实例。

传统观念中的认识是使用软件的功能强、难度高，制作出的作品就会好，但是因为难度高，学生中途往往会失去学习的信心和兴趣。本书力图通过使用简单的工具、简洁的方法，创作出具有一定艺术效果的作品。

为了使本书具有较高的实用价值，作者在归纳总结常用的三维艺术制作方法的基础上，设计了多个比较有代表性的建模、材质、灯光、环境设置及动画设置的应用实例，这些实例几乎涵盖了所有的常用技法。力图通过典型范例，剖析 3ds max 的主要功能和操作技巧。

为了便于读者学习，在每一章前面都配有学习目标及重点难点，让读者明确学习过程中应重点掌握的知识和比较难于理解或容易混淆的知识点。在正文实例讲解中，还在必要的地方加上“提示”、“注意”等内容，让读者在学习过程中少走弯路。

为了加强实践动手能力的培养，书中每一章都配有实践操作内容，并给出操作步骤和最终效果，供读者实践练习。

为了巩固课堂所学知识，在每一章的最后都安排了习题，包括思考题和操作题。

本书附带光盘中提供了书中所有实例素材，网站 swdhzz.jpk.dlpu.edu.cn 提供了许多与本书相关的教学资源，包括动画教学、教学录像、模拟考试、课堂练习、单元测试、电子课件、作品欣赏、疑难解答等。

本书是集体创作的结晶，书中欣赏部分的图片除署名作者创作完成外，还引用了大连工业大学职业技术学院鲍向华老师的作品及部分学生的作品，他们是朱乾坤、蒋云生、谭克、杜文斐、刘鹏、孙佳峰、张晓委、刘蕾、黄文鹤、郭莹等同学，在此表示感谢。

在编写本书的过程中，尽管作者花费了大量的时间和精力，但不当之处仍在所难免，希望读者不吝赐教，以便今后改进。

作　者

前言

目　　录

第 1 章　初识 3ds max 2009

本章主要内容

☑ 3ds max 界面组成
☑ 各组成部分的主要功能简介
☑ 如何创建个性化的用户界面
☑ 3ds max 文件管理
☑ 对象的选择方式
☑ 使用捕捉选项
☑ 变换对象工具
☑ 群组的使用
☑ 对齐工具的使用
☑ 镜像与阵列

本章重点

3ds max 界面的组成、主要组成部分的功能及其使用方法，快速操作方法、对象的选择、群组的使用、对齐工具的使用、镜像与阵列。

本章难点

☑ 对各功能区域的理解
☑ 自定义个性化的用户界面
☑ 对齐工具的使用
☑ 阵列的使用

1.1　3ds max 界面组成

3ds max 的界面是依据三维动画制作流程设计的。界面中的功能模块划分十分合理，排列井然有序。对使用 3ds max 的设计师来说，一定要清晰地认识界面的结构。

启动 3ds max 应用程序后，屏幕上会显示如图 1.1 所示的工作界面。

1.1.1　主工具栏

3ds max 的主工具栏如图 1.2 所示，其中包括了常用的编辑工具。表 1-1 列出了主工具栏上常用的编辑工具按钮及使用方法。

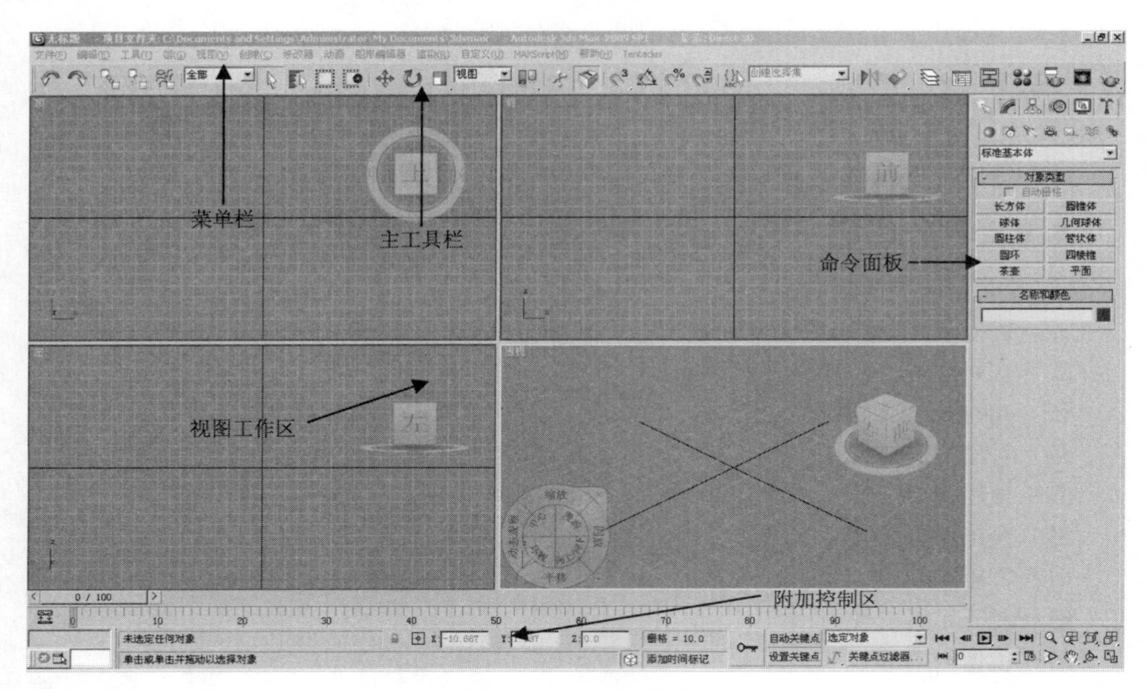

图 1.1　3ds max 界面

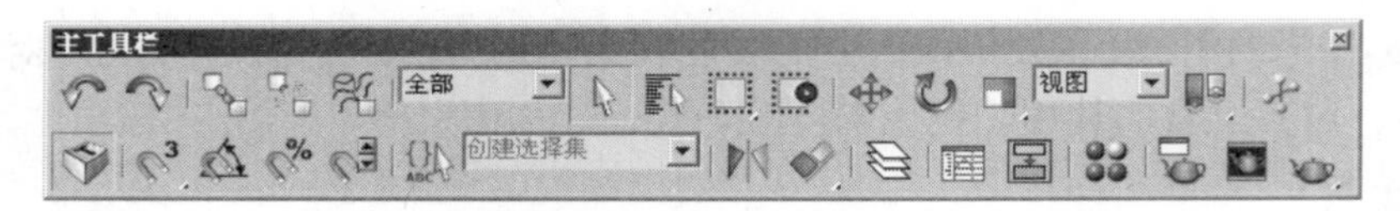

图 1.2　主工具栏

表 1-1　主工具栏常用的编辑工具按钮及使用方法

按　钮	名　称	快 捷 键	功　能
	撤消	Ctrl+Z	取消上次操作
	重做	Ctrl+Y	恢复上次取消的操作
	选择并链接		将选择物体（子物体）链接到其他物体上（父物体）
	断开当前选择链接		取消链接
	绑定到空间扭曲		将选定对象绑定在空间扭曲物体上
全部	选择过渡器		选择场景中对象类型，包括全部、线形、几何体、灯光、相机等
	选择对象		在场景中选择对象
	按名称选择	H	在弹出的对话框中按照名称选择对象
	矩形框选	Q	拖动鼠标确定框选区域。下拉选项还包括：圆形选择工具、自由选择工具、套索选择工具和画笔选择工具

续表

按　钮	名　称	快 捷 键	功　能
	窗选转换		在场景中选框与对象相交即可被选中 在场景中对象完全在选框内才可以被选中
	选择并移动	W	选择并移动对象。在按钮上单击鼠标右键，弹出变换窗口，可以精确移动对象
	选择并旋转	E	选择并旋转对象。在按钮上单击鼠标右键，弹出变换窗口，可以精确旋转对象
	选择并等比缩放	R	选择并等比缩放对象。在按钮上单击鼠标右键，弹出变换窗口，可以精确缩放对象。 下拉选项还包括：选择并非均匀缩放和选择并挤压
视图	参考坐标系		包括视图、屏幕、世界、父对象、局部、万向、栅格和拾取等
	使用轴点中心		利用对象各自的轴心进行变换。下拉选项还包括：公共轴心和坐标系轴心
	选择并操纵		对场景中对象的参数、修改器、动画控制等进行操纵
	捕捉开关	S	在场景中三维捕捉。在按钮上单击鼠标右键，弹出变换窗口，可以选择捕捉类型。下拉选项还包括：二维捕捉、2.5 维捕捉。与选择并移动工具结合使用
	角度捕捉切换	A	在场景中角度捕捉。与选择并旋转工具结合使用
	百分比捕捉切换		在场景中百分比捕捉。与选择并均匀缩放结合使用
	微调器捕捉切换		在场景中微调器捕捉
	编辑命名选择集		命名选择集
创建选择集	命名选择集列表		命名选择集列表
	镜像		依据选定的轴向或平面，镜像物体或镜像复制物体
	对齐	Alt+A	将所选物体依据指定位置对齐。下拉选项还包括：快速对齐、对齐高光、法线对齐、对齐摄影机和对齐到视图
	层管理器		打开层管理器
	曲线编辑器		打开轨迹视图曲线编辑器
	图解视图		打开图解视图
	材质编辑器	M	打开材质编辑器
	渲染设置	F10	打开渲染设定窗口
	渲染产品	F9	高质量快速渲染。下拉选项还包括：Active Shade（动态渲染）

1.1.2 命令面板

命令面板如图 1.3 所示。在 3ds max 中包括 6 个命令面板，集成了 3ds max 大多数的功能及参数控制。它是一个层级最复杂、使用最频繁的主要工作区域。

1.1.2.1 “创建”命令面板

单击按钮，进入“创建”命令面板，这里包含所有 3ds max 的创建对象，包括：

几何体，图形，灯光，摄影机，辅助对象，空间扭曲，系统。

1.1.2.2 “修改”命令面板

单击按钮，进入“修改”命令面板，如图 1.4 所示。它的结构比较复杂，但功能非常强大。3ds max 中的任何对象在创建后的参数及控制项目都可以在此修改，如二维图形、三维几何体、复合物体、层级结构对象、灯光、摄像机、空间扭曲、骨骼、辅助物体等，而且能将建立的简单的二维图形与三维几何体生成复杂的三维形体对象。

虽然修改命令面板的结构复杂，命令繁多，但是如果掌握了该命令面板的结构及运作方式，就会发现它总是依据不同的选择对象呈现不同的编辑命令，而且可以对对象的不同层级进行编辑操作。

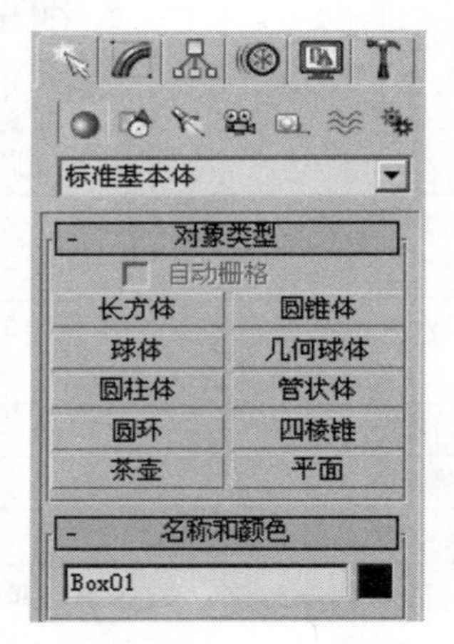

图 1.3 “创建”命令面板

图 1.4 “修改”命令面板

1.1.2.3 “层级”命令面板

单击按钮，进入“层级”命令面板，如图 1.5 所示。

层级命令面板用于控制和编辑物体之间的层级链接关系，是动画制作不可缺少的组成部分。层级命令面板可用于：

（1）创建复杂的运动链接，模拟骨骼结构。

（2）创建并编辑 IK（反向运动）链接。

（3）设置骨骼运动参数。

在层级命令面板中有 3 个按钮：轴、IK（反向运动）和链接信息。

1.1.2.4　“运动”命令面板

单击按钮，进入“运动”命令面板，如图 1.6 所示。“运动”命令面板用于控制对象运动过程，可以为对象指定动画控制器。“运动”命令面板包含两个按钮。

（1）参数：用于为物体添加运动控制器，设定位置、旋转、缩放参数，显示关键帧信息。

（2）轨迹：用于编辑路径动画，如样条曲线与路径曲线间的转换，或将控制器动画转换为关键帧动画。

图 1.5　“层级”命令面板

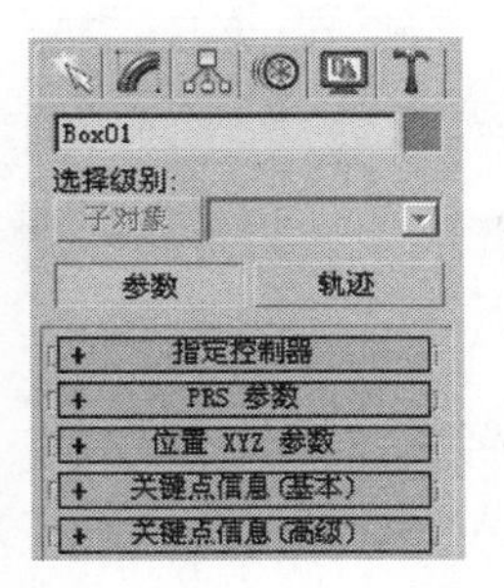

图 1.6　运动命令面板

1.1.2.5　“显示”命令面板

单击按钮，进入“显示”命令面板，如图 1.7 所示。它用于控制场景动画中物体的显示方式。利用面板中的隐藏、取消隐藏、冻结、取消冻结等功能，改变对象的显示与编辑属性，加快场景的显示速度，或避免误操作。“显示”命令面板包含 6 个选项。

（1）显示颜色：用于指定对象在显示模式下和渲染模式下的显示方式。

（2）按类别隐藏：根据对象类型隐藏或显示。

（3）隐藏：以选择的方式隐藏或显示物体。

（4）冻结：以选择的方式冻结或取消冻结。

（5）显示属性：用于设置选择对象的显示属性。

（6）链接显示：用于设置链接结构的显示属性。

1.1.2.6　“工具”命令面板

单击按钮，进入“工具”命令面板，如图 1.8 所示。它用于访问各种实用程序，也可以加入第三方开发商开发的实用程序。

（1）更多：用于显示不包含在按钮中的所有程序名称。

（2）集：用于设置列表中的按钮。

1.1.3　菜单栏

3ds max 的菜单栏共包括 14 个主菜单，如图 1.9 所示。菜单位于屏幕的最上方，提供各种操作命令的选择，在菜单的某一命令上单击即可选择具体的命令。

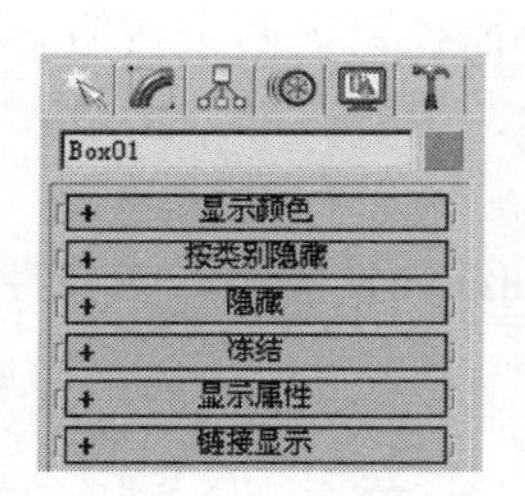

图 1.7 “显示”命令面板

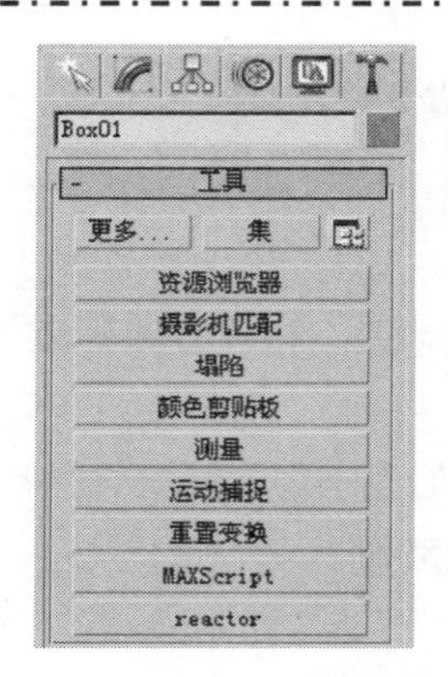

图 1.8 “工具”命令面板

文件(F) 编辑(E) 工具(T) 组(G) 视图(V) 创建(C) 修改器 动画 图形编辑器 渲染(R) 自定义(U) MAXScript(M) 帮助(H) Tentacles

图 1.9 菜单栏

它们分别是文件、编辑、工具、组、视图、创建、修改器、动画、图形编辑器、渲染、自定义、MAXScript（脚本语言）、帮助和 Tentacles 菜单。

1.1.4 附加控制区

附加控制区如图 1.10 所示。它主要包括 4 个区域。

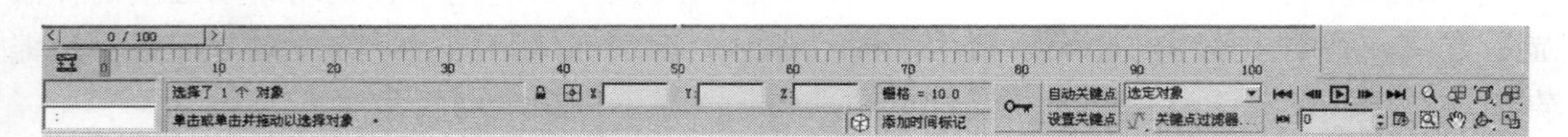

图 1.10 附加控制区

（1）动画控制区：包括时间条、控制栏、轨迹栏，用于控制动画的时间记录、关键帧编辑、动画预演等。

（2）状态栏：用于显示编辑对象的简要信息、对象锁定、输入编辑等工作。

（3）视图控制栏：用于调整场景在视图中的显示。单击按钮或按钮可以缩放单个视图或所有视图的显示比例；单击或按钮可以最大化单个视图或所有视图中的场景；单击或按钮可以在单个视图或所有视图中最大化场景中选择的对象；单击按钮可以对部分区域放大显示，这个按钮组中的另一个按钮用来在透视图中推拉场景；单击按钮可以在视图中平移场景；单击按钮可以旋转场景；单击按钮可以实现单个视图最大化和还原显示的切换操作。

（4）脚本控制区：在该区域可以查看、输入、编辑 MAXScript 脚本语言。

1.1.5 视图工作区

视图工作区是 3ds max 界面中面积最大的区域，默认状态下分为顶视图、前视图、左视图、透视图 4 个视图，可选的视图还有右视图、后视图、底视图、用户视图等，在创建

了摄像机后还可选择摄像机视图。可以通过按住鼠标左键拖动视图边框改变视图的大小，在键盘上输入视图名称的英文首字母即可快速切换至该视图。

提示：

在通常的视图控制中，应用键盘配合三键鼠标可以实现视图控制按钮的许多功能。如按“Alt”键配合按下鼠标中键可以实现旋转场景操作；滑动鼠标中键可实现当前视图的缩放操作；按住鼠标中键拖动，鼠标将显示为手形，可以实现在视图中平移场景的操作。

1.2　自定义个性化用户界面

在 3ds max 中，用户可以根据自己的喜好自行设置界面，只要将光标放在工具栏或命令面板的边缘位置，将出现一个层叠的纸状光标，拖动鼠标，可将该工具栏移动成为一个浮动的工具条，如图 1.11 所示。

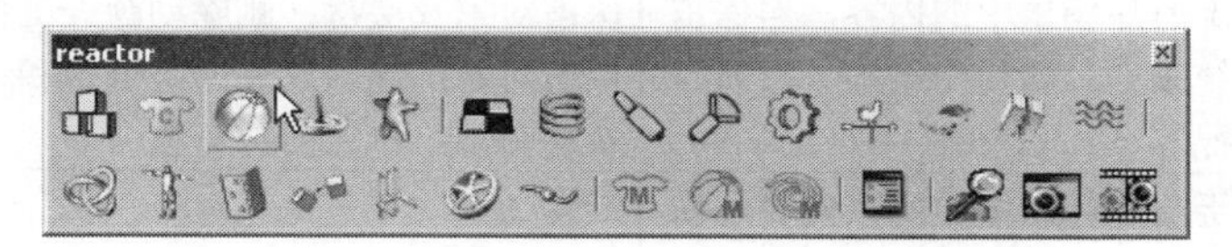

图 1.11　浮动工具条

单击“自定义”菜单下的“加载自定义 UI 方案”命令，打开“加载自定义 UI 方案”对话框，选择用户喜爱的界面，如图 1.12 所示。

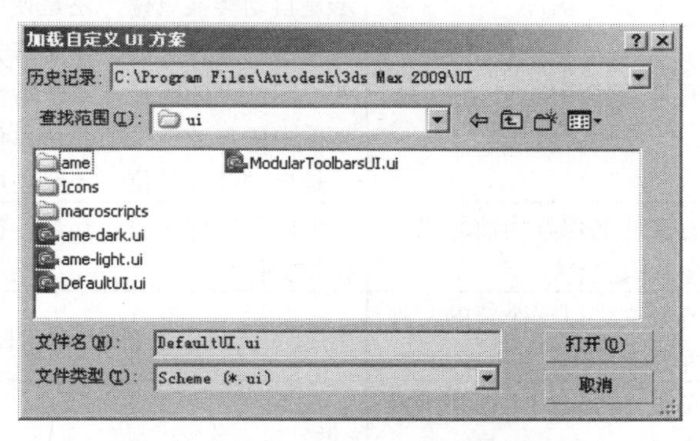

图 1.12　“加载自定义 UI 方案”对话框

1.3　文件的管理与基本操作

1.3.1　3ds max 文件管理

在 3ds max 的“文件”菜单中包含了很多文件操作命令，如图 1.13 所示。通过这些命令可以完成对文件的创建、保存、合并等工作，具体功能如表 1-2 所示。

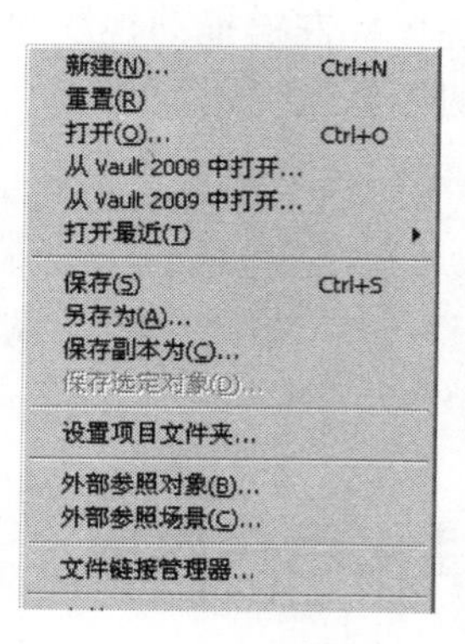

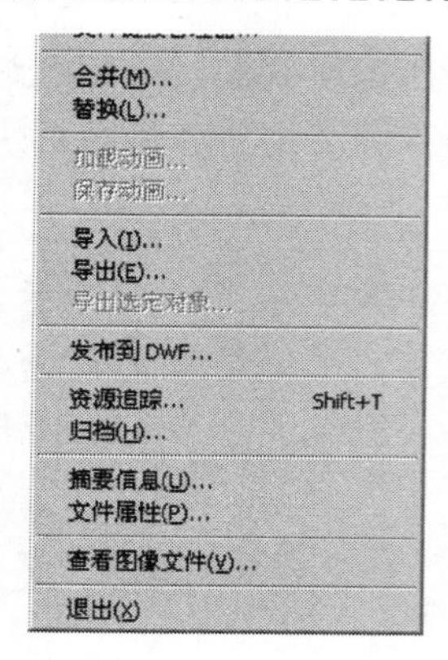

图 1.13 “文件”菜单

表 1-2 “文件”菜单命令

命　　令	功　　能	提　　示
新建	用于清除场景中的内容，但保留系统设定，如视图结构、材质、捕捉等	保留对象及层次：删除动画关键帧。 保留对象：删除对象层级链接和动画关键帧。 新建全部：删除所有对象
重置	用于清除场景中的所有内容，恢复到系统启动时的默认状态	
打开	用于打开 3ds max 场景文件	如果场景文件中的位图文件丢失，系统会提示指定导入位图文件的路径，或忽略位图打开场景。如果场景文件中的尺寸单位与系统单位不相符，那么系统会提示是自动转换单位，还是使用打开文件的单位
打开最近	用于打开最近使用的 3ds max 场景文件	如果场景文件中的位图文件丢失，系统会提示指定导入位图文件的路径，或忽略位图打开场景。如果场景文件中的尺寸单位与系统单位不相符，那么系统会提示是自动转换单位，还是使用打开文件的单位
保存	使用原有文件名保存当前场景文件，覆盖原有文件	如果原有文件未曾保存过，系统会提示保存文件的路径和文件名
另存为	将当前场景文件以一个新的文件名进行保存	单击+按钮，会在原有文件名后加序号保存文件
另存为副本	将当前场景文件以副本形式进行保存，系统自动加入序号	
保存选定对象	将选择的对象保存到另一个新的场景中	
外部参照对象	引入外部的 3ds max 文件，作为参考	参考物体不能在场景中进行编辑堆栈的修改，只能在外部参考窗口中设置对象的显示属性、合并状态等
外部参照场景	引入外部的 3ds max 文件，作为参考	参考物体不能在场景中进行编辑堆栈的修改，只能在外部参考窗口中设置对象的显示属性、合并状态等。当外部场景进行了编辑修改后，在当前文件中可自动更新

续表

命　　令	功　　能	提　　示
合并	将其他 3ds max 文件中的对象合并到当前场景中	合并时可以按照名称、类别、颜色、选择等不同方式合并物体。如果合并对象中有与当前场景中对象同名的物体或材质，系统会提示重命名合并、不合并、删除原对象、作为副本合并
替换	使用另一场景中的对象替换当前场景中的同名物体	
加载动画	用于使用其他场景文件的动画轨迹，取代现有动画轨迹	替换对象必须包含与原对象相同类型的轨迹，否则将被忽略
保存动画	储存现有场景中选择对象的动画轨迹	
导入	用于合并非 MAX 创建的其他格式文件	包括 3DS、PRJ、AI、DWG、DXF、IGE、IGS、IGES、SHP、STL、WRL。系统会根据导入的文件类型，弹出相应的对话框，进行参数设定
导出	将 MAX 场景文件输出为其他格式文件	包括 3DS 、AI、ASE、ATR、BLK、DF、DWG、DXF、FBX、IGS、LAY、LP、STL、VW、W3D、WRL。系统会根据导出的文件类型，弹出相应的对话框，进行参数设定
导出选定对象	将MAX场景中的选择对象输出为其他格式文件	包括 3DS 、AI、ASE、ATR、BLK、DF、DWG、DXF、FBX、IGS、LAY、LP、STL、VW、W3D、WRL。系统会根据导出的文件类型，弹出相应的对话框，进行参数设定
发布到 DWF	输出 DWF 格式文件	
资源追踪		
归档	将 MAX 场景创建归档压缩文件（*.zip）或归档信息文件（*.txt）	
摘要信息	显示当前场景的概要信息	包括场景对象的数目、网格合计数目、内存使用情况、上一次渲染花费的时间、注释信息、概要信息等
文件属性	为场景附加文件属性信息	包括标题、主题、作者、管理员、公司、种类、关键词、注释、内容选项卡、自定义选项卡等
查看图形文件	查看静态图像、动画文件等	
退出	退出程序	

1.3.2　3ds max 的一些基本操作

1.3.2.1　对象的选择方式

在 3ds max 中当场景中的对象较多时，对象的选择方式就显得极为重要了，它将决定操作的准确性和制作速度。3ds max 为我们提供了多种选择对象的工具和方式，下面介绍几种常用的、有效的选择方法。

1．最基本的选择方法

最基本的选择方法就是直接使用鼠标选择对象。在操作过程中，屏幕上的光标状态直接反映操作的状态。例如，当执行移动操作时，光标会显示为状态；在执行比例缩放操作时，光标又会显示为状态，不管执行什么样的操作都会有相应的光标显示。通常情况下，在无任何选择对象或光标处于界面的非视图区时，光标会呈箭头形式存在，这就是系统光标。要对视图中的对象进行选择时，可直接单击按钮进行选择，此时视图中的光标呈可选择对象的十字光标。可以直接使用十字光标单击对象，也可以拖动光标形成选择区域来定义一个选择集，还可以按“Ctrl”键配合加选，按“Alt”键配合减选。取消选择只需在无对象的视图空白处单击即可。

2．区域选择

前面已说到区域选择和创建选择集，不过在 3ds max 中还提供了更多的区域选择的方式。这些方式只要单击工具条上的按钮即可逐一选择，如图 1.14 所示。

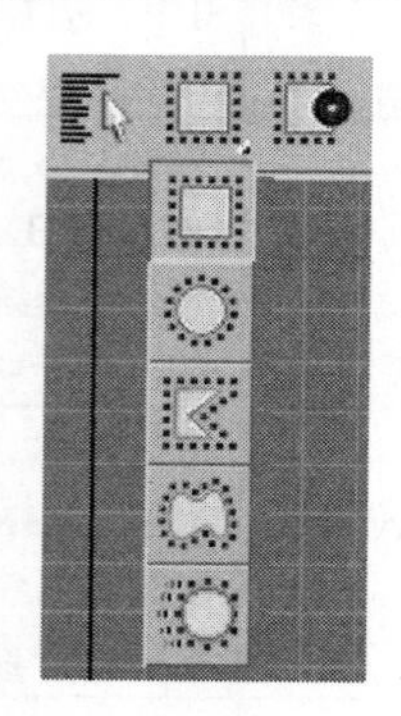

图 1.14　区域选择方式

- 矩形选择区域：使用该选择方式后拖动鼠标可定义一个矩形选择区域。
- 圆形选择区域：使用该选择方式后拖动鼠标可定义一个圆形选择区域。
- 栅栏式选择区域：使用该选择方式后拖动鼠标可定义栅栏式区域边界的第一段，随机拖动并单击定义更多的边界段，结束选择双击鼠标或单击起点位置封闭选取即可。这种选择方式适合对不规则的区域选择。
- 索套选择区域：使用该选择方式后拖动鼠标可徒手绘制任意复杂而不规则的区域曲线。这种选择方式使选择更加得心应手。
- 绘制选择区域：使用该选择方式后，可将鼠标作为画笔选择。这种选择方式使选择更加随意、自由。

另外，还有一种对象选择方式，即“窗口/交叉”方式，此方式有两种形式，即穿越式选择与窗口式选择。当选择方式为穿越式时，与选择区域相交或包含其内的所有对象都能够被选取；当选择方式为窗口式时，只有完全包含在选择区域内的对象才能够被选取。

3．按对象属性选择

在创建对象的同时，每一个对象都会自动命名或自定义名称，这就为我们快速选取对象提供了方便，不过最好是在创建之初自定义命名对象，以方便对象的选择。同时还可以

通过对象的颜色或材质等属性进行选择。

单击工具条上的“按名称选择”按钮，或在“编辑”菜单中选择“选择方式”\“名称”命令，均可在打开的“从场景选择”对话框中根据对象的属性进行选择操作，如图 1.15 所示。

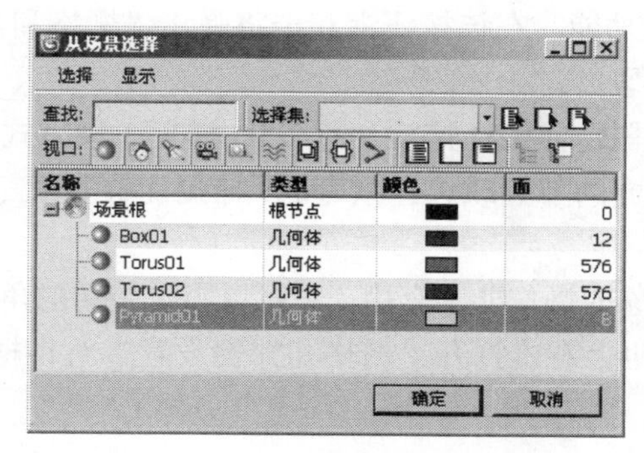

图 1.15　“从场景选择”对话框

4．过滤选择集

在较复杂的场景中要快速地选择某一对象，还可以通过过滤选择集的方式进行选取。我们可以使用只选择灯光或只选择图形等方式，避免在复杂场景中对对象的误操作。

过滤选择集如图 1.16 所示，选中其下拉列表中的“组合”选项即可打开“过滤器组合”对话框，如图 1.17 所示。用户可以根据需要定义要过滤对象的类型。在过滤选择集的下拉列表中选择相应的选项即可针对此类对象进行选择操作。

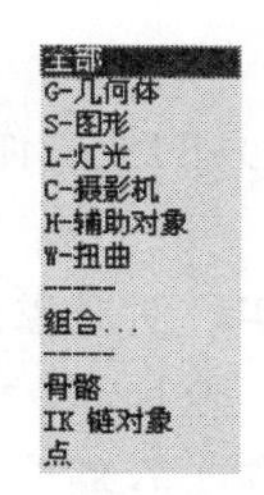

图 1.16　过滤选择集

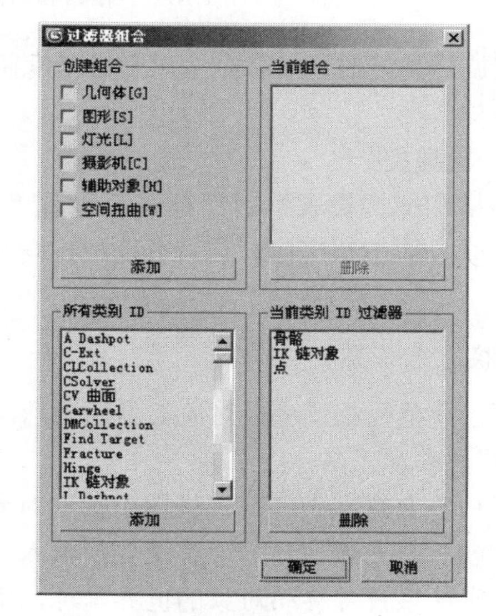

图 1.17　“过滤器组合”对话框

1.3.2.2　使用捕捉选项

大多数软件中都提供了捕捉功能，它主要是起到精确定位对象的作用。捕捉设置选项较多，如在 3ds max 中可以针对端点、中点、中心、边等众多对象进行捕捉，对它进行的合理操作可以使我们的工作事半功倍。

1．空间捕捉

这是最常用的捕捉方式，一般用来捕捉视图中各种类型的点或次级对象。单击工具条上的按钮即可激活捕捉功能，在该按钮上右击将弹出“栅格和捕捉设置”对话框，在该对话框中可设置捕捉的类型。

空间捕捉包括3D 捕捉、2D 捕捉和2.5D 捕捉 3 种方式。2D 捕捉和 2.5D 捕捉只能捕捉到直接位于绘图平面的节点或边，只有 3D 捕捉能够实现三维空间的捕捉。

2．角度捕捉

角度捕捉对于旋转对象的操作非常有用，它可以限定旋转的角度。通常情况下旋转的限定角度为 5°，可在该按钮上右击打开“栅格和捕捉设置”对话框，如图 1.18 所示，在该对话框设置角度的数值。

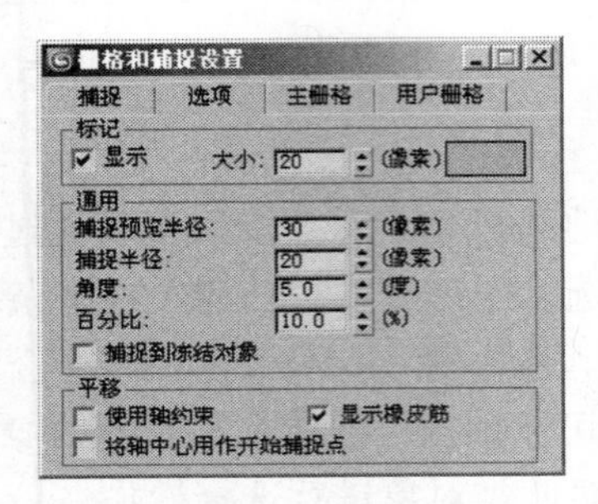

图 1.18　“栅格和捕捉设置”对话框

当使用旋转功能时，单击按钮开启角度捕捉，对象将以 5°、10°、15°、20°……方式进行旋转。

3．百分比捕捉

在“栅格和捕捉设置”对话框中，设置“百分比”数值即可指定交互缩放操作的百分比增量，单击按钮可以开启百分比捕捉功能，执行缩放操作将依据设定的百分比进行缩放。

1.3.2.3　变换对象工具

在前面已简单介绍了变换对象工具的概念，此处将对变换工具的使用作进一步的说明。

1．选择并移动工具

单击工具条上的按钮，在视图中拾取对象并拖动，即可实现对对象的移动操作。在按钮上单击鼠标右键可打开“移动变换输入”对话框，如图 1.19 所示。其中可通过“绝对：世界”坐标系设置移动对象的世界坐标，也可以通过“偏移：屏幕”坐标系设置位移的距离，数值为正值时会向坐标轴箭头所指的方向位移，为负值时则相反。

当在视图中使用移动工具的同时，按“Shift”键，可以打开“克隆选项”对话框，如图 1.20 所示，在该对话框中设置参数将完成对对象移动并复制的操作。

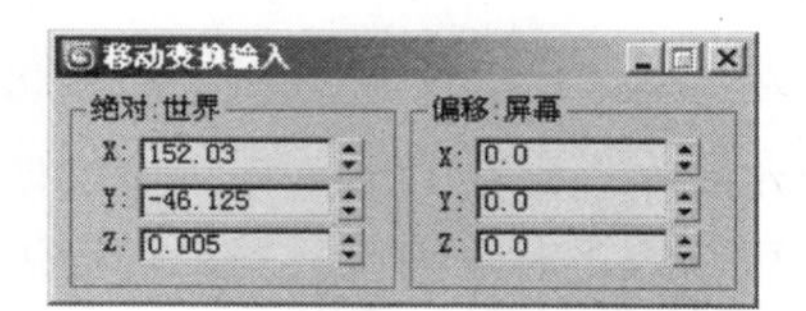

图 1.19　“移动变换输入”对话框

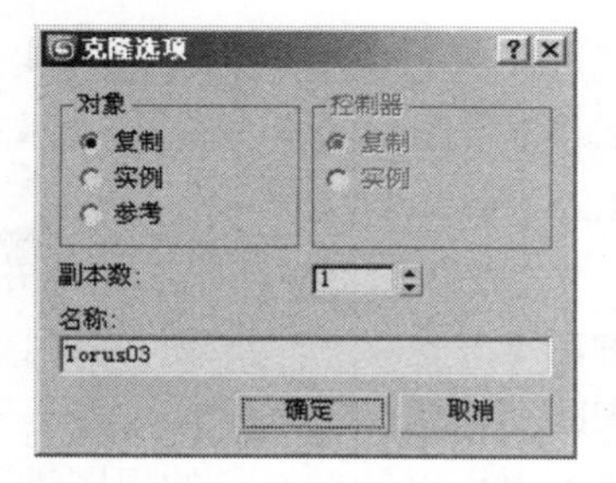

图 1.20　“克隆选项”对话框

在“克隆选项”对话框中，“对象”选项组用来设置复制的对象与源对象的关系，选择“复制”方式，复制出的物体是独立的个体，不会对源物体产生影响，也不受源物体影响。如图 1.21 所示为“复制”方式下的源物体和复制物体。

“实例”复制方式，复制出的物体与源物体是关联关系，对任何物体的参数修改或添加变动修改器，其关联物体都会同时产生变化，如图 1.22 所示。

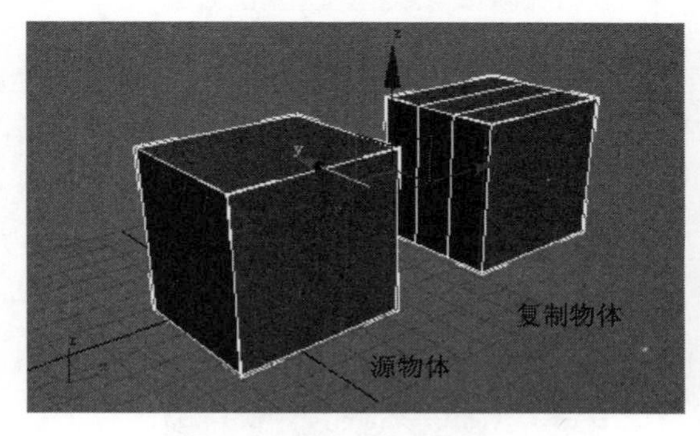

图 1.21　“复制”方式

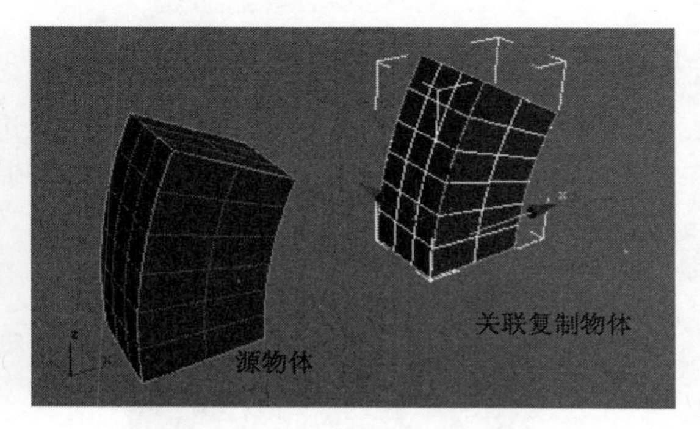

图 1.22　“实例”复制方式

“参考”复制方式，复制出的物体与源物体是参考关系，对源物体的参数修改或添加变动修改器，能够影响复制物体，但复制物体的变动修改器应用对源物体不产生影响，如图 1.23 所示。

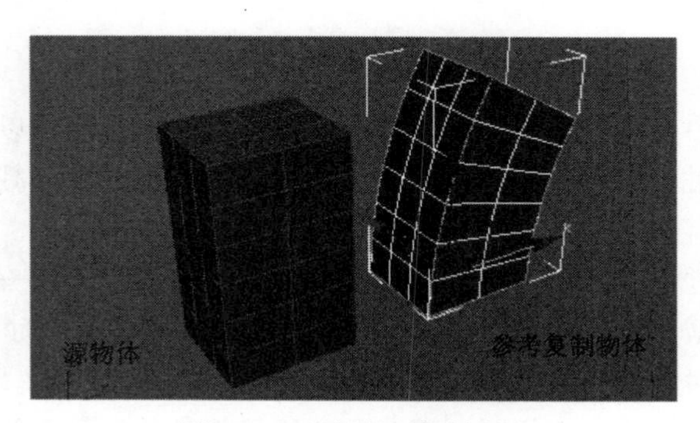

图 1.23　“参考”复制方式

当要在空间中约束 X、Y、Z 轴移动物体时，可以使用光标控制来完成。当视图移动光标呈现时，可以在任意轴向的箭头上拖动鼠标，即实现该轴向的约束移动。按“X”键将不显示移动光标，而只显示该物体的坐标轴，那么红色亮显的轴向就是约束轴，如图 1.24 和图 1.25 所示。

2．“选择并旋转”和“选择并均匀缩放”

单击工具条上的按钮，就可以对对象进行旋转操作，如图 1.26 所示。可以使用旋转工具来改变对象在空间中的方向，与移动工具一样可以针对对象的世界坐标进行物体的方向改变，也可以针对对象的视图进行角度变化。

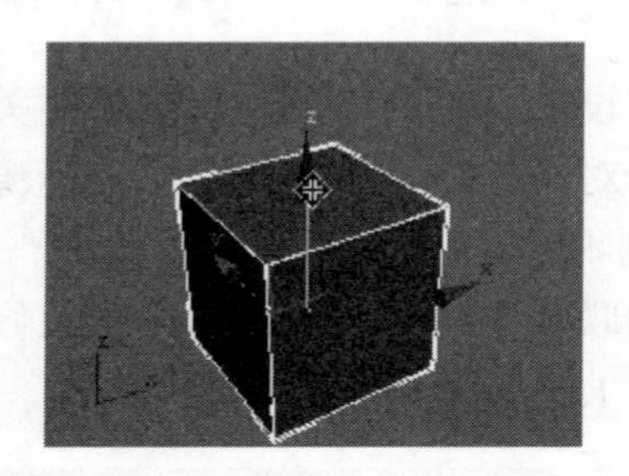

图 1.24　移动 Gizmo 控制

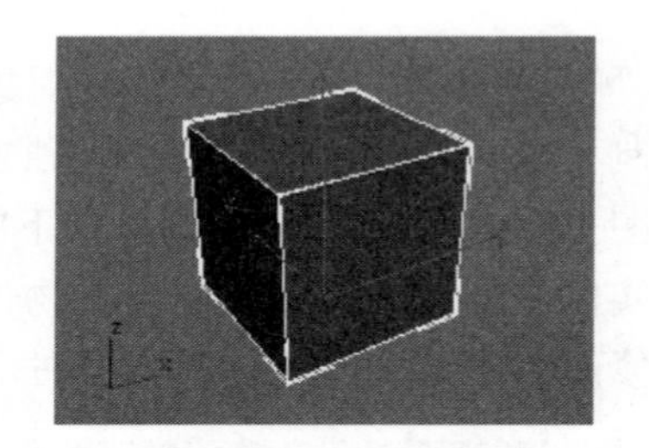

图 1.25　红色亮显

单击工具条上的按钮，就可以对对象进行比例缩放操作，如图 1.27 所示。可以使用比例缩放工具来改变对象在空间中的比例，其他修改设置与移动工具的操作基本相同，在此不再赘述。

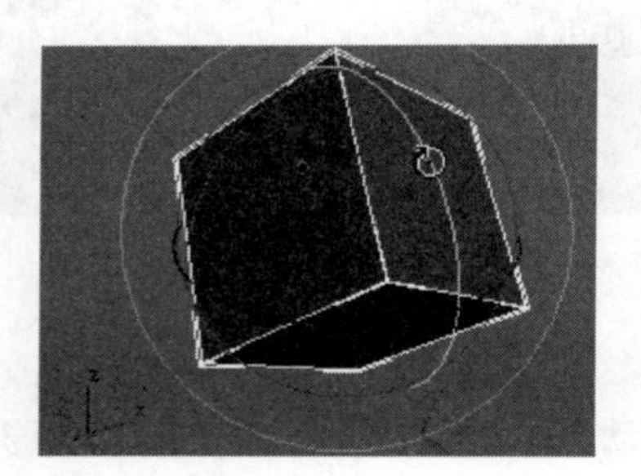

图 1.26　旋转操作

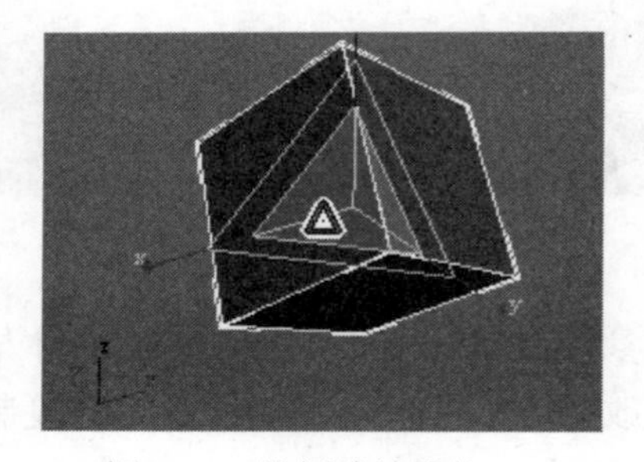

图 1.27　比例缩放操作

1.3.2.4　群组的使用

群组可以将场景中的多个对象集合成单个对象。创建群组后可以对组进行拆分，也可以对组内的单一对象进行编辑，随时可以对组的成员进行添加和剔减。由于组本身就是一个对象，所以可以对组使用几何变换及添加变动修改器等操作。

在三维场景创建过程中，很多物件都是由许多部件组成的，如一朵花，其构成部分包括花瓣、花蕊、花茎等，如图 1.28 所示，这些对象在整体调整时如使用群组就会非常方便。我们可以只对组对象作修改，而不必对每个对象进行变动操作。创建群组后，组对象的中心点就位于整个群组的中心位置，组对象的边界就是各对象所能达到的最外侧边界，如图 1.29 所示。

图 1.28　分对象

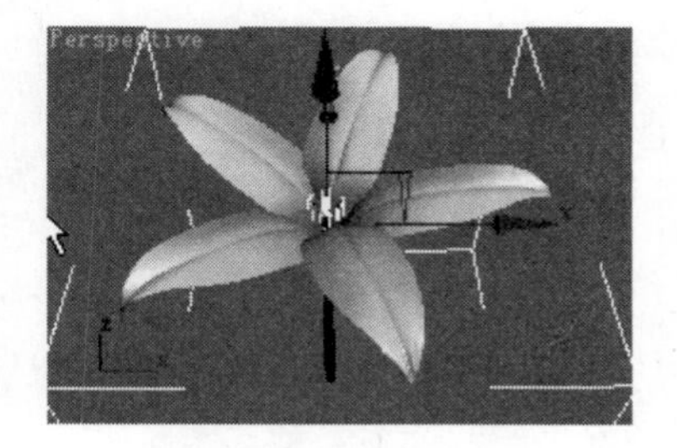

图 1.29　群组对象

1．创建群组

创建群组的前提是选择将要放入组内的多个对象，然后选择“组”菜单中的“成组”命令，此时会弹出“组”对话框，在该对话框中设定组的名称，确定后一个群组就创建好了。

如果在创建组后，有物体要继续加入组，只需选中将要加入的物体，选择“组”菜单中的“附加”命令，再单击已存在的组就完成了添加任务。

2．打开群组

有时需要对组中的单个对象进行编辑修改，这时需要将群组打开，选择“组”菜单中的“打开”命令，群组即被打开。选择“关闭”命令则会重新将打开的群组关闭。

群组打开后，选中一个分对象，执行“分离”命令可将此对象从群组中分离出来，形成单独的个体。

对组对象执行“解组”和“炸开”命令都会将群组快速地撤销。所不同的是“解组”命令仅会取消当前组，而“炸开”命令则会将所有的组对象及嵌套组都炸开为独立的对象，不再存在组的属性。

1.3.2.5　对齐工具的使用

对齐工具用于将选择对象放置到与目标对象相同的 X、Y、Z 位置或方向上，还包括相对局部坐标轴进行旋转对齐或与被对齐对象匹配大小等功能。

在工具条上单击按钮，可以看到 6 种对齐方式，即对齐、快速对齐、法线对齐、放置高光点、摄影机对齐及视图对齐。其中要数对齐功能最为常用了。

1．对齐

要实现对齐，首先要选择一个源对象，再单击按钮，再选择另一目标对象，在弹出的“对齐当前选择”对话框中设置对齐的方式，如图 1.30 所示。

在此用一个简单的实例来介绍对齐工具的使用。打开配书光盘\第 1 章\例 1.1\earth.max 文件，其中的球体物体作为地球，管状体物体作为环绕地球的星云。首先选中管状体物体，然后单击按钮，此时光标会显示为对齐符号，在球体物体上单击，在弹出的对话框中将“对齐位置”中的“X 位置”、“Y 位置”、“Z 位置”复选框全部选中，此时“当前对象”和“目标对象”选项组中默认选中“中心”单选按钮，确定后将看到管状体物体正好套在球体物体外圈，两物体的中心点呈重合状态，如图 1.31 所示。

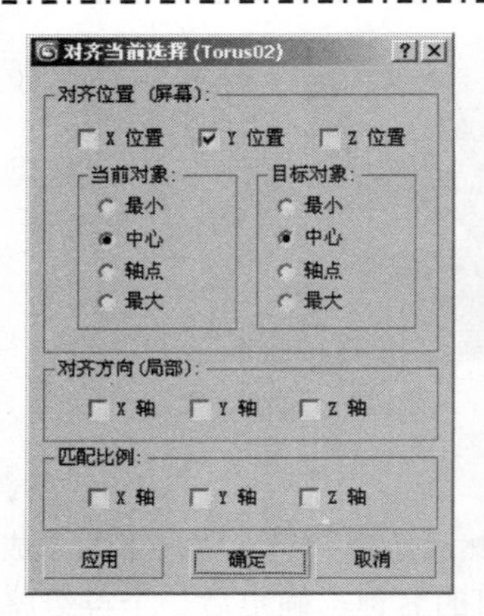

图 1.30　“对齐当前选择”对话框

图 1.31　“对齐”工具的应用

2．快速对齐

按照对齐设定，不弹出对话框直接进行对齐操作。

3．法线对齐

法线对齐可以实现两对象的表面法线互相对齐，从而轻松地完成两物体相切放置的操作。

打开配书光盘\第 1 章\normal align.max 文件，如图 1.32 所示。我们的目的是要把方框物体居中放置在平台的表面上。首先选中方框物体，单击按钮，在方框物体的一个表面上单击，即可看到一条蓝色的短线，这就是该表面的法线，如图 1.33 所示。

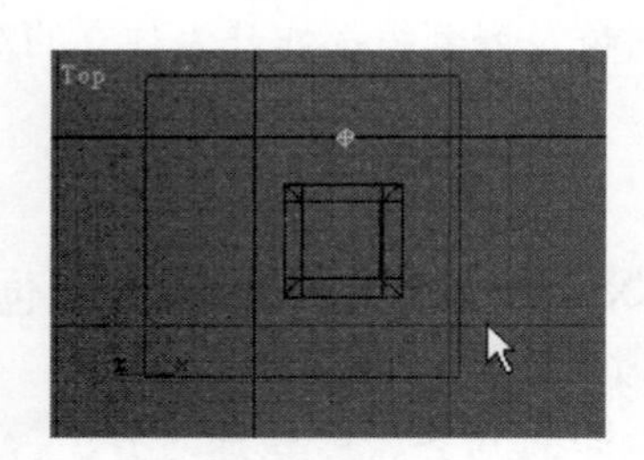

图 1.32　normal align.max

图 1.33　确定表面的法线

然后在平台表面上单击，此时方框物体和平台物体的法线相互对齐（蓝色线和绿色线对齐），在弹出的如图 1.34 所示的对话框的“旋转偏移”选项组中设置“角度”=45，确定后可以看到方框物体的表面与平台物体表面呈相切状态，方框物体呈 45° 放置于平台上，如图 1.35 所示。

现在这两个物体还没有居中放置，再次选中方框物体，单击按钮，在弹出的如图 1.36 所示的对话框中选中“X 位置”、“Y 位置”复选框，此时方框物体如我们期望的那样居中放置在平台的表面上了，如图 1.37 所示。

在“法线对齐”对话框中，“位置偏移”选项组中的 X、Y、Z 参数栏用来设置 3 个方向的空间偏移。“翻转法线”复选框用来设置法线方向的反向，默认状态下为关闭状态。

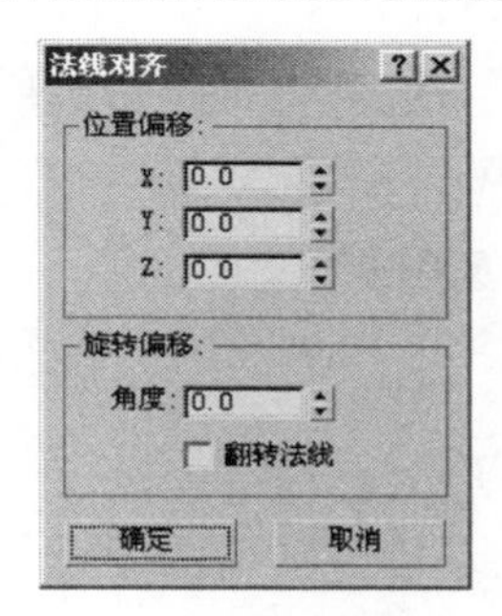

图 1.34　“法线对齐”对话框

图 1.35　放置效果

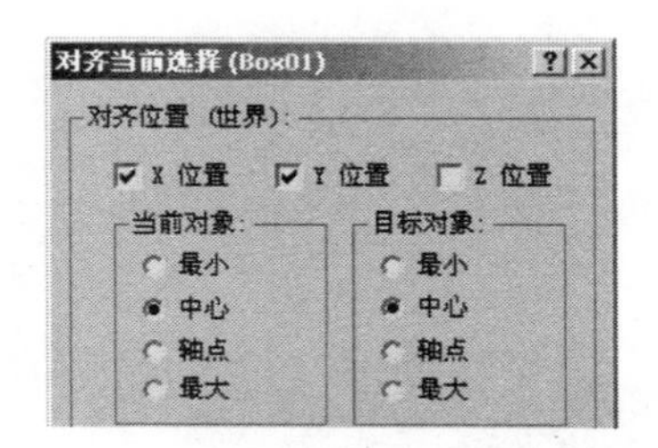

图 1.36　选中“X 位置”、“Y 位置”复选框

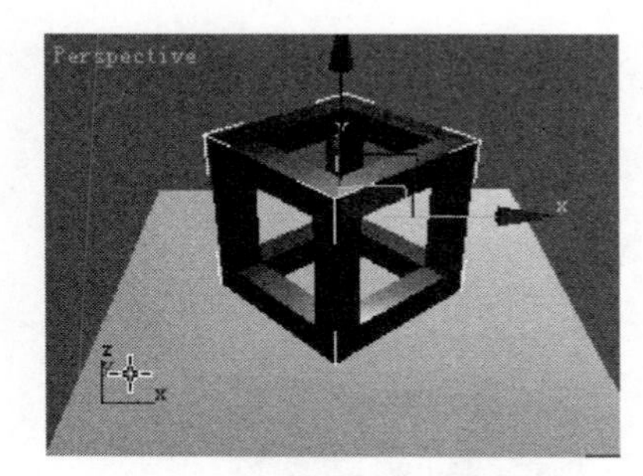

图 1.37　居中放置的方框物体

4．放置高光点与摄像机对齐

放置高光点的功能主要是帮助放置光源，以便于在对象表面的特定点上产生特殊的高光，另外它还可以使对象表面的某一精确位置反射灯光。放置高光点首先要选择一个灯光体，然后单击按钮，使用鼠标拾取对象表面被照射的区域，当使用泛光灯、自由聚光灯和平行光照射时，高光将在鼠标指定的法向表面上；当使用目标聚光灯照射时，高光将在光锥区域内对象的法向表面上。

摄影机对齐功能与法线对齐功能相似，只是它的作用对象是摄影机。首先选择用来对齐的摄影机，然后单击按钮，再在视图中选择要被拍摄的对象就实现了对齐功能。

5．视图对齐

视图对齐是用来将对象与当前的视图平面对齐，单击工具条上的按钮会弹出如图 1.38 所示的对话框，可以设置对象局部坐标系中 X、Y、Z 坐标轴中的哪一个与视图平面对齐。选中“翻转”复选框可以实现坐标轴的逆向与视图平面的对齐。

1.3.2.6　镜像与阵列

1．镜像

镜像工具是各种设计软件中常用的一个工具，它可以复制出类似于照镜子反射的对称对象。镜像工具对于创建对称的模型非常有用，只需创建模型的一侧造型，再使用镜像工具即可快速生成另一半。

首先选择源对象，然后单击工具条上的镜像按钮将弹出如图 1.39 所示的对话框，其中“镜像轴”选项组用来设置镜像的轴向，“偏移”文本框设置镜像后的对象位置的偏移距离，如图 1.40 和图 1.41 所示分别为“偏移”=0 与“偏移”=40 的效果。“克隆当前选择”选项组设置镜像后对象与源对象的复制关系，前面已有介绍，在此不再赘述。

图 1.38　视图对齐

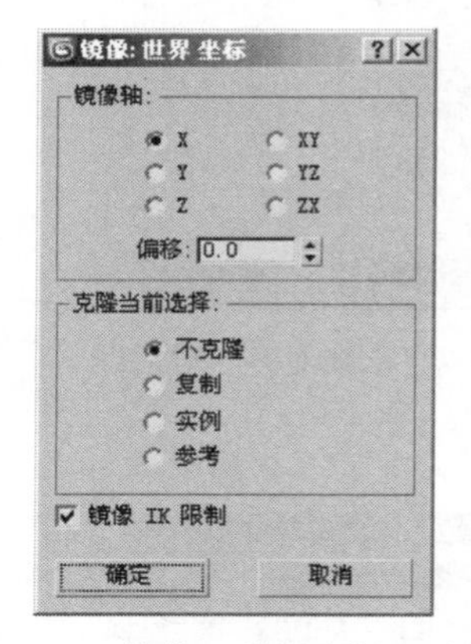

图 1.39　“镜像：世界坐标”对话框

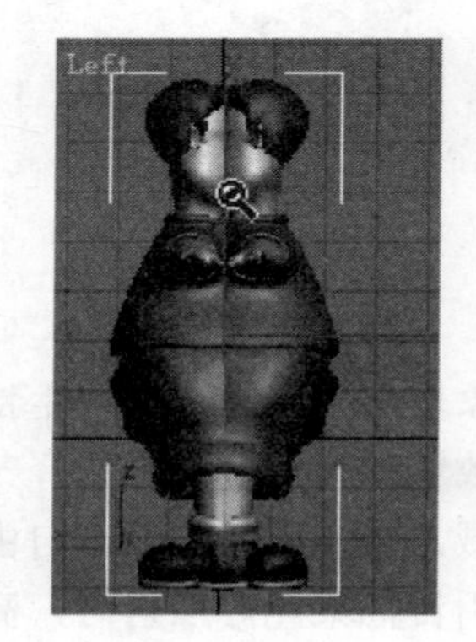

图 1.40　“偏移”=0 效果

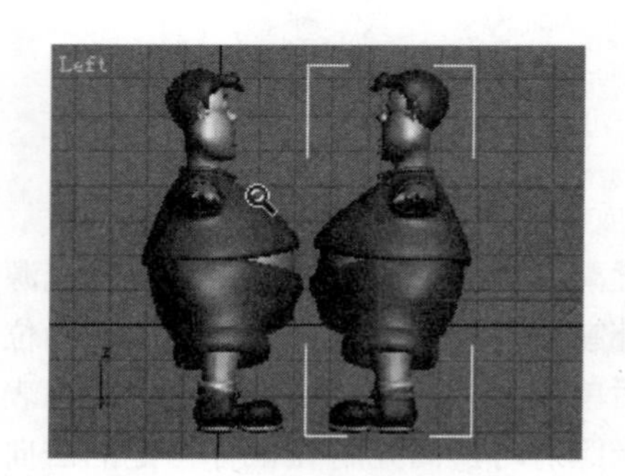

图 1.41　“偏移”=40 效果

2．阵列

阵列是一种常见的复制对象方式，应用阵列可以快速地复制出多个有规律排列的对象。在默认状态的工具条中没有阵列按钮，只需在主工具栏任意空白处右击，在弹出的快捷菜单中选择“附加”命令，按钮就包含在该工具条中了。

单击按钮打开如图 1.42 所示的“阵列”对话框，通过“阵列变换”、“对象类型”和“阵列维度”选项组可以完成线性、圆形或旋转形式的三维阵列。

“阵列变换：世界坐标（使用轴点中心）”选项组用于设定阵列对象的位移、旋转、比例的数量，可以根据需要选择任意一种方式。“移动”项目可设置位移阵列；“旋转”项目可设置旋转阵列，其后的“重新定向”用来设定旋转阵列的同时是否旋转自身，如果选中此复选框，那么在旋转阵列的同时，对象将作自适应旋转；“缩放”项目可设置阵列比例，其后的“均匀”复选框被选中后，可使 X、Y、Z 三轴向的比例统一。

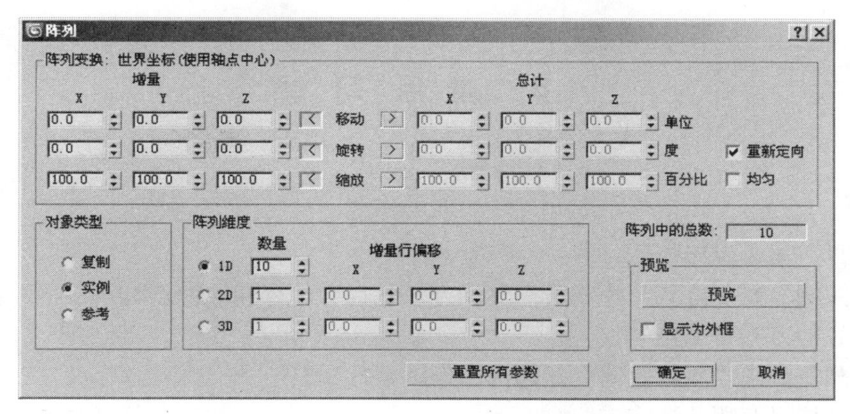

图 1.42　“阵列”对话框

设置“移动”项目中 X 方向位移 400 单位，在“阵列维度”选项组中设置 1D（一维）的“数量”为 4，设置 1D 的 Y 方向位移 300 单位，“数量”为 2，就会得到如图 1.43 所示的阵列效果。

选择一个源对象，将旋转重心设置为使用变换坐标中心，打开“阵列”对话框，单击“旋转”右侧的按钮将“增量”设置切换为“总计”设置，设置 Z 轴向的角度值为 360，选中“重新定向”复选框，设置“阵列维度”选项组中 1D 的“数量”为 9，一个环形阵列就形成了，如图 1.44 所示。

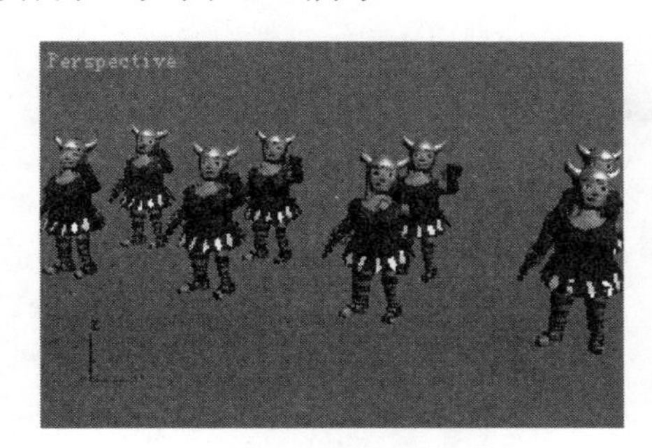

图 1.43　移动阵列效果

图 1.44　环形阵列

在“阵列维度”选项组中 1D 设置主要是生成线性的阵列，创建的对象是在一条线上；2D（二维）用于创建二维平面上的阵列，可同时在两个方向上设置阵列对象的数量；3D（三维）则是用于创建三维空间的阵列，基础理论同前一种阵列相同，只是将阵列方向延伸至三维空间。

提示：

阵列的坐标系与中心是至关重要的，如在旋转阵列时，如果应用默认状态的中心旋转，阵列出的对象将会在原地打转，只有先将中心点的位置调整到合适位置才能得到理想的结果。可以应用层次命令面板中“调整轴”卷展栏中的“仅影响轴”按钮，调节轴点位置后，再执行阵列复制功能。

1.4 课 后 习 题

思考题

1．选择对象可以用哪些方式？
2．“实例”复制方式与“参考”复制方式各自有什么样的特点？
3．对齐的方式有哪些？
4．阵列复制中“重新定向”复选框的作用是什么？
5．解开群组有哪几种方式？

第 2 章　创建二维对象

本章主要内容

☑　创建二维对象及二维对象的参数设置
☑　二维图形的可渲染设置
☑　二维样条曲线的转换
☑　可编辑样条线的编辑方式
☑　应用二维曲线创建自行车实例

本章重点

二维图形的创建方法及可编辑样条线的编辑方式，二维图形的应用实例——自行车模型的创建方法。

本章难点

☑　二维图形的可渲染设置
☑　二维图形的编辑
☑　综合利用二维图形创建实物造型

2.1　二维对象的创建方法

在 3ds max 中，二维对象又称为样条曲线，它是生成复杂三维对象的重要资源，也可作为运动对象的移动路径。样条曲线主要包括节点、线段、样条、步数等部分。两节点之间的距离是线段。步数是为表现曲线而在两节点之间设定的插补段数，步数越多，曲线越光滑。样条曲线是通过调节节点及线段来完成造型的。

在创建命令面板中，单击“创建”\“图形”按钮，弹出如图 2.1 所示的下拉列表，其中包括“样条线”、“NURBS 曲线”和“扩展样条线”3 种样条曲线类型，本章主要讲解样条线的创建及使用。

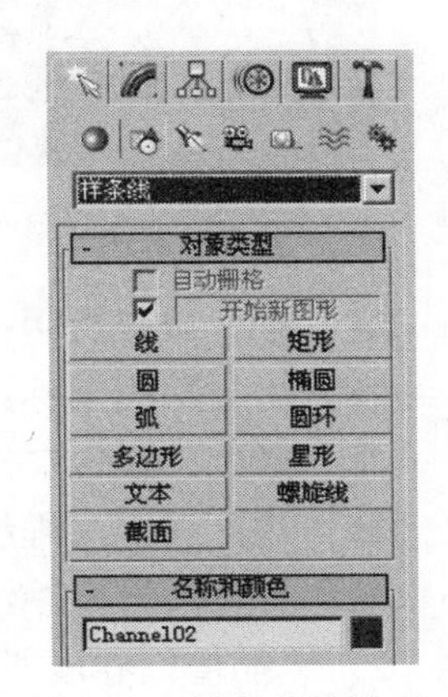

图 2.1　样条曲线类型

当选择“样条线”选项时创建二维对象类型卷展栏中会显示 11 种基本的二维样条形状，分别是：线、矩形、圆、椭圆、弧、圆环、多边形、星形、文本、螺旋线、截面。由于许多创建二维图形的参数设置都存在相通之处，在下面的讲解中将主要对一些共性参数和特殊性参数进行详解。

2.1.1　线

1．“渲染”卷展栏

“渲染”卷展栏用于设置二维曲线的渲染属性，通过如图 2.2 所示的参数调节完成可渲染设置。

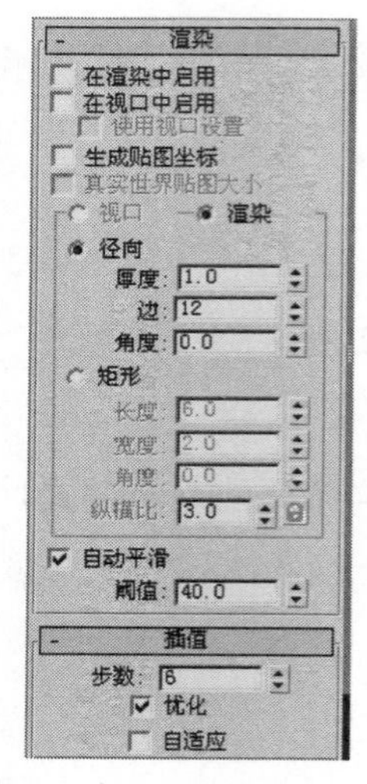

图 2.2　“渲染”参数设置

- 在渲染中启用：只有选中了该复选框，二维线才可以被渲染。选中该复选框的效果如图 2.3 所示。

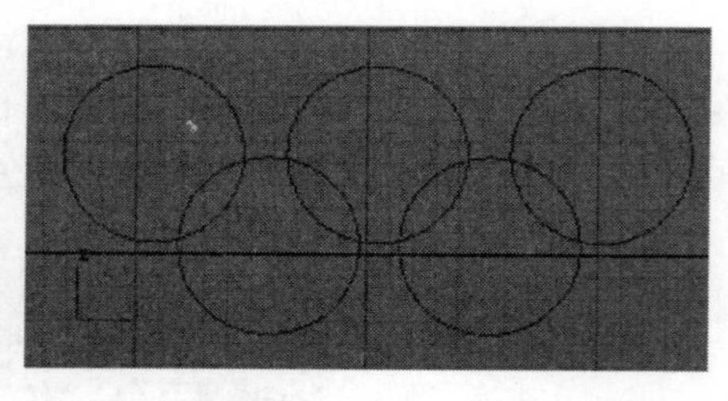

图 2.3　使用“在渲染中启用”设置效果

- 在视口中启用：在视图中将二维线根据前面的参数设置以网格方式显示。
- 生成贴图坐标：自动生成二维线的贴图坐标。
- 厚度：设定二维线的厚度，也就是线的直径。
- 边：设定二维线截面的边数。
- 角度：设定二维线截面的角度。

2．“插值”卷展栏

“插值”卷展栏，如图 2.2 所示，用于设定曲线中两节点间插补段的数目，由此来设定曲线的精细程度。

- 步数：设定插补段的数目，默认值为 6。
- 优化：选中该复选框时，直线部分不进行插补，只有曲线部分进行插补处理，这样处理后可以使文件相对减小。
- 自适应：选中该复选框时，“步数”和“优化”将无法使用，由系统自动监测是否进行插补处理。

3．“创建方法”卷展栏

“创建方法”卷展性通过如图 2.4 所示的参数调节来完成创建方式的设置。

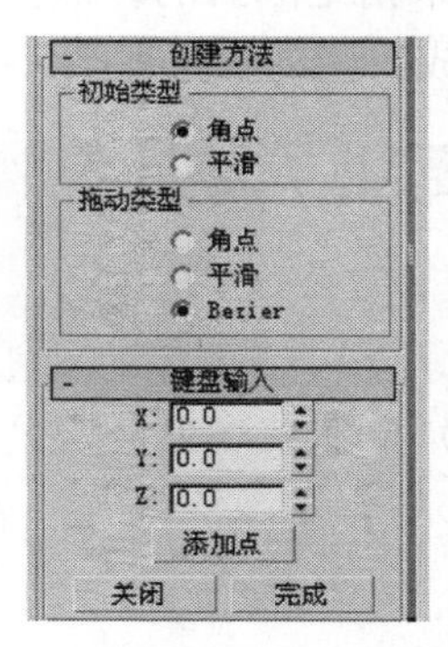

图 2.4　“创建方法”参数设置

- 初始类型：设定单击时创建的节点类型，分为“角点”和“平滑”两种方式。
- 拖动类型：设定拖动时创建的节点类型，分为“角点”、“平滑”和“Bezier”（贝塞尔曲线）3 种方式。

4．“键盘输入”卷展栏

- 添加点：单击该按钮，可依据指定的 X、Y、Z 坐标创建节点。
- 关闭：在当前点与开始点间创建线，使曲线闭合。
- 完成：结束创建过程，不闭合线。

提示：

所有的二维图形都具有以上调节属性，其参数设置相同。

2.1.2　矩形

矩形的“参数”卷展栏中可指定矩形的长度、宽度及倒角半径。

2.1.3　圆和椭圆

圆的参数如图 2.5 所示。“半径”指定圆形的半径，在其他的一些二维图形中“半径”也是常出现的基本参数。

椭圆的参数如图 2.6 所示。椭圆的大小和样式由“长度”和“宽度”来控制。

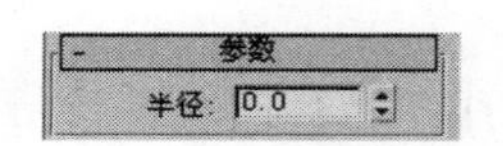

图 2.5 “圆”参数设置

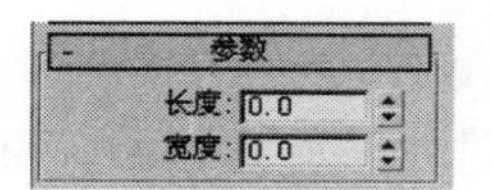

图 2.6 “椭圆”参数设置

2.1.4 弧

“弧”参数设置及其效果如图 2.7 所示。弧创建中除了“半径”参数设置外，“从”用来指定圆弧的起始点；“到”用来指定圆弧的终点；“饼形切片”可以控制是否创建封闭的扇形，当选择该复选框时将形成封闭的扇形图形；“反转”控制弧形的起始点的方向。

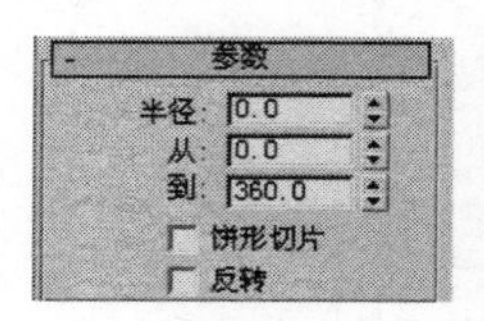

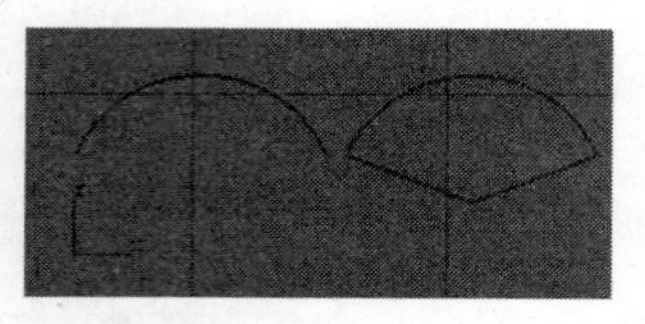

图 2.7 “弧”参数设置及其效果

2.1.5 多边形

在创建“多边形”的参数设定中可选择“内接”或“外接”方式指定多边形的半径长度；“边数”用于设定多边形的边数；“角半径”用于设定节点的倒角半径，当“圆形”复选框被选中后，任何边数的多边形都将呈圆形显示状态。其参数设置及其效果如图 2.8 所示。

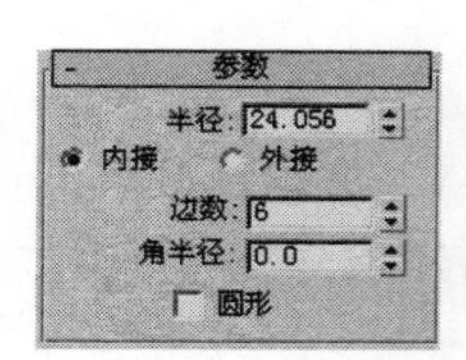

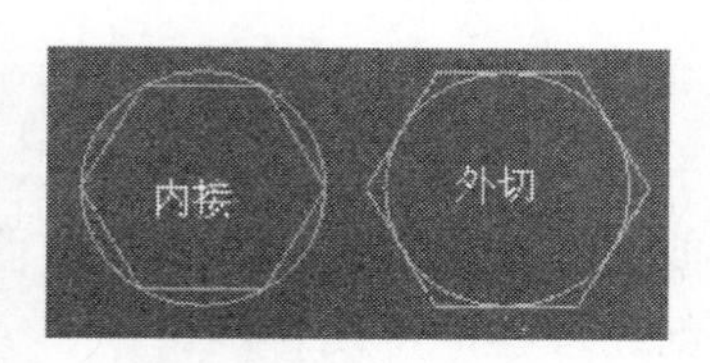

图 2.8 “多边形”参数设置及其效果

2.1.6 星形

“星形”参数中具有两个半径，一个指定星形内部的半径，另一个指定星形外部的半径；“点”指定星形角的数目；“扭曲”指定第二个角点围绕中心点旋转的角度；“圆角半径 1”指定“半径 1”的圆角半径；“圆角半径 2”指定“半径 2”的圆角半径，如图 2.9 所示。

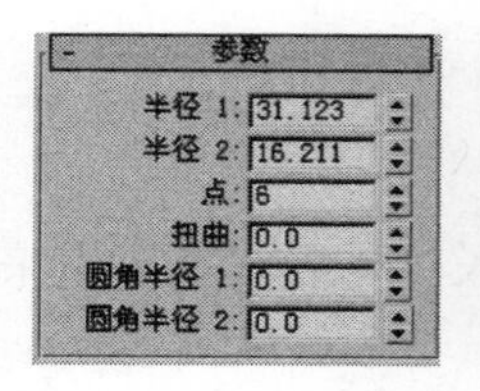

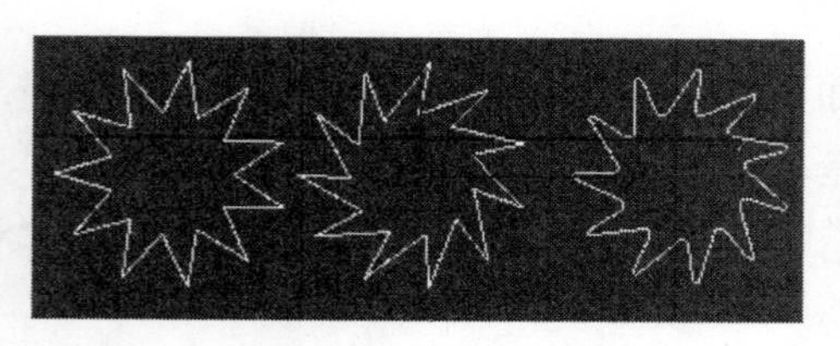

图 2.9 “星形”参数设置及其效果

2.1.7　文本

3ds max 的“文本”参数同其他软件的“文本”参数基本相同，如图 2.10 所示。主要参数设置有字体列表，可以通过下拉列表选择需要的字体类型。单击I按钮可设置字体为斜体方式，单击U按钮则可为文字添加下划线，后面几个按钮分别设置左对齐、居中对齐、右对齐、两端对齐；“大小”数控参数用于设定文本文字的大小；“字间距”设定文本的字符间距；“行间距”设定文本的行间距；通过“文本”框可输入将要创建的文本内容。

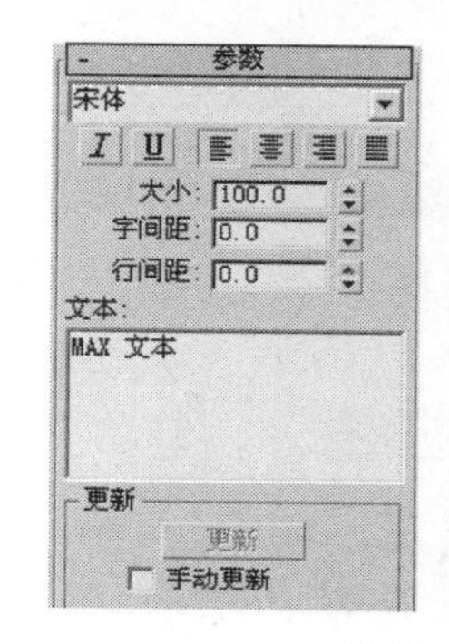

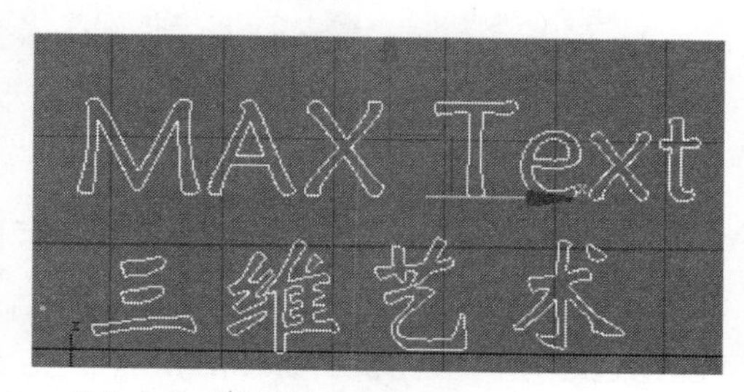

图 2.10　“文本”参数设置及其效果

2.1.8　螺旋线

“螺旋线”参数如图 2.11 所示。它也有两个半径参数，分别设置螺旋线两端的半径大小；“高度”指定螺旋线的高度；“圈数”指定螺旋线的旋转次数；“偏移”指定螺旋线的偏移位置，选择“顺时针”单选按钮时指定螺旋线为顺时针旋转，选中“逆时针”单选按钮时指定螺旋线为逆时针旋转。

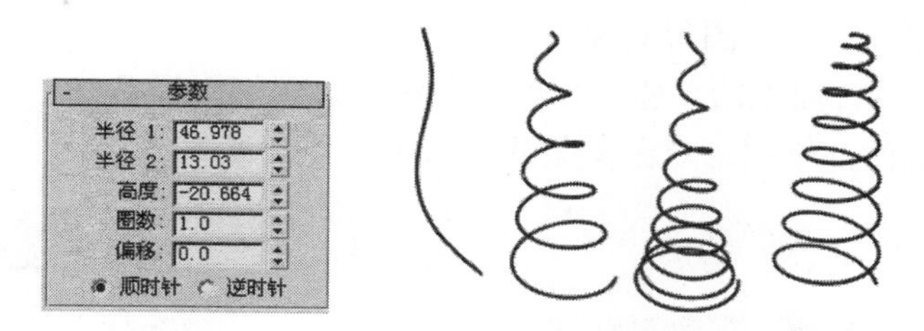

图 2.11　“螺旋线”参数设置及其效果

2.1.9　截面

“截面”是一种比较特殊的二维图形，它必须由截面对象与网格对象相互作用而产生。首先要求场景中的三维对象与截面对象相交，使截面对象处于选择状态，然后单击“创建图形”按钮，在弹出的对话框中输入创建的线的名称，即可在网格对象与截面对象相交处产生截面图形，如图 2.12 所示。

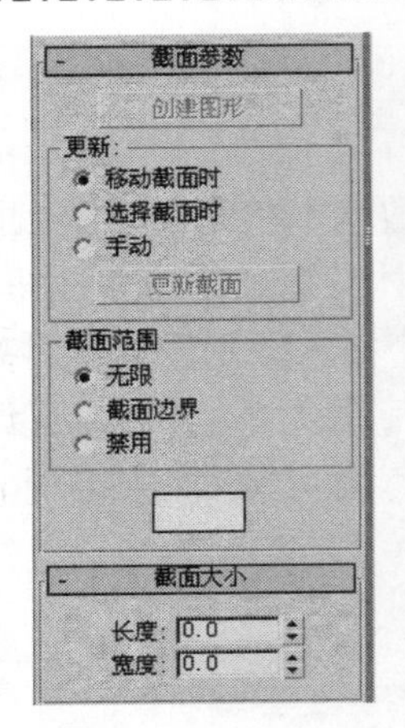

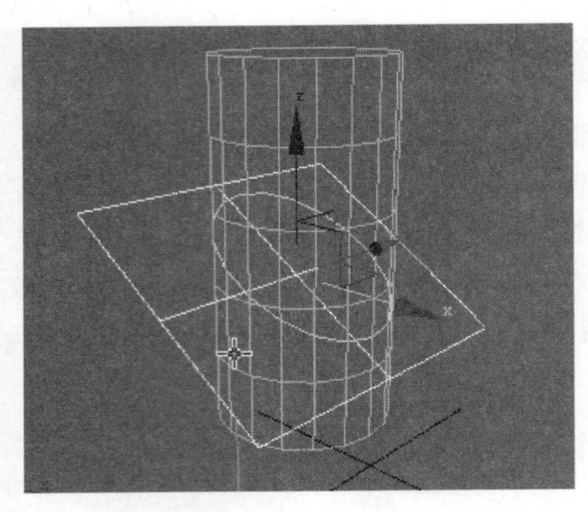

图 2.12　“截面”参数及其效果

2.2　编辑二维样条曲线

通常在模型创建过程中所应用的样条曲线，不一定都是规则的标准图形，当创建了标准图形后可以将其转化为可编辑样条曲线，进一步对样条曲线进行编辑处理，完成所需图形的创建。

2.2.1　二维样条曲线的转换

标准的二维图形可以通过两种方式转换为可编辑样条曲线。

（1）选择二维图形对象，在其上单击鼠标右键，在弹出的快捷菜单中选择“转换为”\“转换为可编辑样条线”命令，如图 2.13 所示，将二维对象直接转换为可编辑样条曲线，这种转换方式将会使原有二维图形对象的基本参数丢失。

（2）在“修改”面板的“修改器列表”中添加“编辑样条线”修改器，如图 2.14 所示，这样可使原始的二维图形对象参数依然保留，便于修改。

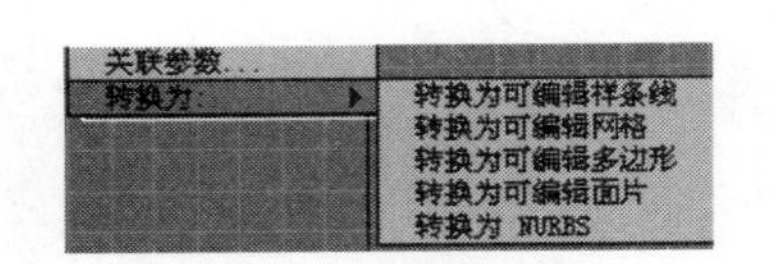

图 2.13　“转换为可编辑样条线”命令

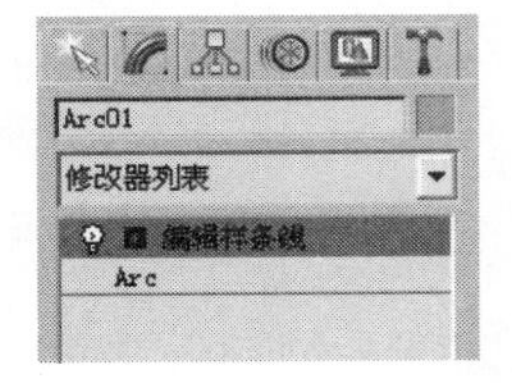

图 2.14　添加“编辑样条线”修改器

2.2.2　可编辑样条线的编辑方式

2.2.2.1　编辑“点”

点节点共有 4 种模式，通过单击鼠标右键可以切换这几种模式，如图 2.15 所示。当节点为“Bezier”（贝塞尔模式）和“Bezier 角点”（贝塞尔角点模式）时，会显示切线控制

手柄，调节手柄可以控制样条曲线的曲率。在“Bezier”模式下，节点由两根相对联动的操纵杆控制曲线的形态，调节一侧的操纵杆会带动另一侧的操纵杆；在“Bezier 角点”模式下，节点由两根相对独立的操纵杆控制点两侧曲线的形态，对一侧操纵杆的调节不影响另一侧的曲率。其他两种节点属性分别是“角点”模式和“平滑”模式。在“角点”模式下，节点呈坚硬的拐角状态；在“平滑”模式下，节点将由系统自动进行平滑处理。如图 2.16 所示为 4 种节点模式的形态效果。

图 2.15 4 种节点模式选择

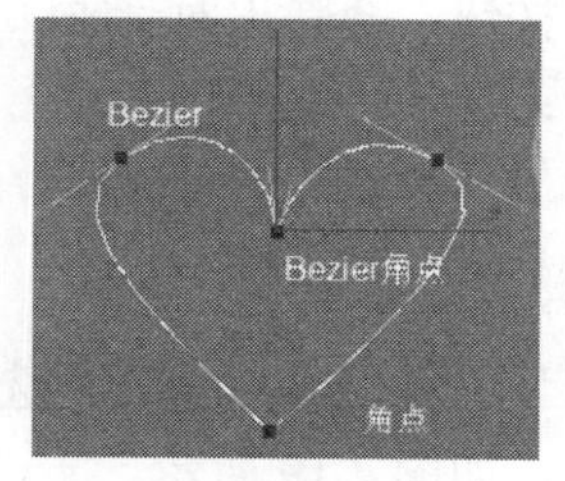

图 2.16 4 种节点模式的形态效果

2.2.2.2 线段模式

线段有两种模式：“线”模式和“曲线”模式，可以通过右击进行切换，如图 2.17 所示。

线
曲线 ✓

图 2.17 线段模式

2.2.2.3 样条线模式

对样条线进行编辑处理，其编辑方式与线段模式相同，其效果如图 2.18 所示。

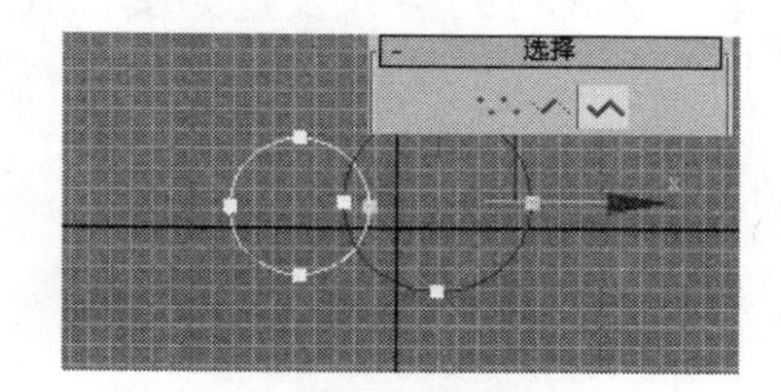

图 2.18 样条线编辑方式效果

2.2.3 选项编辑

当二维图形对象转换为“可编辑样条线”后，单击按钮进入“修改”面板，会看到很多参数及选项，其中有些灰色的不能激活的参数设置，这是因为这些选项不针对当前所选择的次物体级，当进入某一次物体级时，参数及选项会随之相应变化。

2.2.3.1 “选择”卷展栏

“选择”卷展栏包括如下的参数设置。

- 顶点：确定编辑次物体对象为顶点。
- 线段：确定编辑次物体对象为线段。
- 样条线：确定编辑次物体对象为样条线。
- 复制：复制选择集。

- 粘贴：粘贴复制的选择集。
- 锁定控制柄：锁定操纵杆，修改其中一项，其他也将随之变化。
- 相似：修改选择的控制点时，同类的控制点会随之变化。
- 全部：修改选择的控制点时，所有选择的控制点都会随之变化。
- 区域选择：启用这个选项时，选中的区域会根据其后的数值来控制。
- 线段端点：启用这个选项后，在线段上单击会选取最接近的节点。单击“选择方式”按钮，会弹出对话框，可以选择“线段”方式或“样条线”方式。
- 显示：选中“显示顶点编号”选项，可以显示节点编号；选中“仅选定”选项，则只显示所选点的编号。

2.2.3.2　“软选择”卷展栏

“软选择”卷展栏，用于设定选择影响的范围，设置的结果可以通过其下的图形视窗中的曲线显示，如图 2.19 所示。

- 使用软选择：只有选中这一复选框时，软选择才会起作用。
- 边距离：设置在曲线上的作用范围。
- 衰减：设定选择影响范围的半径大小。
- 收缩：设定曲线顶部形态。
- 膨胀：设定曲线底部形态。

2.2.3.3　“几何体”卷展栏

“几何体”卷展栏的参数设置如图 2.20 所示。

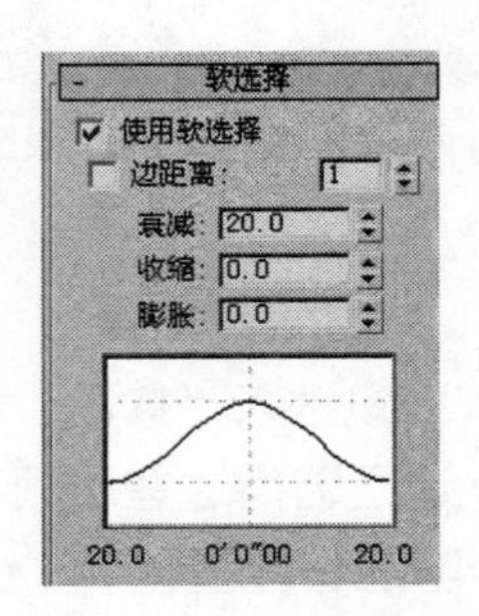

图 2.19　“软选择”卷展栏

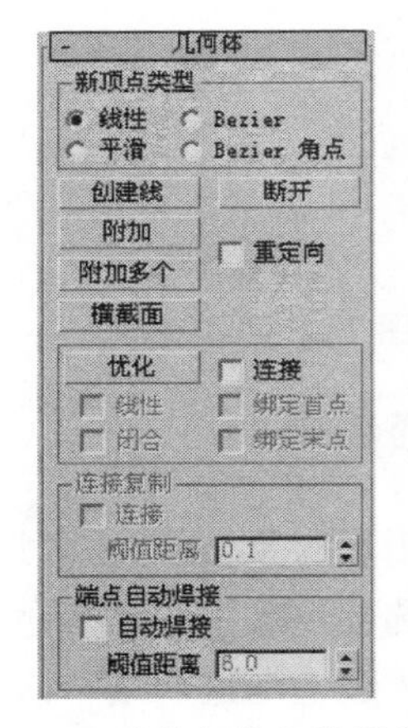

图 2.20　“几何体”卷展栏

- 创建线：单击此按钮可以创建新的样条曲线。
- 断开：在选中节点后单击此按钮，形成两个分离的点。
- 附加：将其他图形对象结合进来，成为一个次物体。
- 附加多个：单击该按钮后，可在弹出的对话框中按名称选择结合多个图形对象。
- 优化：单击该按钮，可在不改变现有形态的情况下，在线段上插入新的点。它包

含以下几个复选框。

- ➢ 连接：当选中该复选框后会在连续创建的点之间产生连线。
- ➢ 线性：设置连线属性为直线。
- ➢ 绑定首点：将新创建的线的起点约束在选择线段的中点上。
- ➢ 闭合：创建闭合的优化线。
- ➢ 绑定末点：将新创建的线的终点约束在选择线段的中点上。

- ➘ 端点自动焊接：线段的端点自动焊接。
  - ➢ 自动焊接：使“端点自动焊接”选项起作用。
  - ➢ 阈值距离：设定端点自动焊接的范围。

如图 2.21 所示为点的编辑，它包括如下所述的选项。

- ➘ 焊接：将设定值范围内的点进行焊接。
- ➘ 连接：在开放曲线的两个端点间创建连线，使曲线闭合。
- ➘ 熔合：将所有选择的点聚集到相同的位置。
- ➘ 设为首顶点：将选择的点改变为起始点，但要求必须是端点。
- ➘ 循环：按照编号，选择下一个点。
- ➘ 相交：在线段交叉的位置插入新的点。
- ➘ 圆角：将选择的点分解为两个点，中间线段为圆滑曲线，如图 2.22 所示。
- ➘ 切角：将选择的点分解为两个点，中间线段为直线，如图 2.22 所示。

图 2.21　点的编辑

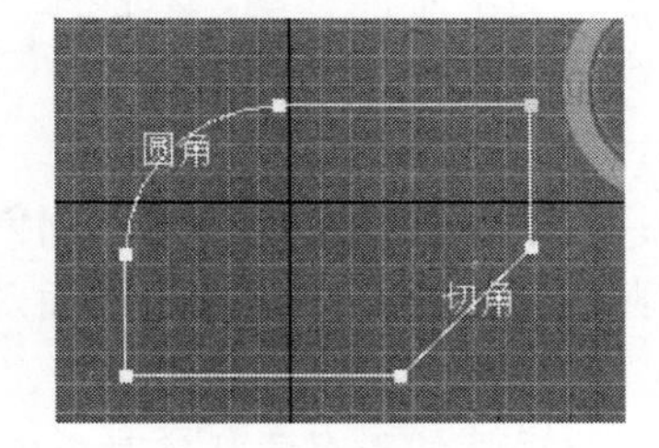

图 2.22　倒角图例

- ➘ 轮廓：将选择的线按照指定距离进行偏移复制，对不封闭的曲线会直接作封闭处理，这个命令能产生轮廓边的效果。
- ➘ 布尔：对两条相交的闭合曲线进行加减运算，共有 3 种运算方式，如图 2.23 所示。
  - ➢ 并集：选择一条曲线后，单击按钮，选择另一相交的闭合曲线进行加法运算，得到并集曲线。
  - ➢ 差集：选择一条曲线后，单击按钮，选择另一相交的闭合曲线，使第一条曲线减去与第二条曲线相交的部分。
  - ➢ 交集：选择一条曲线后，单击按钮，再选择另一相交的闭合曲线，计算后将保留两条曲线相交的部分曲线。
- ➘ 镜像：将选择的图形子对象作镜像处理，当选中“复制”复选框时，可在镜像处理的同时复制该对象，如图 2.23 所示。

➢ ▯▯：水平对称复制。
➢ ▤：垂直对称复制。
➢ ◈：对角线对称复制。

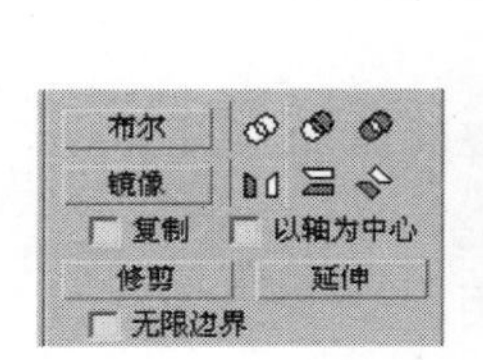

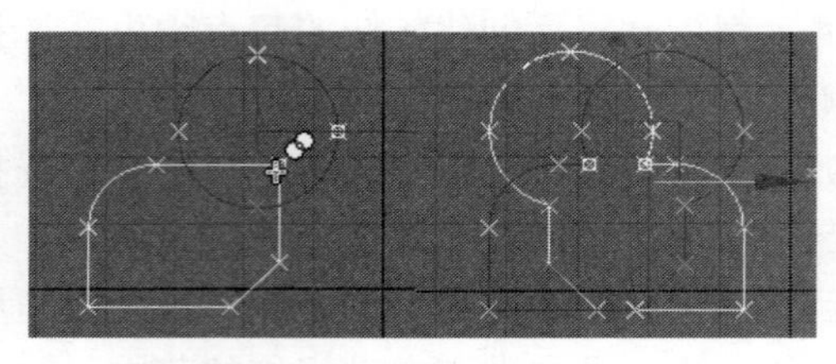

图 2.23 “布尔运算”与“镜像”

- 修剪：单击“修剪”按钮，在相交曲线上单击需要清除的多余线段部分，即可完成修剪操作。如图 2.24 所示，左边的相交线段可修剪，而右边不相交部分不能修剪。
- 延伸：单击“延伸”按钮，将线段延伸到与另一条线相交的部位。如图 2.24 所示，左边的线段不能延伸，右边的线段能延伸。
- 无限边界：选中此复选框后，可以将开放的曲线无限延伸。
- 隐藏：隐藏所选对象。
- 全部取消隐藏：显示所有被隐藏的对象。
- 绑定：当次物体级为“顶点”时，此按钮呈可使用状态，使端点被约束在线段的中点上，自身不能移动，只能跟随线段移动。
- 取消绑定：使端点约束取消。
- 删除：删除选择的次物体对象。
- 关闭：在开放曲线的两个端点间创建新的线段，使曲线闭合。
- 拆分：根据指定的数值，确定插入多少新的点，并将选定的对象等分，如图 2.25 所示。
- 分离：将选择的子对象从父对象中分离出去，成为独立的对象，如图 2.25 所示。
  ➢ 同一图形：将分离的图形保留在原来的位置。
  ➢ 重定向：将分离的图形的坐标对齐到激活视图的网格平面上。
  ➢ 复制：分离的同时保留原有对象。

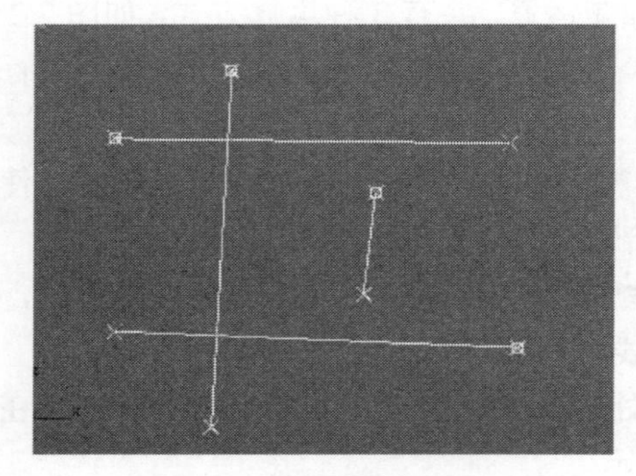

图 2.24 修剪和延伸

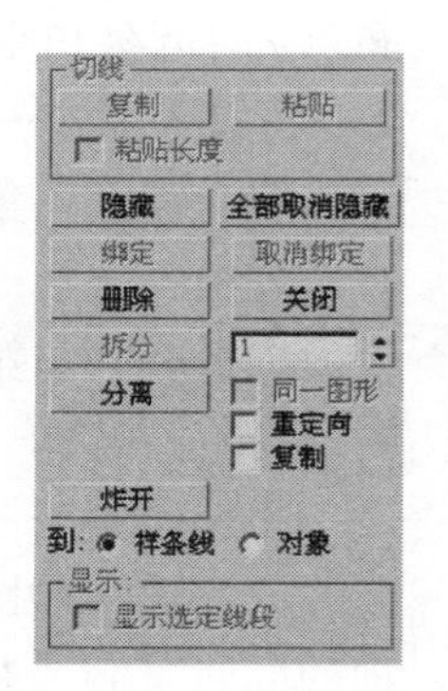

图 2.25 分离与拆分

- 炸开：将每一个选择的样条线分解为一个线段，或单独的物体。

2.2.3.4　“曲面属性”卷展栏

“曲面属性”卷展栏的参数设置如图 2.26 所示。

- 设置 ID：为选择的线指定材质号码，与材质编辑中的“多维/子材质”材质结合使用。
- 选择 ID：单击该按钮后，在弹出的对话框中输入希望选择的号码，就会取回以材质 ID 设定的选择级。

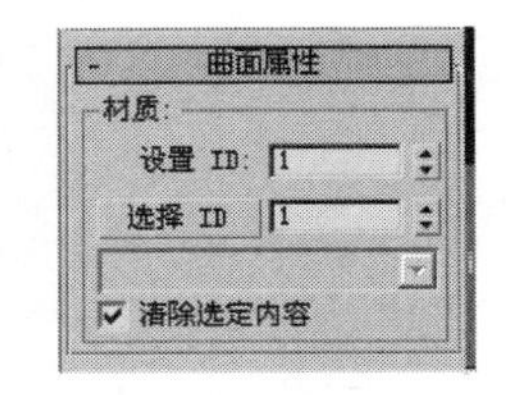

图 2.26　“曲面属性”卷展栏

提示：

此卷展栏只在“线段”和“样条线”次物体层级出现，在“顶点”层级中没有。

2.3　实践操作：二维对象建模实例

本节通过自行车的制作掌握二维样条曲线的应用方法。包括：自行车车轮、自行车车架、自行车脚踏及轮盘、自行车车座及链条等附件的创建，主要使用了二维样条线的编辑和部分由二维对象生成三维对象的修改器。

2.3.1　自行车车轮的创建

自行车车轮的创建步骤如下所述。

（1）先选择左视图。选择“创建”\“图形”\“圆”选项建立自行车的轮胎，并确定自行车的总体比例，如图 2.27 所示。在“渲染”卷展栏中选择“在渲染中启用”、“在视口中启用”和“使用视口设置”复选框，如图 2.28 所示。

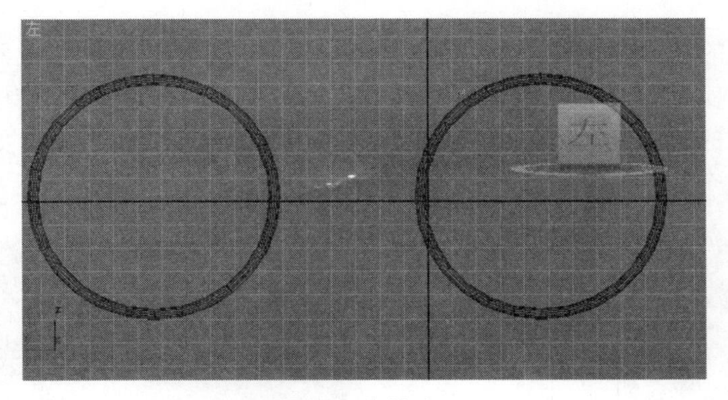

图 2.27　车轮胎

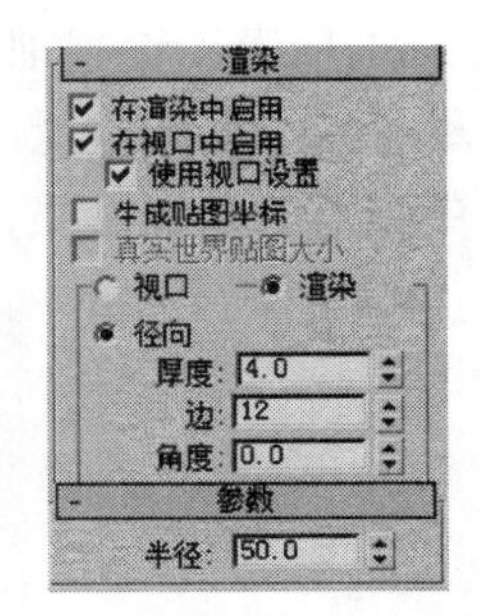

图 2.28　轮胎参数

（2）将车轮圈和车轴作为一体进行创建，首先编辑车轴的截面形状，选择“创建”\“图形”\“线”选项，在顶视图中绘制车轴和轮圈的轮廓线，如图 2.29 所示。

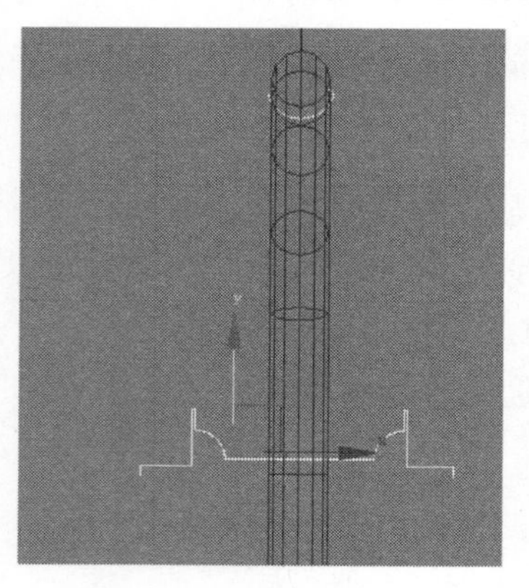

图 2.29　车轴、轮圈截面

（3）再根据轮胎的截面形状来确定轮圈的位置，使用“对齐”工具使轴承的最小点与轮胎的中心对齐，如图 2.30 所示。

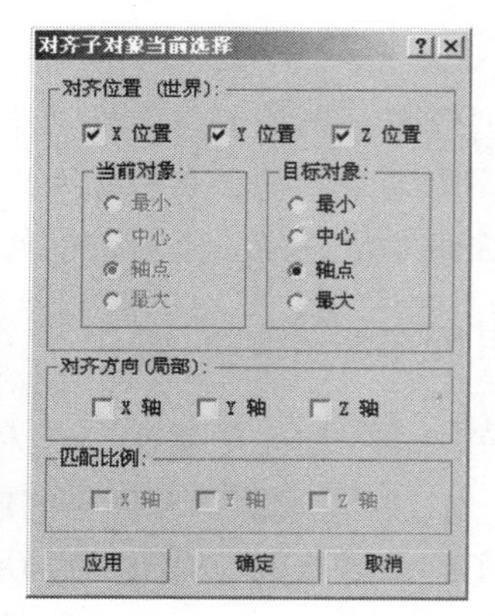

图 2.30　车轴、轮圈截面对齐

（4）在“修改”面板的“修改器列表”中给轮圈截面添加“车削”变动修改器，如图 2.31 所示，设置轴向为 X，旋转“度数”为 360，选中“焊接内核”复选框焊接核心点，尽量减少面的数量，三维的轮圈造型创建完毕，默认状态的“分段”数值为 16，如果需要更圆滑的轮圈效果，将这个数值增大即可，效果如图 2.32 所示。

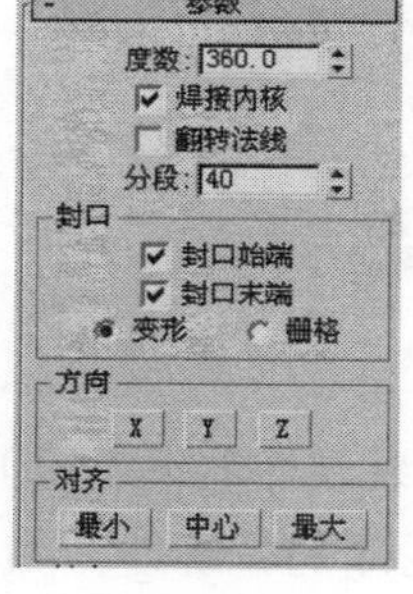

图 2.31　“车削”参数设置

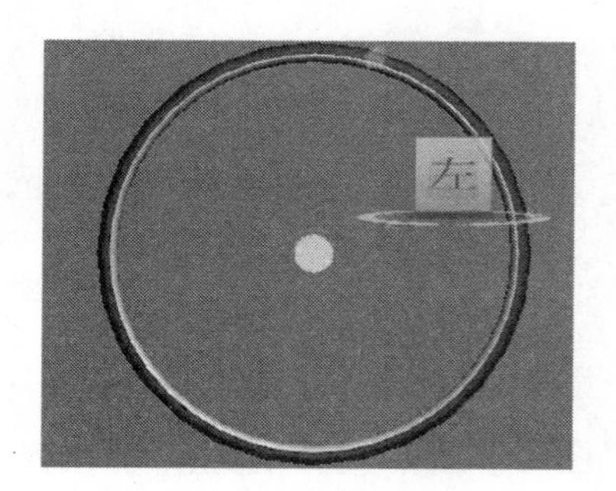

图 2.32　“车削”效果

（5）车轮上的辐条是一根根的线状体，这里使用线的可渲染属性来创建。在左视图中绘制交叉的线作为辐条，如图 2.33 所示。在左视图和顶视图中调节点的位置，使辐条在轮圈与车轴之间相连接，如图 2.34 和图 2.35 所示。选中“在视口中启用”和“使用视口设置”复选框，并调节“厚度”数值，使辐条呈网格显示。

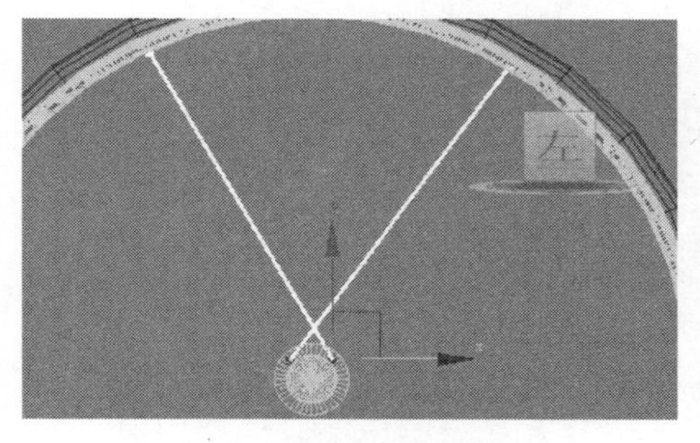

图 2.33　左视图中绘制辐条

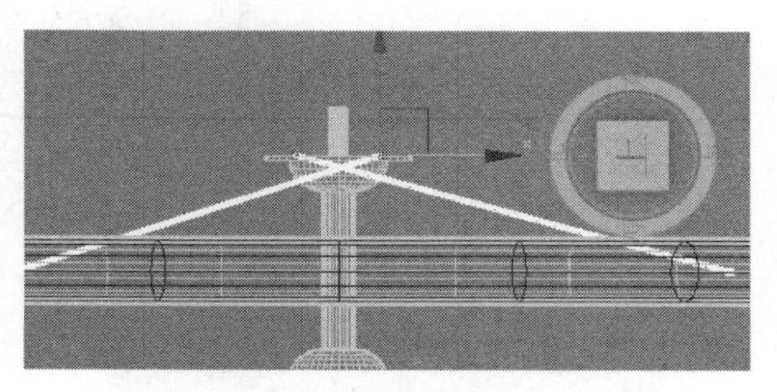

图 2.34　顶视图中调节点的位置

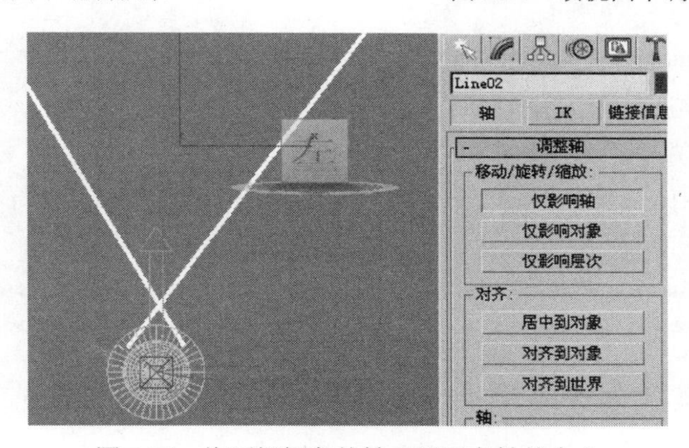

图 2.35　将两根辐条的轴心置于车轴的中心

（6）选择辐条，单击按钮，打开“层次”\“轴”面板，单击“仅影响轴”按钮，使用“对齐”工具，然后选择车轴物体，将两根辐条的轴心置于车轴的中心上，再次单击“仅影响轴”按钮解除对轴的锁定。

（7）激活左视图，选择辐条对象，使用“阵列”命令在如图 2.36 所示“阵列”对话框中设置阵列复制参数，在“总计”项目组中，设定 Z 向旋转参数为 360，即以 Z 轴为旋转轴旋转 360°，设置“阵列维度”选项组中 1D 的“数量”为 10，这样就会在圆周上旋转复制 10 对辐条对象，如图 2.37 所示为复制后的效果。

（8）选择所有的辐条对象，选择“组”菜单中的“成组”命令，将所有辐条编辑成组，以便于后面的操作。

（9）再应用“镜像”工具，镜像复制车轮另一侧的辐条，并稍作旋转，完成所有辐条的创建，效果如图 2.38 所示。

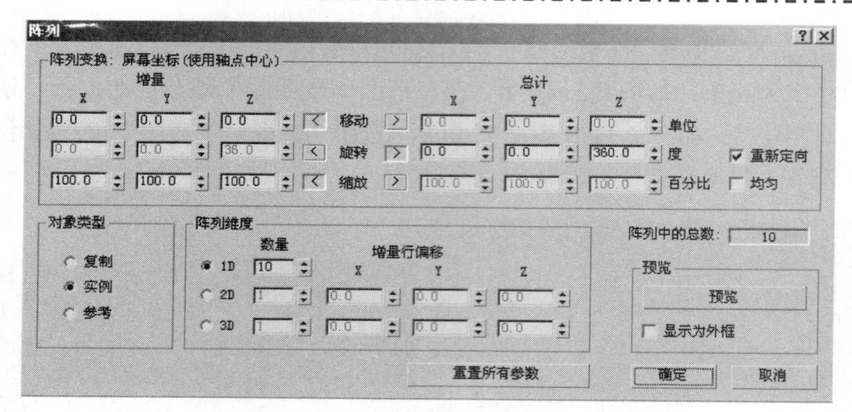

图 2.36　“阵列”复制辐条

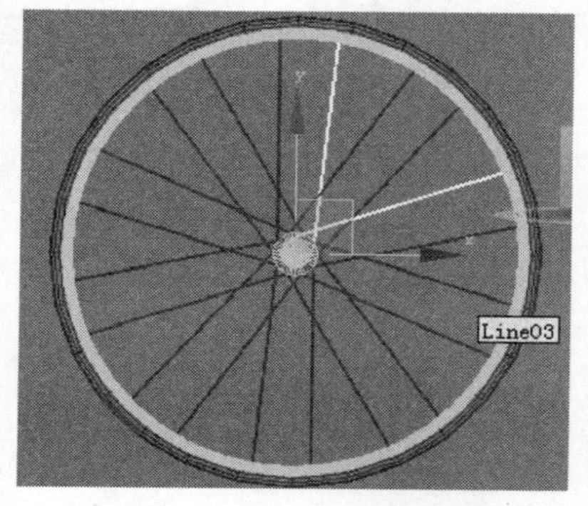

图 2.37　“阵列”复制后的效果

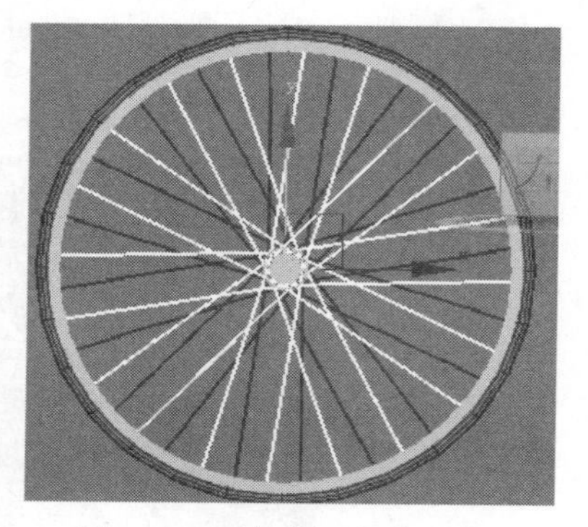

图 2.38　“镜像”辐条效果

2.3.2　自行车车架的创建

自行车车架的创建步骤如下所述。

（1）在左视图中将自行车车轮复制并作位移，形成前后两个轮子。在两轮之间使用“线”工具绘制车架造型，在“渲染”卷展栏中选中“在渲染中启用”、“在视口中启用”、“使用视口设置”复选框，增大“厚度”数值，结实的车架创建完成，如图 2.39 所示。

图 2.39　车架

（2）在左视图中以同样的方法绘制车前叉的一半，然后切换至顶视图以及前视图调整

上端点的位置，使之向车的内侧弯曲。

（3）使用镜像复制工具，以 Y 轴为镜像轴复制生成车前叉的另一半。选择一侧线，使用“附加”命令将两条样条曲线结合在一起，使用窗口式选择将上端相交的点全部选中，应用“焊接”命令进行焊接，两侧车前叉焊接在一起，如图 2.40 和图 2.41 所示。

图 2.40　车前、后叉和车把的绘制

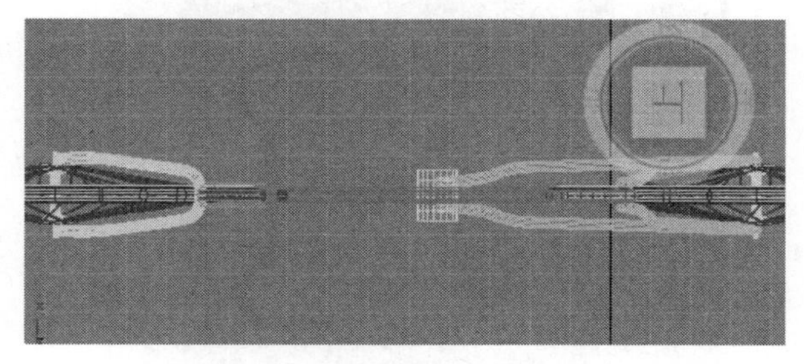

图 2.41　镜像后顶视图效果

（4）应用同样的创建方法，完成后叉和车把的绘制，效果如图 2.42 所示。

图 2.42　车前、后叉和车把的透视图效果

2.3.3　自行车轮盘及脚蹬的创建

自行车轮盘及脚蹬的创建步骤如下所述。

（1）轮盘造型直接使用图形创建无法达到要求的效果，所以这里采用一些简单的编辑修改器来完成。轮盘的齿轮形状应用“星形”工具来完成。选择“创建”\“图形”\“星形”选项，在左视图中创建“点”数量为 40 的星形。设置内直径和外直径的差值不要太大，以产生小的齿轮效果。设置“圆角半径 1”和“圆角半径 2”参数使齿轮尖端有小的倒角效果。（注意：此处的参数不能是定值，因为创建初期的尺寸各不相同，所以要根据各自创建的比例情况而定，可参考图 2.43 所示的效果。）

（2）在齿轮形状内创建一个小的圆，再应用“线”工具创建一个三边圆角的封闭图形。然后单击右键，将圆附加为一体，摆放好位置，这个形状将作为轮盘上的镂空基础形状，如图 2.43 所示。

（3）单击按钮，打开“层次”\“轴”面板，单击“仅影响轴”按钮，使用“对齐”工具，然后选择齿轮对象，镂空形状以齿轮中心作为中心点，再次单击“仅影响轴”按钮释放对中心点的锁定，应用命令旋转阵列 3 组镂空形状，如图 2.44 所示。

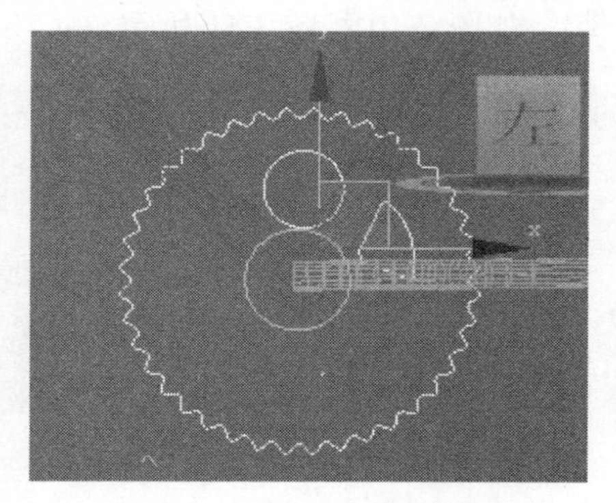

图 2.43 轮盘的镂空基础形状

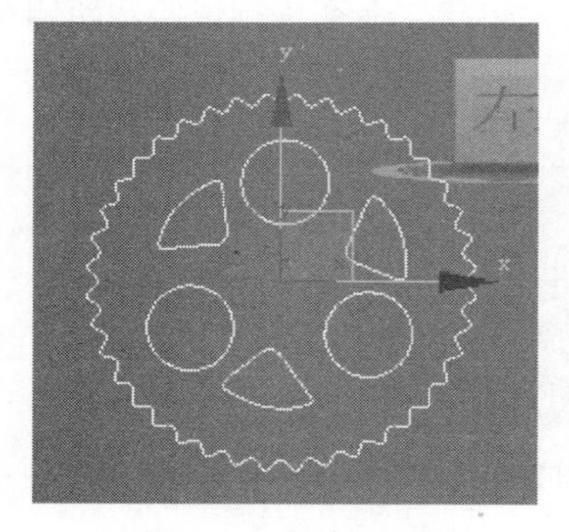

图 2.44 轮盘形状

（4）选择轮盘形状，单击“附加”按钮将所有的圆和多边形结合在一起，单击按钮打开“修改”面板，在“修改器列表”中选择“挤出”修改器，设置“数量”参数，轮盘对象创建完毕，效果如图 2.45 所示。

（5）创建脚蹬拐。在左视图中创建大小两个圆，使两个圆形垂直摆放，在圆上单击鼠标右键，转换成可编辑样条线，应用“附加”命令将两个圆形结合进来，如图 2.46 所示。

图 2.45 轮盘挤出效果

图 2.46 创建垂直摆放的两个圆

（6）选择“顶点”次物体级，选取两个圆相对的点，选择“几何体”\“断开”命令。使用“焊接”命令将相对应顶点焊接在一起，并将两个焊接后的顶点删除，如图 2.47 所示。得到如图 2.48 所示的形状，为此形状添加“挤出”修改器，拉伸生成脚蹬拐物体。

（7）按“Shift”键，同时应用旋转工具旋转 180°，复制产生另一个脚蹬拐物体，将新的脚蹬拐物体位移到车轴的另一侧。

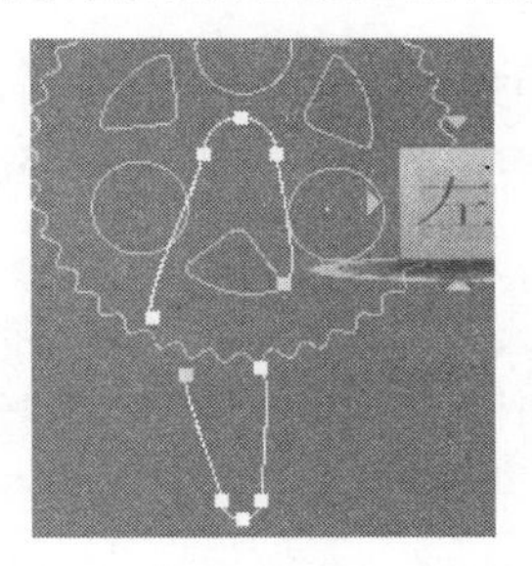

图 2.47　“断开”与“焊接”

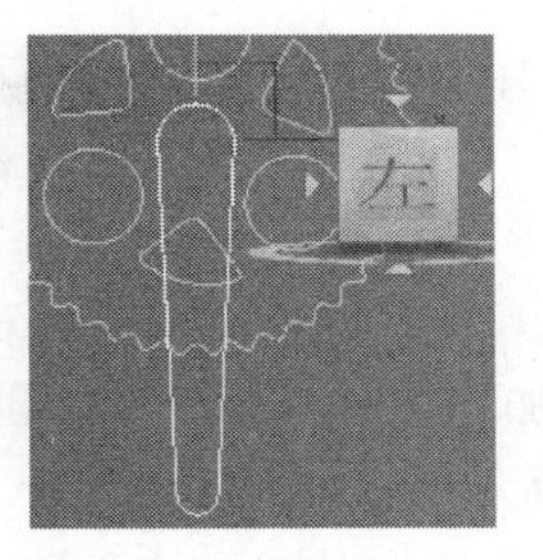

图 2.48　脚蹬拐形状

（8）在顶视图中应用“扩展基本体”\“切角长方体”工具绘制带有倒角的长方体，生成脚蹬对象，效果如图 2.49 所示。

图 2.49　脚蹬对象

2.3.4　自行车车座及链条等附件的创建

自行车车座及链条等附件的创建步骤如下所述。

（1）车座的制作采用添加“倒角剖面”修改器来辅助完成。首先在顶视图中应用“线”工具绘制车座的俯视轮廓线和剖面线，如图 2.50 所示。选择轮廓线添加倒角剖面，并利用“拾取剖面”拾取截面图形，如图 2.51 所示。

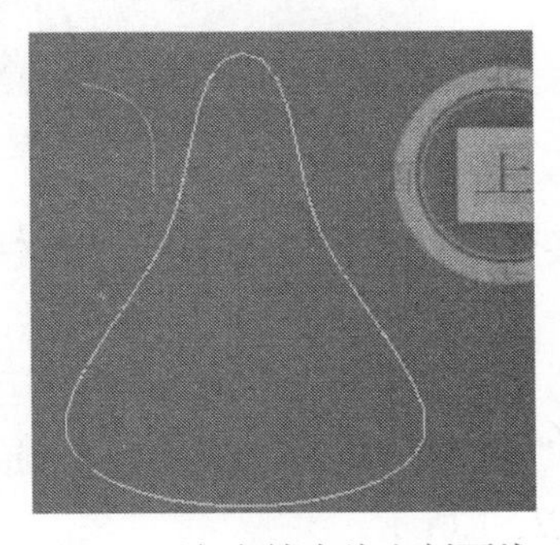

图 2.50　车座轮廓线和剖面线

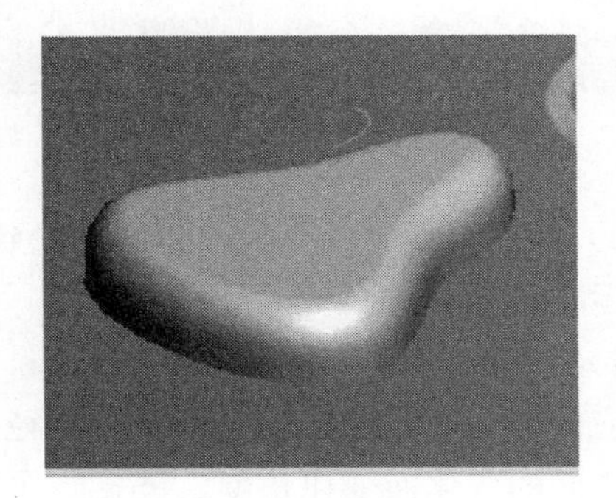

图 2.51　倒角剖面制作效果

（2）制作链条。在左视图中以轮盘上齿轮间的间距大小作为基准创建圆，按“Ctrl+V”键原地复制一个，并减小“半径”参数数值，如图 2.52 所示。然后将两个圆同时位移复制，完成 4 个圆形的创建。

（3）选中一个大圆并右击，在弹出的快捷菜单中选择“转换为可编辑样条线”命令，并应用“附加”命令与另一个大圆结合在一起，使用同样的方法将两个小圆结合在一起，形成链条单元对象的外形和内形。

（4）进入大圆的“顶点”次物体级，选择两个相对的顶点使用“断开”命令将其打断，重新调整位置，使用“焊接”命令将对应点焊接在一起，并调整形态，结果如图 2.53 所示。

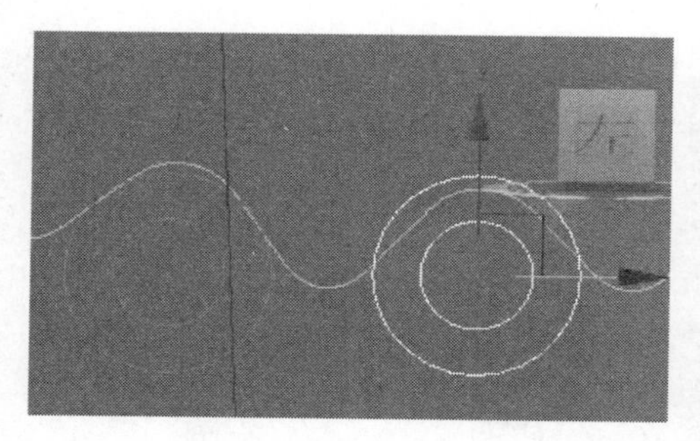

图 2.52　复制圆形

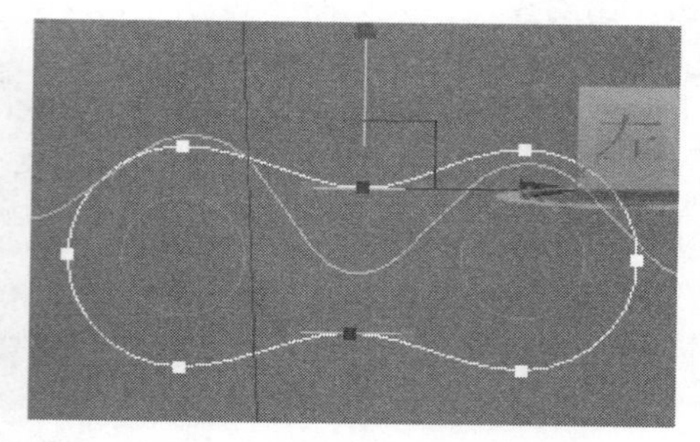

图 2.53　制作链条单元样条线

（5）分别为外形和内形对象添加“挤出”变动修改器，内形将作为链条的连接轴所以要稍厚些，外形将作为连片所以稍薄些，详细尺寸要对比轮盘厚度，如图 2.54 所示。复制外型对象并位移到连接轴的另一侧，在两个圆心位置再添加两个圆柱，形成链条结构群组，如图 2.55 所示。

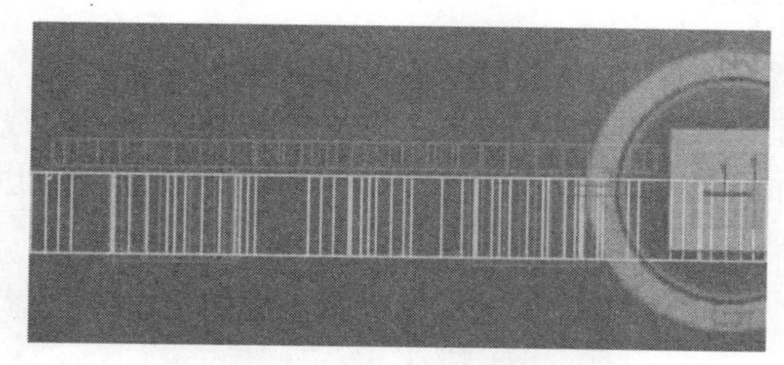

图 2.54　挤出外形和内形对象

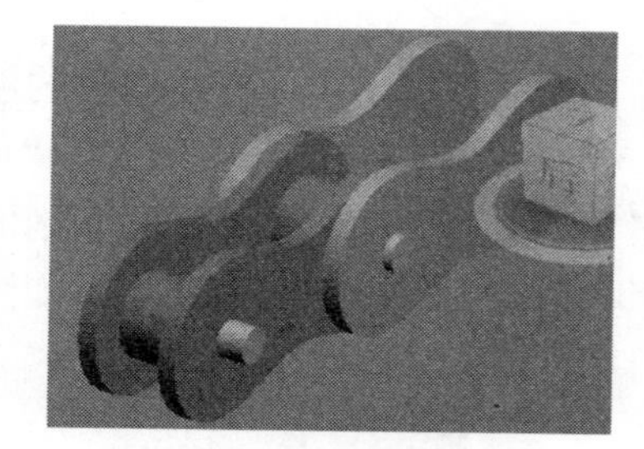

图 2.55　链条结构群组

（6）在左视图中绘制线，创建后轮到中轴的链条线，如图 2.56 所示，用这条线作为链条的运动路径。

（7）选择链条组，应用间隔工具，单击“拾取路径”按钮，拾取链条的运动路径，指定相应的复制数量使链条充满整个路径，将“跟随”选项打开，使链条在复制的过程中随线的方向的变化而变化角度，链条制作完成，如图 2.57 所示。

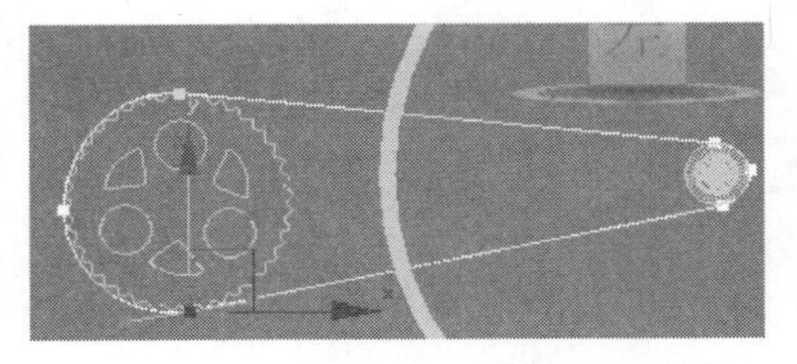

图 2.56　创建后轮到中轴的链条线

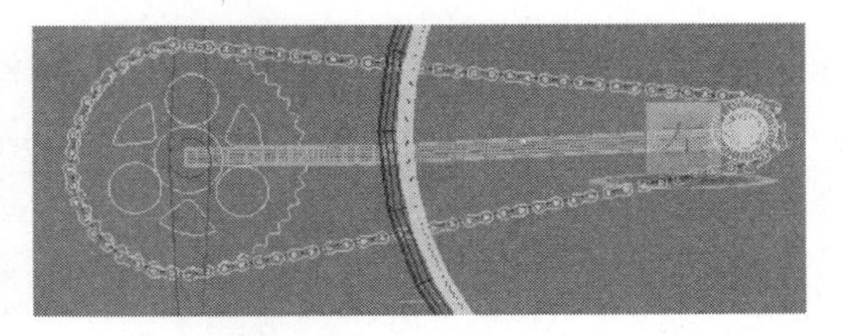

图 2.57　应用“间隔工具”复制链条

（8）自行车全貌效果如图 2.58 所示。本例中大部分造型应用二维图形创建完成，少数零部件则在编辑二维图形的基础上添加了编辑修改器。可见，二维图形是非常重要的，不过生成复杂的三维模型还需要结合其他的模型创建方式，在后面的学习中将逐步地讲解。最后制作好的自行车如图 2.59 所示。

图 2.58　自行车全貌

图 2.59　自行车

2.4　课 后 习 题

思考题

1．如何才能在渲染视图中观察到二维线形？如何改变线的粗细？
2．点的“角点”方式和“Bezier”方式的区别是什么？
3．“附加”命令能够将两个二维图形结合在一起，那么此命令在哪里能够找到？
4．“截面”的正确使用方法。
5．“焊接”与“熔合”的区别在哪里？
6．举例说明“插值”在二维图形中的作用。

第 3 章　基本三维对象编辑

本章主要内容

☑ 标准几何体的创建
☑ 扩展几何体的创建
☑ 利用基本三维对象堆砌简单的场景
☑ 利用基本三维对象添加修改器创建复杂三维物体

本章重点

基本三维对象的参数设置及特征，应用三维对象及修改器制作较复杂的三维造型实例。

本章难点

☑ 利用基本三维对象堆砌简单的场景
☑ 利用基本三维对象添加修改器创建复杂三维物体

3.1　创建基本的三维对象

在 3ds max 中，基本的三维几何对象包含如图 3.1 所示的几种类型：标准基本体、扩展基本体、复合对象、粒子系统、面片栅格、NURBS 曲面、门、窗、mental ray、AEC 扩展、动力学对象和楼梯。

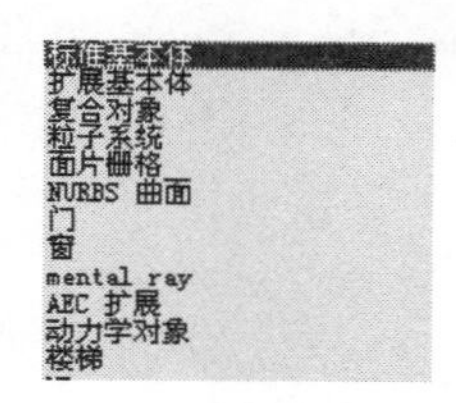

图 3.1　创建面板

本章主要介绍标准基本体和扩展基本体的创建及参数的意义。

3.1.1　标准基本体

3.1.1.1　创建命令通用卷展栏及参数

创建命令通用卷展栏及参数如图 3.2 和图 3.3 所示。

（1）名称和颜色：用于指定对象的名称及颜色。

（2）创建方法：用于指定对象的创建方式，例如创建方形时，可以指定“立方体”或“长方体”。

（3）键盘输入：在创建对象时，可以精确地指定对象的 X、Y、Z 的位置，以及对象的基本几何参数。单击“创建”按钮即可在场景中创建对象。

（4）参数：此卷展栏用于设置创建的几何体的基本参数，如“长度”、“宽度”、“高度”、“长度分段”、“宽度分段”、“高度分段”等。

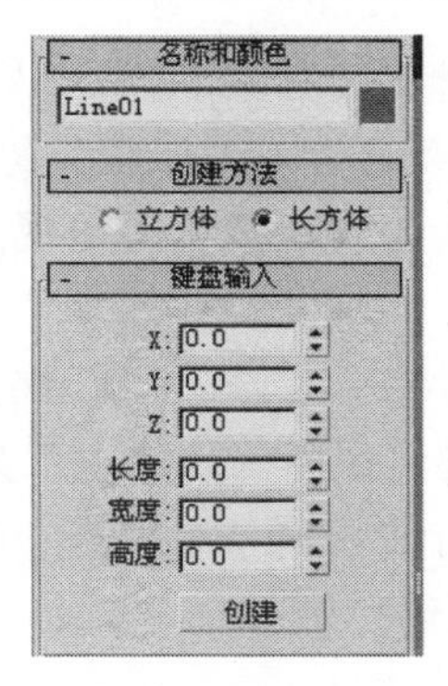

图 3.2　创建方式

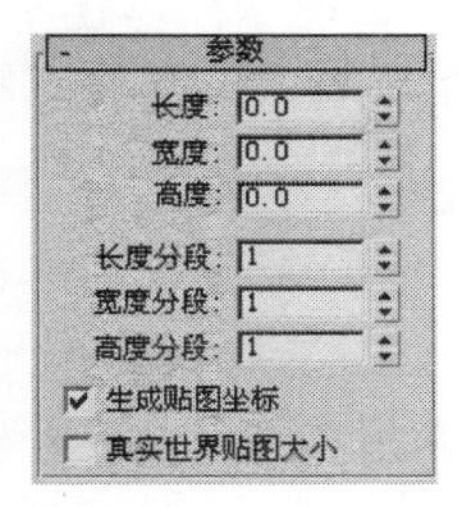

图 3.3　参数设定

提示：

一般在精细编辑对象时需要提高分段数，其他情况使用默认值，以减小文件。

3.1.1.2　*用几何体堆砌卡通人*

用几何体堆砌卡通人的步骤如下所述。

（1）选择“创建”\“标准基本体”\“长方体”选项，在前视图创建一个“长度”为 35，“宽度”为 60，“高度”为 50 的长方体，“长度分段”、“宽度分段”、“高度分段”保持默认值 1，“名称”默认为 Box01，在“颜色”拾取器中拾取桔黄色，此对象将作为卡通人的脸部。

（2）选择“创建”\“标准基本体”\“球体”选项，在前视图中创建一个“半径”为 4.5，“分段”为 15 的球体作为眼睛，设置颜色为黑色。

（3）按“Shift”键，同时使用工具，将黑色的球体复制一份，将这两个球体放置在卡通人脸部的眼睛位置，如图 3.4 所示。

（4）选择“创建”\“标准基本体”\“管状体”选项，在前视图中眼睛的上方创建管状体物体作为眼眉，设置“半径 1”值为 9.7，“半径 2”值为 8，“高度”值为-2，选中“切片启用”复选框，其下的“切片从”、“切片到”呈现可编辑状态，设置“切片从”为 65，“切片到”为-65，调节圆管物体在其他视图的位置关系，使圆管对象位于卡通人的眼眉位置，复制眼眉对象到另一侧，效果如图 3.5 所示。

图 3.4　眼睛的位置

图 3.5　眼眉的位置

（5）创建卡通人的鼻子。选择“创建”\“标准基本体”\“圆锥体”选项，在前

视图创建圆锥体物体，设置“半径 1”参数值为 7，“半径 2”值为 1.5，“高度”值为 10，“高度分段”为 1，“端面分段”为 1，“边数”为 6，取消选中“平滑”复选框，选中“切片启用”复选框，设置“切片从”为-180，“切片到”为 0，调节其他视图，将圆锥体物体放置在鼻子的位置上，如图 3.6 所示。

（6）切换视图到左视图，选择“创建”\“标准基本体”\“圆柱体”选项，创建一个“半径”为 7、“高度”为 6 的圆柱体，再切换到前视图，使用主工具栏中的旋转工具将圆柱物体以 Z 向为轴旋转一定角度，用同样的方法创建一个稍短一些的圆柱体，并向相反方向调整角度，如图 3.7 所示，卡通人的嘴巴创建完毕。

图 3.6　鼻子的位置

图 3.7　嘴巴的位置

（7）选择“创建”\“标准基本体”\“圆环”选项，在前视图中创建圆环物体作为耳朵，设置“参数”组的“半径 1”数值为 8，“半径 2”数值为 3。选中“切片启用”复选框，设置“切片从”为-180，“切片到”为 0，其他参数设置保持默认状态，将耳朵物体放置在长方体物体的侧面。

（8）单击主工具栏中的“镜像”工具按钮，在弹出的对话框中选择 X 轴，选择“复制”单选按钮，设置“偏移”距离为 60，生成的圆环物体正好形成另一侧的耳朵，如图 3.8 所示。

（9）选择“创建”\“标准基本体”\“茶壶”选项，在顶视图中创建茶壶，设置“半径”为 60，“分段”为 3，取消选中“平滑”复选框，在“茶壶部分”参数选项中只选择“壶盖”，它将作为卡通人的帽子，调整好位置，使它正好戴在卡通人的头上，如图 3.9 所示。

图 3.8　耳朵的位置

图 3.9　帽子

（10）创建一个“半径”为 7、“高度”为-40 的圆柱，放置到头底部的中心位置。选

择 “创建”\ “标准基本体”\“四棱椎”选项，在左视图创建四棱椎物体，设置“宽度”为 7，“深度”为 13，“高度”为 21，其他参数保持默认状态，在前视图应用 “镜像”工具，将四棱椎物体复制到另一侧，调节位置形成一个领结形状，一个完全由标准几何体堆砌的卡通人创建完毕。还可以创建一个平面作为地面放在卡通人的脚下，否则就成空中飞人了。最终效果如图 3.10 所示。

图 3.10　卡通人

3.1.2　扩展基本体

在创建几何体下拉列表中选择“扩展基本体”选项，可以打开创建扩展几何体面板。在扩展的几何体中将许多常用的几何体进行了更细致的处理，如倒角的立方体、圆柱的边角抛光等，都为创建更接近生活的几何体提供了方便。

1．异面体

在“参数”选项中可设定多面体类型，共有四面体、立方体/八面体、十二面体/二十面体、星形 1 和星形 2 五种基本形体方式供选择，如图 3.11 所示。

其中的 P、Q 数值调整后异面体将可以产生不同的造型，“轴向比例”是对于异面体的轴进行缩放，“顶点”则是确定异面体顶面的多少。

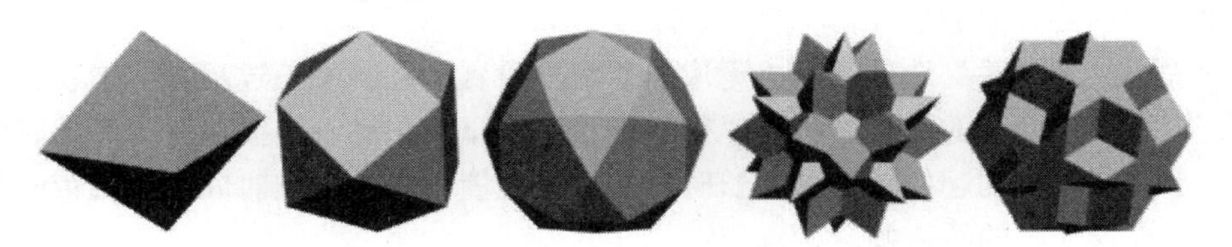

图 3.11　异面体

2．倒角长方体（如图 3.12 所示）

这里与标准几何体的区别就是“圆角”参数，它可以设定所有倒角的大小，具有倒角性质的几何体中这个参数设置都是相同的，后面将不再赘述。“圆角分段”用于设置倒角的分段数目，数值越大，倒角越圆滑。

图 3.12　倒角长方体

3．油罐（如图 3.13 所示）

可用来制作带有球冠形的柱体，如创建胶囊药丸或药片等物体。

“封口高度”用于设定球冠部分的高度，“全部”用于设置油罐物体整体的高度，“中心”用于设置油罐物体主体部分的高度，“混合”用于设置球冠部分与柱体部分的混合，“边数”用于设置球冠界面的边数。

4．纺锤（如图 3.14 所示）

可用来创建类似纺锤造型的物体，“总体”用于设置纺锤物体整体的高度，“混合”用于创建带有倒角的棱柱体，能够产生边棱光滑的倒角柱形。

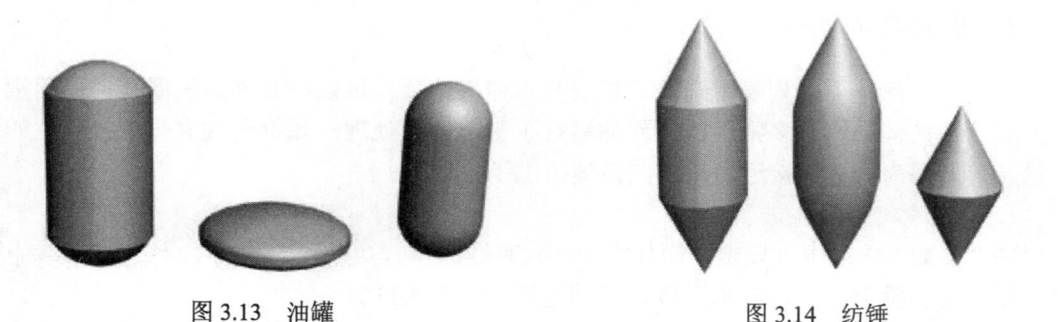

图 3.13　油罐　　　　图 3.14　纺锤

5．环形波（如图 3.15 所示）

创建放射性的波浪造型。

- “环形波计时”选项组：“无增长”将不设置动态的生长过程，“增长并保持”用于设置动画的形成过程，“循环增长”用于设置动画的循环，“开始时间”用于设置动画的起始帧，“增长时间”用于设置动画的生长时间，“结束时间”用于设置动画的结束帧。
- “外边波折”选项组：选中“启用”复选框，开启外部边缘衰竭功能，“主周期数”用于设置主要边缘成长的周期，“宽度波动”用于设置在宽度上的变化，“爬行时间”用于设置一次从生长到结束的时间。
- “内边波折”选项组：参数设置与上一项基本一致。

图 3.15　环形波

6．环形结（如图 3.16 所示）

- “参数”选项组：控制有关环绕曲线的参数，这种环形结造型也可以理解为截面在曲线路径上放样的造型，此处的参数是针对曲线路径的参数控制。两种环形结分别是“结”与“圆”。
- “扭曲数”与“扭曲高度”：当使用“结”方式时有效，主要控制曲线路径上产生的弯曲数目和弯曲高度。
- “横截面”选项组：通过截面图形的参数来控制造型，“偏心率”用来设置截面压扁的程度。“扭曲”设置截面沿路径扭曲旋转的程度，当有偏心率或弯曲设置时，就能够显示效果，像螺旋般的扭曲。“块”设置会在路径上产生肿瘤状的凸起，通过 3 个参数共同产生作用，其后的“块高度”和“块偏移”分别设置肿瘤的隆起高度和肿瘤的位置，“全部”选项用于对整个造型进行光滑处理，“无”则表示不进行光滑处理。

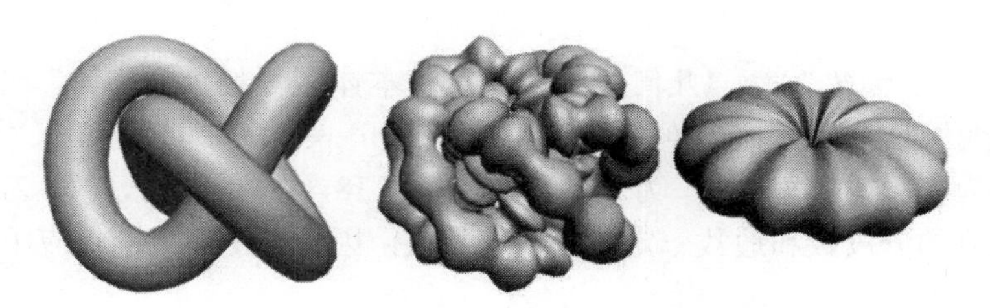

图 3.16　环形结

7．切角圆柱体（如图 3.17 所示）

用于创建带有光滑角的圆柱体。

8．胶囊（如图 3.17 所示）

用于创建两端带有半球的圆柱体，形状酷似胶囊造型，参数设置与油罐物体基本相似。

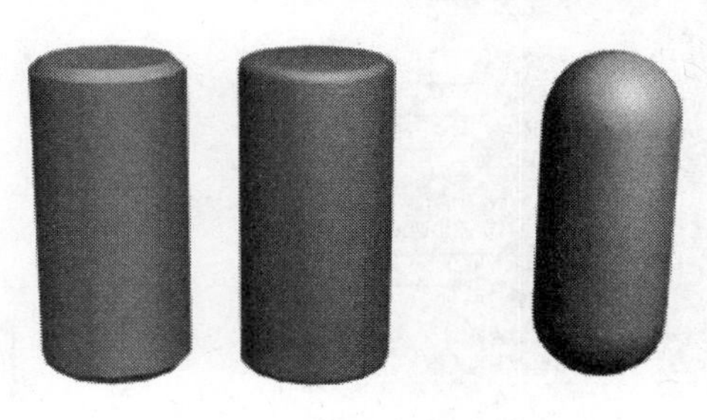

图 3.17　切角圆柱及胶囊

9．L-Ext、C-Ext（L、C 形墙）（如图 3.18 所示）

用于创建 L 和 C 形剖面立体墙模型，主要用于建筑快速建模，可分别设置每侧墙的厚度和分段数。

10．棱柱（如图 3.19 所示）

用于创建不等边的三棱柱体，“基点/顶点”用于创建不等边的三角形底面的三棱柱。“侧面 1 长度”、“侧面 2 长度”、“侧面 3 长度”分别用于设置底面三角形的三边长度。“高度”用来设置三棱柱的高度。

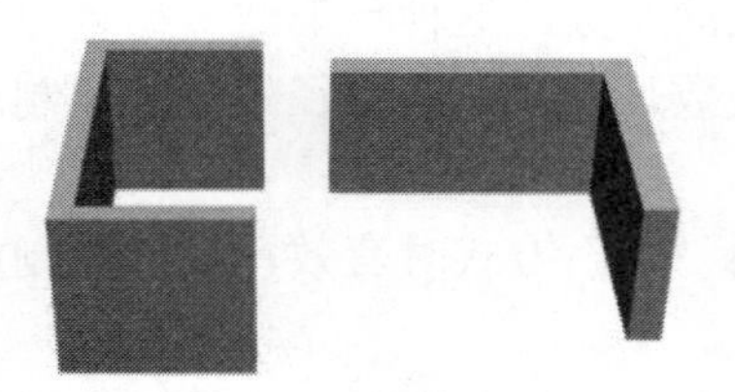

图 3.18　L、C 形墙

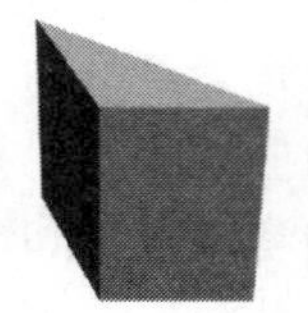

图 3.19　棱柱

3.2　实践操作：创建卡通茶杯

说明：本节主要是应用基本三维对象添加编辑修改器创建复杂三维物体的实例，详细知识可参阅第 6 章内容。

（1）选择“创建”\“几何体”\“扩展基本体”\“切角圆柱体”选项，在顶视图中创建一个切角圆柱体作为杯体，设置“半径”为 60，“高度”为 180，“圆角”为 3.8，“高度分段”为 6，“圆角分段”为 1，“边数”为 18，“端面分段”为 2，如图 3.20 所示。在这里高度的分段数和边数一定要保证此数值，因为杯子的手柄将应用其中的“多边形”命令挤出产生。

（2）在切角圆柱体上右击，选择“转换为”\“转换为可编辑网格”命令将几何体转化为可编辑的网格物体，如图 3.21 所示，在透视图的文字上右击，选择“边面”显示方式，便于编辑对象。

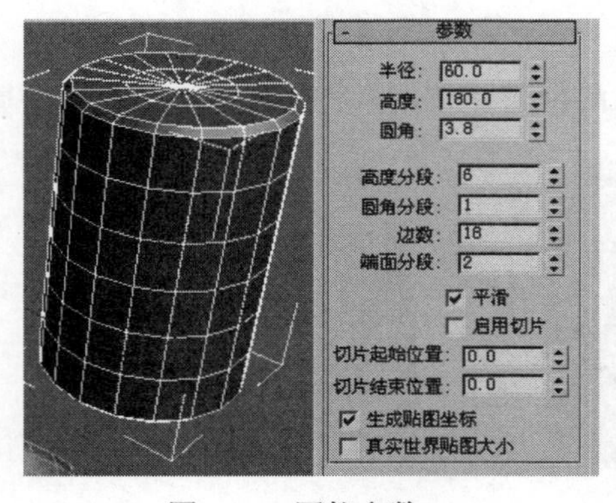

图 3.20　圆柱参数

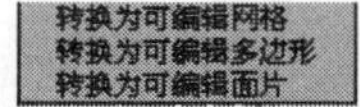

图 3.21　转换成可编辑网格物体

（3）在“修改”面板，单击“选择”卷展栏下的“顶点”按钮进入点次物体级，并选中“忽略背面”复选框，在视图中可见对象所有的节点（蓝色），然后应用主工具栏中的选取工具，在顶视图选择圆柱顶端的中间一圈点，如图 3.22 所示。在透视图沿 Z 轴向杯子的底部位移，然后将选中的点应用比例缩放工具放大到与杯子口大小相似，如图 3.23 所示。

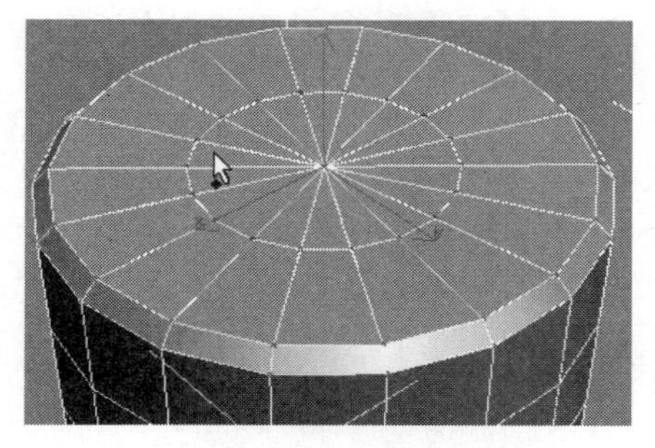
图 3.22　选择点

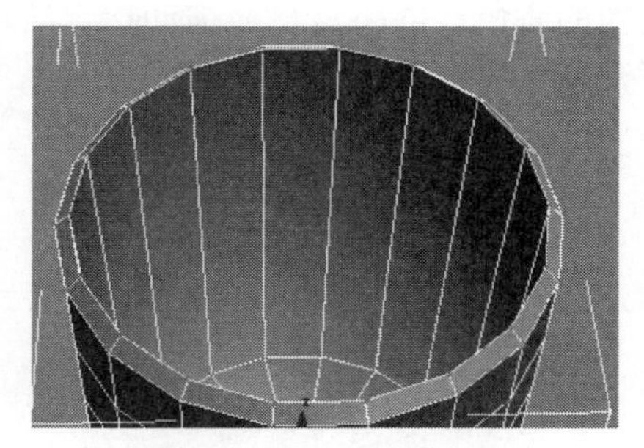
图 3.23　移动并缩放点

（4）挤出手柄。单击“多边形”按钮，选择“多边形”次物体级，配合“Ctrl”键选中上下两端单个的多边形，如图 3.24 所示。

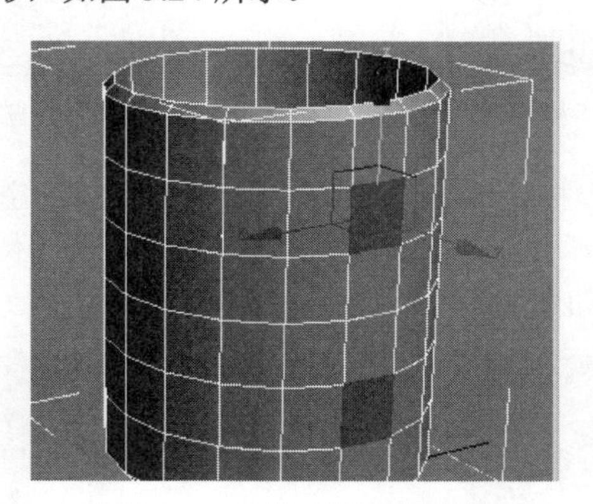
图 3.24　“多边形”次物体级

（5）在“编辑多边形”卷展栏中的“挤出高度”微调框中输入 10，如图 3.25 所示。

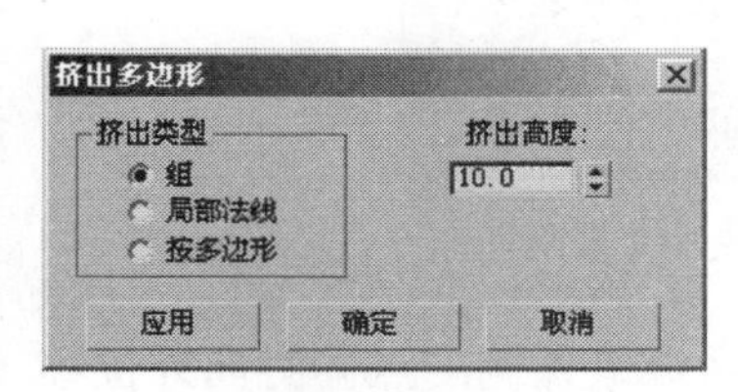

图 3.25　输入挤出数量

（6）单击“挤出”按钮，将选中的多边形挤出，挤出操作重复几次以确保手柄部分适

当的片段数，如图 3.26 所示。

（7）将上下两个挤出体连在一起形成一个连贯的手柄。首先确保前面挤出的多边形为选取状态，按“Delete”键，删除选中的两个多边形，此时手柄形成两个空洞，如图 3.27 所示，为了在操作中方便观察，可以指定一个双面材质（注意：打开材质编辑器，选择一个材质球，选中“明暗器基本参数”卷展栏下的“双面”复选框，将“漫反射”调整出适当的颜色，并将该材质拖动指定给场景对象。关于材质编辑器的详细内容将在后面章节中介绍）。

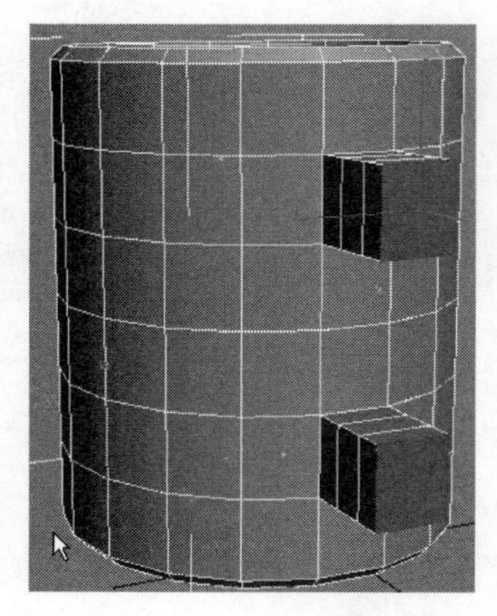

图 3.26　挤出手柄深度

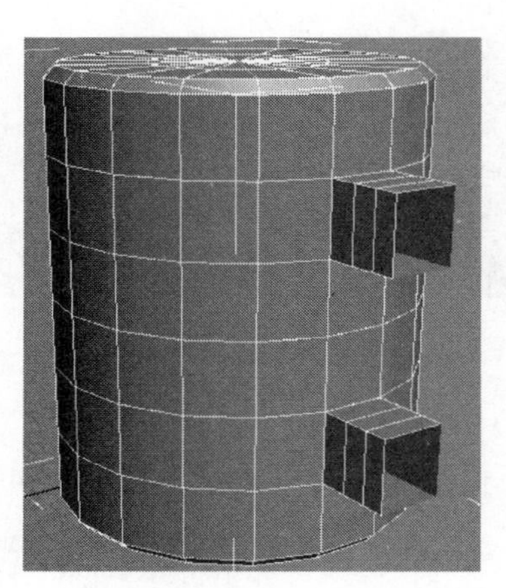

图 3.27　删除选中的多边形

（8）单击 “顶点”按钮到顶点次物体级，将手柄上下空洞间相邻的两点选中，选择“塌陷”命令，两个点坍塌为一个点，如图 3.28 所示。另一侧的点执行同样的命令，手柄的上下部分完成接合，如图 3.29 所示。

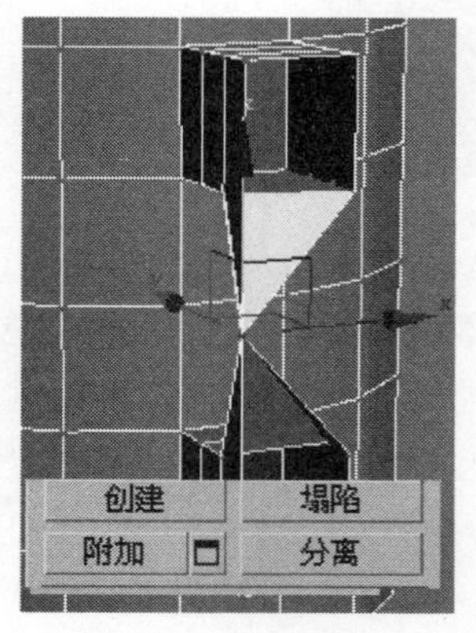

图 3.28　执行“塌陷”命令

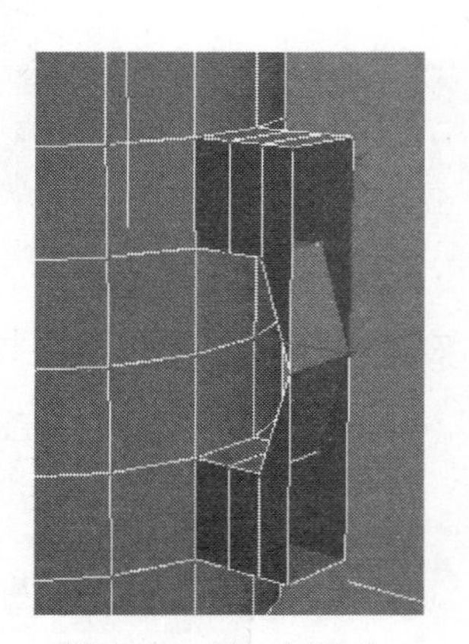

图 3.29　另一侧操作

（9）选中上下两端最外侧的点同时向外位移（见图 3.30），然后重复执行“塌陷”命令，使杯子手柄闭合，如图 3.31 所示。

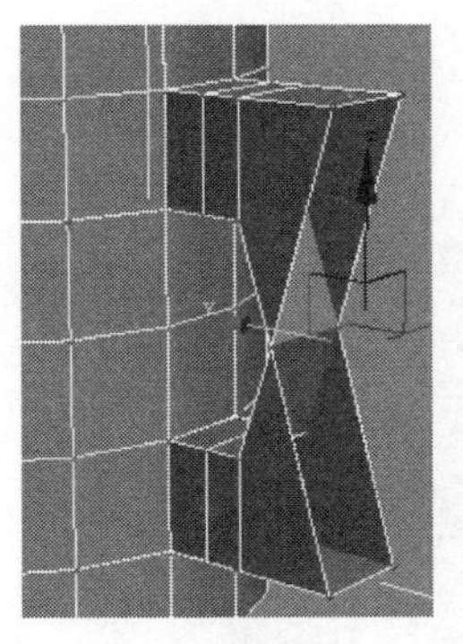

图 3.30　位移外侧点

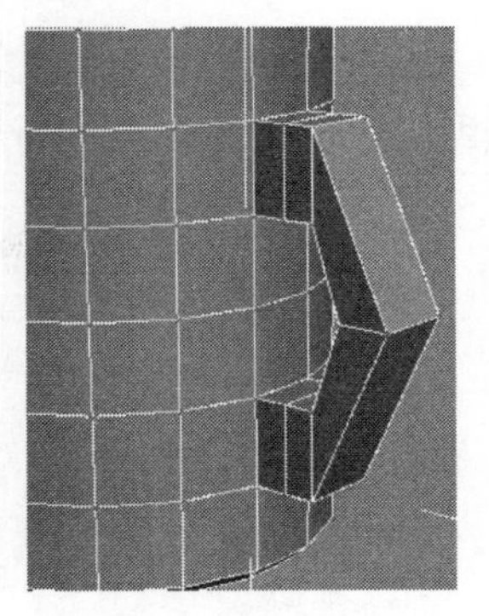

图 3.31　手柄闭合

（10）使用“移动”工具适当地调整手柄上点的位置，使手柄造型更加美观，杯子的基本造型已初步形成，如图 3.32 所示。

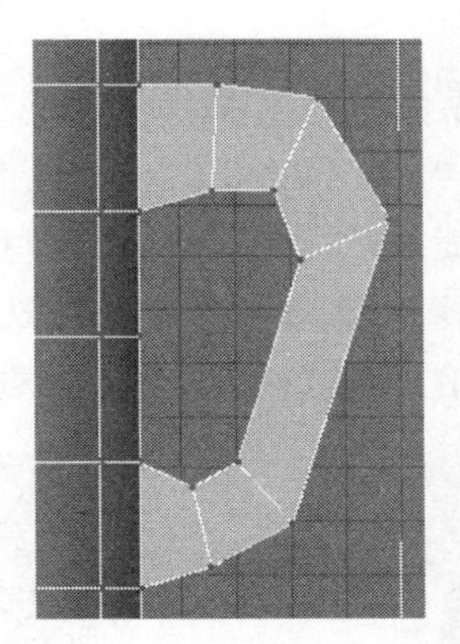

图 3.32　调整手柄造型

（11）回到上一级（物体级），选择“修改器列表”中“对象空间修改器”\“网格平滑”选项，为对象添加光滑修改器，如图 3.33 所示，设置“迭代次数”为 2，这时将看到杯子呈现光滑的效果，漂亮的杯子造型设计完成，如图 3.34 所示。

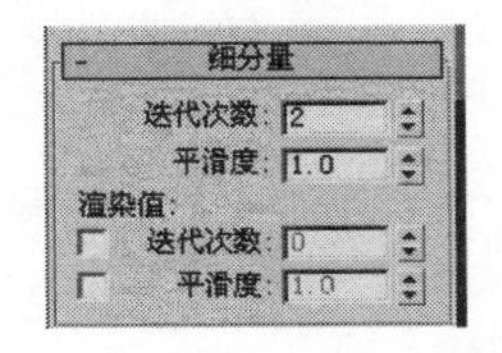

图 3.33　设置“迭代次数”参数

图 3.34　添加光滑修改器后的杯子

（12）下面将为杯子添加材质。在修改面板中，在“修改器列表”下方小窗口（称为修改器堆栈）的最顶部修改器上右击，选择“塌陷全部”命令，如图 3.35 所示，使杯子成为一个可编辑多边形，如图 3.36 所示。

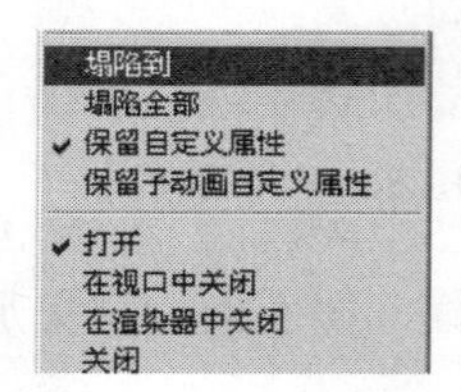

图 3.35　选择“塌陷全部”命令

图 3.36　杯子造型

（13）在可编辑多边形的次物体中单击“多边形”按钮，然后将选取工具的选择方式设置为“圆形”选择，配合“Ctrl”键窗口式来选取杯子内壁和手柄部分的多边形，如图 3.37 所示，在“多边形：材质 ID”卷展栏中设置材质 ID 为 1。

（14）在“编辑”菜单中选择“反选”命令，将选区反向，杯体外侧即被选中，如图 3.38 所示，在“多边形：材质 ID”卷展栏中设置材质 ID 为 2。

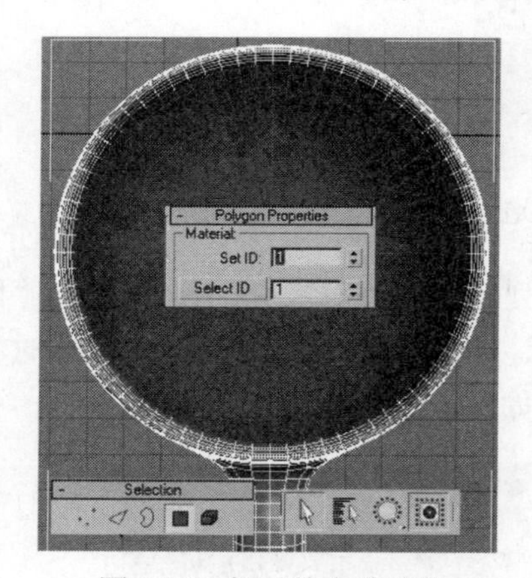

图 3.37　杯子的内壁选取

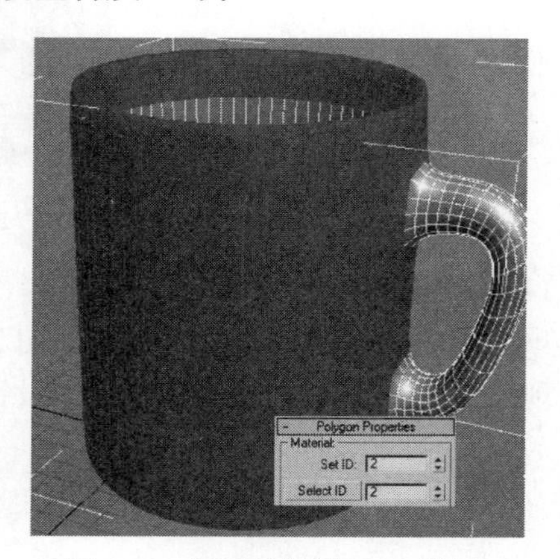

图 3.38　杯子外侧材质 ID 设置

（15）按 M 键，打开材质编辑器，设定材质属性为“多维/子对象”材质，设置多维次材质数量为 2，如图 3.39 所示。

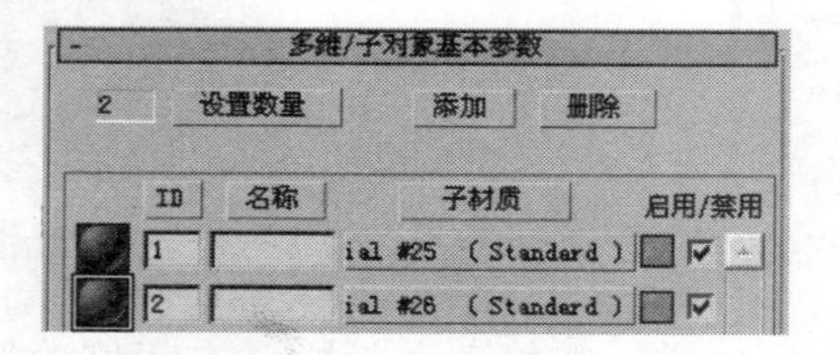

图 3.39　“多维/子对象”材质

（16）在 ID1 材质的明暗器基本参数中设置材质基本方式为多层方式。设置 ID1 的材质为淡黄色的瓷，拖动 ID1 材质以复制方式复制到 ID2 中，再在 ID2 材质的贴图卷展栏中在漫反射贴图通道中添加卡通树图案的纹理，参数设置如图 3.40 所示，卡通树图案如图 3.41 所示。

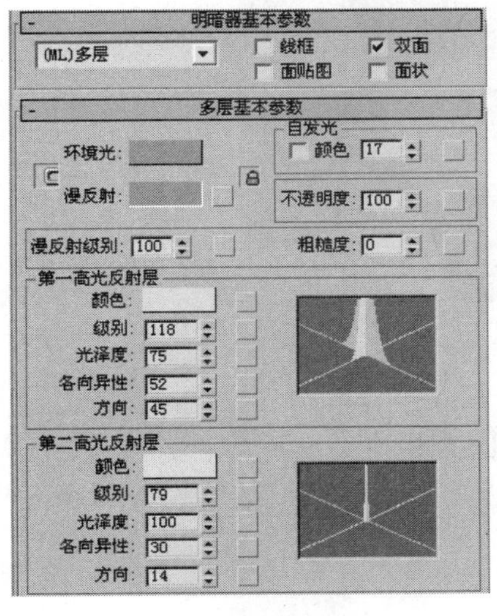

图 3.40　材质参数

图 3.41　卡通树图案纹理

（17）打开“修改”面板\“修改器列表”\“对象空间”修改器\“UVW 贴图”，为茶杯添加一个贴图坐标修改器，贴图方式选择“圆柱体”方式，将设置好的材质指定给茶杯物体。

（18）布设灯光，灯光位置及参数设置如图 3.42 和图 3.43 所示，卡通茶杯制作完毕。如果有兴趣还可以继续在杯体上塑造其他造型，巧妙地应用“挤出”、“弯曲”以及点的位移的操作即可。

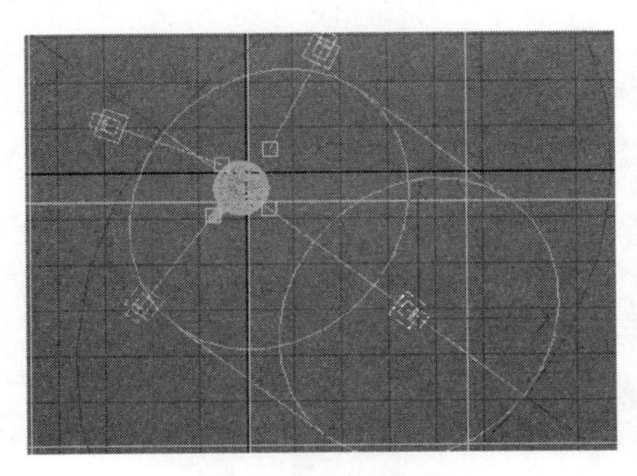

图 3.42　灯光位置

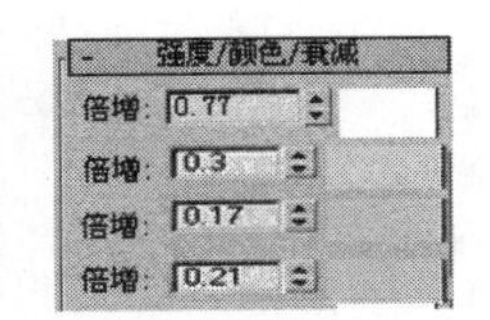

图 3.43　灯光的参数

最终完成的卡通杯子效果如图 3.44 所示。

图 3.44　卡通杯子

3.3　课 后 习 题

操作题

自己设计一个卡通造型，利用学习的基本几何体和扩展几何体的知识将造型堆砌出来，注意其中的参数设置和位置关系。

第 4 章　创建复合对象

本章主要内容

- ☑ 变形
- ☑ 散布
- ☑ 一致
- ☑ 连接
- ☑ 水滴网格
- ☑ 图形合并
- ☑ 布尔
- ☑ 地形
- ☑ 放样
- ☑ 网格化
- ☑ ProbBoolean
- ☑ ProCutter

本章重点

“放样”物体的功能介绍、参数调整，放样的实际应用范围。

本章难点

“放样”物体中“变形”卷展栏的几种变形方式

4.1　复合对象类型

现实世界中物体的形状是复杂多样的，采用第 3 章介绍的简单几何体来塑造就显得力不从心了，因此在 3ds max 中利用复合对象的创建来完成复杂的造型制作成为造型的方法之一。选择“创建”面板\“几何体”下拉菜单中的“复合对象”选项，单击其下相应的按钮，便可完成复合对象的创建。复合对象共有 12 种类型：变形、散布、一致、连接、水滴网格、图形合并、布尔、地形、放样、网格化、ProBoolean、ProCutter。这些复合对象的创建主要是通过两个以上的基本网格物体或样条线接收指令产生相互的作用后而生成较复杂的三维模型。如图 4.1 所示为复合对象类型。

4.1.1　变形

变形复合对象主要应用于将创建的基本对象变形为目标对象的动画操作，形成生动的

变形动画，常用于制作面部的表情动画，如微笑、眨眼等。变形复合对象的应用对变形对象的网格要求比较严格，要求变形过程中的变形对象和目标物体必须具有相同的节点数。如图 4.2 所示为“变形”参数。

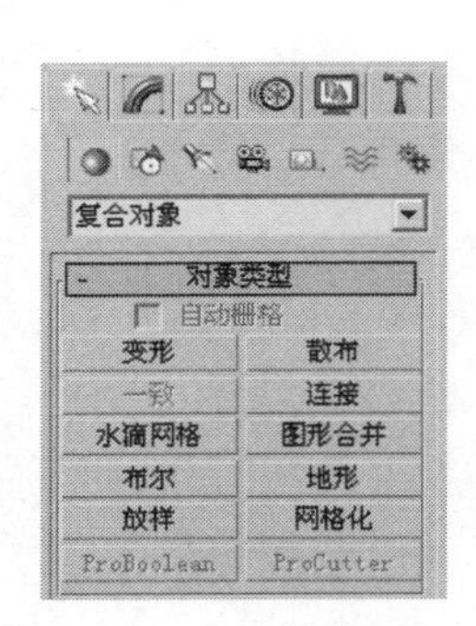

图 4.1　复合对象类型

图 4.2　“变形”参数

1．创建变形的基础造型

以一个瓶子变形动画为例，首先创建瓶子的截面图形（注意，节点的转折处不要产生自相交），如图 4.3 所示。为截面图形添加“车削”变动修改器，设置“度数”为 360，截面图形旋转一周形成圆柱状瓶体，选中“焊接内核”复选框可将中缝的核心点焊接以简化网格，设置“分段”为 16，在“对齐”选项组中选择“最小”位置，瓶子造型创建完成，如图 4.4 所示。

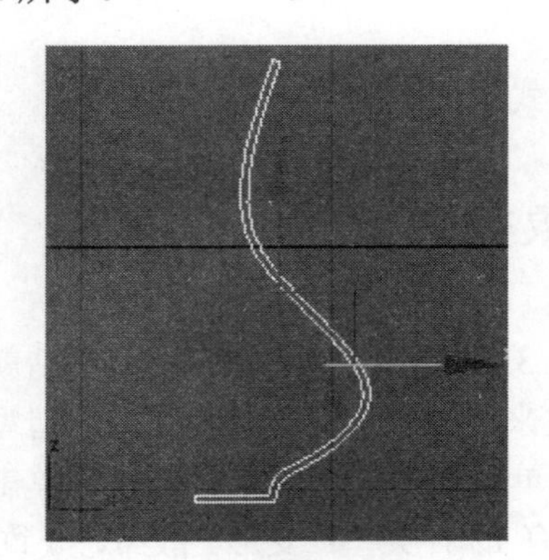

图 4.3　瓶子的截面形状

图 4.4　生成的瓶子造型

按“Shift”键，同时应用“移动”工具将瓶子复制一份，复制的方式为“复制”。

选择其中一个瓶子造型，在修改堆栈中选择 Line 的“顶点”次物体级，如图 4.5 所示，修改瓶子截面的点的位置，使瓶子的截面形状与图 4.6 相似（同样注意不要产生自相交的现象）。添加“车削”变动修改器，使此处的“车削”参数与前一个物体的“车削”参数完全相同，旋转生成另一个瓶子造型，如图 4.7 所示。

2．拾取目标

选择一个瓶子作为基本对象，打开“复合对象”创建面板，单击“变形”按钮打开变形参数卷展栏，单击“拾取目标”按钮后在场景中拾取变形目标对象（另一个瓶子），当目标对象符合变形条件时，光标会显示为十字光标，拾取成功后当前对象变形为目标对象。如在拾取对象前单击“自动关键点”按钮并设置关键帧记录动画过程，可以看到由基本对象向目标对象变化的全过程。如果光标在目标对象上没有显示为十字光标，表明目标对象与基本对象的点面数存在差异，这时需返回截面形状检查是否有自相交或其他参数的不相同之处，直到符合变形要求。如图 4.8 所示为两个瓶子的变形。

图 4.5　选择“顶点”

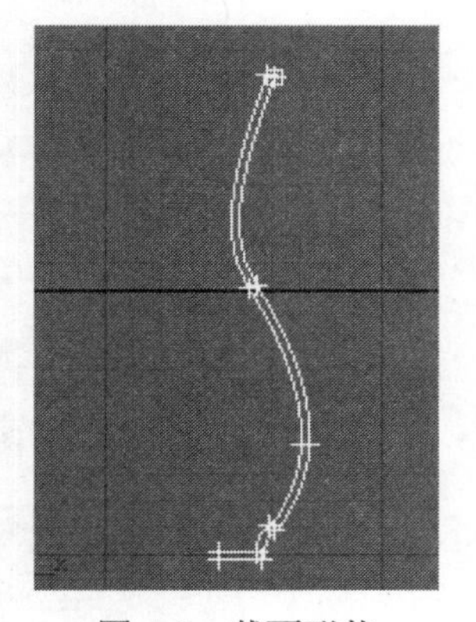

图 4.6　截面形状

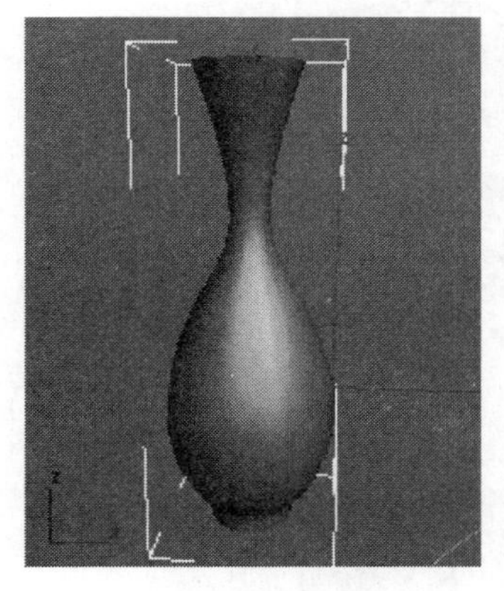

图 4.7　瓶子造型

图 4.8　瓶子的变形

3．“当前对象”卷展栏

变形目标：用于显示所有选定的变形目标对象。

创建变形关键点：单击该按钮，在当前帧上为选定的变形合成对象创建关键帧。

4.1.2　散布

“散布”是将原对象根据指定的方式和数量分布到另一物体上创建复合对象的方法，

它可以产生众多基础元素附着于一个主体上的造型效果，有时会用它来创建仙人球、毛发、草丛等，其参数如图 4.9 和图 4.10 所示。

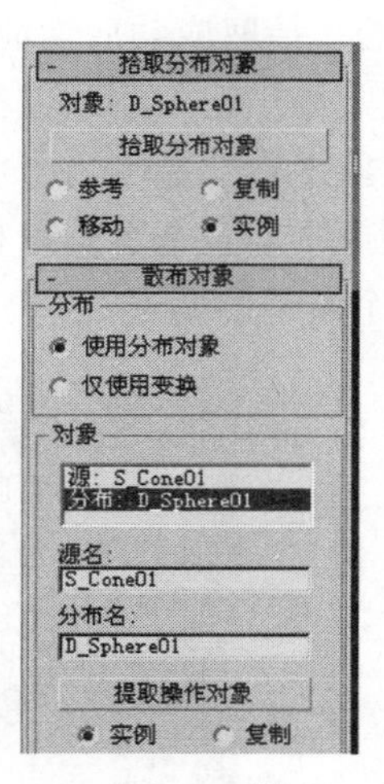

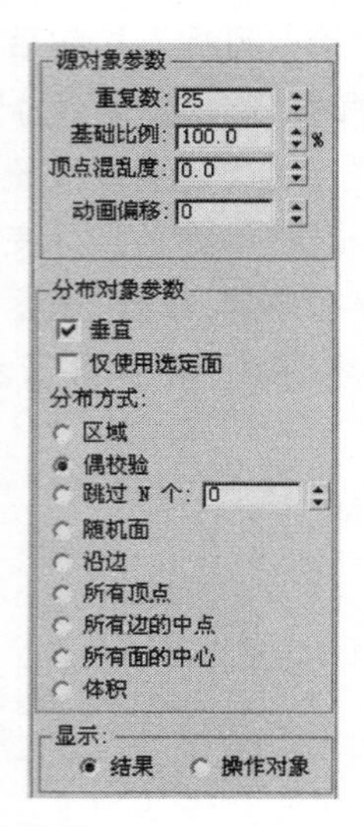

图 4.9　“散布”参数 1

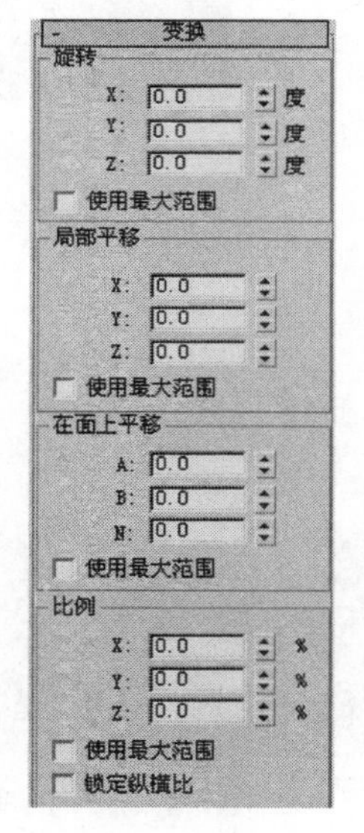

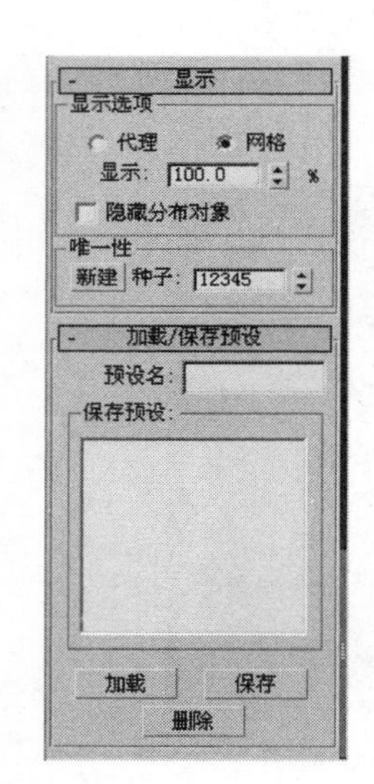

图 4.10　“散布”参数 2

1．“拾取分布对象”卷展栏

在“对象”后面会显示当前选定的分布对象的名称，单击“拾取分布对象”按钮，即可拾取分布的对象。

2．“散布对象”卷展栏

➘　“分布”选项组：“使用分布对象”可将源对象离散于分布对象上；选中“仅使用变换”单选按钮后，将看不到离散结果。

- “对象”选项组：可以在列表中显示源对象和离散对象的名称，并允许选择编辑某对象的原始参数。选择“源名”可修改源对象名称；选择“分布名”可修改分布对象名称。单击“提取操作对象”按钮，可将当前列表中选择的对象按照下面指定的方式提取出来。提取的方式有：“实例”和“复制”两种。
- “源对象参数”选项组：“重复数”用来设定源对象在分布对象表面上的数量。“基础比例”用于设置将源对象按比例缩放的数值。“顶点混乱度”用于设置源对象的混乱变形程度。“动画偏移”用于在制作动画时，指定离散对象的帧偏移数目。
- “分布对象参数”选项组：“垂直”复选框被选中时，源对象将垂直于分布对象表面。取消选中后，复制对象将与源对象方向相同。选中“仅使用选定面”复选框时，源对象只分布于选择对象的次物体表面上。分布方式有：“区域”、“偶校验”、“跳过 N 个”、“随机面”、“沿边”、“所有顶点”、“所有边的中点”、“所有面的中心”、“体积”。
- “显示”选项组：选中“结果”单选按钮会显示离散的操作结果；选中“操作对象”单选按钮将显示离散前的操作结果。

3．“变换”卷展栏

用于设定离散对象 X、Y、Z 3 个方向的随机旋转、缩放比例及位置变化等。

4．“显示”卷展栏

- “显示选项”选项组：“代理”会将复杂的离散对象显示为简单的方块对象，这样会加快显示的速度。选中“网格”单选按钮会将复杂的离散对象显示为原有的网格对象。“显示”用来设定离散对象的显示数量比率，比率越小显示速度越快。当“隐藏分布对象”复选框被选中后，会将原始对象隐藏起来。
- “唯一性”选项组：单击“新建”按钮会产生一个新的随机离散效果，“种子”则指定离散效果的种子数。

5．“加载/保存预设”卷展栏

- 预设名：为当前参数指定名称。
- 保存预设：在列表中显示已保存的参数设定。
- 加载：单击该按钮，加载列表中显示的参数设定。
- 保存：单击该按钮，保存当前的参数设定。
- 删除：单击该按钮，删除列表中显示的参数设定。

6．创建离散复合物体

打开创建图形面板，单击“星形”按钮，创建一个“点”=5 的五角星形，如图 4.11 所示，在星形上右击，在弹出的快捷菜单中选择“转换为”\“转换为可编辑网格”命令，将星形转变为可编辑网格，选择“平滑+高光”显示方式会看到星形呈实体显示，如图 4.12 所示。

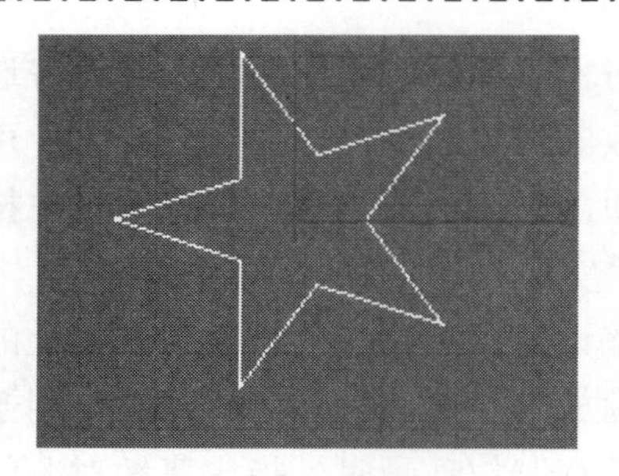
图 4.11　星形

图 4.12　实体显示

单击 "几何体"按钮打开创建标准几何体面板，单击"圆柱体"按钮，创建一个"半径"为 60、"高度"为 200、"高度分段"为 10、"边数"为 20 的圆柱体，如图 4.13 所示。

选择星形对象，打开"复合对象"创建面板，单击"散布"按钮打开离散参数卷展栏，单击"拾取分布对象"按钮，拾取圆柱对象，此时五角星对象附着于圆柱物体上了，在"拾取分布对象"卷展栏中选中"移动"方式，在"分布对象参数"选项组中选中"所有边的中点"方式，使五角星分布于所有边的中点上，将"显示"卷展栏中的"隐藏分布对象"复选框选中，使圆柱物体隐藏，镂空的五角星柱体创建完成，效果如图 4.14 所示。

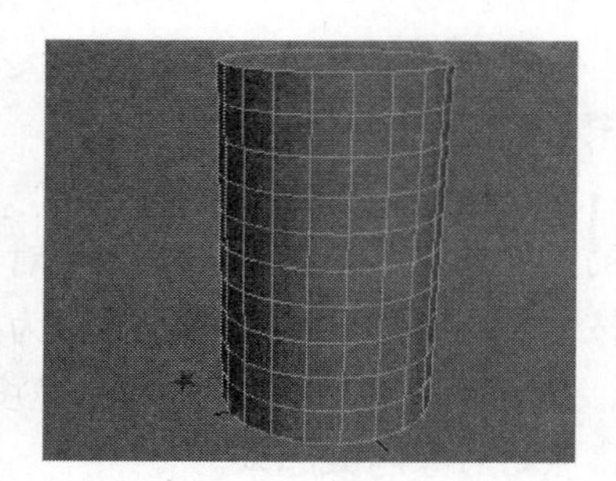
图 4.13　圆柱体与星形

图 4.14　"散布"效果

4.1.3　一致

"一致"是使对象以投射方式附着于另一对象上，并令其表面拟和从而产生起伏变化的复合对象的创建方法。例如，在起伏的山坡上创建道路就可以应用"一致"方法来完成，如图 4.15 所示。如图 4.16 所示为"一致"参数。

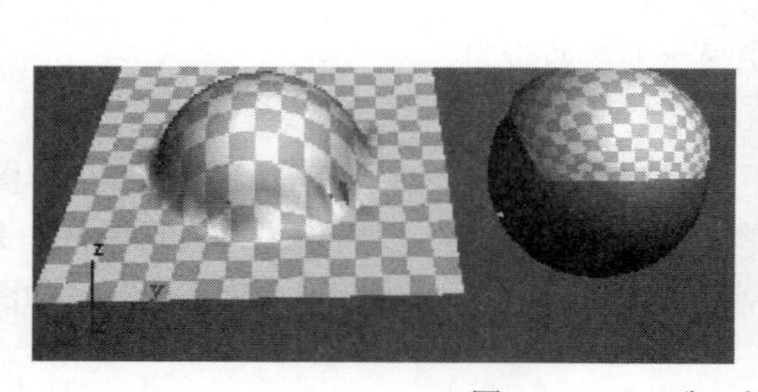

图 4.15　"一致"创建方法

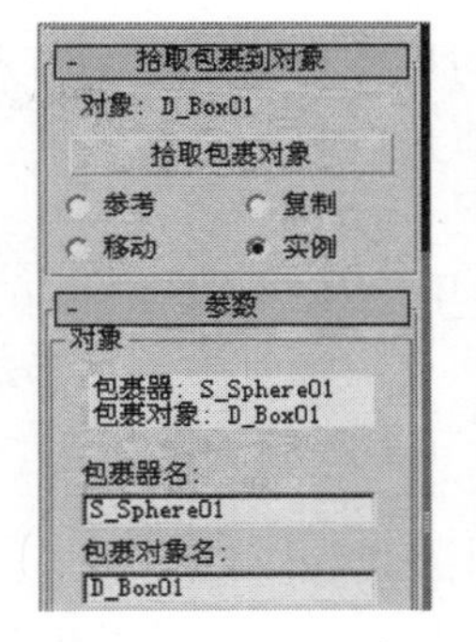

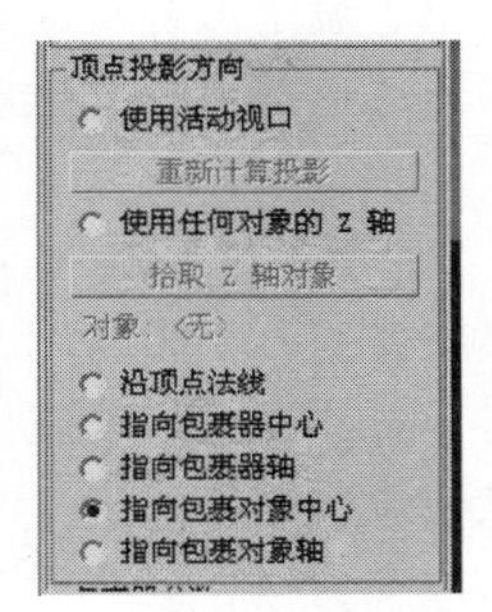

图 4.16　“拾取包裹到对象”和“参数”卷展栏

1．“拾取包裹到对象”卷展栏

对象：显示拾取的对象名称，单击“拾取包裹对象”按钮即可在场景中拾取拟和对象。

2．“参数”卷展栏

- “对象”选项组：主要是显示拟和物体和拟和对象名称。“包裹器名”显示拟和物体名称。“包裹对象名”显示目标对象名称。
- “顶点投影方向”选项组：选中“使用活动视口”单选按钮后，将使用激活的视图方向为拟和投影方向。单击“重新计算投影”按钮，在改变视图后，使用新的激活的视图方向为拟和投影方向。选中“使用任何对象的 Z 方向”单选按钮后，将使用场景中选定的对象的 Z 方向作为拟和投影方向。单击“拾取 Z 轴对象”按钮，可以拾取场景中选定对象的 Z 方向作为拟和投影方向。

拾取物体后，在“对象”后显示投影方向对象的名称。

另外还包括其他 5 种拟合投影方式：沿顶点法线、指向包裹器中心、指向包裹器轴、指向包裹对象中心、指向包裹对象轴。

- “包裹器参数”选项组如图 4.17 所示。

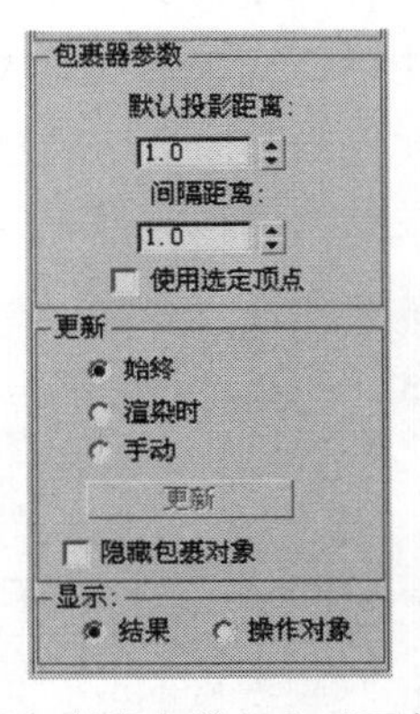

图 4.17　“包裹器参数”和“更新”选项组

- 默认投影距离：如果拟合对象与目标对象没有交叉，拟合对象的节点将依据该距离投影到目标对象上。

- ➢ 间隔距离：用于设定拟合对象与目标对象之间的节点的距离。
- ➢ 使用选定顶点：选择该复选框以后，只能将拟合对象选定的节点投影到目标对象上。

➘ “更新”选项组（如图 4.17 所示）：用于显示拟合对象在调整过程中的更新结果，包括以下几种显示方式：“始终”、“渲染时”、“手动”。当选择“手动”方式时，将激活其下的“更新”按钮，可以重新计算投影。当选中“隐藏包裹对象”复选框时，将隐藏包裹对象。

3．“一致”的创建方法

首先单击“几何体”按钮打开创建标准几何体面板，单击“球体”按钮，创建一个“半径”为 50、“分段”为 32 的球体，其他参数保持不变。

在顶视图创建平面，设置“长度”为 200，“宽度”为 200，“长度分段”为 40，“宽度分段”为 40。在前视图将平面位移至球体的上方，如图 4.18 和图 4.19 所示。

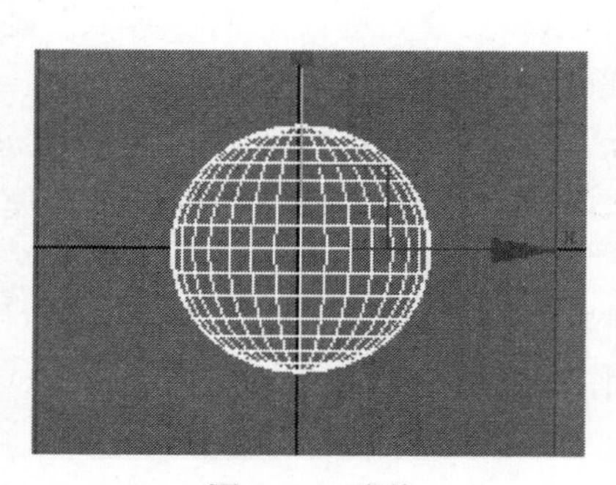

图 4.18　球体

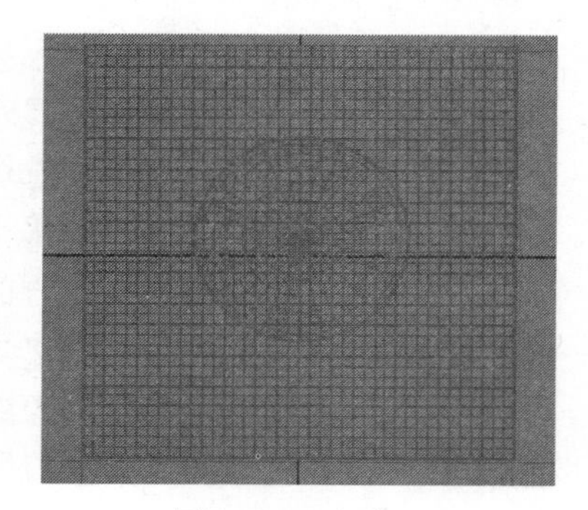

图 4.19　平面

选择平面对象，打开“复合对象”创建面板，单击“一致”按钮，单击“拾取包裹对象”按钮，选择“移动”方式，用鼠标拾取球体对象，此时不会看到平面和球发生任何的形状变化，在“参数”卷展栏中选中“指向包裹对象中心”单选按钮，并选中“更新”选项组中的“隐藏包裹对象”复选框，弯曲对象会自动隐藏，这时就会看到如图 4.20 所示的拟和效果，选择其他几种方式会产生不同的拟和效果。

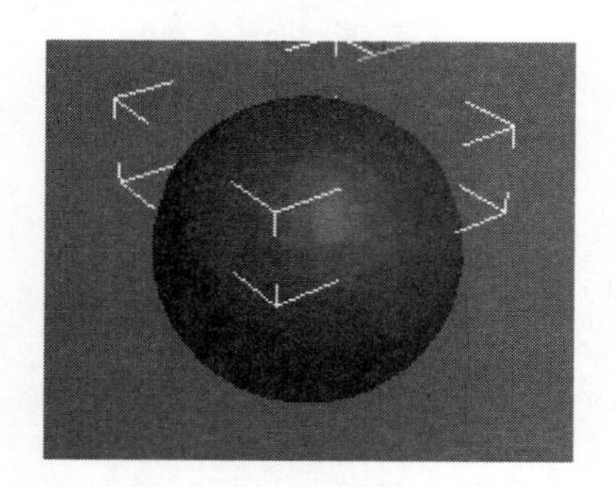

图 4.20　“指向包裹对象中心”效果

4.1.4　连接

“连接”是将两个有空洞的三维对象连接在一起，并产生平滑的过渡连接表面的复合对象的创建方式，其效果如图 4.21 所示。其参数如图 4.22 所示。

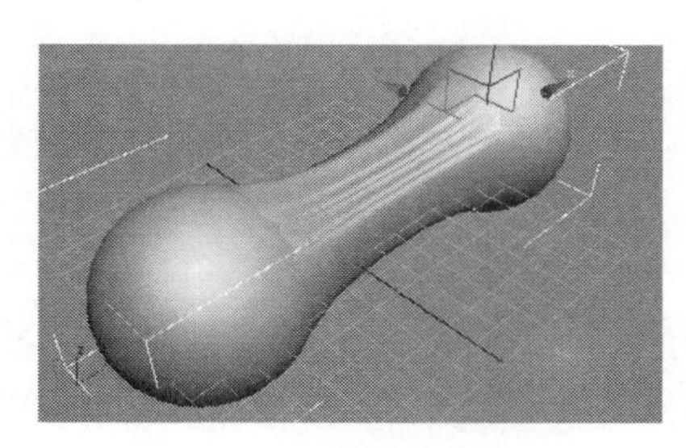

图 4.21　“连接”效果

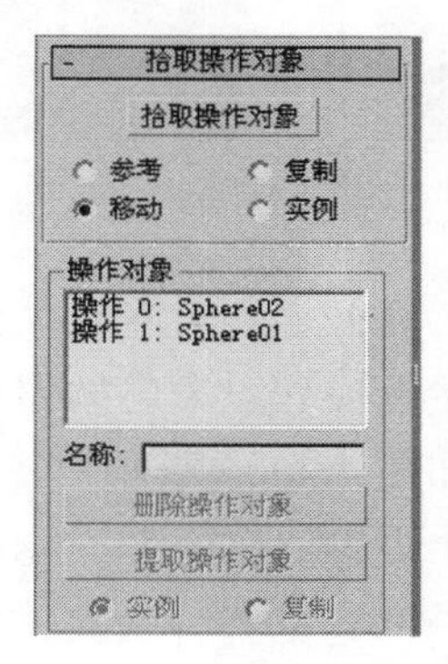

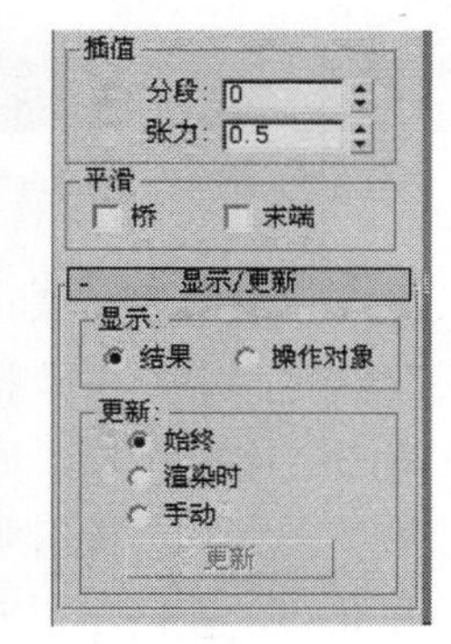

图 4.22　“连接”参数

1．“拾取操作对象”卷展栏

当选定一个对象后，单击“拾取操作对象”按钮，可在场景中选取连接对象，会在两对象之间产生连接部分网格，通过参数调节可以设置连接部分网格的参数。

- “操作对象”选项组
  - “操作对象”列表：显示所有连接对象的名称。
  - 名称：可以选择上面列表中的对象并能修改名称。
  - 删除操作对象：单击该按钮，可删除列表中的操作对象。
  - 提取操作对象：单击该按钮，可将列表中的操作对象提取出单独的对象。
- “插值”选项组：“分段”参数控制连接部分的表面分段数；“张力”参数控制连接部分的表面曲率及弹性。
- “平滑”选项组：选中“桥”复选框，将对连接部分进行自动平滑处理；选中“末端”复选框，将在连接部分与连接物体的接缝处进行自动平滑处理。

2．“显示/更新”卷展栏

“显示”选项组：“结果”显示调整的最终结果；“操作对象”只显示操作过程，不显示调整的最终结果。

3．“连接”复合对象的创建方法

首先按前面的方法创建一个球体，在球体上右击，在弹出的快捷菜单中选择“转换为可编辑多边形”命令，将球体转变为可编辑网格，在修改堆栈中单击“顶点”次物体级按钮，在前视图中选择球体的一部分点，如图 4.23 所示。按“Delete”键将选中的点删除，如图 4.24 所示。退出球对象的次物体级，单击“镜像”工具按钮，在弹出的面板中选择“复制”方式，设置“镜像轴”为 X 轴，“偏移”距离为-200，两个连接基本对象创建完毕，如图 4.25 所示。

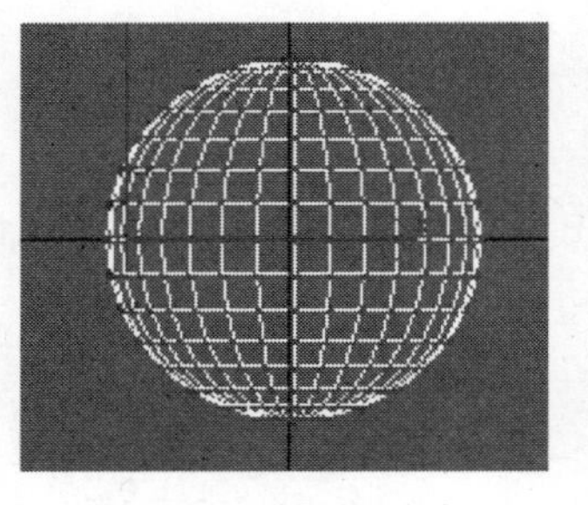

图 4.23　选择部分点

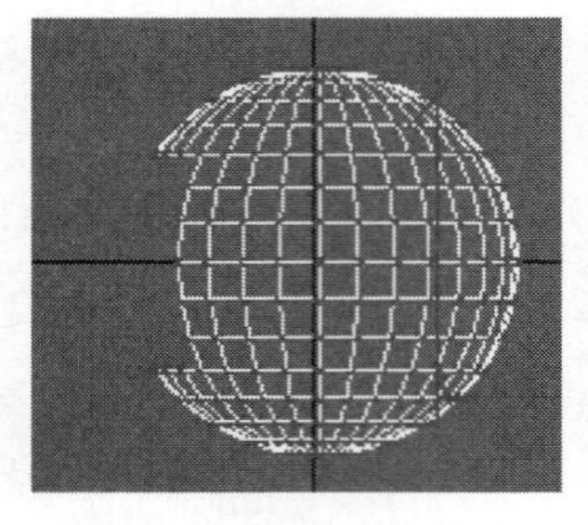

图 4.24　删除选中的点

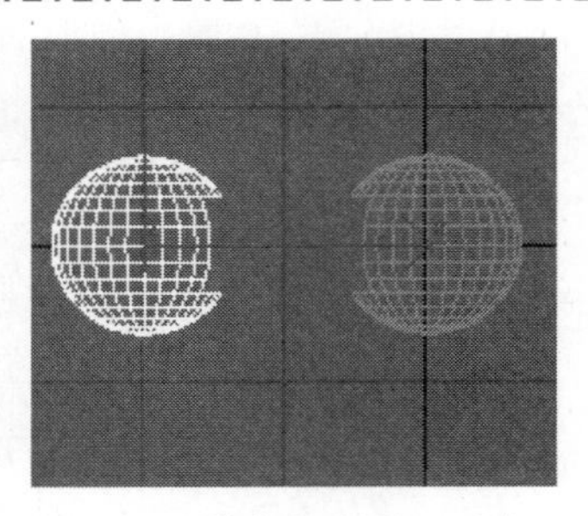

图 4.25　镜像复制另一对象

选择一个球体对象，打开“复合对象”创建面板，单击“连接”按钮，在“拾取操作对象”卷展栏中单击“拾取操作对象”按钮后拾取另一对象，选择“移动”方式，此时两对象间产生连接对象，如图 4.26 所示。

在“插值”选项组中设置“分段”为 8，使连接部分拥有足够的网格数量，调整“张力”为 0.85，使网格具有一定的弹性效果，并将“平滑”选项组中的“桥”和“末段”两个复选框全部选中，这时将看到两球之间产生光滑、流畅而有弹性的连接体，如图 4.27 所示。

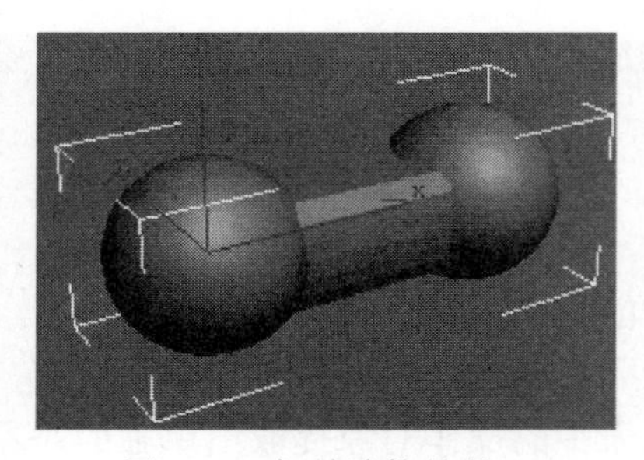

图 4.26　初始连接效果

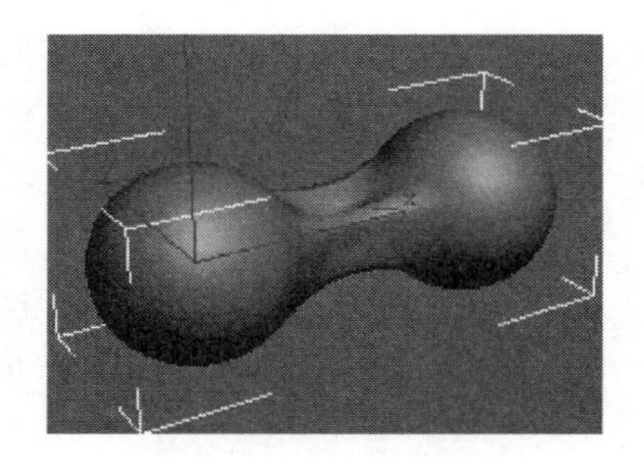

图 4.27　设置参数后效果

4.1.5　水滴网格

“水滴网格”参数如图 4.28 所示。

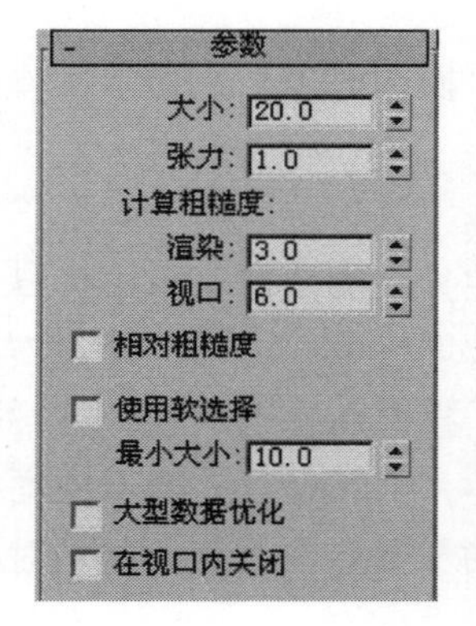

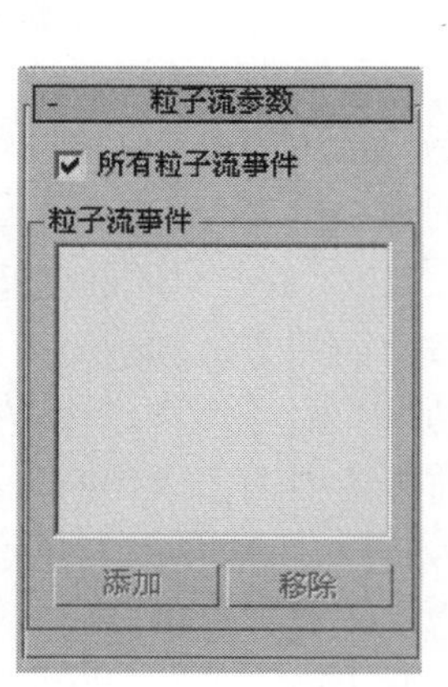

图 4.28　“水滴网格”参数

1．“参数”卷展栏

- 大小：用来设定水滴混合体的大小。
- 张力：用于设定水滴混合体表面的张力。
- 计算粗糙度：主要是设定水滴混合体表面的精细程度。其中包括两种可调整的控制方式：“渲染”和“视口”。
- 相对粗糙度：选中该复选框后，水滴混合体表面的网格数量不变。
- 使用软选择：选中该复选框后，可以使用柔和选取。利用下面的“最小大小”参数可以设置水滴混合体的控制范围。
- 大型数据优化：选中该复选框后，优化水滴混合体表面。
- 在视口内关闭：选中该复选框后，视图中不显示结果。

“水滴对象”选项组中显示所有拾取的混合对象名称。单击“拾取”按钮，可以在场景中选取水滴混合对象。单击“添加”按钮，可以在对象名称列表中选取水滴混合对象。单击“移除”按钮，则可以将列表中选取的水滴混合对象移除。

2．“粒子流参数”卷展栏

选中“所有粒子流事件”复选框后，可以使用全部的粒子流事件；“粒子流事件”列表框中会显示现有的粒子流事件的名称。单击下面的“添加”按钮，可以添加粒子流事件，单击“移除”按钮可以移除粒子流事件。

3．水滴复合对象创建方法

进入“复合对象”创建面板可以直接建立水滴网格，单击“水滴网格”按钮后在视图中单击，场景中出现球状对象，调整“参数”卷展栏中的参数，可得到不同的水滴造型，如图4.29所示。

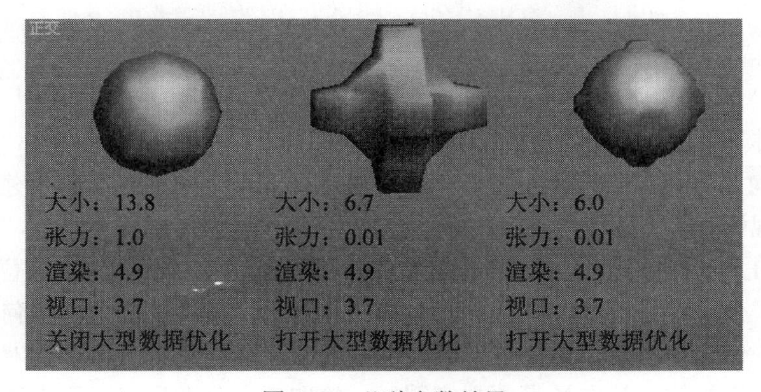

图4.29　几种参数效果

单击“几何体”按钮，打开创建“粒子系统”面板，单击PF Source粒子流按钮，在左视图中创建一个粒子流发射器。再创建一个“大小”为6的水滴对象，单击按钮进入“修改”面板，单击“水滴对象”选项组下方的“拾取”按钮，拾取场景中的粒子流对象，此时场景中的水滴随粒子流的喷射而产生变化，效果如图4.30所示。

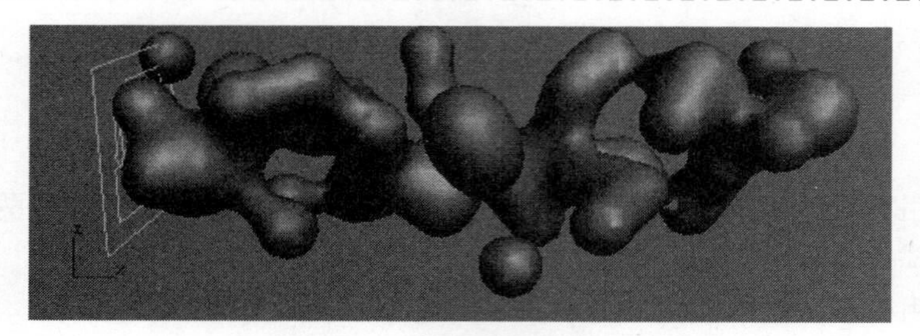

图 4.30　拾取粒子流后效果

4.1.6　图形合并

“图形合并”是将二维图形投影到另一个网格对象表面上，产生合并或剪切等方式的运算结果，运算后会在三维对象表面形成投影后的新的图形边界，这是在网格对象表面增加新面的一种方式。其参数如图 4.31 所示。

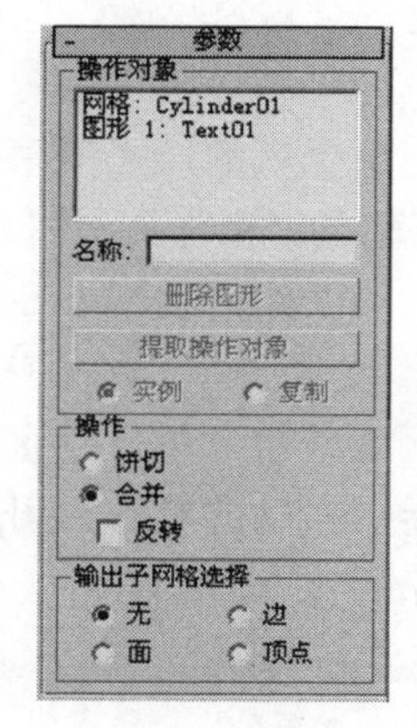

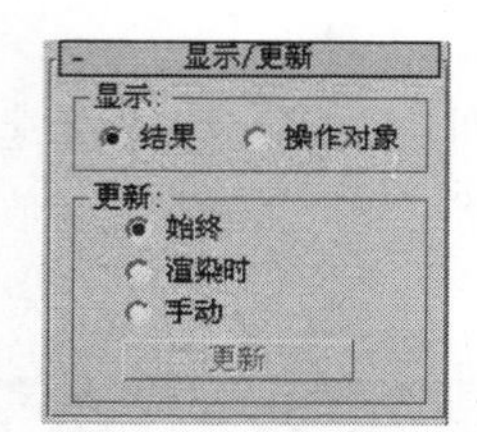

图 4.31　“图形合并”参数

“图形合并”对象的创建方法如下。

首先单击“几何体”按钮，打开“标准基本体”面板，在左视图创建一个圆柱体，切换视图到前视图。单击“图形”按钮，打开图形创建面板，单击“文本”按钮，在“参数”卷展栏下的文本框中输入 Shape Mesh 文字，然后在视图中圆柱的侧面位置单击，调整“大小”数值，使文字稍小于圆柱。单击选择圆柱对象，再次单击“几何体”按钮，打开“复合物体”创建面板，单击“图形合并”按钮，在打开的“拾取操作对象”卷展栏中单击“拾取图形”按钮，拾取场景中文字图形，拾取后文字图形就投影在圆柱对象上了。在“操作”选项组中存在“饼切”和“合并”两种操作方式。当选中“饼切”单选按钮时，投射结果会像挖洞一样将投射对象挖掉一个空洞，如图 4.32 所示；当选中“反转”复选框后，投射结果会产生相反效果，投射图形部分的网格将保留，而图形以外网格部分会被删除，如图 4.33 所示；当选中“合并”单选按钮后，会产生图形附着于网格物体上的效果，如图 4.34 所示。

图 4.32　弧面切割

图 4.33　选中“反转”复选框的弧面切割

图 4.34　“图形合并”的合并效果

4.1.7　布尔

布尔运算是通过对两个对象的相加、相减、相交的计算生成新的复合对象的一种运算方式。

“拾取布尔”卷展栏（如图 4.35 所示）

“布尔”运算要求场景中至少有两个几何体对象，一个物体作为 A 物体，另一物体作为 B 物体，选择 A 物体后，单击“布尔”按钮，打开“拾取布尔”卷展栏，单击“拾取操作对象 B”按钮，在场景中拾取布尔运算操作对象 B，即可进行布尔运算。

如图 4.36 所示，在“操作对象”列表框中会显示 A、B 对象的名称，当选中一个对象后，单击“提取操作对象”按钮，可将选中的对象按照下面设定的“实例”或“复制”方式将选定的对象提取出来。

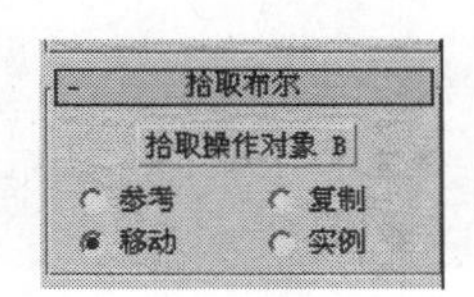

图 4.35　布尔运算参数 1

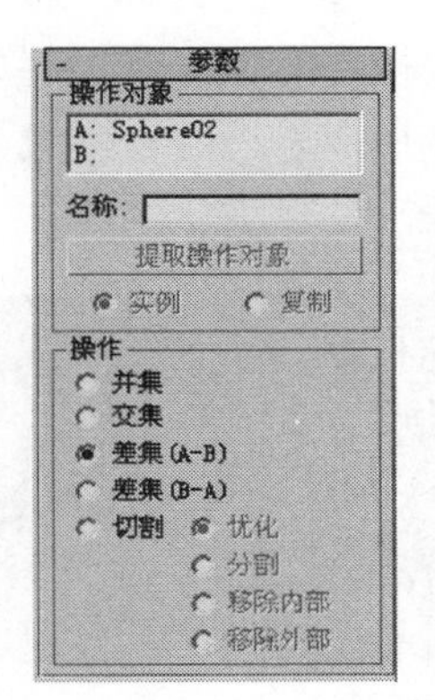

图 4.36　布尔运算参数 2

在“操作”选项组中，使用“并集”运算方式能够将两个对象合并，移除公共部分；使用“交集”运算方式能够将两个对象相交的公共部分保留，移除未相交部分；“差集（A-B）”运算方式，是使用 A 对象减去 B 对象；“差集（B-A）”运算方式，是使用 B 对象减去 A 对象，如图 4.37 所示。

图 4.37　布尔运算效果

“切割”运算方式是使用第二个对象剪切第一个对象。剪切的方式有 4 种：“优化”方式使第二个对象在第一个对象上产生相交线；“分割”方式使第二个对象将第一个对象分离为两个独立的次对象；“移除内部”方式是删除第一个对象相交部分的表面；“移除外部”方式是删除第一个对象未相交部分的表面，效果如图 4.38 所示。

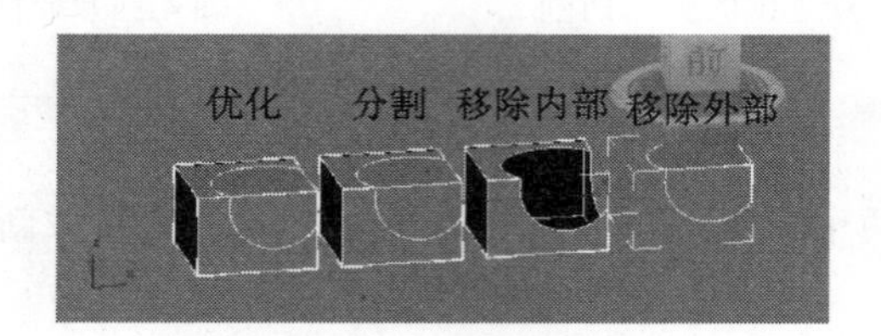

图 4.38　“切割”效果

4.1.8　地形

“地形”复合对象是根据绘制的等高线来创建地形的一个功能，等高线较密集处表示地形陡峭，等高线较疏远处则表示地形平缓。

首先利用绘制图形工具创建等高线，如图 4.39 所示，并依次摆放于不同的高度，选择底部的图形，单击“几何体”按钮，打开“复合对象”创建面板，单击“地形”按钮，在打开的“拾取操作对象”卷展栏中单击“拾取操作对象”按钮，然后使用鼠标在场景中依次拾取等高线形，地形网格生成，如图 4.40 所示。当使用“覆盖”选项时可以忽略曲线内部的操作数据。

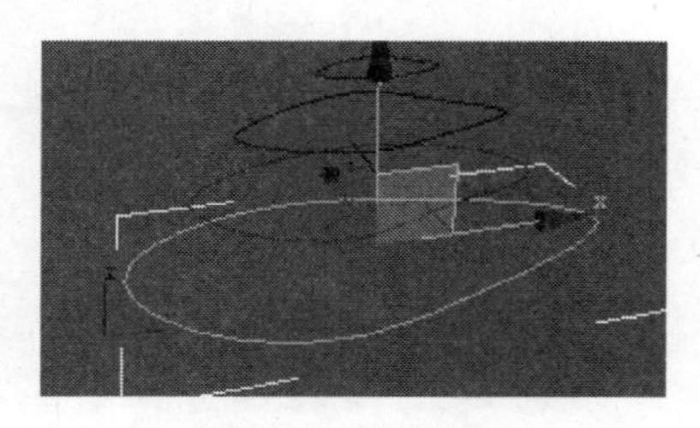

图 4.39　等高线

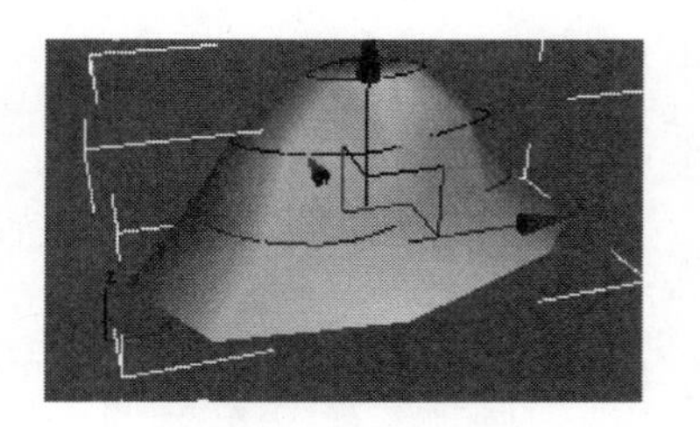

图 4.40　地形网格

1．“地形”参数卷展栏

“拾取操作对象”参数如图 4.41 所示。在“外形”选项组中，选中“分级曲面”单选按钮，可以依据等高线的分级创建表面。选中“分级实体”单选按钮，可以依据等高线创建包含底面的表面。选中“分层实体”单选按钮，可以依据等高线创建阶梯状表面。当选中“缝合边界”复选框后，可以禁止在对象的边界创建新的三角面。选中“重复三角算法”复选框，可以依据等高线的分级创建明显的凹槽效果。

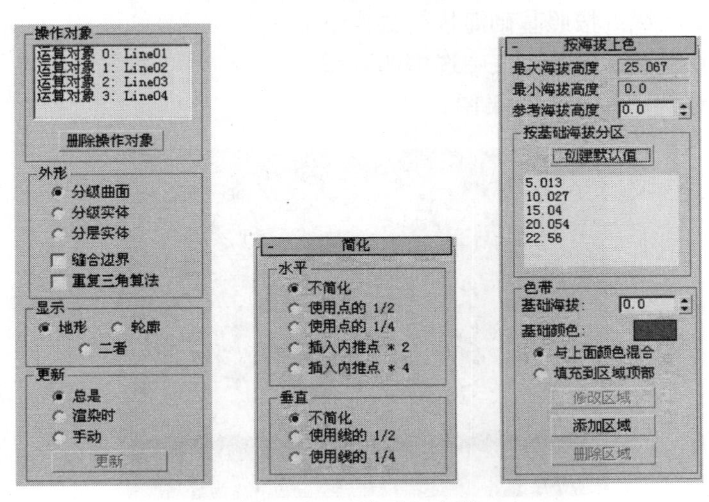

图 4.41　“地形”参数

在“显示”选项组中选中“地形”单选按钮，可以显示合成对象的三角面表面；选中“轮廓”单选按钮，只显示合成对象的等高线框架；选中“二者”单选按钮，则显示合成对象的三角面表面和等高线框架。

2．“简化”卷展栏

“简化”卷展栏中有水平和垂直两个方向调整。“水平”选项组共包括 5 项内容：不简化、使用点的 1/2、使用点的 1/4、插入内推点*2、插入内推点*4。

“垂直”选项组共包括 3 项内容：不简化、使用线的 1/2、使用线的 1/4。

3．“按海拔上色”卷展栏

- “最大海拔高度”：显示合成对象的 Z 方向的最高轮廓线的位置。
- “最小海拔高度”：显示合成对象的 Z 方向的最低轮廓线的位置。
- “参考海拔高度”：显示合成对象的 Z 方向的参考海拔的位置。利用参考海拔可以指定色彩的区域范围。
- “按基础海拔分区”选项组：单击“创建默认值”按钮，将在下面的列表中显示海拔色彩区域。在海拔高度列表中显示每一条等高线的高度。
- “色带”选项组
  - 基础海拔：在数值框中输入数值后，单击下面的“添加区域”按钮，可以创建一个基础海拔颜色区域。

➢ 基础颜色：为基础海拔选定颜色。
➢ “与上面颜色混合”：选中该单选按钮后，将当前区域颜色与上面区域的颜色融合。
➢ 填充到区域顶部：选中该单选按钮后，在色彩区域顶部呈现实体色彩，不与其他色彩融合。
➢ 修改区域：修改列表中选中的区域。
➢ 添加区域：按照基础海拔的数值添加区域。
➢ 删除区域：删除列表中选中的区域。

如图 4.42 所示为“地形”效果图。

图 4.42 “地形”效果图

4.1.9 放样

“放样”复合对象是将一个或多个样条形截面通过放样路径生成三维网格模型的创建方式，利用它能够创建更为复杂的三维对象。

1. “创建方法”卷展栏（如图 4.43 所示）

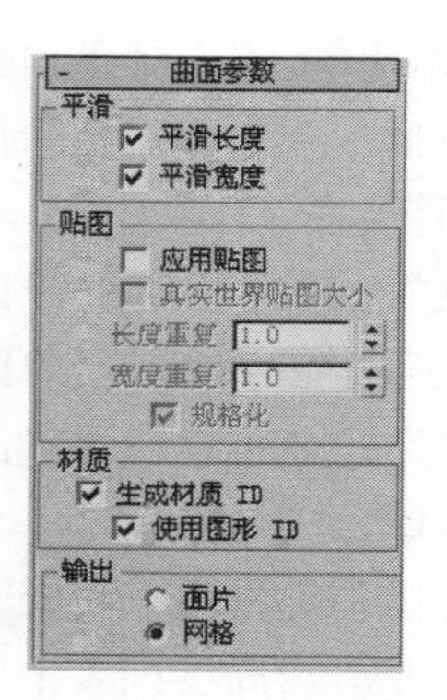

图 4.43 “创建方法”和“曲面参数”卷展栏

➘ “获取路径”按钮：如果将已选择的样条形作为截面图形，那么单击“获取路径”按钮，在视图中拾取作为路径的图形，即可完成放样模型的创建。

- “获取图形”按钮：如果将已选择的样条形作为路径，那么单击“获取图形”按钮，在视图中拾取截面图形，即可完成放样模型的创建。

2．“曲面参数”卷展栏（如图 4.43 右图所示）

在“平滑”选项组中有两种平滑控制方式。选中“平滑长度”复选框，将对路径方向的表面进行平滑处理。选中“平滑宽度”复选框，将对截面方向的表面进行平滑处理。

在“贴图”选项组中将“应用贴图”复选框选中后，将为放样对象指定贴图坐标，并激活下面的贴图参数设置。其中“长度重复”用来指定长度方向贴图的重复次数；“宽度重复”用来指定宽度方向的贴图重复次数；“规格化”复选框，用于设置顶点的间距是否影响长度和宽度方向的贴图。例如，图 4.44 中左边的对象选中“规格化”复选框，贴图不受顶点间距的影响，而右侧对象未选中“规格化”复选框，贴图受顶点间距影响。

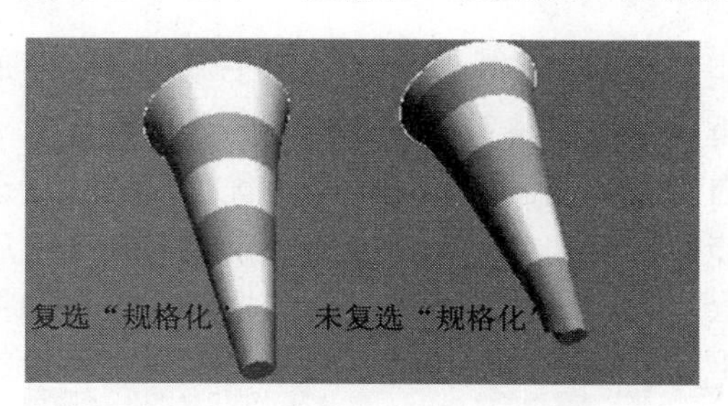

图 4.44　使用“规格化”参数

在“材质”选项组中选中“生成材质 ID”复选框将为放样对象创建材质 ID 号。选中“使用图形 ID”复选框将使用图形的 ID 号作为放样对象的材质 ID 号。

在“输出”选项组中可以设置输出的对象类型为“面片”和“网格”两种对象。

3．“路径参数”卷展栏（如图 4.45 左图所示）

- “路径”参数设置用于指定当前截面图形所处的路径位置，同时也用于插入新的截面图形。
- 选中“捕捉”右侧的“启用”复选框后捕捉即生效，将按照数控的固定距离显示截面在路径上的位置，当选中“百分比”单选按钮时，将按照百分比的方式显示截面位置；当选中“距离”单选按钮时，将按照距离的方式显示截面位置；选中“路径步数”单选按钮，将按照路径分段的方式显示截面位置。
- 单击“拾取图形”按钮，在放样物体中拾取放样截面。单击“上一个图形”按钮，选择当前截面的前一截面。单击“下一个图形”按钮，将选择当前截面的后一个截面。

4．“蒙皮参数”卷展栏（如图 4.45 右图所示）

- 在“封口”选项组中选中“封口始端”和“封口末端”复选框，将在放样对象的起始端和结束端增加端面。“变形”是为了便于建立变形物体而保持端面的点、面数不变。“栅格”则把端面以矩形的方式整齐地布置在截面的图形边界上。

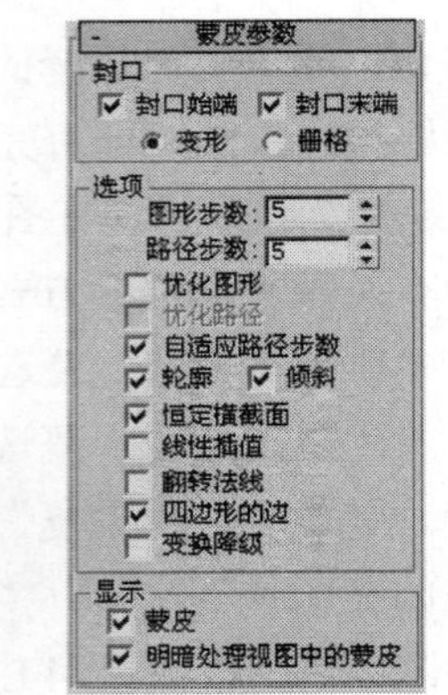

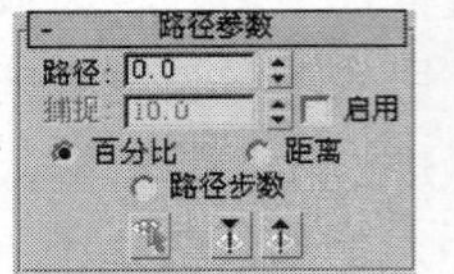

图 4.45 “路径参数”和“蒙皮参数”卷展栏

- “选项”选项组中“图形步数”微调框用于设置截面图形顶点间的分段数。“路径步数”微调框用于设置路径图形顶点间的分段数。当“优化图形”复选框被选中后，系统将自动优化截面的步数；当“优化路径”复选框被选中后，系统将自动优化路径的步数；当选中“自适应路径步数”复选框后，系统自动优化路径的分段数而不理会步数；选中“轮廓”复选框，系统自动将截面垂直于路径；选中“倾斜”复选框，系统将自动将截面的 Z 方向依据路径的方向适配；选中“恒定横截面”复选框，截面图形将在路径上自动缩放；选中“线性插值”复选框，设置截面图形之间将使用直线连接；选中“翻转法线”复选框，可设置表面法线方向调整方向；选中“四边形的边”复选框，当两个放样图形有相同的边数时，放样的网格将使用方形网格显示；选中“变换降级”复选框时，在修改路径或截面的次物体对象时，放样物体的表皮将消失。
- 在“显示”选项组中，当“蒙皮”复选框被选中后，可显示放样的结果，否则只显示路径和截面；当“明暗处理视图中的蒙皮”复选框被选中后，将以实体方式显示。

5．“变形”卷展栏（如图 4.46 所示）

“变形”卷展栏只在修改命令面板才能打开，并实现对它的编辑，在创建面板是无法找到的。

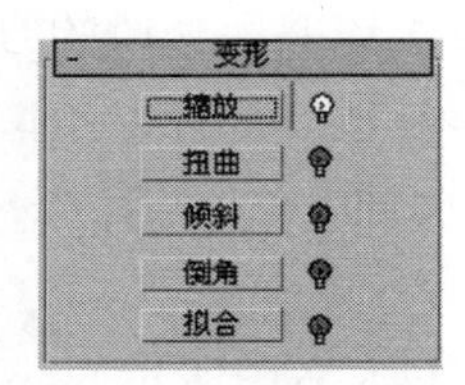

图 4.46 “变形”卷展栏

单击“缩放”按钮，可以在弹出的窗口中以线性控制的方式调整截面在路径上的缩放比例，如图 4.47 所示。

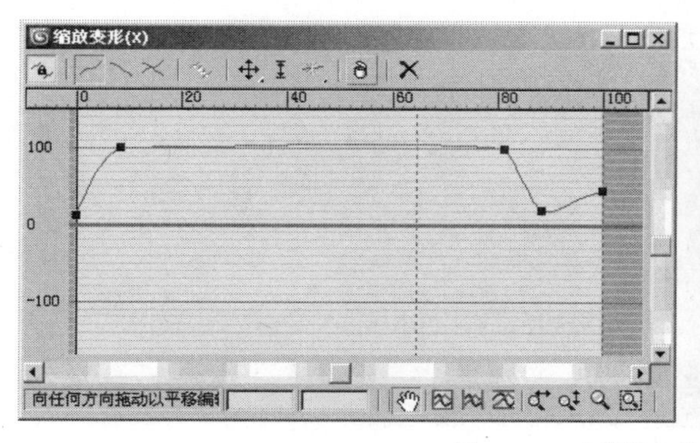

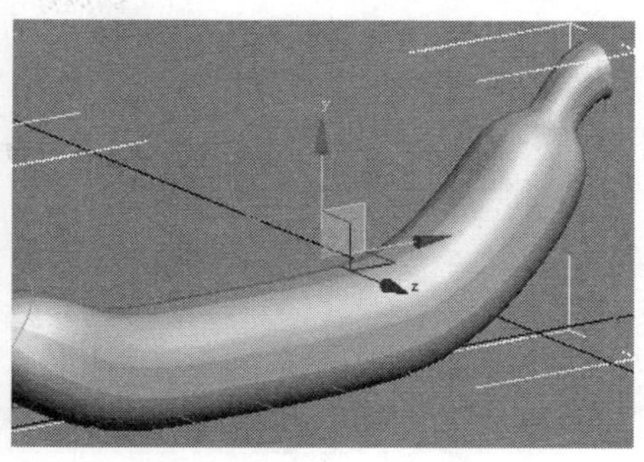

图 4.47　“缩放”调整效果

单击“扭曲”按钮，可以在窗口中以线性控制的方式调整截面在路径上的旋转角度，如图 4.48 所示。

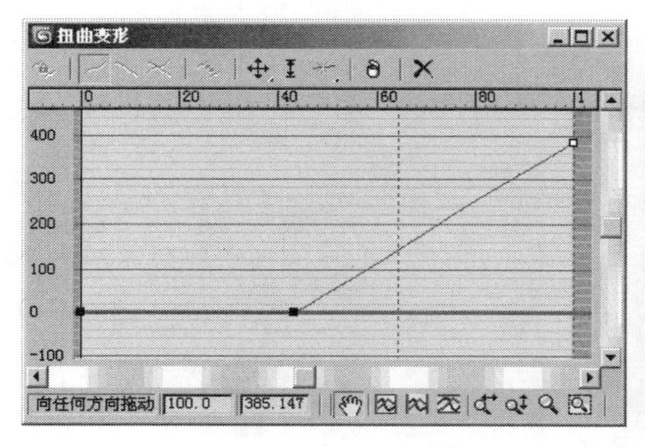

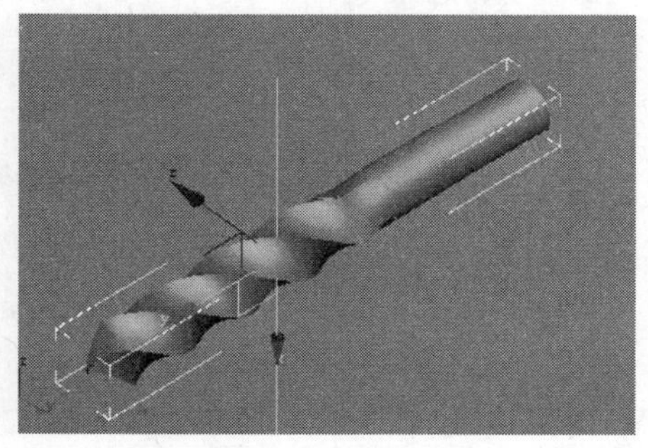

图 4.48　“扭曲”调整效果

单击“倾斜”按钮，可以在窗口中以线性控制的方式调整截面和路径之间的夹角，如图 4.49 所示。

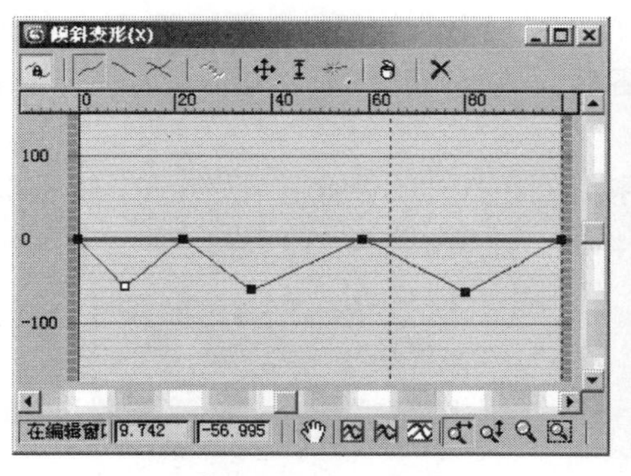

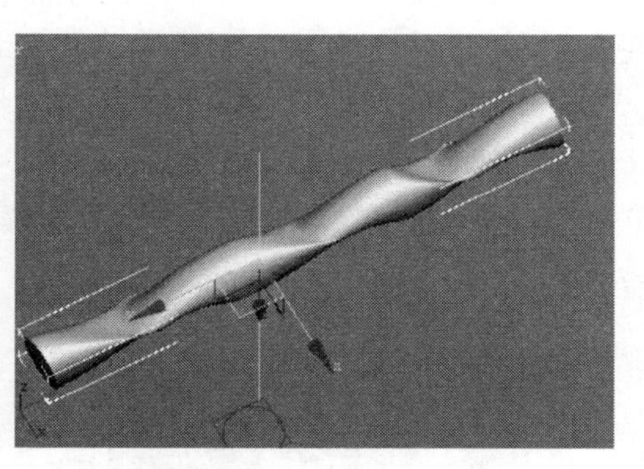

图 4.49　“倾斜”调整效果

单击“倒角”按钮，可以在窗口中以线性控制的方式调整放样图形的侧面形态，如图 4.50 所示。

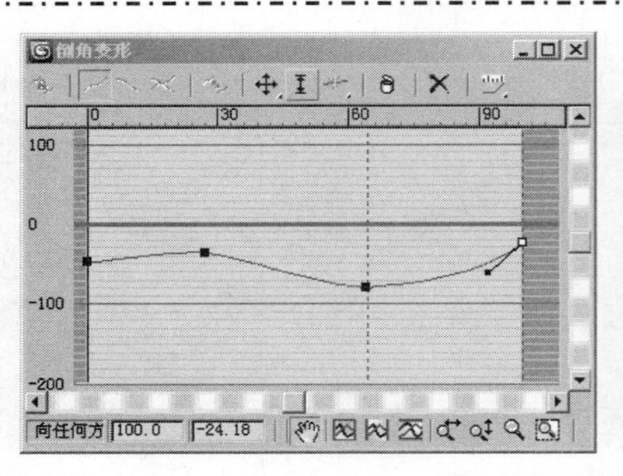

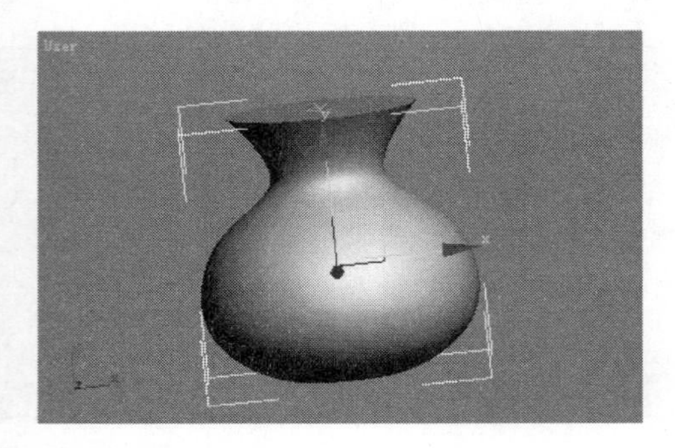

图 4.50　“倒角”调整效果

单击“拟合”按钮，可以在窗口中以侧面投影的方式调整放样图形的侧面形态，如图 4.51 所示。

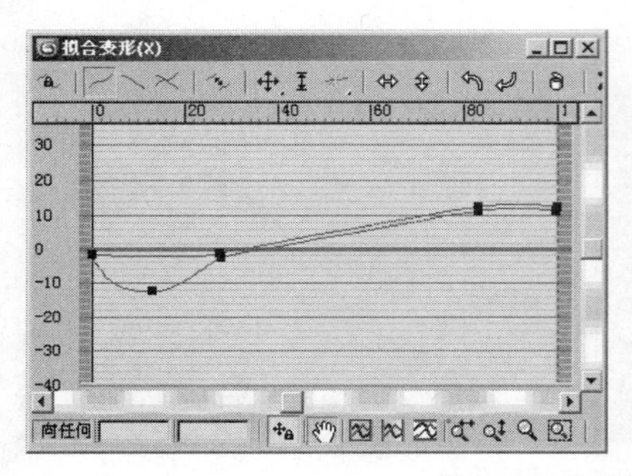

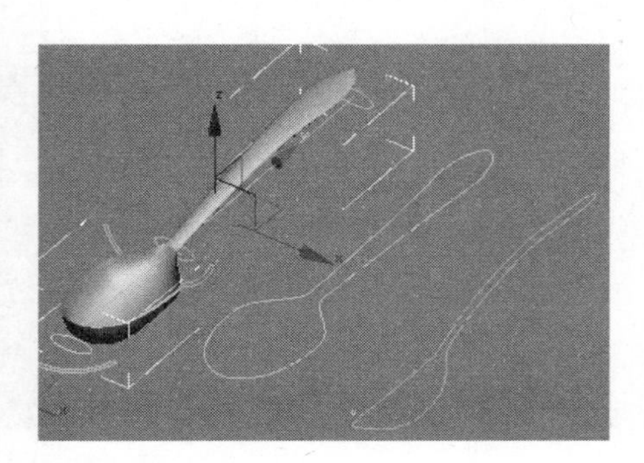

图 4.51　“拟合”调整效果

【例 4.1】汤勺的制作

下面创建放样造型。

（1）单击按钮打开二维图形创建面板，单击“线”按钮，在顶视图中绘制汤勺的各方向截面图形和路径（在绘制时应注意保持各截面形状长度和宽度上的一致性），如图 4.52 所示。

（2）选择路径样条曲线，单击“放样”按钮，在打开的参数卷展栏中单击“获取图形”按钮，拾取视图中放样截面形状，生成放样物体，效果如图 4.53 所示。

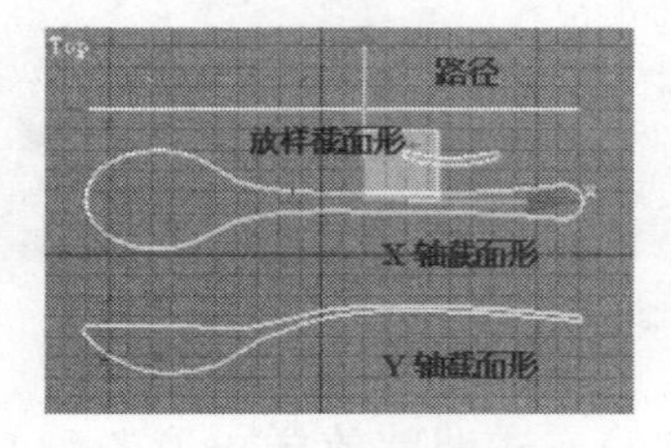

图 4.52　创建路径及截面图形

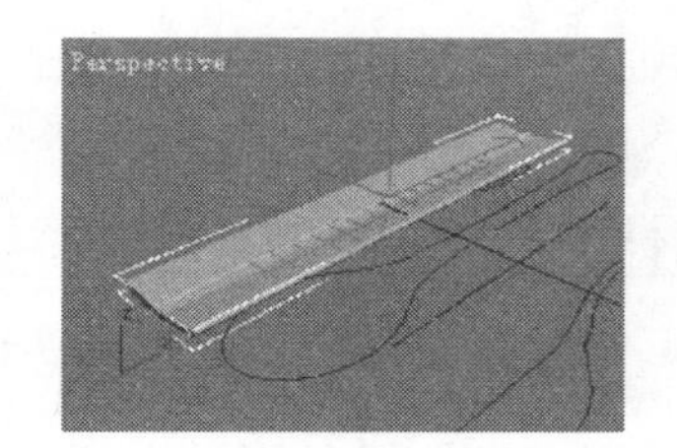

图 4.53　放样基本选型

（3）单击按钮进入“修改”面板，打开参数面板最下方的“变形”卷展栏，单击“拟合”按钮弹出“拟合变形”窗口，将锁定的 X/Y 按钮弹起，单击“显示 X 轴”按钮，单击“拾取图形”按钮在视图中拾取 X 轴截面图形，窗口中将呈现出红色的汤勺 X 轴截面图形，这时 X 轴截面图形作为约束 X 方向的图形，如图 4.54 所示。

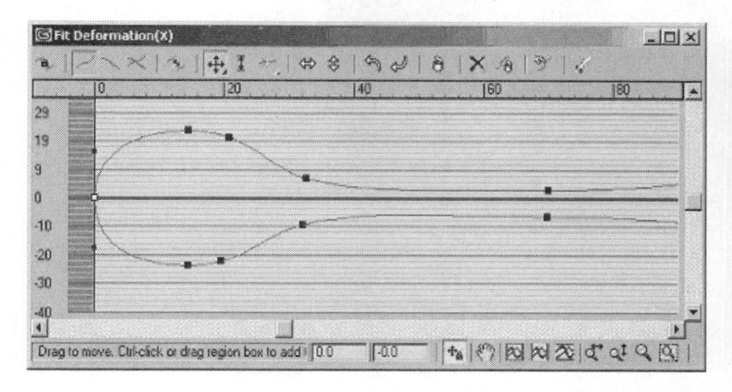

图 4.54　拾取 X 轴截面

（4）单击“显示 Y 轴”，单击按钮在视图中拾取 Y 轴截面图形，窗口中将呈现绿色的汤勺 Y 轴截面图形，这时 Y 轴截面图形作为约束 Y 方向的图形，如图 4.55 所示。如果视图中的放样对象显示不正确，单击（逆时针旋转 90°）或（顺时针旋转 90°）调整截面图形的方向按钮直到显示正确的位置，汤勺制作完毕，如图 4.56 所示。

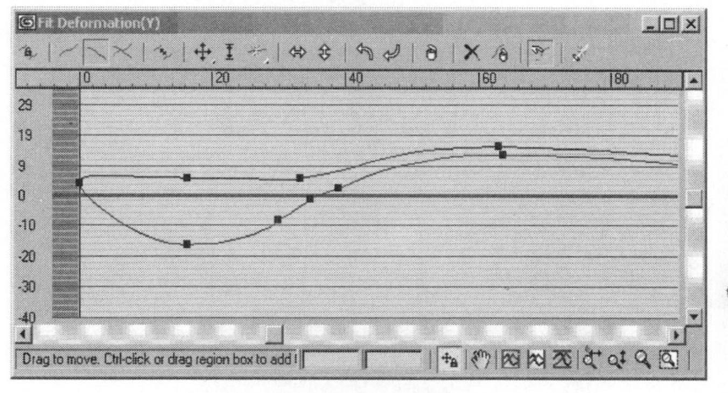

图 4.55　拾取 Y 轴截面

图 4.56　汤勺造型

4.2　实践操作：鼠标的制作

说明：为了熟练掌握复合物体的创建方法，本节利用实例鼠标的制作，将复合物体的创建加以综合应用。主要应用的操作命令有放样、布尔运算和车削等，同时应用“多维/子对象”材质完成鼠标的贴图，并为场景设置了灯光环境，完成的效果如图 4.57 所示。

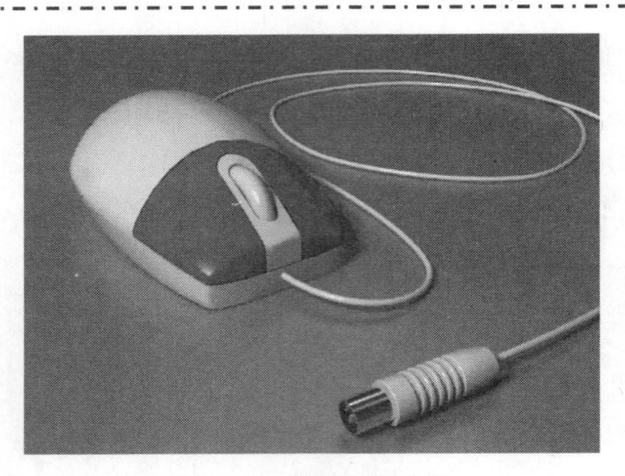

图 4.57　鼠标制作效果

4.2.1　鼠标的建模

4.2.1.1　鼠标主体的制作

（1）选择“创建”\“图形”\“样条线”\“线”选项，在顶视图中分别创建鼠标的截面图形 1、截面图形 2、路径、X 轴截面图形、Y 轴截面图形，如图 4.58 所示。

（2）选择路径对象，使用“放样”命令，单击“获取图形”按钮，拾取截面图形 1，放样的三维对象出现在场景中，调整“路径参数”卷展栏中“路径”位置为 60，使截面图形处于路径的 60%的位置上，再次单击“获取图形”按钮，拾取截面图形 2，生成如图 4.59 所示的三维对象。

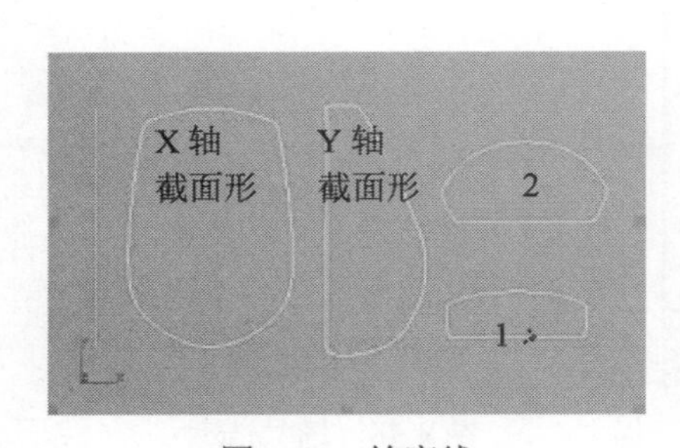

图 4.58　轮廓线

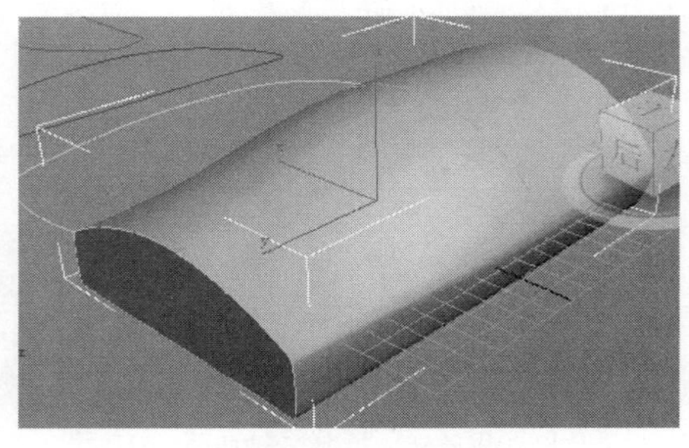

图 4.59　使用轮廓线放样

（3）单击按钮进入“修改”面板，打开“变形”卷展栏，单击“拟合”按钮，打开“拟合变形”窗口。

（4）取消 X/Y 轴向锁定，单击“显示 X 轴”按钮，单击“获取图形”按钮拾取 X 轴截面图形。

（5）如果在顶视图中显示效果不正确，可以使用“水平镜像”、“垂直镜像”、“逆时针旋转 90°”、“顺时针旋转 90°”进行方向调整，如图 4.60 和图 4.61 所示。

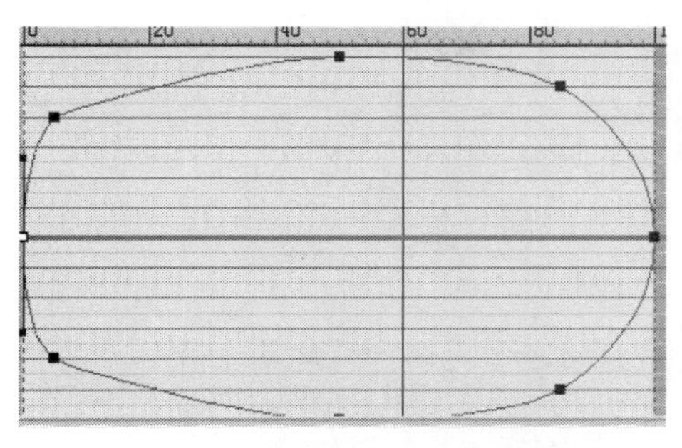

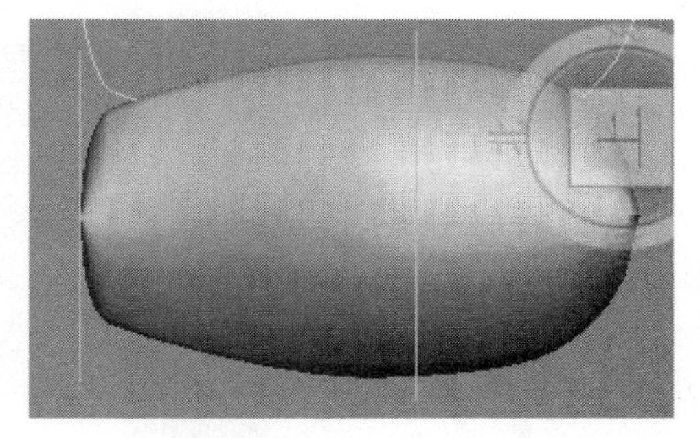

图 4.60　“拟合变形”窗口拾取 X 方向轮廓线　图 4.61　“拟合变形”窗口拾取 X 方向轮廓线调整结果

(6) 单击“显示 Y 轴”按钮，单击“获取图形”按钮拾取 Y 轴截面图形，此时鼠标的基本轮廓已经完成，如图 4.62 和图 4.63 所示。

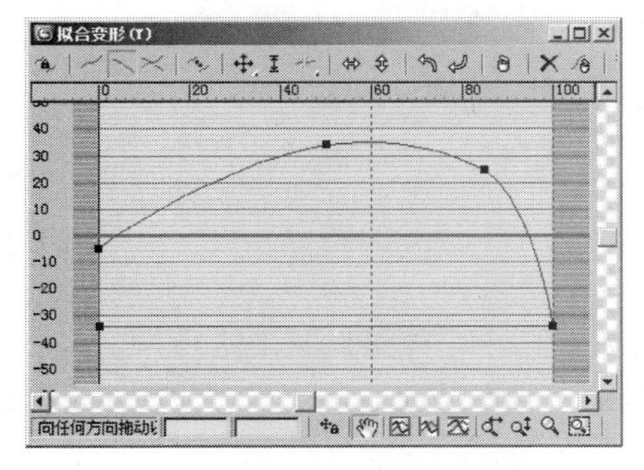

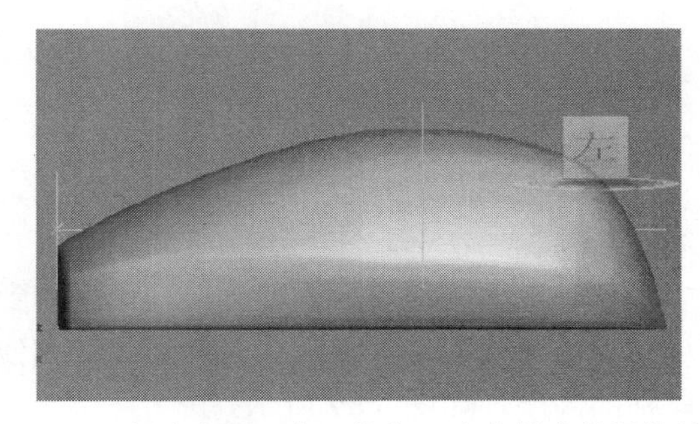

图 4.62　“拟合变形”窗口拾取 Y 方向轮廓线　图 4.63　“拟合变形”窗口拾取 Y 方向轮廓线调整结果

(7) 切换到左视图，应用“线”工具在图 4.64 所示的位置绘制缝隙线，然后进入“样条线”次物体级，选择全部线，设置“轮廓”为 0.1，使其为双线封闭的轮廓线。

(8) 退出“样条线”次物体级，为该曲线添加“挤出”修改器，增加“数量”的数值，使生成的缝隙线三维对象的深度超出整个鼠标，效果如图 4.65 所示。

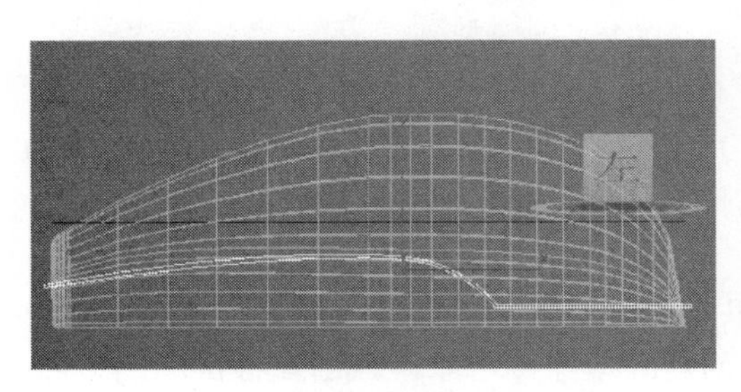

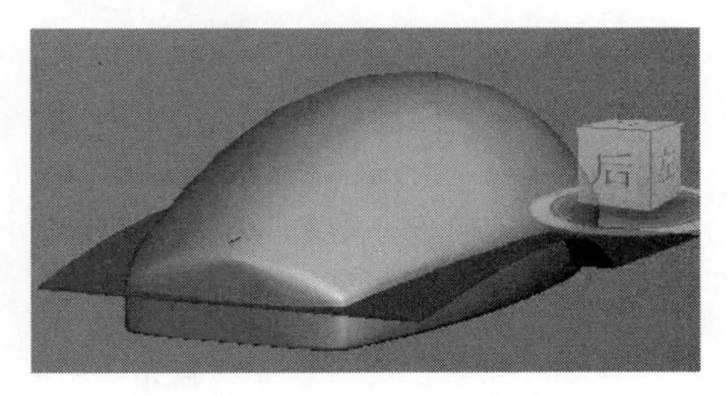

图 4.64　在左视图中建立缝隙线　　　图 4.65　加入“挤出”修改器

(9) 选择鼠标对象，单击“几何体”按钮，打开“复合对象”创建面板，单击“布尔”按钮，在“拾取布尔”卷展栏中单击“拾取操作对象 B”按钮，拾取缝隙线网格对象，执行“差集（A-B）”运算，完成缝隙的计算。

（10）单击“图形”按钮打开图形创建面板，应用“线”、“矩形”、“椭圆”工具在顶视图中绘制鼠标中键的按键形状，效果如图 4.66 所示，将其中一条样条曲线转换为可编辑样条线，应用“附加”命令，将所有样条曲线结合在一起。

（11）进入“样条线”次物体级，选择部分曲线，应用“轮廓”命令扩边，完成按键缝隙的轮廓创建，如图 4.67 所示。

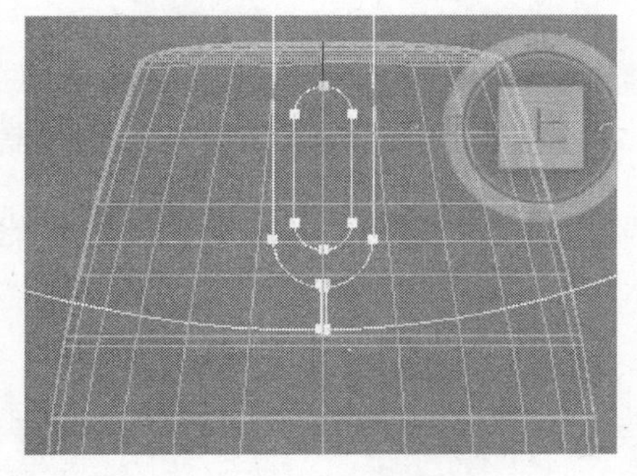

图 4.66　建立鼠标的按键位置

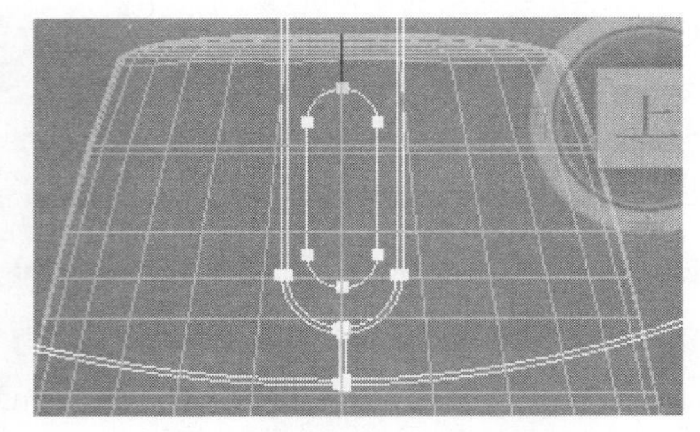

图 4.67　使用轮廓命令扩边

（12）选择其中一个“样条线”次对象，应用“布尔”运算的“并集”方式将所有曲线次对象相加在一起。

（13）进入“顶点”次物体级，移动点到鼠标的缝隙中，效果如图 4.68 所示。

（14）退出次对象编辑，为编辑好的曲线添加“挤出”修改器，设置“数量”高度超出鼠标的高度，如图 4.69 所示。

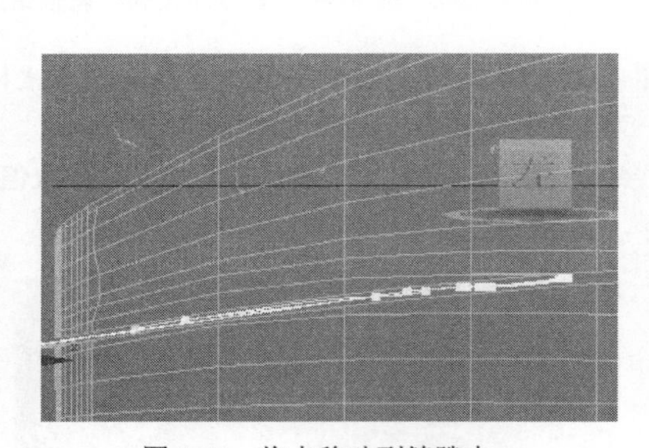

图 4.68　将点移动到缝隙中

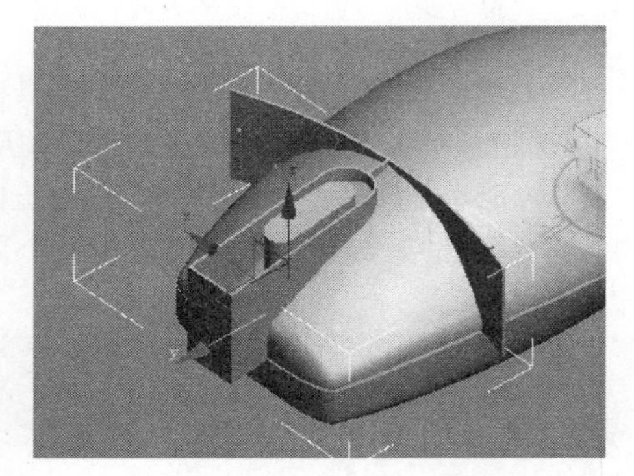
图 4.69　添加“挤出”修改器

（15）选择鼠标主体，打开复合物体创建面板，单击“布尔”按钮，执行“差集（A-B）”运算，单击“拾取操作对象 B”按钮，拾取新创建的缝隙体对象，减出鼠标键间的缝隙，如图 4.70 所示。

（16）选择鼠标主体，单击鼠标右键，在弹出的快捷菜单中选择“转化为”\“转化为多边形”命令，将鼠标主体转化为可编辑网格对象。进入“顶点”次物体级，选择全部点，略微调高“焊接\选定项”的参数值，执行焊接操作，使比较接近的点焊为一点，这样能产生更好的表面光滑效果，如图 4.71 所示。

图 4.70　使用“布尔”命令

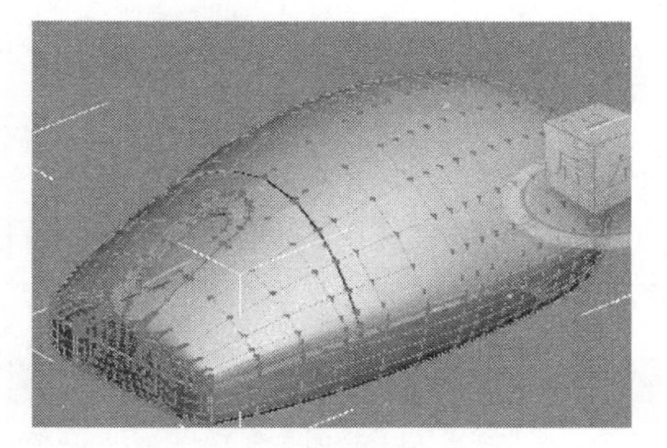

图 4.71　焊接比较近的点

4.2.1.2　滚轮的制作

（1）选择“创建”\“图形”\“样条线”\“矩形”选项，在顶视图中创建一个矩形，如图 4.72 所示。

（2）在矩形上单击鼠标右键，在弹出的快捷菜单中选择“转化为”\“转化为可编辑样条线”命令，将矩形转化为可编辑样条曲线。进入“顶点”次物体级，选择下面的两个点，使用“圆角”命令将其作倒角处理，再选中中间的两个点使用“焊接”命令进行焊接，简化造型，如图 4.73 所示。

图 4.72　创建矩形

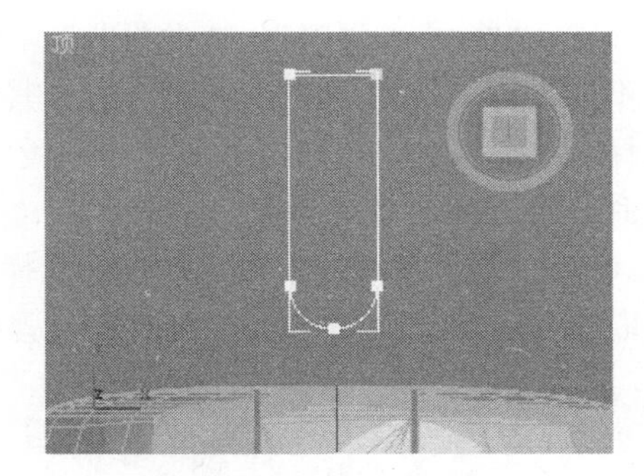

图 4.73　简化造型效果

（3）使用“优化”命令，在垂直线中间插入两个点。选择上面的 4 个点，使用和工具进行公共坐标轴的移动及缩放变换，调整至需要的形态，如图 4.74 所示。为此图形添加“车削”修改器，生成滚轮网格对象，如图 4.75 所示。

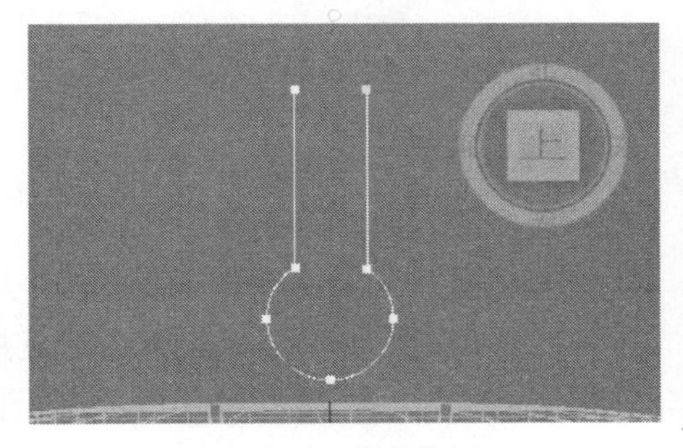

图 4.74　调整点位置

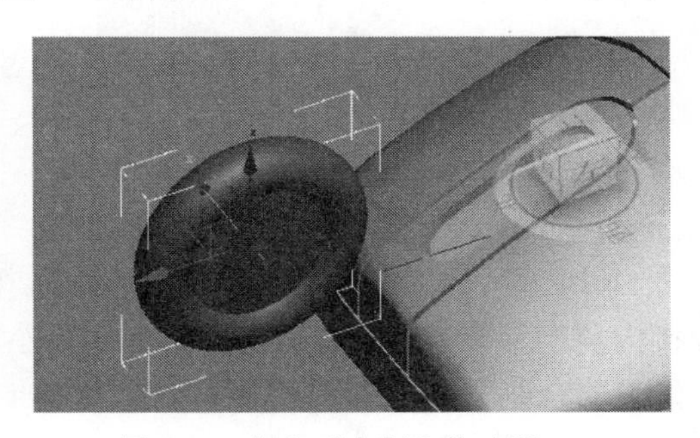

图 4.75　加入“车削”修改器

（4）应用右键快捷菜单“转换为”\“转换为多边形”命令将滚轮对象转化为多边形对象。进入“顶点”次物体级，选择中心点，使用“焊接”命令进行焊接，消除中心面显示的不正常现象，如图 4.76 所示。

（5）将制作完成的滚轮放置到鼠标的相应位置，应用缩放变换工具调整滚轮大小，如图 4.77 所示。

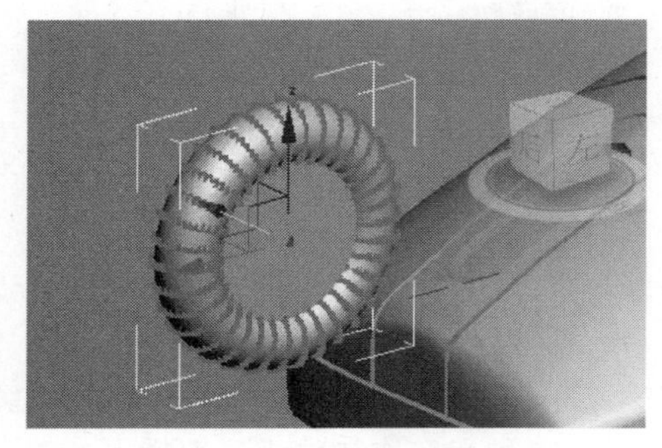

图 4.76　将中心点焊接

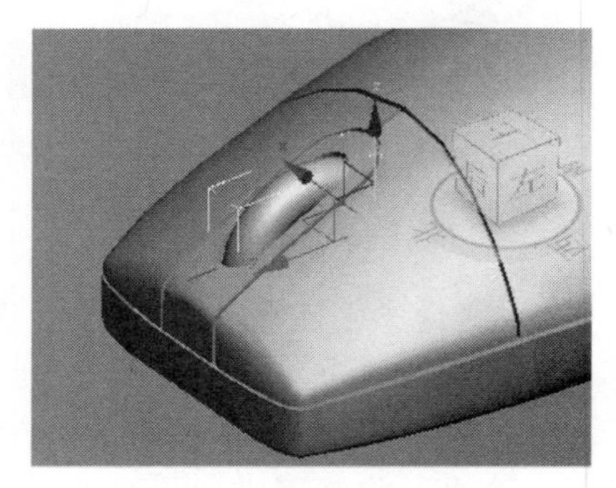

图 4.77　将滚轮移动到鼠标上

4.2.1.3　插头及连线的制作

（1）选择“创建”\“图形”\“样条线”\“矩形”选项，在顶视图中建立 7 个大小不同的矩形，如图 4.78 所示，选择其中一个矩形并单击鼠标右键，在弹出的快捷菜单中选择“转换为”\“转换为可编辑样条线”命令，将矩形转化为可编辑样条曲线，应用“附加”命令将所有矩形结合在一起。

（2）进入“样条线”次物体级，选择最大的矩形，单击 布尔 按钮后的按钮，依次拾取其他几个相交的小矩形执行减法运算，形成如图 4.79 所示的造型。

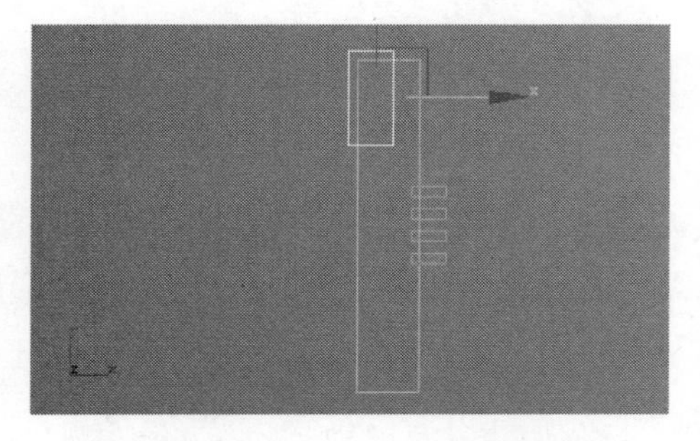

图 4.78　建立 7 个大小不同的矩形

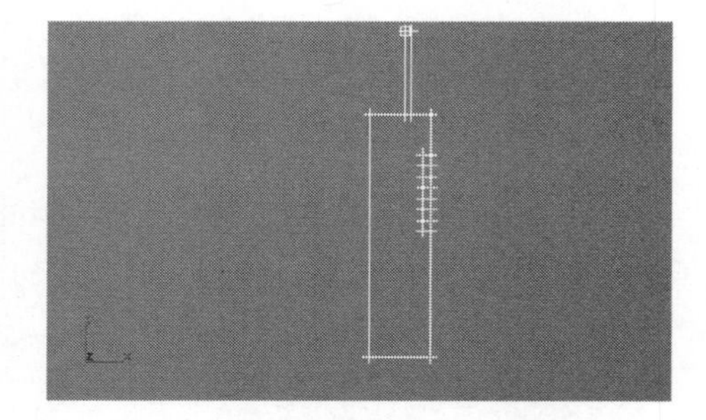

图 4.79　使用“布尔”命令修改

（3）选择所有外侧的点，利用“圆角”命令，完成外侧角的圆角处理，如图 4.80 所示。

（4）退出次物体级编辑，为此图形添加“车削”修改器，设置“度数”为 360，选中“焊接内核”复选框，设置“对齐”为“最小”，其他的参数保持不变，插头基础造型生成，如图 4.81 所示。在前视图中以插头为基准建立插针剖面，选择“创建”\“图形”\“样条线”选项，创建一个矩形和 6 个圆，如图 4.82 所示，按前面介绍的方法使插针剖面

图形结合为一体，并添加“挤出”修改器完成插针制作，如图 4.83 所示。

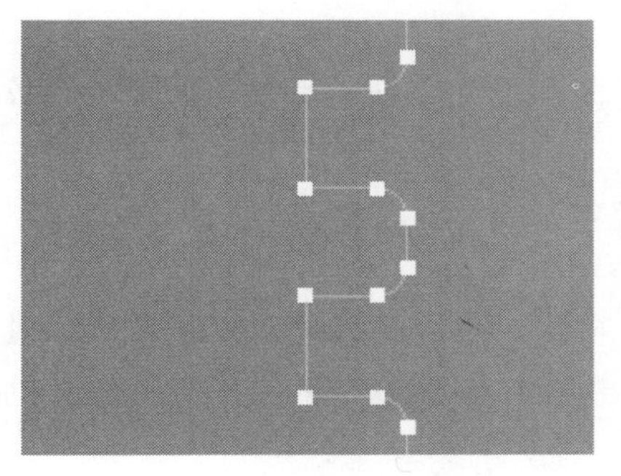

图 4.80　利用“圆角”命令光滑点

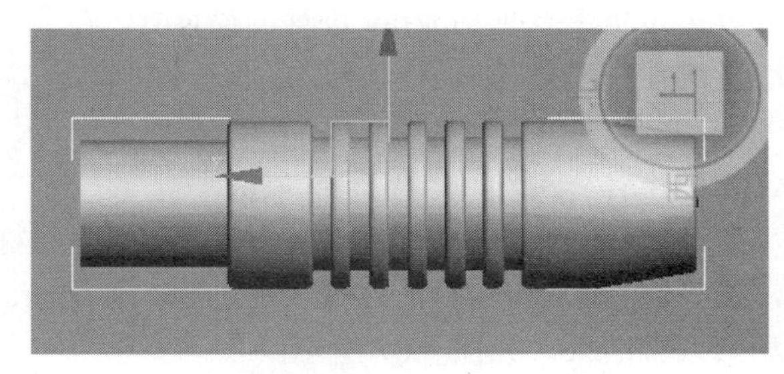

图 4.81　加入“车削”修改器

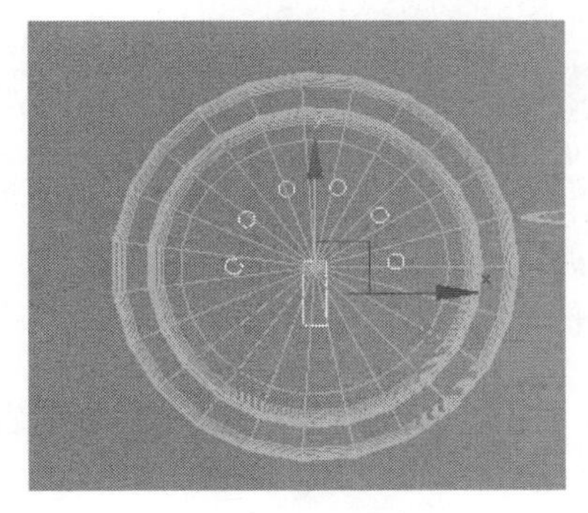

图 4.82　建立插针剖面

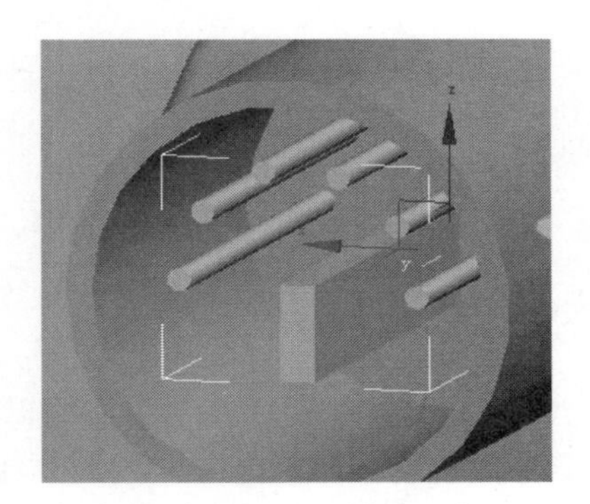

图 4.83　添加“挤出”修改器完成插针

（5）在插头对象上右击，在弹出的快捷菜单中选择“转换为”\“转换为可编辑网格”命令，将其转化为可编辑网格，再次右击，在快捷菜单中选择“附加”命令，将插针结合为一体。

（6）选择“创建”\“图形”\“样条线”选项，使用“线”工具在顶视图中绘制鼠标的连线，如图 4.84 所示。

（7）打开鼠标线的“渲染”卷展栏，选中“在渲染中启用”和“在视口中启用”两个复选框，使其成为可渲染属性。调整“厚度”为 4，使连线粗细适中。打开“插值”卷展栏，设置“步数”为 8，使线条更加光滑流畅，如图 4.85 所示。

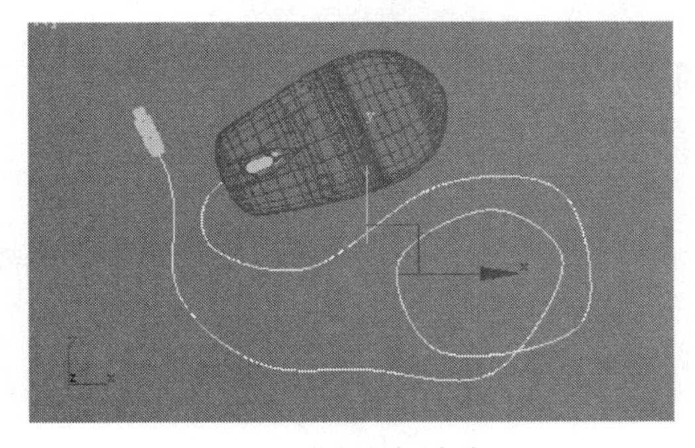

图 4.84　建立鼠标连线

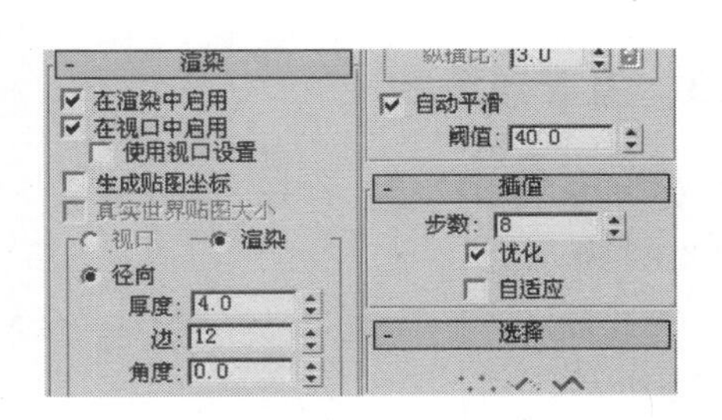

图 4.85　鼠标连线的参数

4.2.2 为场景添加灯光

因为本范例要使用 Vray 进行渲染，所以在为场景添加灯光以前，要为场景做一些必要的准备工作。

（1）选择“创建”\“几何体”\“Vray”命令创建一 VR 平面选项，置于鼠标下方，如图 4.86 所示。

（2）进入创建“摄影机”面板，单击“目标”按钮，在顶视图中创建一个目标摄影机，按“C”键，将原有的透视视图切换为 Camera01 视图。调整摄影机位置，在摄影机视图观察调整结果，如图 4.87 所示。

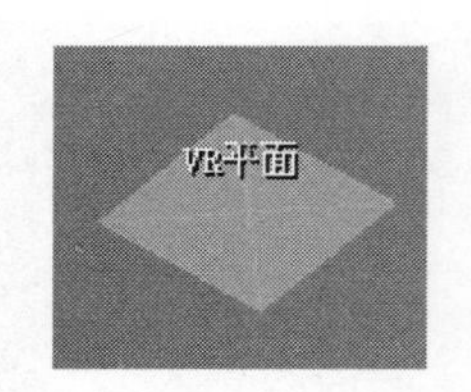

图 4.86　建立 VR 平面

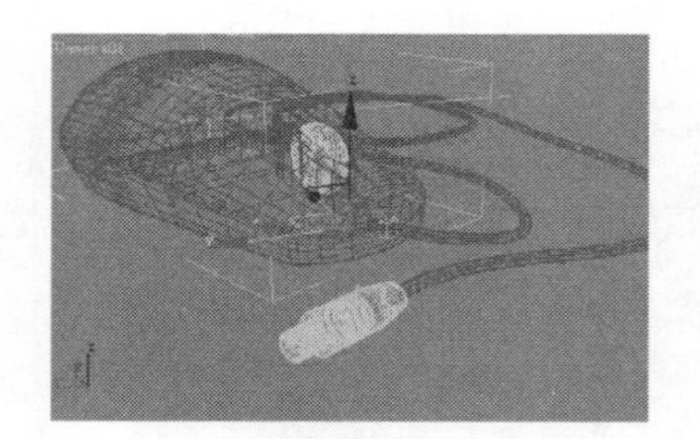

图 4.87　调整摄影机视图

（3）单击按钮，在“材质编辑器”窗口选择一个样本球，参数使用默认设置，选择场景中所有物体，单击“将材质指定给对象”按钮。

（4）使用“创建”\“灯光”\“标准”\“目标聚光灯”命令在场景中创建一盏主光源。

（5）设定主光源的“倍增”值为 0.85，开启“常规参数”卷展栏中的“阴影”选项，设定阴影方式为“VRay 阴影”。设置“聚光灯参数”卷展栏中的“聚光区/光束”为 40，“衰减区/区域”为 90，如图 4.88 所示。

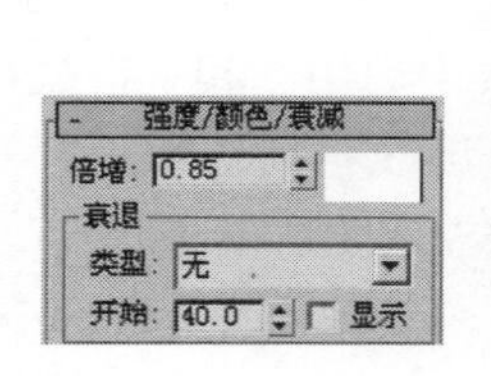

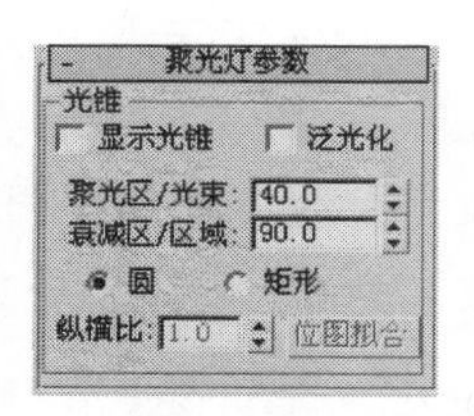

图 4.88　“灯光”参数

4.2.3 渲染器设定

（1）按“F10”键，打开“渲染设置”窗口，将“公用”\“指定渲染器”设定为 V-Ray，如图 4.89 所示。

（2）设定“V-Ray”\“环境”\“全局照明环境（天光）覆盖”\“倍增器”为 0.3，如图 4.90 所示。

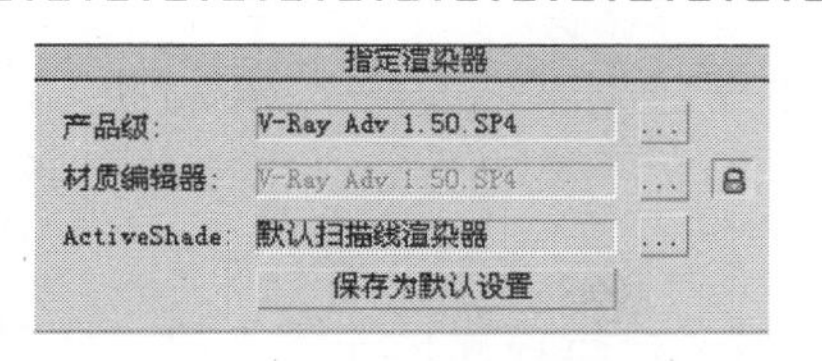

图 4.89　指定渲染器

图 4.90　设定天光

（3）设定“间接照明”\“间接照明”\“二次反弹”\“倍增器”为 0.4。“全局照明引擎”设定为“灯光缓存”。

（4）调整“发光图”\“当前预置”，设定为“低”。

（5）调整“灯光缓存”\“细分”，数值设定为 200。参数设置如图 4.91 所示。

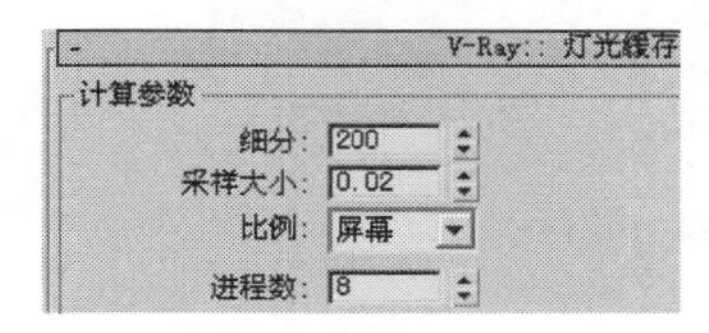

图 4.91　设定间接光

单击“渲染产品”按钮对 Camera01 视图进行渲染，渲染效果如图 4.92 所示。

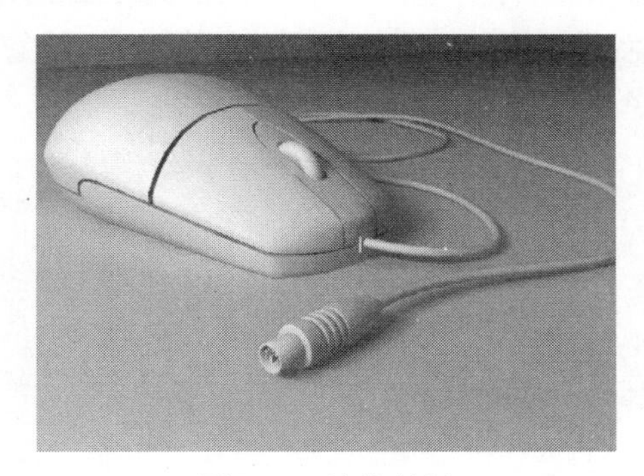

图 4.92　渲染效果

4.2.4　材质的编辑

（1）按“M”键，进入“材质编辑器”窗口。选择一个样本球，单击 Standard 按钮，在打开的下拉列表中选择“多维/子对象”材质，单击“设置数量”按钮，设置数量为 3，如图 4.93 所示。

图 4.93　设定鼠标基本材质

（2）进入 ID1 材质，单击 Standard 按钮，在打开的下拉列表中选择“VR 材质”，将“漫反射”调整为“红=100、绿=120、蓝=160”。设定“反射”亮度为 80、“反射光泽度”为 0.4，形成蓝色材质，如图 4.94 所示。

（3）单击“转到父对象”按钮，回到上一层级材质，按住鼠标左键不放，同时拖动编辑好的 ID1 材质到 ID2 和 ID3 上，在弹出的对话框中选择“复制”方式，修改 ID2“漫反射”色彩为亮度=255，形成白色材质，如图 4.95 所示。

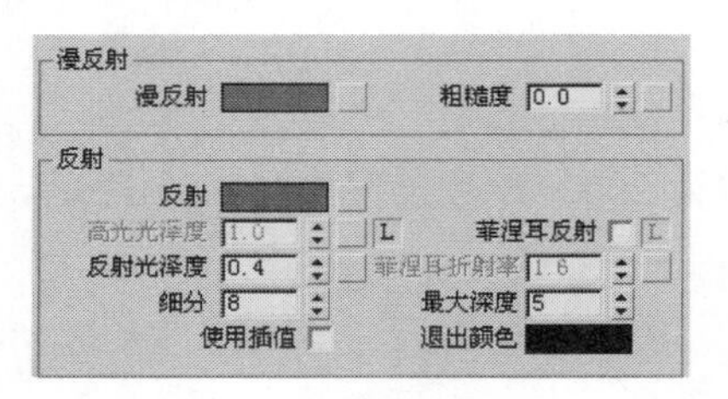

图 4.94　蓝色材质

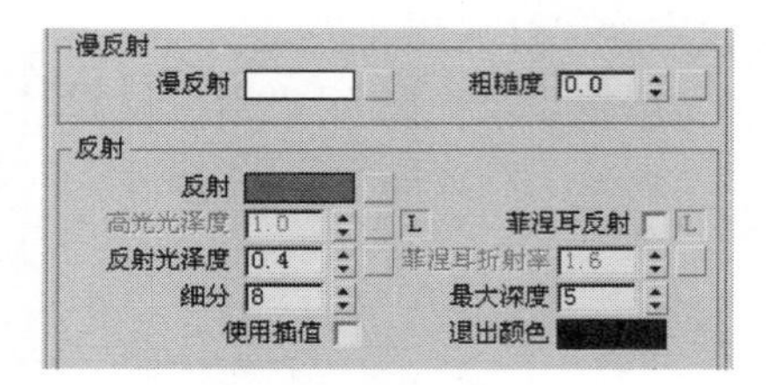

图 4.95　白色材质

（4）进入 ID3 材质，将“漫反射”调整亮度为 180 的灰色，设置“反射”亮度为 200，“反射光泽度”为 0.96，如图 4.96 所示。

（5）另选择一个样本球，选择一个样本球，单击 Standard 按钮，在打开的下拉列表中选择“VR 材质”，设定“漫反射”红=140，绿=130，蓝=90。设置“反射”亮度为 85。“反射光泽度”为 0.73，如图 4.97 所示。

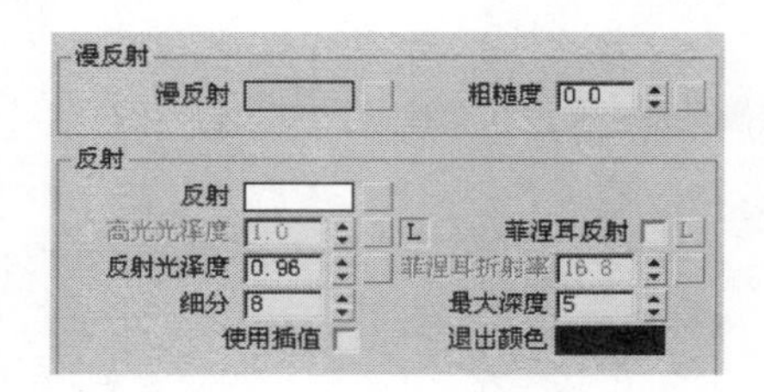

图 4.96　插头金属材质

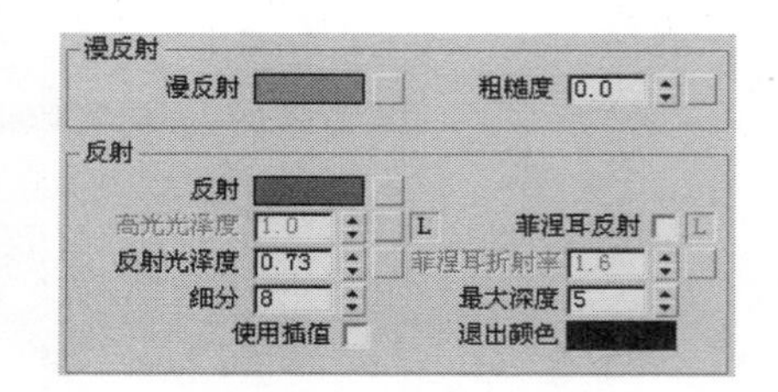

图 4.97　衬板材质

（6）将所有的对象选中，单击鼠标右键，在弹出的快捷菜单中选择“转换为可编辑多边形”命令将对象塌陷，并分别进入“元素”、“多边形”次物体级，在“多边形：材质 ID”卷展栏的“设置 ID”选项组中设置元素的 ID 号，设定对象的 ID 号与材质编辑器中的材质 ID 相对应，选择鼠标滚轮及左右键，将 ID 设置为 1，如图 4.98 所示，保持选取状态，在“编辑”菜单中选择“反选”命令，将选区反向，设置 ID 为 2。按前面的方法选择插头前端的指针和圆筒部分，设置 ID 为 3，结果如图 4.99 所示。

（7）退出物体的次物体级，单击“将材质指定给选择对象”按钮，分别为各对象指定材质。

（8）切换视图到摄像机视图，单击主工具栏中的“渲染产品”按钮渲染，效果如图 4.57 所示。

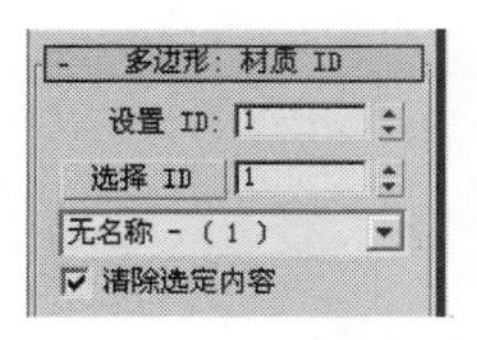

图 4.98　指定 ID 号

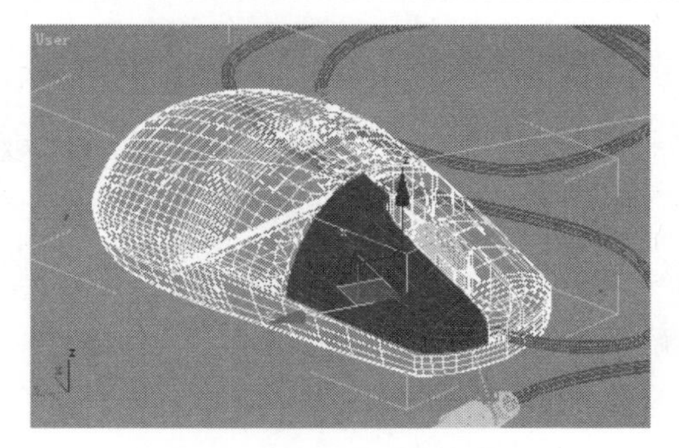

图 4.99　指定 ID 后的效果

4.3 课 后 习 题

思考题

1．在 3ds max 中复合物体有几种？分别是哪些？

2．“放样”中的“变形”有什么作用？如何使用？

操作题

按照鼠标的制作方法完成一个电话听筒的制作，效果如图 4.100 所示。

图 4.100　电话听筒

第 5 章　编辑修改对象

本章主要内容

- ☑ 修改器堆栈的使用
- ☑ 编辑修改器的使用
- ☑ 编辑修改器的应用实例——可乐加冰
- ☑ 编辑修改器的应用实例——软盘制作

本章重点

修改器堆栈的使用方法、常用修改器的特点及使用方法、编辑修改器的综合应用。

本章难点

- ☑ 修改器堆栈的使用
- ☑ 常用修改器的使用

5.1　修改器堆栈

在修改命令面板中共有 4 个功能区域：名称及颜色区域、修改命令目录列表区域、修改堆栈区域、修改参数区域，如图 5.1 所示。

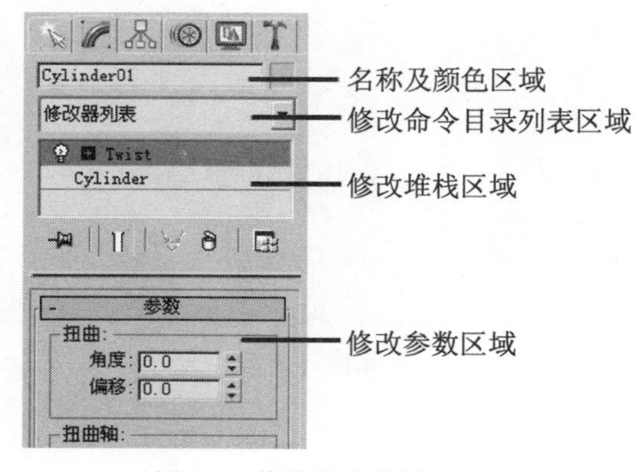

图 5.1　修改命令面板

5.1.1　名称及颜色区域

这里主要是用于显示对象的名称和线框的颜色，可以在名称栏中修改对象的名称，也可以在颜色框中修改对象的线框的颜色。

5.1.2　修改命令目录列表区域

单击修改器列表右侧的下拉按钮可以打开编辑修改器列表，选择其中的修改器添加在对象上即可对对象进行编辑修改。

5.1.3　修改堆栈区域

修改堆栈会将所有的修改操作记录在这里，用户可以随时对其中的任何一个修改参数进行重新设置，同时还可以改变编辑修改的顺序。

1．锁定堆栈

单击此按钮后会显示为状态，此时修改堆栈会锁定在当前选择的对象上，即使选择了场景中其他的对象，所执行的修改命令或参数设置仍旧会应用于原锁定的对象上。

2．显示最终结果开/关切换

单击此按钮后会显示为状态，当不处于修改堆栈的最后一层时，视图只会显示出当前所在修改层之前的修改结果，单击此按钮就可以观察到最后的修改结果，便于控制整体的修改编辑。

3．使唯一

当对一组对象添加修改命令后，此修改命令会对组中的所有对象产生影响，如果单击此按钮，可以将组的修改独立到每个对象上。

4．从堆栈中移除修改器

将当前的修改命令从堆栈中删除掉。

5．配置修改器集

单击此按钮，可以重新配置编辑修改器，在弹出的如图 5.2 所示的菜单中选择“显示按钮”命令，可以将修改命令目录列表修改成按钮方式，如图 5.3 所示。

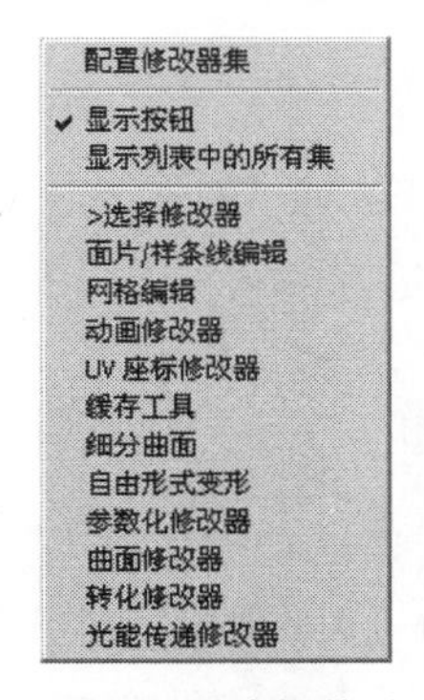

图 5.2　配置编辑修改

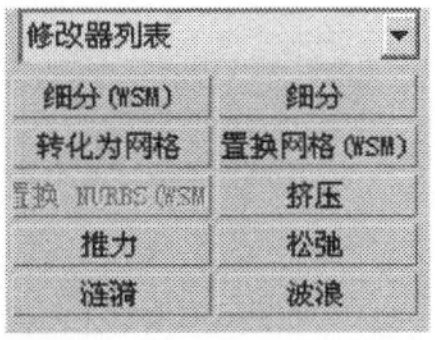

图 5.3　将目录列表修改成按钮方式

在修改堆栈中每个修改命令前会有一个（活动/不活动修改）按钮，它就像是一个可开启、关闭的开关，当它为开启状态时，当前的修改命令有效；当它为关闭状态时，当前的修改命令无效。

在每个修改命令前还会有一个“+”号，这表示此编辑修改存在次物体级，单击“+”号打开次物体级，可以对次物体级进行修改，如 Gizmo、中心等，如图 5.4 所示。针对不同的次物体级的修改所产生的效果也会不同，如图 5.5~图 5.7 所示。

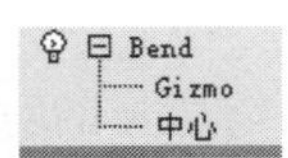

图 5.4　修改器次物体级

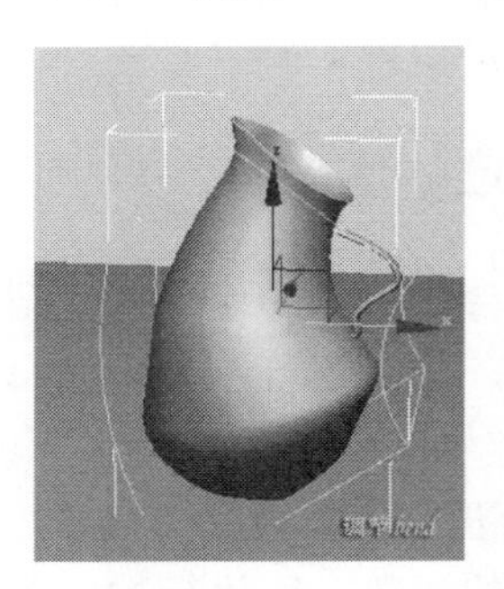

图 5.5　调节“弯曲”参数效果

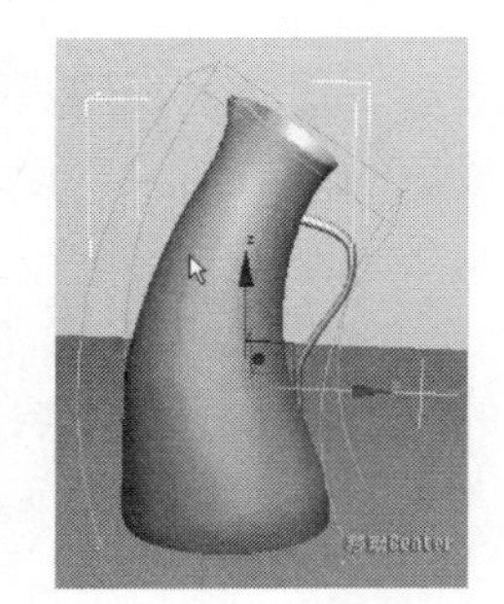

图 5.6　移动“中心”位置

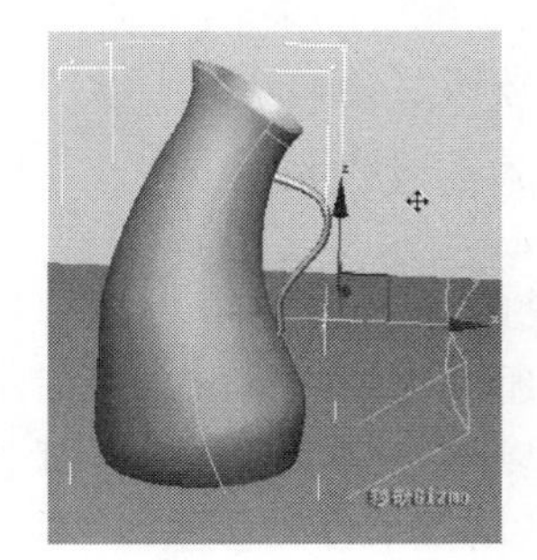

图 5.7　移动“Gizmo”位置

5.1.4　修改参数区域

修改参数区域会根据修改工具的不同显示不同的修改控制项目，如图 5.8 所示。

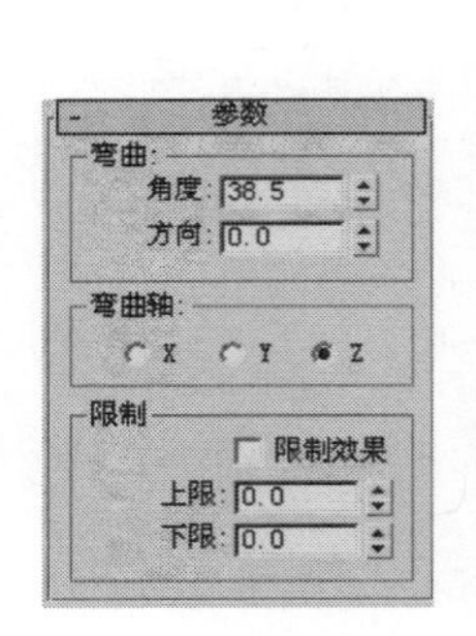

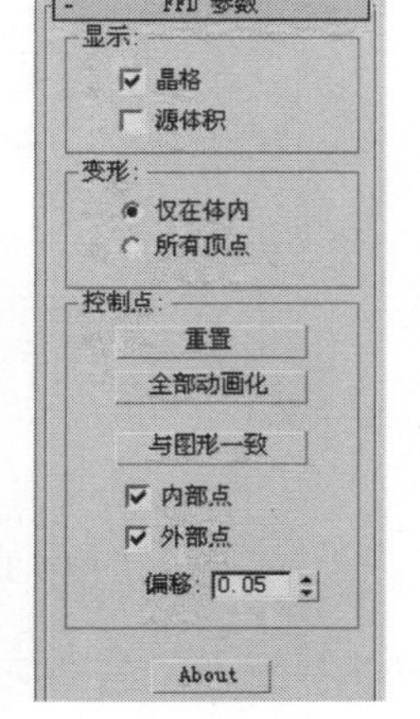

图 5.8　修改参数区域

5.2　编辑修改器

3ds max 中“修改器列表”中的编辑修改器有 90 余种（注意，部分编辑修改器在“修改器”菜单中也可以找到），本书将结合实例对一些较常用的修改器作一介绍。

5.2.1　利用“网格选择”和“影响区域”修改器制作小巧蜡烛台

“网格选择”修改器是一个只有选取功能的修改器，使用这个修改器选择的点、边、面等选择集不能直接进行位移、旋转等操作，但可以在其上添加其他的修改器实现对选择集的修改编辑等。单击“几何体”按钮，在顶视图中创建一个圆柱体，设置其“半径”为 100，“高度”为 40，“高度分段”为 1，“端面分段”为 16，“边数”为 40，单击按钮进入“编辑修改”面板，在“修改器列表”中添加“网格选择”修改器，如图 5.9 所示。单击“网格选择”次物体级的“顶点”按钮对点进行编辑，使用“选取”工具选取圆柱体上表面中间部分的点，如图 5.10 所示。

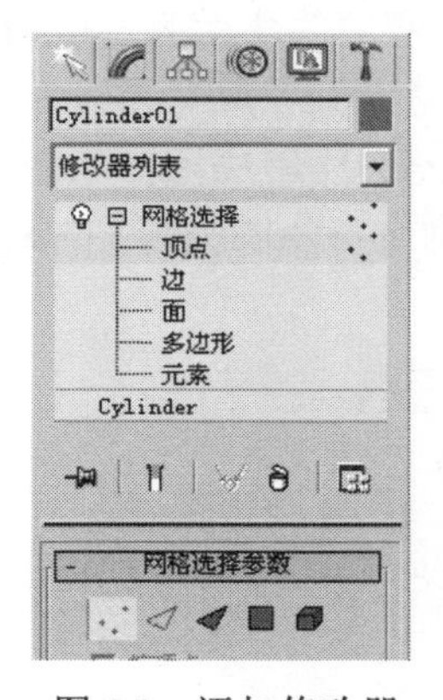

图 5.9　添加修改器

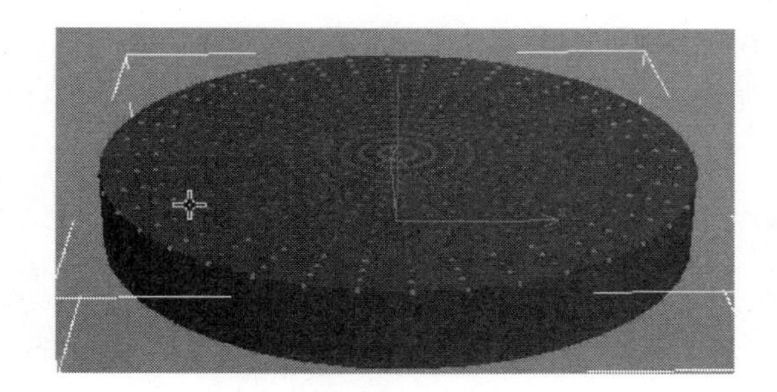

图 5.10　选中部分点

提示：

> 在使用鼠标选择部分点的同时，还可以配合“Ctrl”和“Alt”键来实现加选和减选。

再次打开“修改器列表”，在点的选择区域上添加“影响区域”编辑修改器，参数设置如图 5.11 所示。其中“衰退”用于设置影响的半径，“收缩”用于设置凸起尖端的尖锐程度，“膨胀”设置向上凸起的趋势。如图 5.12 所示为调节后状态，完成效果如图 5.13 所示。

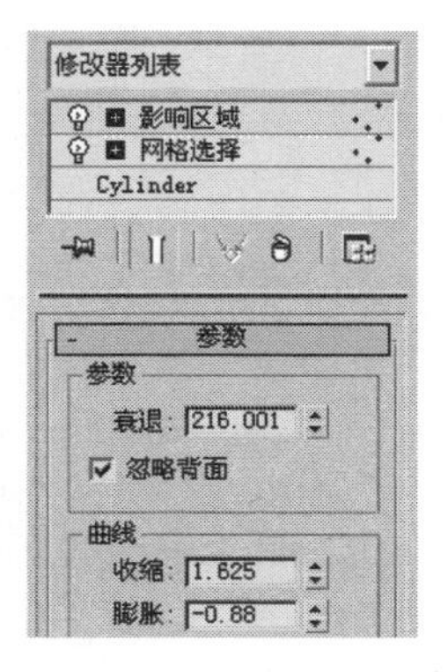

图 5.11　添加“影响区域”修改器

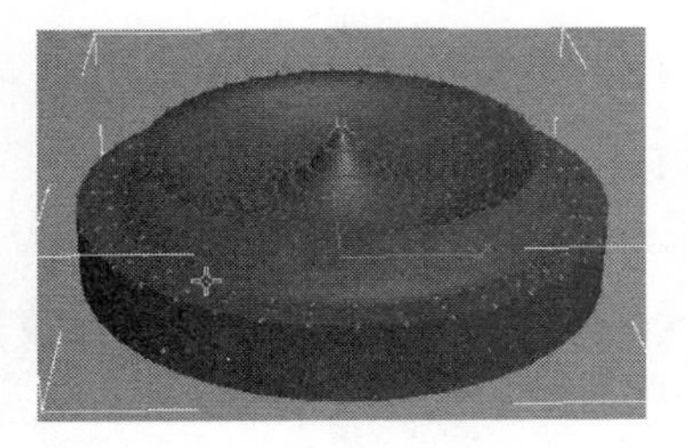

图 5.12　调节后状态

图 5.13　小巧腊烛台

5.2.2　利用“Bend（弯曲）”修改器制作文字

“弯曲”修改器能够对修改对象进行 X、Y、Z 3 个轴向的弯折变形，同时还可设置弯折方向的扭转，通过上下限设定可以控制弯折的区域，弯折修改的前提条件是要求被修改对象拥有足够数量的网格，以满足弯折转角部分的网格需求。

首先在顶视图中创建一个细长的圆柱体，设置“半径”为 1，“高度”为 200，“高度分段”为 70，“端面分段”为 1，“边数”保持默认值，单击按钮进入“编辑修改”面板，打开“修改器列表”，选择“Bend（弯曲）”修改器添加到圆柱上，如图 5.14 所示。调整“弯曲”修改器的参数如图 5.15 所示，设置“角度”调节弯曲的角度为 90，调节弯曲的方向，选中“限制效果”复选框后，限制功能即被开启，设置“下限”为-10，然后单击“Bend（弯曲）”前的“+”打开次物体级别，选择“Gizmo”次级选项，如图 5.16 所示。在视图中沿 Z 轴向上移动“Gizmo”控制框，此时会看到弯折的部分随控制框的拖动延伸，如图 5.17 所示。

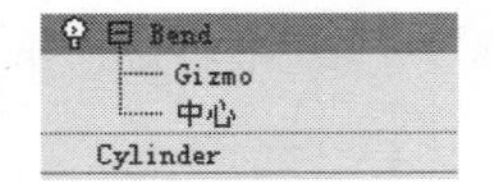

图 5.14　添加“弯曲”修改器

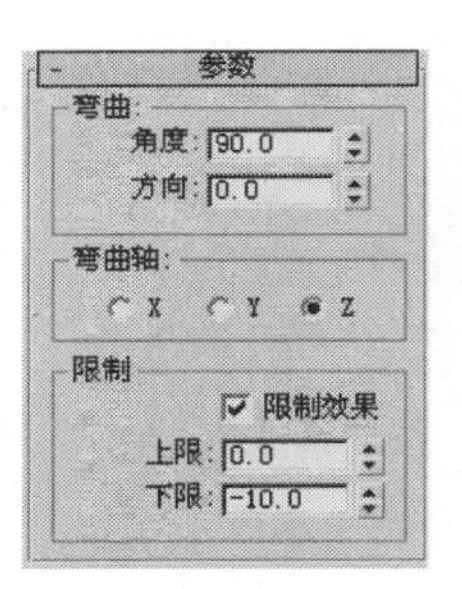

图 5.15　调节参数

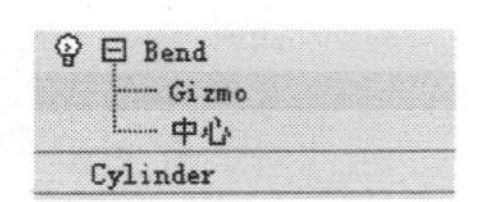

图 5.16　选择“Gizmo”次级选项

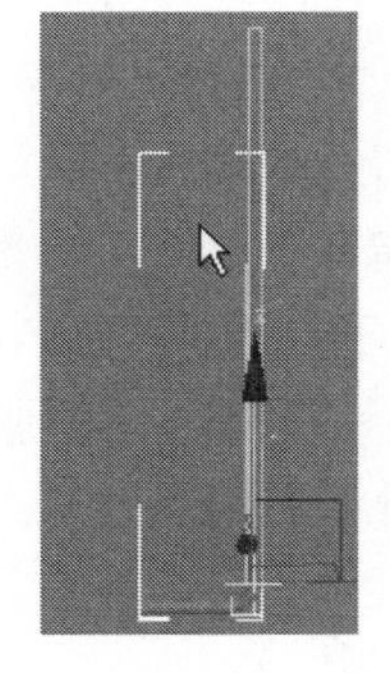

图 5.17　移动控制框位置

退出“Gizmo”次物体级，重复添加两次“Bend（弯曲）”编辑修改器，参数与前面“弯曲”参数的设置相同，按前面方法调节每个“弯曲”修改器的“Gizmo”控制框的位置，直到呈现英文字母 d 的形状，如图 5.18 所示。

图 5.18　生成字母 d

5.2.3　使用“编辑面片”修改器创建花瓣

“面片栅格”对象本身不具备编辑功能，所以需将它转换成可编辑的面片对象或添加“编辑面片”修改器才能进一步编辑。单击“几何体”按钮，在创建列表中选择“面片栅格”对象类型，单击“三角形面片”按钮在顶视图创建一个三角形面片对象，如图 5.19 所示。单击按钮，进入“编辑修改”面板，添加“编辑面片”编辑修改器，选择“顶点”次物体级，如图 5.20 所示。分别选择面片上的点，调节点两端调节杆的曲率及位置，使之成为花瓣形状，如图 5.21 所示。“编辑面片”修改器还可以针对“边”、“面片”等次物体级进行编辑，并且可以作细化、拉伸等处理。如图 5.22 所示为完成的花瓣效果。

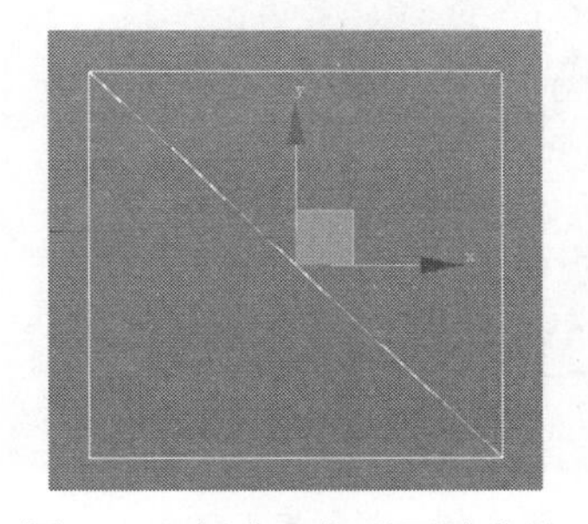

图 5.19　创建三角形面片物体

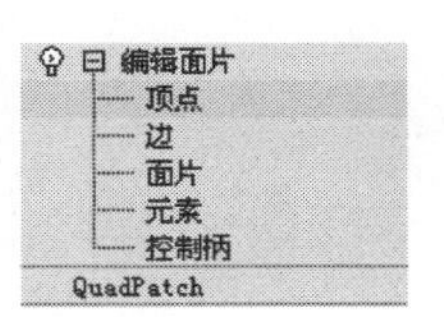

图 5.20　添加“编辑面片”修改器

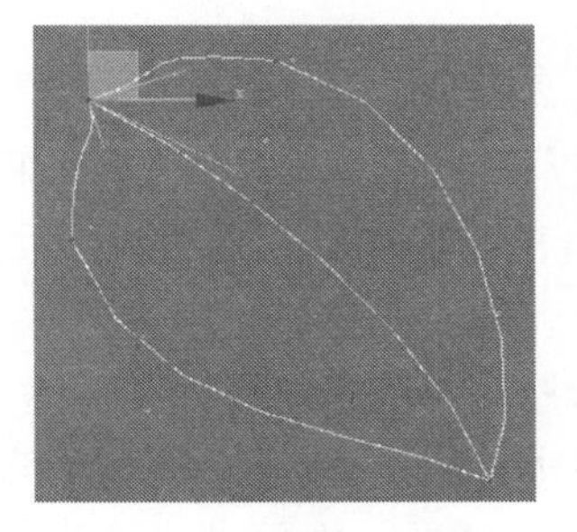

图 5.21　调节出花瓣形状

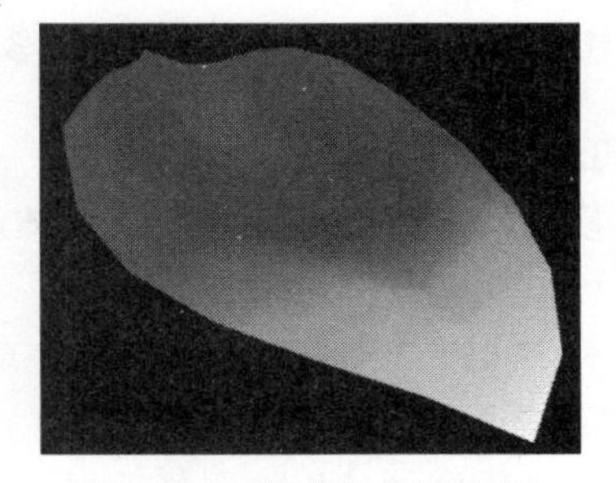

图 5.22　完成的花瓣效果

5.2.4 利用“置换”修改器创建水面

“置换”修改器是由选择的位图或材质的明暗关系控制网格对象的起伏变化的，所以使用的位图或程序贴图应有较明显的明暗变化。

打开配书光盘\第 5 章\例 5.4\youyongchi.max 文件，选择其中的 Plane01 物体，单击按钮，进入“编辑修改”面板，添加“置换”编辑修改器，在打开的卷展栏中的“图像”选项组中单击“位图”下方的按钮，在弹出的对话框中选择配书光盘\第 5 章\例 5.4\Displace.jpg 文件，如图 5.23 所示，将利用此图像的黑白灰关系对 Plane01 物体进行置换变形修改，详细参数设置如图 5.24 所示。“置换”编辑修改器还可以用来创建起伏不平的山脉、浮雕等三维造型，不过要想得到如图 5.25 所示的细致的置换变形效果，必须要求网格对象拥有足够多的网格。

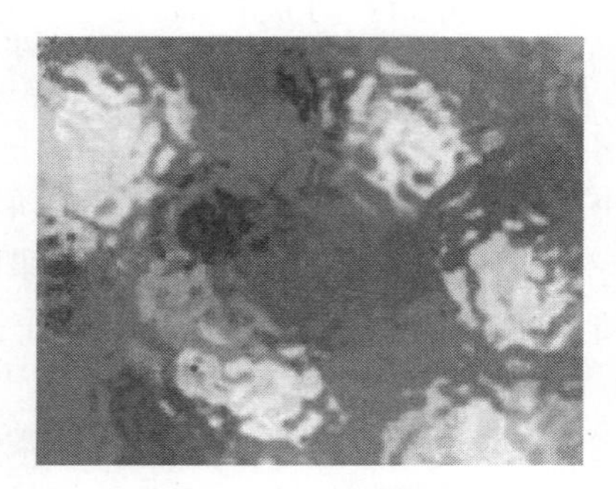

图 5.23 水纹图片

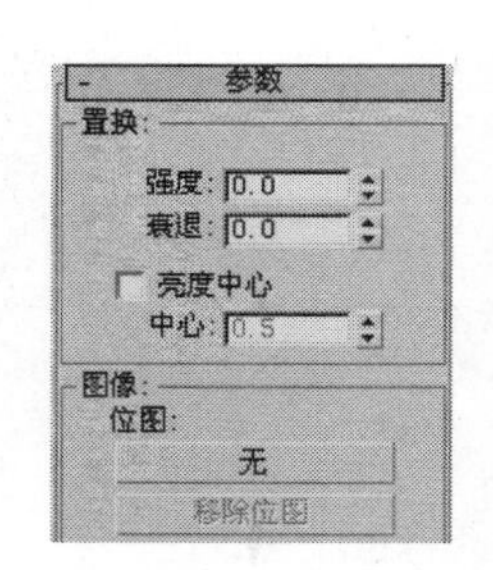

图 5.24 “置换”参数

图 5.25 “置换”效果

5.2.5 利用“FFD（圆柱体）”修改器修改造型

“FFD2×2×2”、“FFD3×3×3”、“FFD4×4×4”、“FFD（长方体）”和“FFD（圆柱体）”修改器是可以直接对三维物体进行编辑的自由变形工具，通过对自由变形控制点的调整，可以实现复杂造型的创建。

下面利用“FFD 圆柱体”修改器完成花瓶的变形控制。首先在顶视图创建一个“半径”为 80、“高度”为 180、“高度分段”为 24 的圆柱体，单击按钮进入“编辑修改”面板，添加“FFD 圆柱体”编辑修改器。在“FFD 参数”卷展栏中单击“设置点数”按钮，

在弹出的对话框中设置“高度”为 6，使高度上控制点数量增加，其他参数保持不变，如图 5.26 所示。单击“FFD（圆柱体）”前的“+”，打开“FFD（圆柱体）”编辑修改次物体级，选中“控制点”次物体级，如图 5.27 所示。按照如图 5.28 所示的形状调节控制点的比例及位置，完成花瓶的造型，如图 5.29 所示。

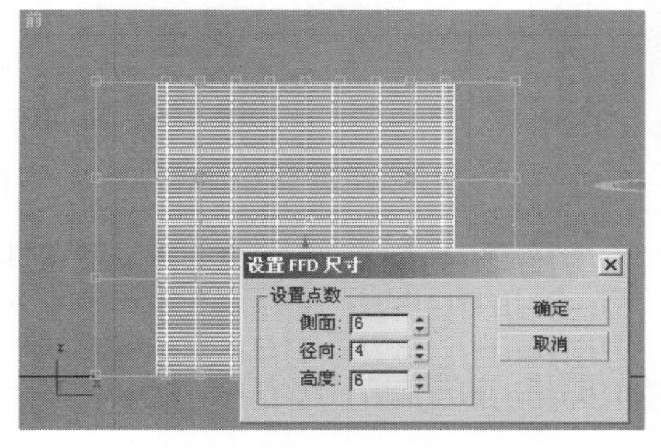

图 5.26　添加“FFD（圆柱体）”修改器

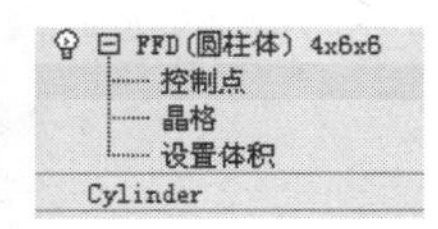

图 5.27　选择“控制点”次物体级

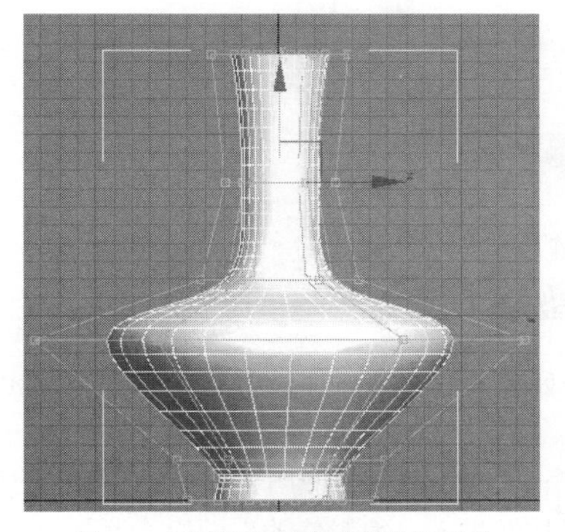

图 5.28　调节控制点形成花瓶形状

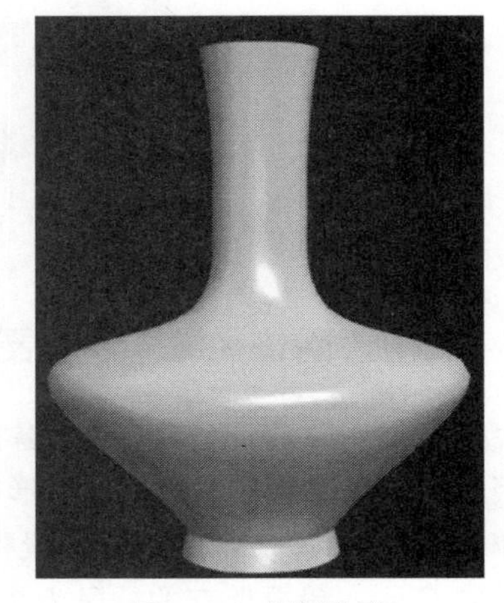

图 5.29　花瓶造型

5.2.6　利用“车削”修改器生成烟灰缸

“车削”编辑修改器的使用最为广泛，具有对称柱状属性的三维对象都可以使用这个修改器来创建，如下面介绍的烟灰缸就是由“车削”编辑修改器生成的。

单击“图形”按钮打开二维图形创建面板，单击“线”按钮，在前视图中绘制烟灰缸的截面形状，如图 5.30 所示。单击按钮进入“编辑修改”面板，添加“车削”编辑修改器，设置“度数”为 360，选中“焊接内核”复选框，设置“对齐”方式为“最小”，如图 5.31 所示。有时车削生成的造型显示不正确，选中“翻转法线”复选框即会得到正确的显示效果。

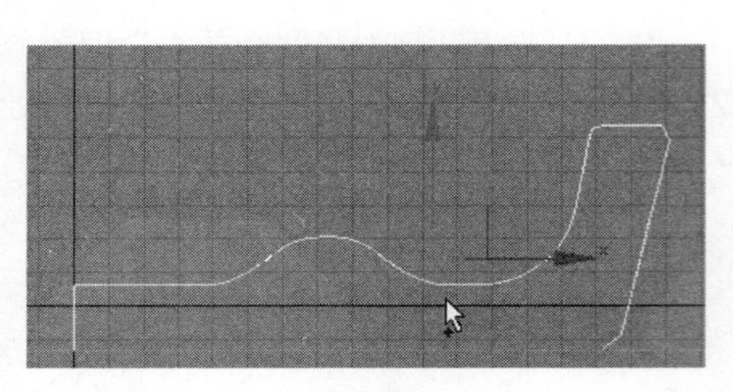

图 5.30　绘制烟灰缸截面

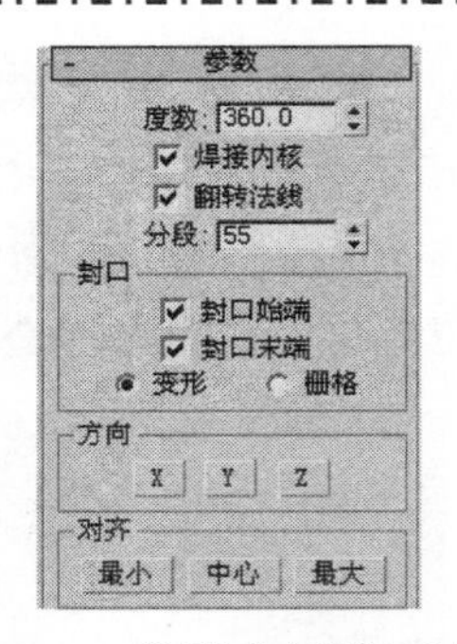

图 5.31　设置“车削”参数

当设置的“分段”数值越大时，生成的网格对象越光滑，但也会相应地增加网格的数量，如图 5.32 所示为烟灰缸模型效果。

图 5.32　烟灰缸

5.2.7　利用“网格平滑”修改器生成靠垫

“网格平滑”是一个对三维对象进行光滑处理的修改器，通过针对不同细分方式的次物体级的编辑修改完成对造型的变形控制。

单击“几何体”按钮，在场景中创建一个长、宽、高分别为 120、120、35 的长方体，如图 5.33 所示。设置所有的分段为 2，单击按钮进入“编辑修改”面板，添加“网格平滑”编辑修改器，设置“细分方法”为“NURBS”方式，在“细分量”中设置“迭代次数”为 2，其他参数保持不变，如图 5.34 所示。

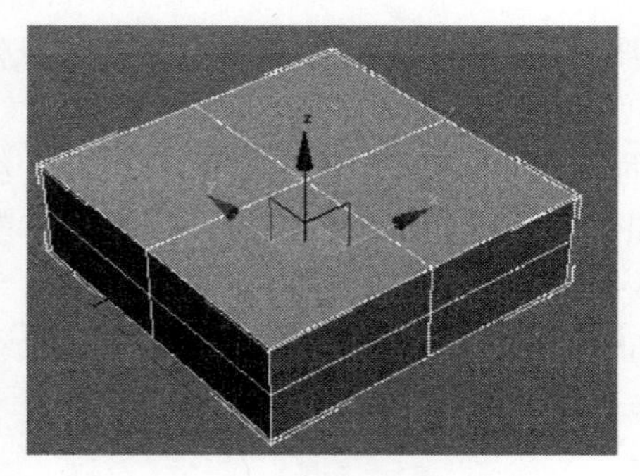

图 5.33　创建长方体

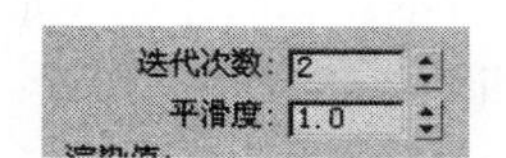

图 5.34　设置迭代次数

单击编辑修改堆栈中“网格平滑”前的“+”号，打开“网格平滑”的次物体级，选择“顶点”，在前视图中窗口式选择长方体侧面中间部分的所有点，调节“权重”值为 9.299，增大权重，使两侧的网格向中间聚集，形成垫子的雏形，如图 5.35 所示。

切换次物体级到“边”级，配合“Ctrl”键将垫子四角的纵向边全部选中，设置“折缝”值为 1，使垫子的四角向外伸展，垫子造型完成，如图 5.36 所示。如果需要垫子更厚实一些，选择中间的点提高一些即可。

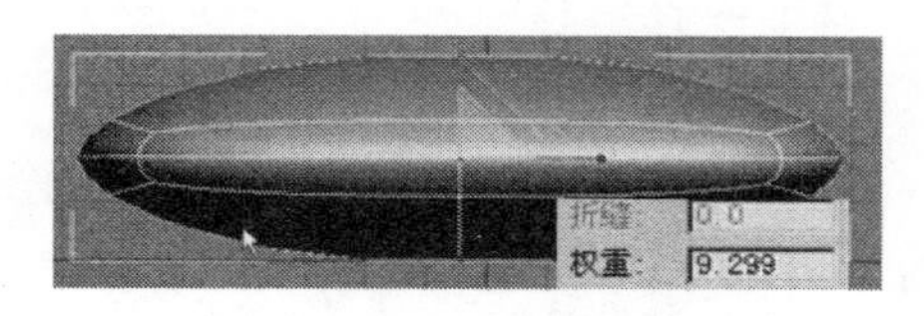

图 5.35　调节参数

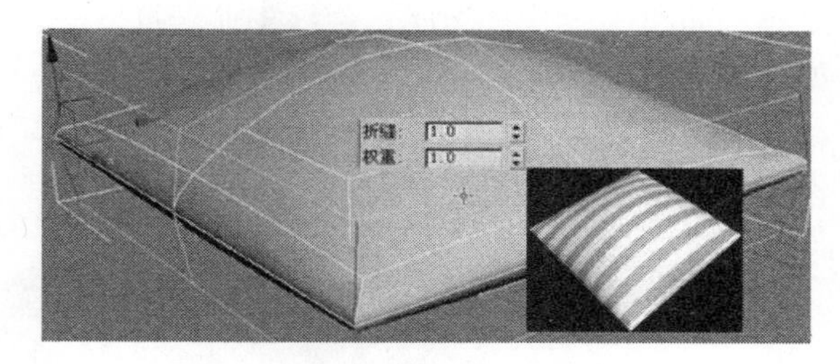

图 5.36　靠垫造型

5.2.8　“镜像”和“对称”编辑修改器

“镜像”编辑修改器是以一个轴向作为镜像轴，对被操作物体进行翻转或翻转复制的命令，可以为生成的新物体设置偏移的距离。在制作对称的造型时，通常是先做好一侧造型，然后使用“镜像”编辑修改器镜像生成另一半造型，再将两个物体进行焊接操作结合为一体，如图 5.37 所示。而“对称”编辑修改器能够直接将镜像后的两部分焊接在一起，形成对称造型，如图 5.38 所示。其中的“焊接缝”的“阈值”参数就是用于设置允许焊接范围的。

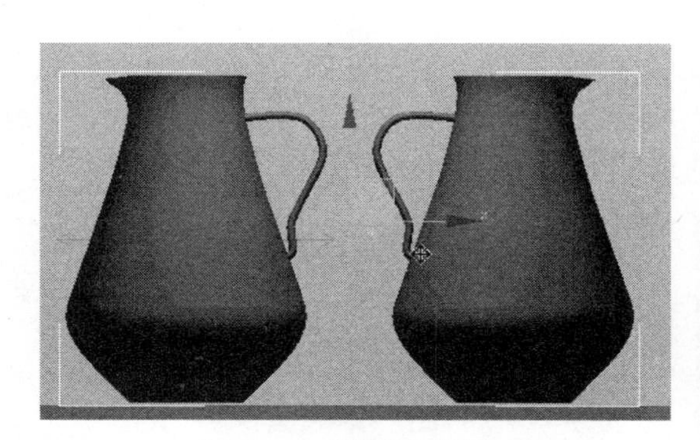

图 5.37　“镜像”效果

图 5.38　“对称”效果

5.2.9　创建晶格物体

“晶格”编辑修改器是使物体线框化，能够在网格点的位置上显示节点的造型，边的部分显示为支柱造型，不仅可以设置节点和支柱的造型参数，同时还可分别指定材质 ID，使节点和支柱拥有各自的材质纹理。

在场景中创建一个球体对象，单击按钮进入“编辑修改”面板，在“修改器列表”中选择“晶格”编辑修改器，在“参数”卷展栏的“几何体”选项组中，选中“应用于整个对象”复选框，下面的 3 个选项分别是：“仅来自顶点的节点”，当选中此单选按钮时，只在网格物体的点上产生节点造型，边上则没有支柱显示，如图 5.39 右图所示；当选中“仅来自边的支柱”单选按钮时，网格物体的所有边上显示为支柱造型，但在点上没有节点显示，如图 5.39 中图所示；当选中“二者”单选按钮时，在网格物体上既有节点又有支柱，如图 5.39 左图所示。

可以通过对“支柱”选项组和“节点”选项组的半径、分段、材质 ID 等参数的编辑，设置节点及支柱的造型、材质等。

图 5.39　添加“晶格”编辑修改器后的 3 种状态

5.2.10　利用“融化”修改器创建冰淇淋

打开配书光盘\第 5 章\例 5.10\melt.max 文件，为场景中的冰淇淋物体添加“融化”编辑修改器，会使冰淇淋物体产生融化的效果。其参数卷展栏中的“数量”用来设置融化的总量，数值越大融化效果越强，如图 5.40、图 5.41 和图 5.42 所示分别为“数量”=0、“数量”= 30 和“数量”=50 的状态。“融化百分比”用来设置散开的百分比。在“固态”选项组中，可以选择“冰”、“玻璃”、“冻胶”、“塑料”和“自定义”等几项设置融化对象的属性，在使用时应注意融化轴向的选择。

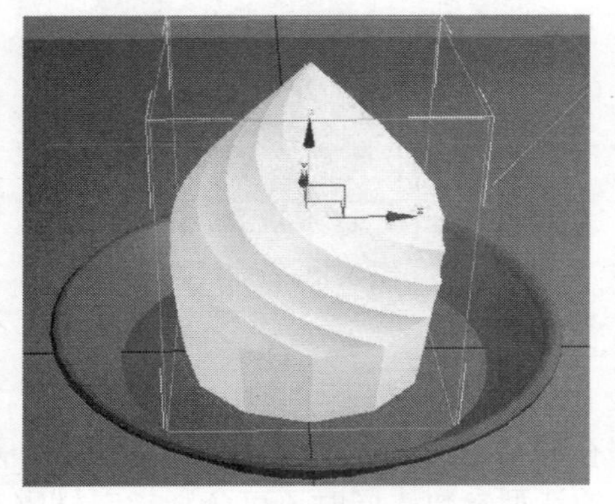

图 5.40　“数量”=0 状态

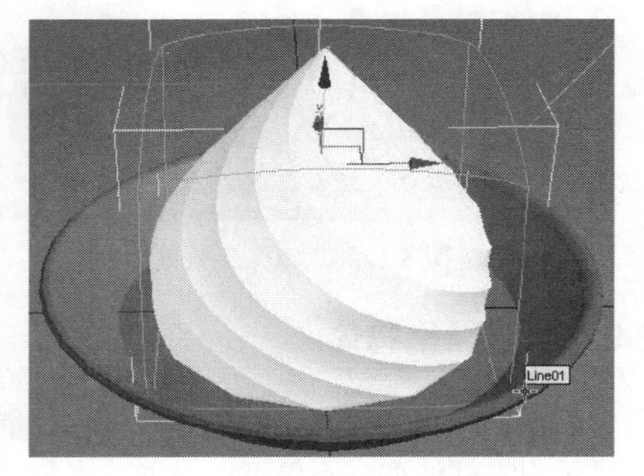

图 5.41　“数量”=30 状态

图 5.42　“数量”=50 状态

5.2.11　利用“挤出”修改器创建三维物体

挤出有挤压和拉伸的含义，利用这个编辑修改器能够将二维图形拉伸成三维的网格物体，在三维模型创建中比较常用。

进入“图形”创建面板，单击“文本”按钮打开文字参数卷展栏，在文本框中输入“@”（Shift+2）符号，在前视图单击创建“@”二维图形，如图 5.43 所示。单击按钮进入“编辑修改”面板，为“@”符号添加“挤出”编辑修改器，设置“数量”=20，“分段”=1。在“封口”选项组中，“封口始端”和“封口末端”选项用于设置拉伸物体两端是否封闭。如果封闭可以得到一个实体的三维造型，如图 5.44 所示；如果不封闭，则会将二维图形拉伸出厚度，形成镂空的造型，如图 5.45 所示。

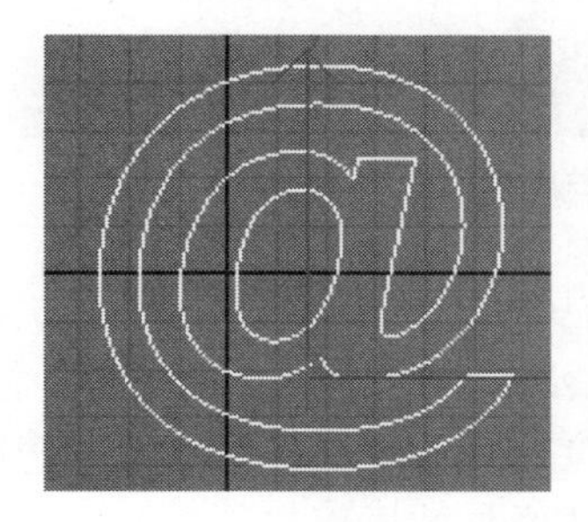

图 5.43　文字图形

图 5.44　封口的拉伸效果

图 5.45　无封口的拉伸效果

5.2.12　使用“噪波”修改器添加噪波

“噪波”编辑修改器可以使物体表面产生起伏不平的效果。在“噪波”选项组中，“种子”数用来设置噪波的随机效果；“比例”设置噪波的尺寸；当选中“分形”复选框后，下面的“粗糙度”和“迭代次数”便可以启用。“强度”选项组则是控制 3 个轴向的噪波强度，数值越大，噪波效果越强烈。噪波参数与噪波影响的造型如图 5.46 和图 5.47 所示。

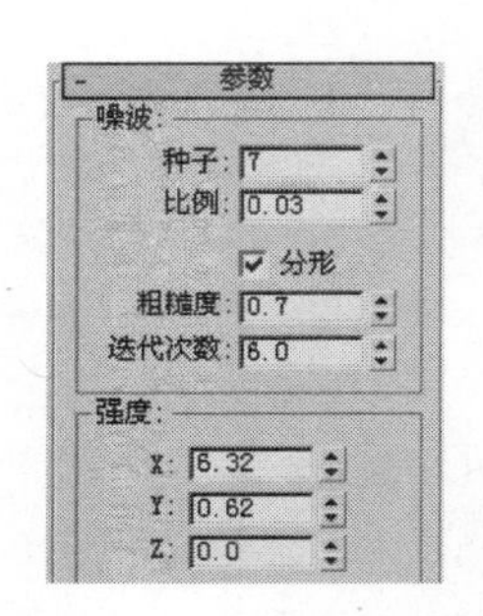

图 5.46　“噪波”参数

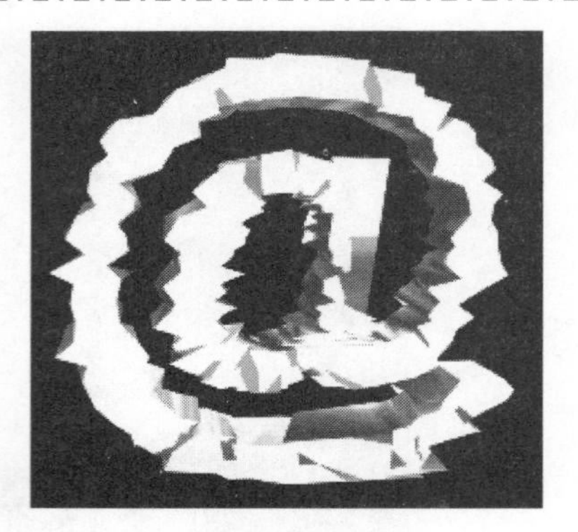

图 5.47　噪波影响的造型

5.2.13　利用“优化”修改器优化物体网格

当创建的网格物体越来越复杂时，对物体的操作速度会变得很慢，此时可以为网格物体添加一个“优化”修改器来减少网格对象的顶点数和面数，在保持相似平滑效果的前提下尽可能地降低几何体的复杂度，从而加快操作速度和渲染速度。如图 5.48 和 5.49 所示为未优化的网格和添加“优化”修改器后的网格。

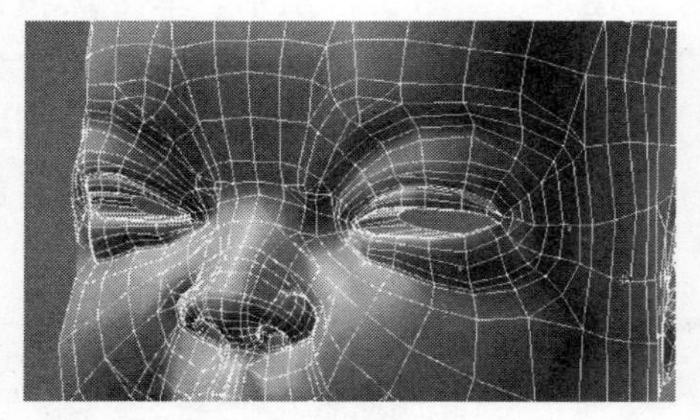

图 5.48　未优化的网格

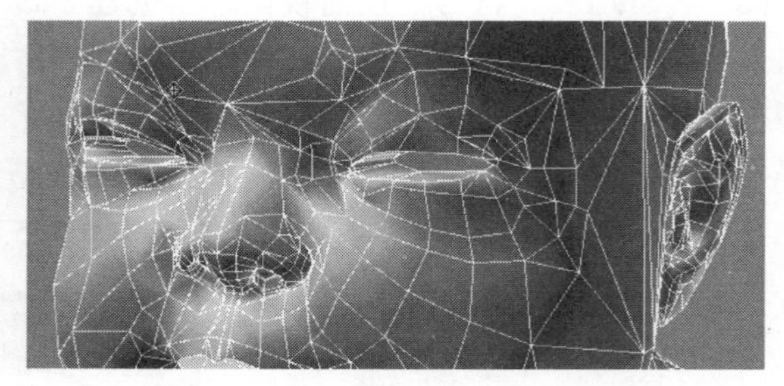

图 5.49　添加“优化”后的网格

添加“优化”编辑修改器后，在参数卷展栏的“详细信息级别”选项组中提供了“渲染器”和“视口”两种方式，分别用于设置渲染时和视图观察时的细节效果。

在“优化”选项组中，“面阈值”用来设置面的优化程度；“边阈值”用来设置边的优化程度；“偏移”是在优化时除去小的、无用的三角面，使渲染效果更好，它的取值范围为 0~1，数值越大，保留的面越多。当选中“自动边”复选框后，将会隐藏所有法线反向的边界。

5.2.14　“保留”修改器

“保留”修改器是保护造型变形后与原始物体保持一定相似度的编辑修改器。首先需要在修改前对指定的物体复制一个参考物体，然后对物体进行变形处理，添加“保留”修改器后会尽量使变形后的物体的边、形状等方面更接近原始物体。

“原始”要求单击“拾取原始”按钮拾取原始对象物体作为维护的依据对象。“迭代

次数”用于设置维护的级别。在“保存重量”选项组中分别有“边长”、“面角度”和“体积”设置，可以针对物体的整体或局部进行选择性的保护，“应用于整个网格”、“仅选定顶点”和“反选”等选项就是进行此方面参数设置的。

如图 5.50 所示为添加“保留”修改器的物体。

图 5.50　右侧为添加“保留”修改器的物体

5.2.15　“松弛”修改器

“松弛”编辑修改器是通过改变三维对象表面的张力使物体产生向内侧收紧或向外侧松弛的效果。

“松弛值”设置顶点移动距离的百分比值，“迭代次数”设置松弛计算的次数。当选中“保持边界点固定”选项时，网格物体边界上的点将不进行松弛处理，当选中“保留外部角”选项时，外侧的角将保持不变。

以陀螺模型的创建为例，在顶视图中创建一个球体，在球对象上单击鼠标右键，选择弹出菜单中的“转换为可编辑网格”命令将球体转化为可编辑的网格对象，进入“顶点”次物体级编辑，选择球体上面的部分点，如图 5.51 所示，单击按钮进入“编辑修改”面板，在“修改器列表”中选择“松弛”编辑修改器，球体的点选择集添加了“松弛”修改器，设置“松弛值”为 1.0，“迭代次数”为 326，球体的上端呈平台效果，如图 5.52 所示。

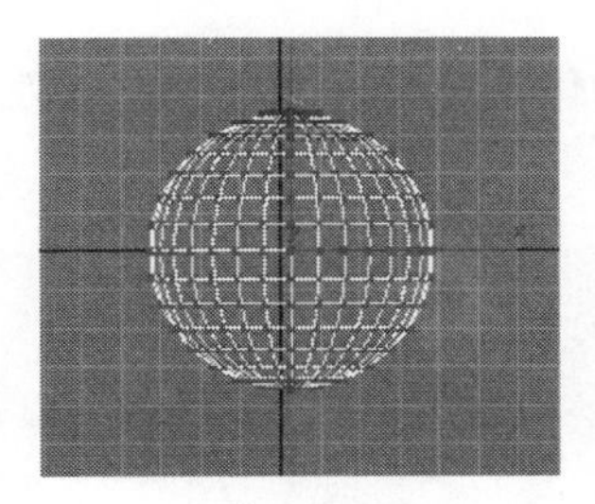

图 5.51　选择球体上端点

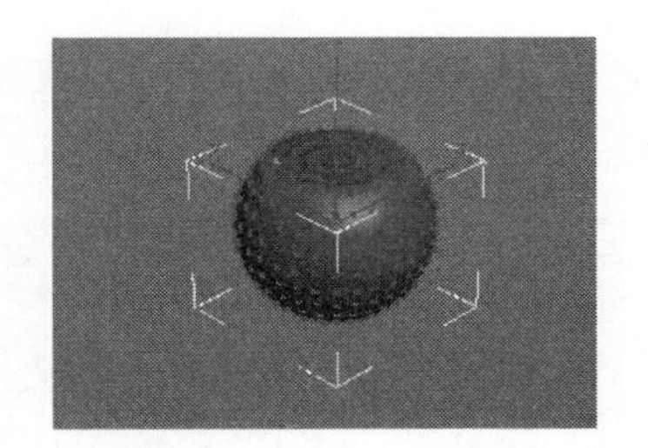

图 5.52　形成平台效果

在球体对象上右击再次将其转换为可编辑的网格对象，再次进入“顶点”次物体级编辑，选择球体下端部分的点，在“软选择”卷展栏中将“使用软选择”复选框选中，其余参数保持默认值，效果如图 5.53 所示。单击按钮进入“编辑修改”面板，再次为球体的点选择集添加“松弛”编辑修改器，设置“松弛值”值为 0.45，“迭代次数”为 160，球体的下端呈锥形状态，陀螺制作完成，如图 5.54 所示。

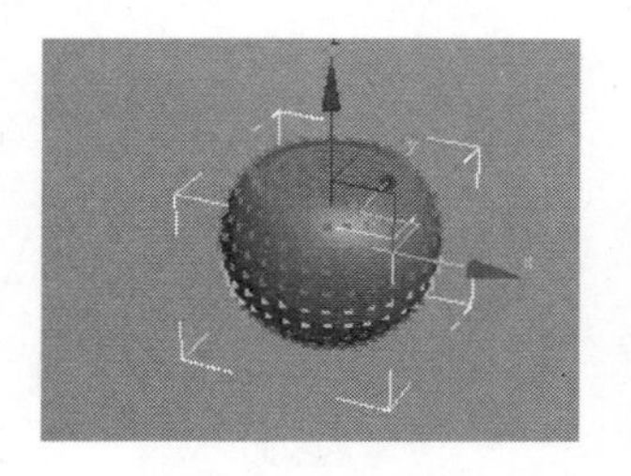

图 5.53　选择下端点

图 5.54　完成陀螺效果

5.2.16　“涟漪”修改器

“涟漪”变动修改器与空间扭曲中的涟漪相似，空间扭曲的涟漪常被用来创建大量的物体的涟漪效果，编辑修改中的涟漪多是针对小范围对象的变形操作。

“涟漪”参数设置中，“振幅 1”和“振幅 2”设置涟漪物体 X、Y 轴的振动幅度，“波长”设置每个涟漪的波长，“相位”设置涟漪的相位，“衰退”设置从涟漪中心向外衰减的振动影响，越靠近中心的部位振动影响越强，振动影响随距离的拉远逐渐减弱，如图 5.55 所示。

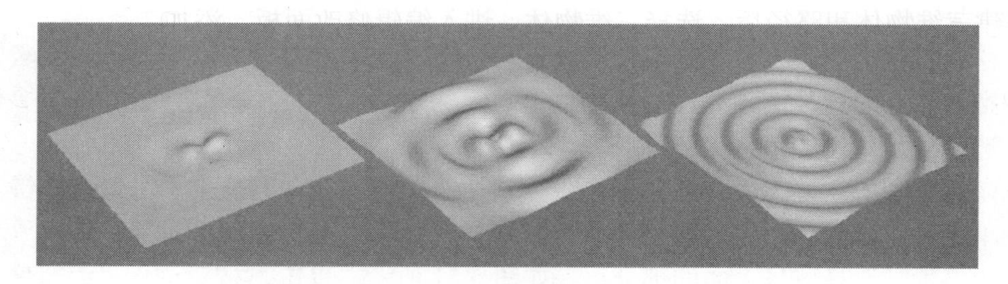

图 5.55　“涟漪”参数的不同设置效果

5.2.17　“波浪”修改器

“波浪”修改器与“涟漪”修改器相似，能够在物体表面产生平行波动的效果。其参数设置与“涟漪”的参数相同，其效果如图 5.56 所示。

图 5.56　“波浪”参数的不同设置效果

提示：

完成涟漪与波浪效果都需要有足够的网格数量（分段数高），否则就不会产生理想的效果。

5.2.18　“路径变形”修改器

“路径变形”修改器用来控制物体在路径曲线上的变形，使物体在指定的路径上运动的同时还能够随路径变化而产生变形，多用此命令制作物体沿路径滑行运动的动画效果。如图 5.57 所示为应用“路径变形”修改器后文字的变形效果。

图 5.57　“路径变形”效果

创建三维物体和路径后，选择三维物体，进入编辑修改面板，添加“路径变形”编辑修改器，在“参数”卷展栏中单击“拾取路径”按钮拾取运动路径，在“路径变形轴”选项组中选择正确的轴向，即可观察到物体在路径上的变形效果，如出现反向的现象，选中“翻转”复选框即可。调节“百分比”设置物体在路径上的位置，调节“拉伸”值设置物体在变形时自身拉长的比例，调节“旋转”值设置物体沿路径轴旋转的角度，调节“扭曲”值设置物体沿路径轴扭曲的角度。

5.2.19　拉伸变形物体

“拉伸”编辑修改器能够对三维物体作伸长或压扁处理，调节“拉伸”值设置物体伸展的强度，调节“放大”值设置增强的效果，可选择伸展的轴向，当选中“限制效果”复选框时，可以对局部作限制伸展。如图 5.58 所示为“拉伸”变形效果。

图 5.58　“拉伸”变形效果

5.2.20 “扭曲”修改器

当三维物体添加了“扭曲”编辑修改器后会产生扭曲的效果，其“参数”卷展栏中的“角度”用于设置扭曲的角度，“偏移”用于设置扭曲部位的偏移，当选中“限制效果”时，可以限制扭曲范围，确定正确的轴向和基本三维对象网格密集程度是扭曲效果好坏的关键，如图 5.59 所示。

图 5.59 “扭曲”效果

另外，还有一些常用的编辑修改器如“UVW 贴图”、“编辑多边形”等，由于在其他章节也有介绍，此处不再赘述。

5.3 实践操作：修改器应用实例制作

5.3.1 综合实例 1：可乐加冰

说明：本例中通过编辑线及应用“车削”修改器完成可乐罐的制作，使用“挤出”和“弯曲”修改器完成拉环的制作，使用“切角长方体”创建倒角方体，并使用“噪波”修改器完成冰块效果制作，最后设置材质和灯光完成可乐加冰的整体效果，本例完成文件为配书光盘\第 5 章\综合实例\keleguan\keleguan.max 文件。

图 5.60 创建可乐罐的截面形状

5.3.1.1 创建可乐罐截面形

（1）单击“创建”\“图形”按钮，在前视图使用“线”工具绘制可乐罐的截面形状，如图 5.60 所示。

（2）单击按钮进入“编辑修改”面板，选择“顶点”次物体级，选择需要修改的点，并在其上单击鼠标右键，弹出快捷菜单，选择其中的 Bezier（贝塞尔）命令，调节贝塞尔手柄，使点两端曲线更圆滑，直到得到满意的图形效果，如图 5.61 和图 5.62 所示。

Bezier 角点
Bezier ✓
角点
平滑
重置切线

图 5.61　修改点的属性

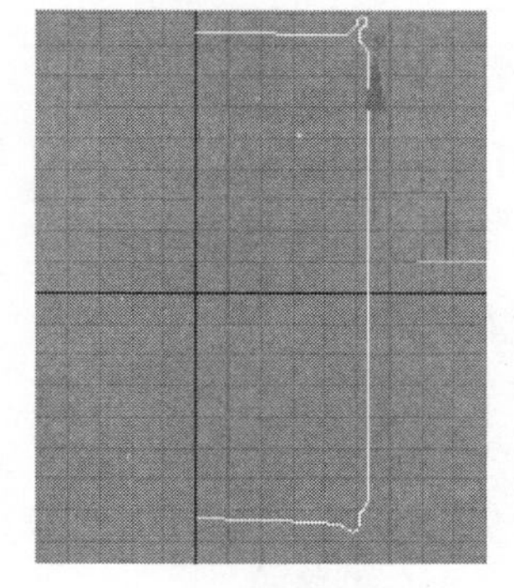

图 5.62　完善截面形状

（3）单击按钮，切换至“样条线”次物体级，选择截面图形，单击“轮廓”按钮，选中“中心”复选框，设置偏移距离为 1 个单位，形成 1 个单位厚度的可乐罐轮廓形状，如图 5.63 所示。

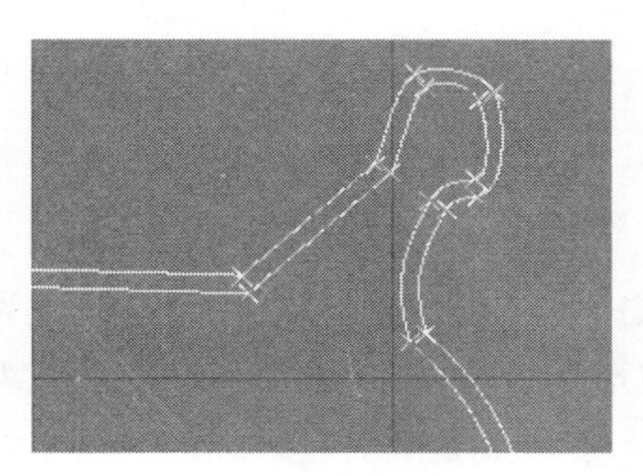

图 5.63　设置轮廓

5.3.1.2　生成三维罐体

（1）退出次物体编辑状态，在“修改器列表”中选择“车削”编辑修改器添加到截面造型上，如图 5.64 所示。

（2）设置“度数”数值为 360，选中“焊接内核”复选框，设置“对齐”为“最小”，为生成较光滑的罐体表面，设置“分段”值为 31，如图 5.65 和图 5.66 所示。

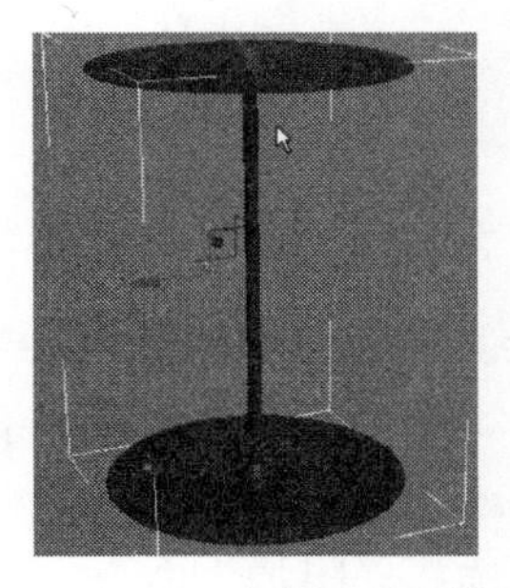

图 5.64　添加“车削”编辑修改器

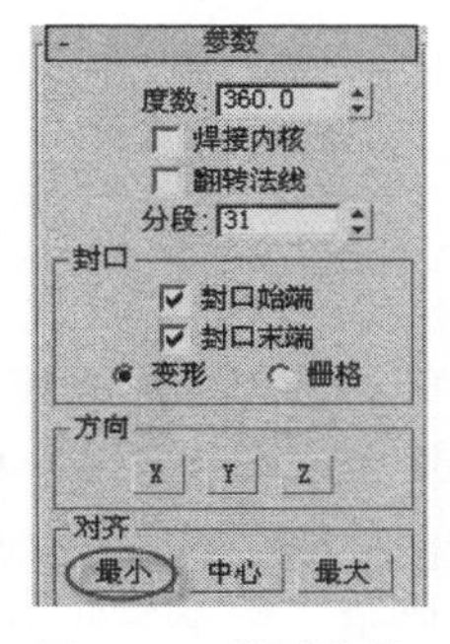

图 5.65　设置参数

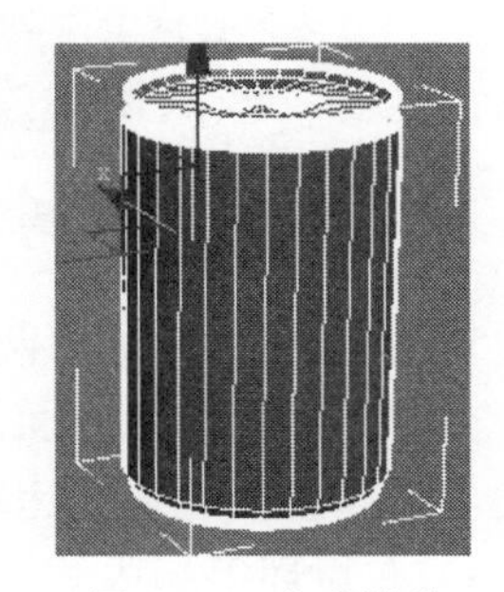

图 5.66　生成罐体

5.3.1.3　细部塑造可乐罐

（1）切换到顶视图，在罐的顶部用“线”工具绘制可乐罐开口的形状，如图 5.67 所示，调整开口图形至图 5.68 所示的位置。

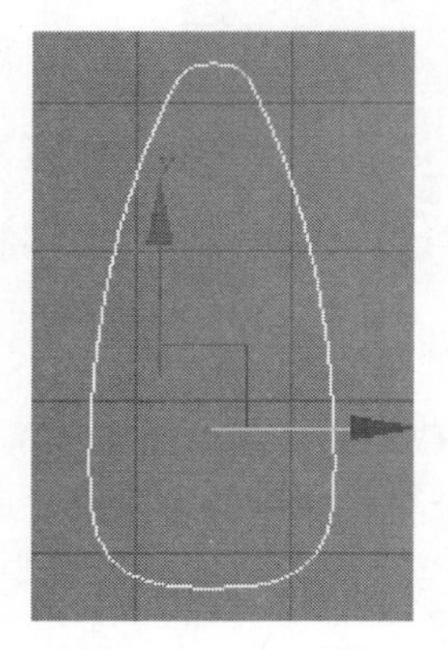

图 5.67　开口形状

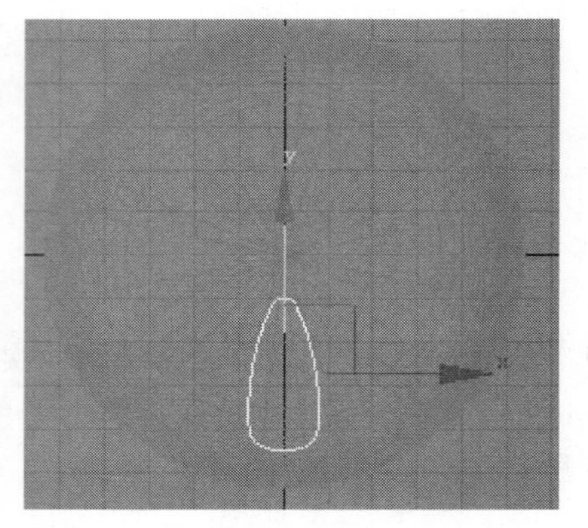

图 5.68　摆放位置

（2）选取可乐罐物体，单击按钮，打开“复合对象”命令面板，单击“图形合并”按钮。

（3）在参数卷展栏中单击“拾取图形”按钮，拾取开口图形，在“操作”选项组中选中“饼切”单选按钮，开口图形投射到可乐罐体上并产生裁切形成洞口，如图 5.69 所示。

（4）激活顶视图，将利用开口图形来创建封口的拉环。同样用“线”工具绘制出拉环手柄部分的外形，打开“线”的“几何体”卷展栏，单击“附加”按钮，将开口图形与拉环手柄部分图形结合在一起，如图 5.70 所示。

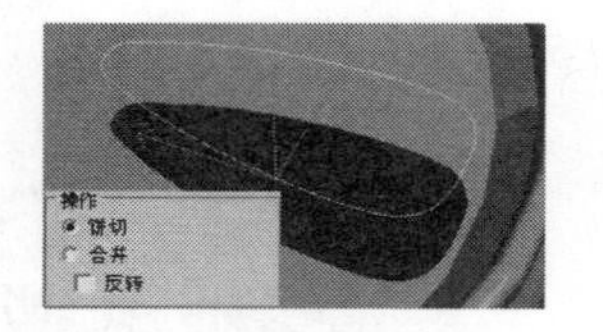

图 5.69　饼切形成洞口

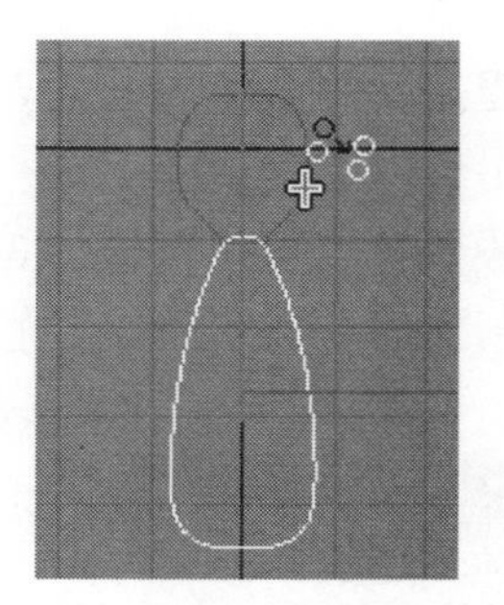

图 5.70　合并图形

（5）结合后拉环上有两条样条线，选择“样条线”次物体级，选中其中的一条样条线曲线，在“布尔”按钮后面，选择“并集”方式，单击“布尔”按钮，拾取另一条样条线曲线，两样条曲线执行运算后合为一个图形，如图 5.71 所示。

（6）在拉环手柄内侧创建一个圆形，置于手柄拉环中心，选择“附加”命令，将圆形与拉环图形结合在一起，如图 5.72 所示。

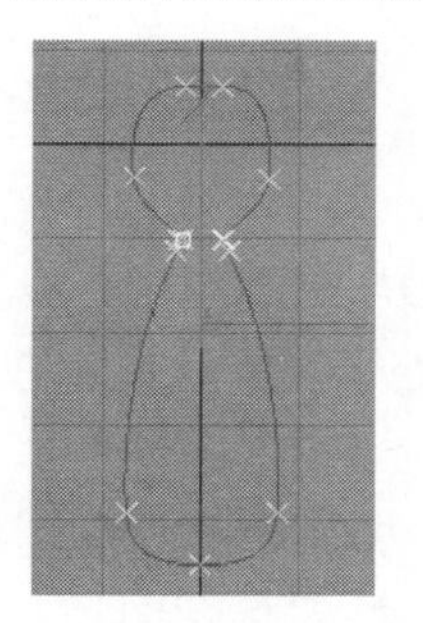

图 5.71　“布尔”运算后结果

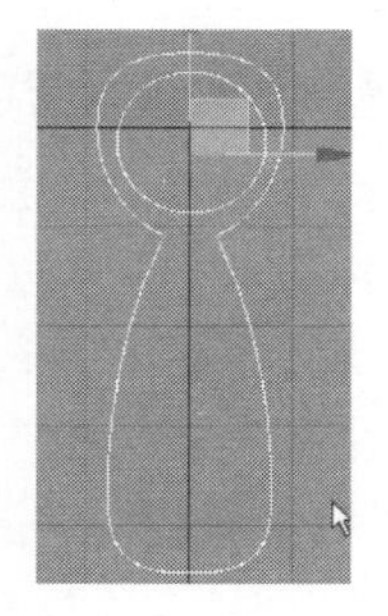

图 5.72　创建手柄形状

（7）为拉环形状添加“挤出”编辑修改器，设置“数量”值为 0.5，使拉环具有一些厚度，如图 5.73 所示。

（8）为拉环对象添加“弯曲”修改器，设置“角度”为 45，“方向”为-90，选中“限制效果”复选框，设置“上限”为 7，此时拉环的部位会形成上翘的造型，也可以将“弯曲”修改器的“Gizmo”控制框进行一些位置变化，将完成的拉环放置到开口上方的位置，可乐罐的整体模型创建完毕，如图 5.74 所示。

图 5.73　添加“挤出”修改器

图 5.74　添加“弯曲”修改器

5.3.1.4　冰块的制作

（1）单击“几何体”按钮，打开“扩展基本体”，单击“切角长方体”按钮，创建长、宽、高都为 20 的方体，设置“圆角”为 2，长、宽、高的分段数都为 10，“圆角分段”为 3，其他参数保持默认值，效果如图 5.75 所示。

（2）单击按钮进入“编辑修改”面板，在“修改器列表”中添加“噪波”编辑修改器，设置“比例”值为 5，“强度”参数设置中 X 值为 1.1，Y 值为 1.0，Z 值为 0.8，其他参数保持默认，冰块制作完成，如图 5.76 所示，将冰块复制几块并摆放好位置。

图 5.75　倒角的方体

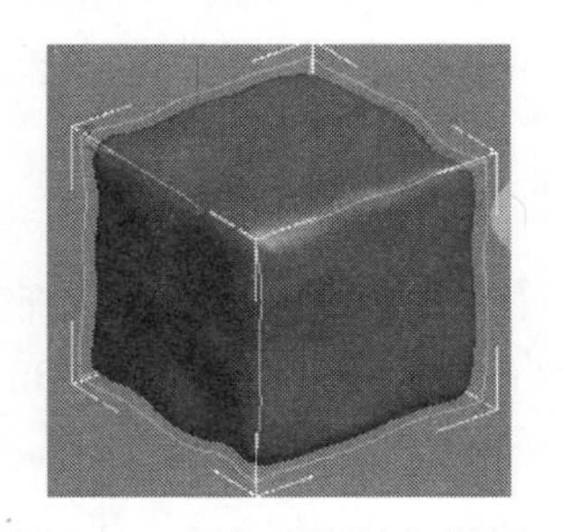

图 5.76　添加“噪波”效果

5.3.1.5　为可乐罐及冰块添加材质

（1）选取可乐罐物体，添加“编辑多边形”修改器，选择“多边形”次物体级，窗口式选取可乐罐体中间部分的多边形，在“多边形：材质 ID”选项组中，设置“设置 ID”为 1，选择“编辑”菜单中的“反选”命令，使顶面与底面处于选取状态，在“多边形：材质 ID”选项组中，设置“设置 ID”为 2。

（2）退出“编辑多边形”次物体修改，为可乐罐添加“UVW 贴图”修改器，设置“贴图”方式为“柱形”，“对齐”X 轴，单击“适配”按钮使贴图控制框包裹在可乐罐物体上。

（3）按“M”键，打开材质编辑器，将已经设置好的材质赋予可乐罐物体。用同样的方法将冰块材质指定给冰块对象，如图 5.77 和图 5.78 所示。

图 5.77　可乐罐材质

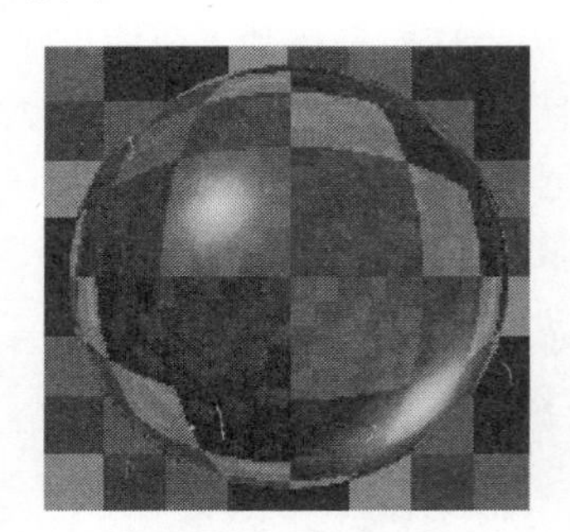

图 5.78　冰块材质

5.3.1.6　创建灯光环境

按照图 5.79 和图 5.80 所示的位置及参数布置灯光，设置灯光类型为“目标平行光”，设置灯光强度不要太强，渲染效果，可乐加冰的效果如图 5.81 所示。

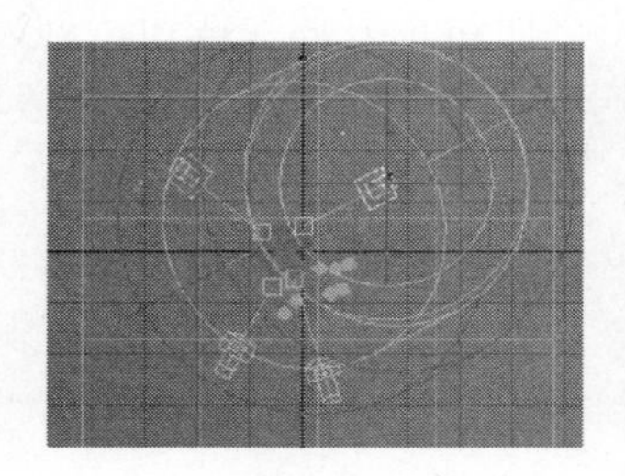

图 5.79　顶视图灯光位置

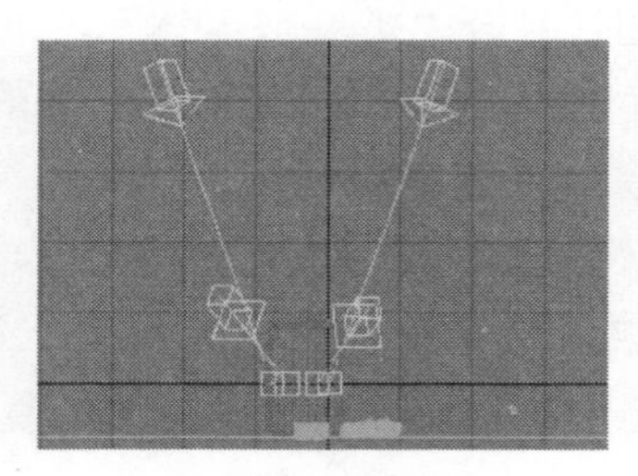

图 5.80　前视图灯光位置

图 5.81　最终完成的效果

5.3.2　综合实例 2：软盘制作

说明：本实例采用为二维样条曲线添加“倒角剖面”修改器生成软盘基本造型，同时应用“图形合并”、“放样”、“布尔”复合对象建模方法以及“挤出”、“编辑多边形”等修改器完成软盘细节形状的创建，本例完成文件为“配书光盘\第 5 章\综合实例\ruanpan”文件夹中的“ruanpan.max”文件。

5.3.2.1　创建软盘基本造型

（1）首先确定软盘的尺寸为 90×93×3（mm），在顶视图中创建 90×93 的矩形，设置“角半径”为 2，如图 5.82 所示。

（2）单击鼠标右键，在弹出菜单中选择“转换为可编辑样条线”命令将矩形转换成可编辑的样条曲线，如图 5.83 所示。

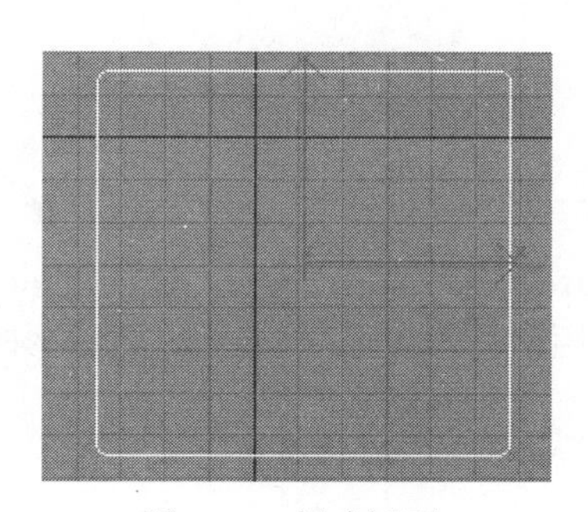

图 5.82　创建矩形

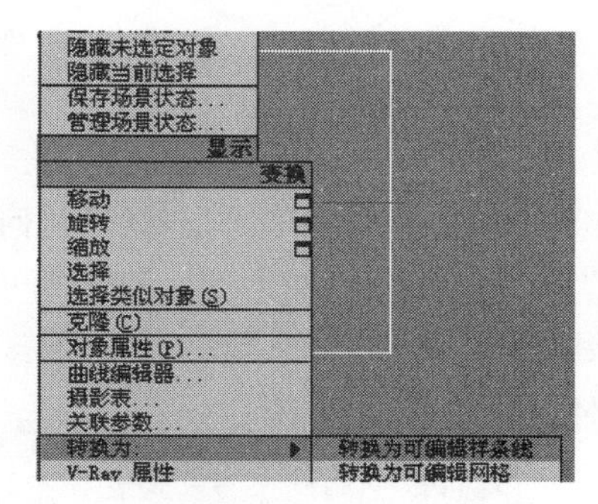

图 5.83　“转换为可编辑样条线”命令

（3）进入可编辑样条线的“顶点”次物体级，选中软盘右上角的两个点，单击鼠标右键，将点属性修改为“角点”方式，对两点分别进行位置调整，使这部分角形成一个稍大一些的切角，效果如图 5.84 所示。

（4）应用矩形工具创建一个高度为 3 个单位的软盘截面图形，单击鼠标右键将其转换为可编辑样条线，然后将左侧一半的点删除，形状如图 5.85 所示。

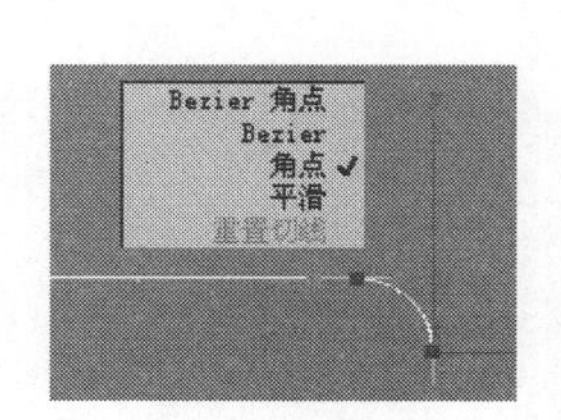

图 5.84　调节角点

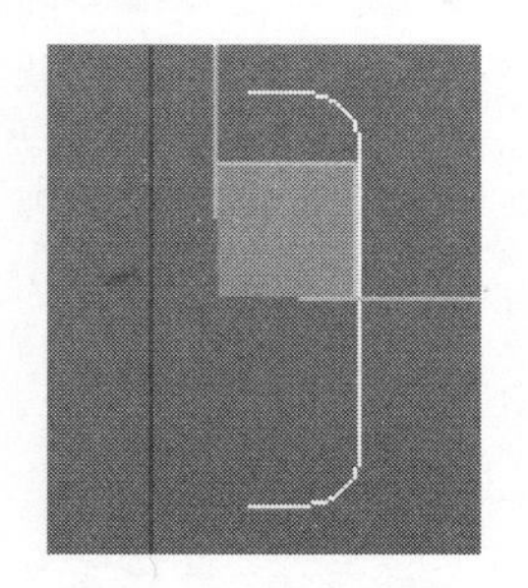

图 5.85　绘制截面形状

（5）选择软盘图形，单击按钮进入“编辑修改”面板，添加“倒角剖面”修改器，单击“参数”卷展栏中的“拾取剖面”按钮，拾取截面图形完成软盘的基础造型，如图 5.86 所示。

5.3.2.2　创建软盘造型正面细节

（1）单击“图形”按钮打开图形创建面板，在顶视图创建软盘上的箭头、方框等细节形状，应用“附加”命令将所有图形结合在一起，如图 5.87 所示。

（2）选择两个大矩形中间部分的点，应用“圆角/切角”命令创建倒角，软盘正面的形状创建完成，效果如图 5.88 所示。

图 5.86　软盘基础造型

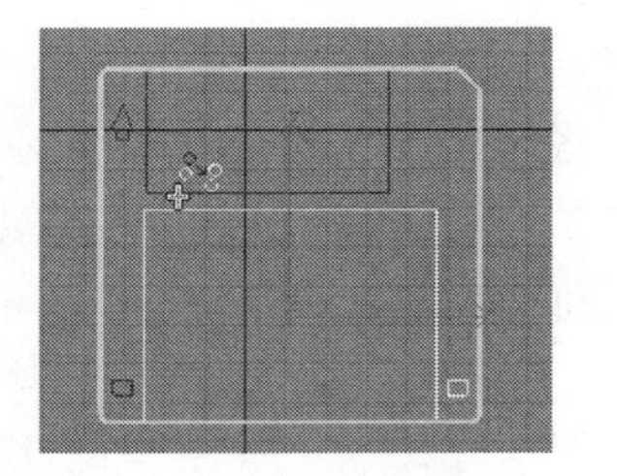

图 5.87　绘制细节形状

（3）选择软盘物体并单击“几何体”按钮，打开“复合对象”创建面板，单击“图形合并”按钮，如图 5.89 所示。在打开的卷展栏中单击“拾取图形”按钮，如图 5.90 所示，拾取创建好的软盘正面图形，在“操作”选项组中使用“合并”的方式将正面图形映射到软盘物体上，如图 5.91 所示。

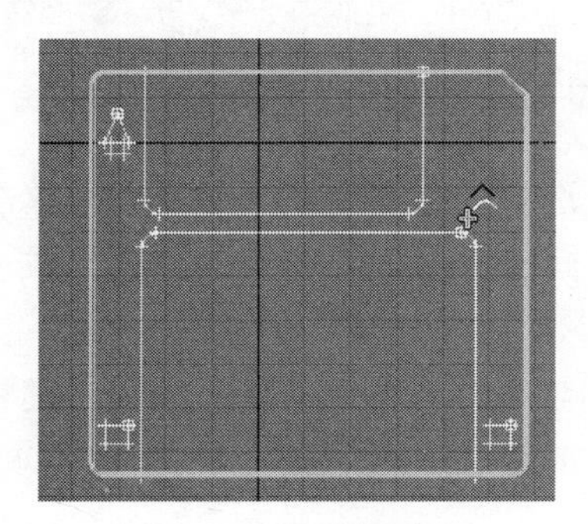

图 5.88　创建倒角形状

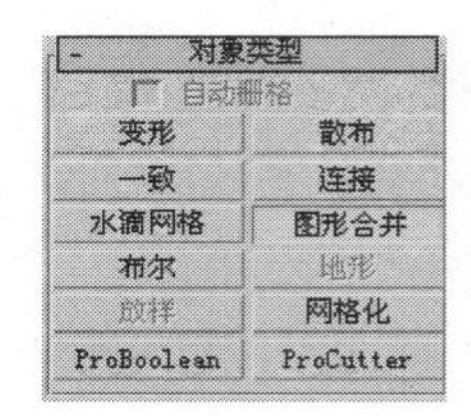

图 5.89　应用“图形合并”按钮

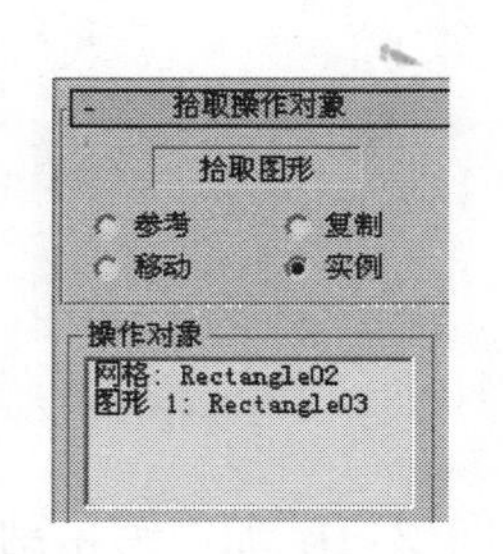

图 5.90　“拾取图形”按钮

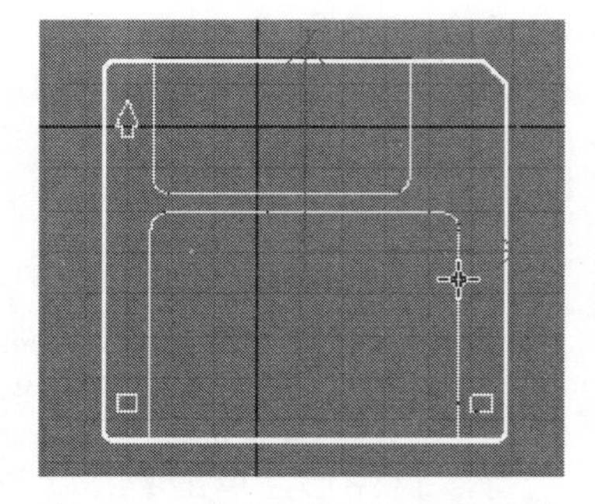

图 5.91　图形合并后的软盘物体

（4）为图形合并后的物体造型添加“编辑多边形”修改器，如图 5.92 所示，进入“多边形”次物体级，映射在软盘上的正面造型部分会直接处于选取状态，设置“挤出高度”值为-0.3，所选的多边形会向下挤压 0.3 个单位，形成凹陷的部位，正面基础造型完成。

如图 5.93 所示为设置“挤出”的效果。

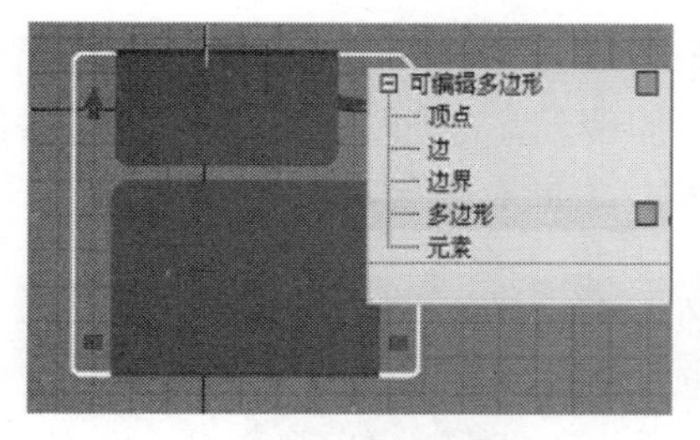

图 5.92　添加“编辑多边形”修改器

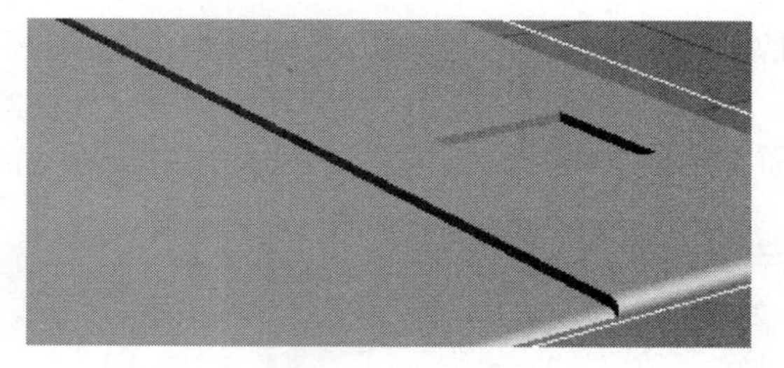

图 5.93　设置“挤出”的效果

5.3.2.3　创建软盘反面造型

（1）首先依据正面图形复制一个新的软盘映射图形，编辑次物体级，删除小箭头形状，添加一些小圆形并调整位置，再创建一个正圆形放置于图形的中心位置上，选择“附加”命令将圆形与映射图形结合在一起，软盘反面图形创建完成，如图 5.94 所示。

（2）直接为反面图形添加“挤出”编辑修改器，设置“数量”为 1，将生成的三维对象移至软盘物体的底部，并使其陷入至一半的位置，效果如图 5.95 所示。

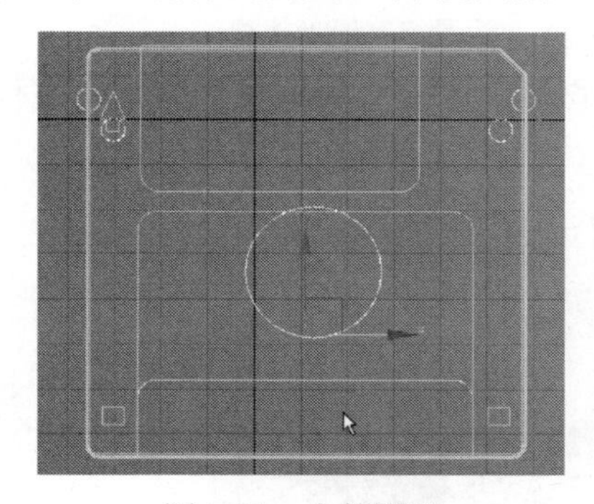

图 5.94　合并图形

图 5.95　添加“挤出”编辑修改器的效果

（3）选择软盘主体，执行创建面板中“复合对象”的“布尔”命令。在“拾取布尔”卷展栏中选择“复制”方式，选择“差集（A-B）”单选按钮使软盘物体减去映射图形物体，得到如图 5.96 所示的对象造型。

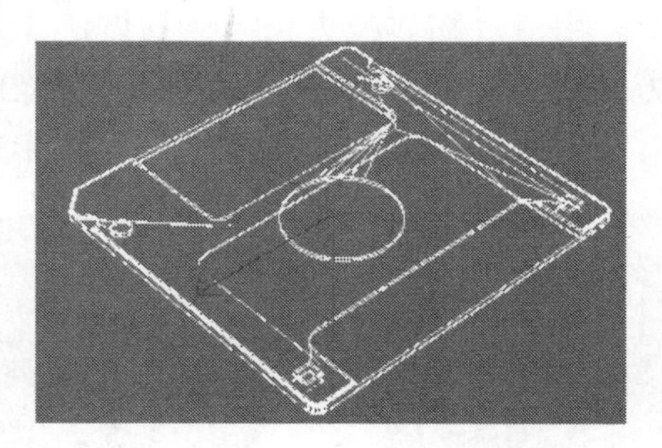

图 5.96　“布尔”运算效果

5.3.2.4　创建软盘标签

（1）选中前面复制的映射图形物体，打开堆栈管理，选择“边”次物体级中标签及滑

片部分的形状，单击“分离”按钮分别将选择的形状分离成为单独的图形，如图 5.97 所示。

（2）选择标签图形，调整其比例适合于标签凹槽的部分，添加“挤出”编辑修改器，设置“数量”值为 0.1，将标签物体放置于标签的位置上，如图 5.98 所示。

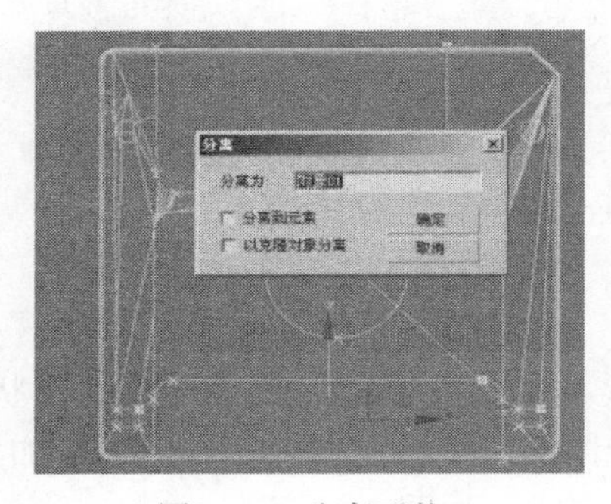

图 5.97　分离形状

图 5.98　制作标签

5.3.2.5　创建金属滑片

（1）选择滑片图形，添加“挤出”编辑修改，设置“数量”值为 3.6。

（2）创建一个高度为 2.5 的长方体，放置于滑片物体内侧的中间位置，并使长方体物体的长宽比滑片物体稍大一些，如图 5.99 所示。

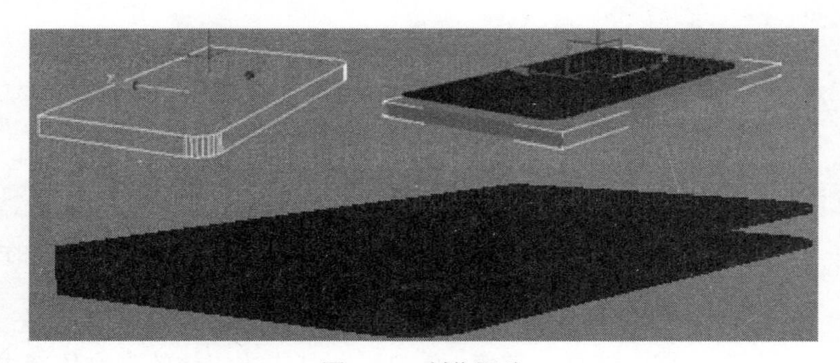

图 5.99　制作滑片

（3）执行“布尔”命令，用滑片物体减去长方体物体，计算出滑片侧面的 U 形造型。

（4）继续创建一个长方体物体放置于滑片物体的右侧边缘位置，执行“布尔”命令，用滑片物体减去长方体物体，形成 U 形滑片两端的方孔，如图 5.100 和图 5.101 所示。

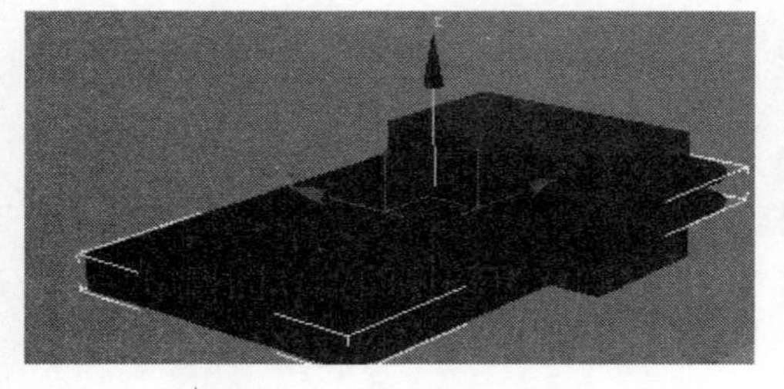

图 5.100　“布尔”运算

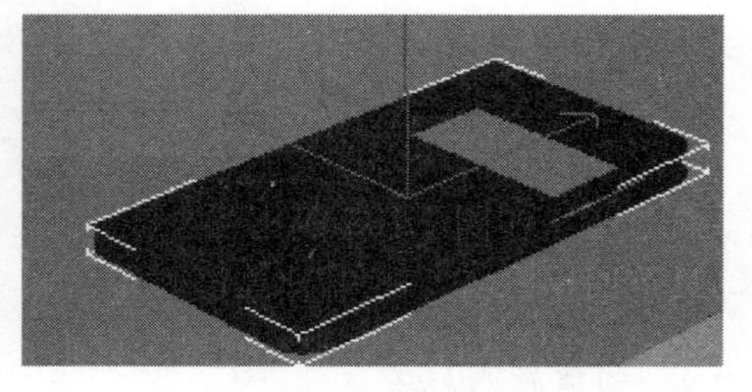

图 5.101　形成方洞

（5）为滑片对象添加“编辑多边形”修改器，编辑“顶点”次物体级，选中滑片左侧的所有点向内移动，使滑片宽度减小，将滑片对象插入到软盘物体的滑片凹槽内，金属滑片造型完成，如图 5.102 所示。

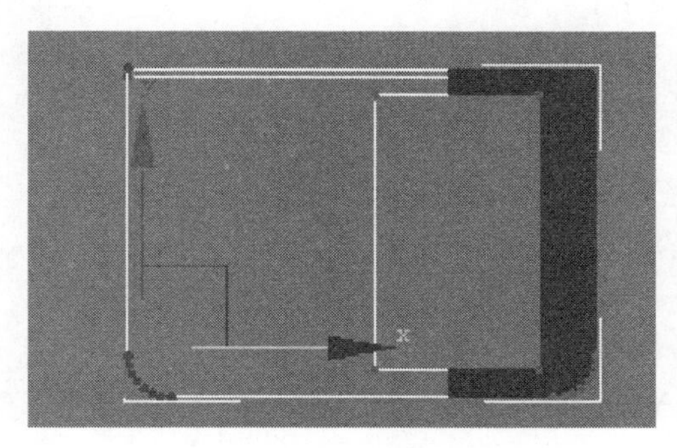

图 5.102　编辑点

5.3.2.6　创建反面细节模型

（1）依据反面中心部分的圆的大小，创建一个稍小一些的圆，再创建一个有倒角的小正方形放置于圆的中心位置，将圆转换为可编辑的样条曲线，并选择“附加”命令将小正方形与圆结合为一体，如图 5.103 所示。

（2）创建一个高度为 1.8 单位的样条曲线作为圆片截面放样的形状，选择圆形曲线并为其添加“倒角剖面”编辑修改器，在展开的卷展栏中单击“拾取剖面”按钮，拾取截面放样形状，中间的圆片基础造型制作完成，如图 5.104 所示。

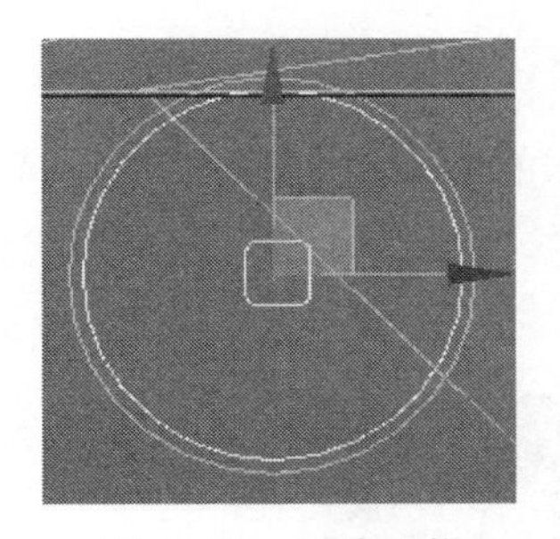

图 5.103　圆片形状

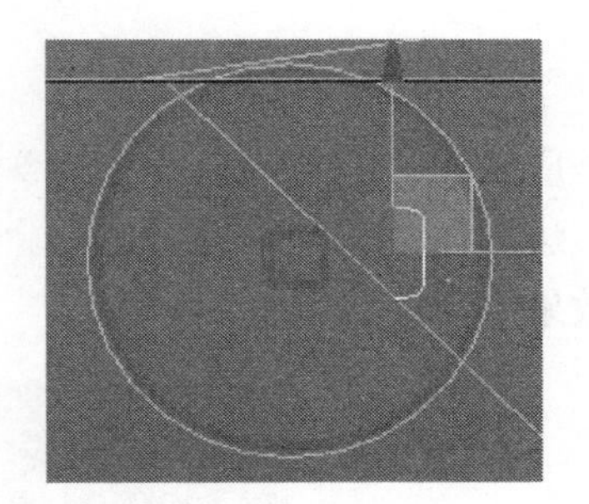

图 5.104　生成圆片物体

（3）再创建一个小长方形作为圆片上的小孔，单击鼠标右键将其转换为可编辑的样条曲线，利用“圆角”命令创建倒角，调节形状如图 5.105 所示。

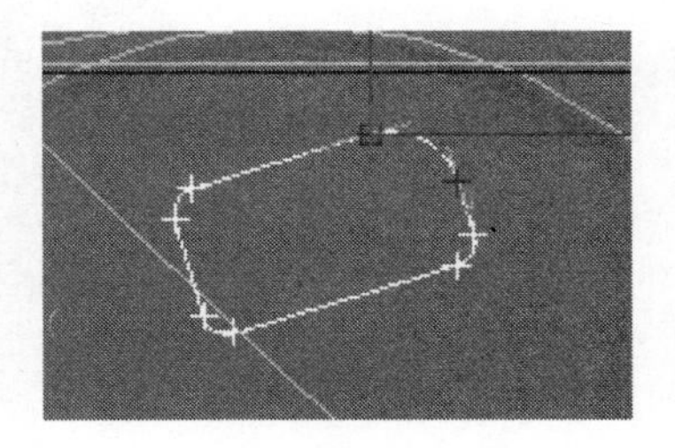

图 5.105　小孔形状

（4）为小孔图形添加“挤出”编辑修改器，设置“数量”值为 3，选取圆片物体，执行“布尔”命令并设定为“差集（A-B）”方式，由圆片物体减掉小孔物体，圆片即被减掉一个长方形的洞，如图 5.106 所示。将圆片物体放置到软盘上相应位置，软盘造型全部制作完成。将软盘对象群组后再复制出两个软盘，分别调整位置及角度，如图 5.107 所示。

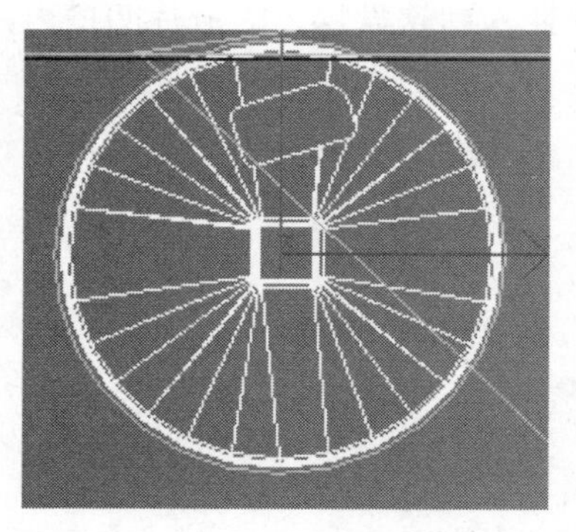

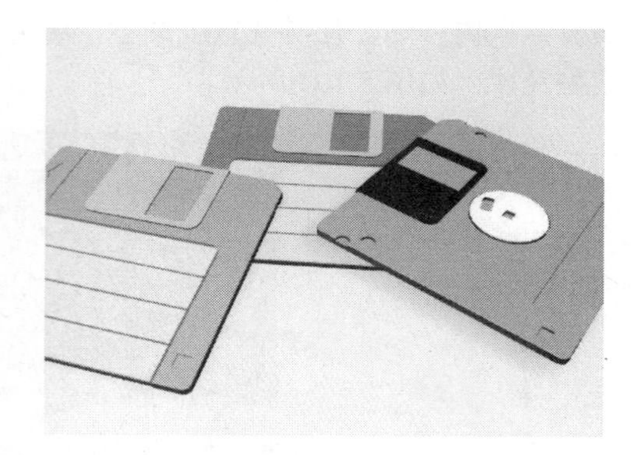

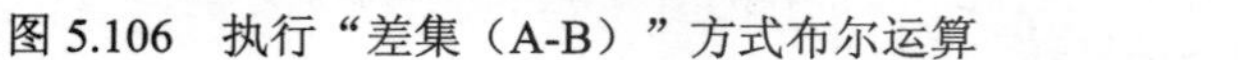
图 5.106　执行“差集（A-B）”方式布尔运算　　图 5.107　最后完成的效果

（5）打开材质编辑器，将编辑好的材质分别指定给软盘物体、滑片、圆片和标签对象（材质设定可参考 ruanpan.max 文件），渲染效果。

提示：

综合应用编辑修改器及复合物体的创建，可以完成很多物体造型。在使用“倒角剖面”修改器后，如不再作任何修改应将生成的三维对象转换为可编辑网格，以免在操作中对图形删除影响生成对象。

5.4 课 后 习 题

操作题

综合应用学习过的编辑修改命令完成如图 5.108 所示的效果，这里主要应用了“车削”、“编辑多边形”、“UVW 贴图”、“倒角剖面”等编辑修改器，只要认真调整就会制作出同样的效果。

图 5.108　练习效果

第 6 章　网格对象的编辑

本章主要内容

☑ 可编辑网格的创建和编辑
☑ 多边形对象的创建和编辑
☑ 面片对象的创建和编辑
☑ 鞋的模型制作实例
☑ 课后习题

本章重点

不规则形体对象建模中，“编辑网格”修改器、“编辑面片”、“编辑多边形”子物体的编辑方法及灵活运用。

本章难点

☑ 可编辑网格对象子物体的编辑
☑ 多边形对象子物体的编辑
☑ 面片对象的编辑

6.1　创建可编辑网格和多边形对象

6.1.1　创建可编辑网格

“编辑网格”编辑方式适用于对“创建”命令面板下的“几何体”的编辑，或通过编辑后的几何对象的编辑。例如：标准基本体、扩展基本体、复合对象等三维对象，是建模时常用的创建复杂几何对象的编辑方式。

可编辑网格的创建方式有两种：

- 选择对象，右击，在弹出的快捷菜单中选择“转换为”\“转换为可编辑网格”命令，使用这种方式会使对象原有的参数信息丢失。
- 选择对象，在“修改”面板的“修改器列表”下拉列表中添加“编辑网格”修改器，使用这种方式，会保留原有参数，便于修改。

6.1.2　创建多边形对象

多边形建模同网格建模的过程类似，可编辑的多边形对象与编辑网格相比展示了更强大的优势，多边形对象不仅可以是三角形面和四边形面，还可以是具有任何多个节点的多边形面，所以，一般情况下，网格建模方式可以完成的建模，多边形建模也一定能完成，在某些功能上还要更强大。

将一个对象转换成多边形对象的途径有多种：

- 选中一个对象右击，在弹出菜单中选择“转换为可编辑多边形”命令，即完成多边形对象的转换。
- 对选择的对象应用“工具”面板下的“塌陷”功能，将对象塌陷为多边形对象。
- 选择将要转换的对象，然后进入“修改”面板，添加“编辑多边形”编辑修改器。

提示：

> 同可编辑网格一样，当对象转变为多边形对象后，它的原始参数可能会丢失，所以如果希望保留原始参数可以在“修改”面板中添加“编辑多边形”编辑修改器。

6.1.3 创建面片物体

面片建模方式有点类似于缝制，将多个面片对象一点一点地拼接在一起生成光滑的表面。面片建模主要是通过改变面片边界的形状和位置来完成的，所以要求制作者能较好地把握边界形状。面片建模的优势在于它能够用少量的细节创建表面光滑又能与轮廓形状相符的造型。

选择“创建”\“几何体”下拉列表中的“面片栅格”选项，可以有两种创建面片类型的选择——一种是四边形面片，一种是三角形面片，如图 6.1 所示。栅格的作用是显示表面的形态效果，越细致的效果需要越密集的栅格，在制作过程中可根据需要增加栅格的密度。

面片物体创建之初是不能对它进行编辑的，需添加相应的编辑修改器才能够编辑面片造型，四边形面片与三角形面片编辑后的效果是不同的，四边形面片较富弹性，弯曲不够均匀，而三角形面片则会产生较好的褶皱效果，所以在创建应用中应根据需要采用适当的面片方式，如图 6.2 所示。

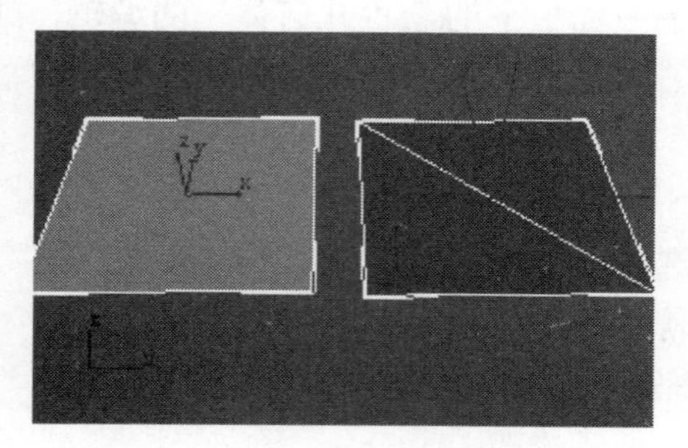

图 6.1 “面片栅格”的两种形式

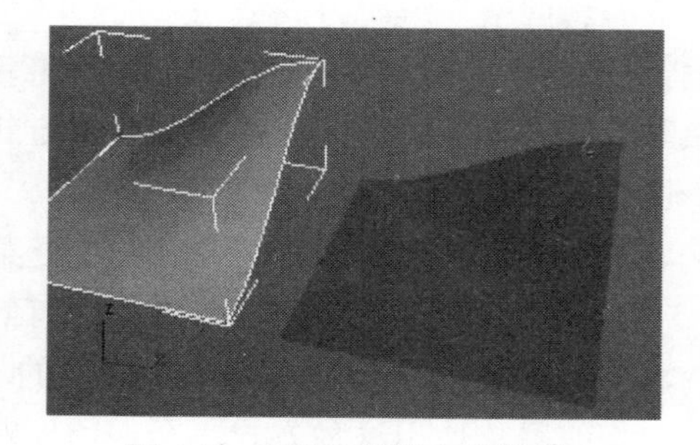

图 6.2 “面片栅格”的编辑

面片模型是基于 Bezier 样条曲线定义的，面片上的节点就是 Bezier 曲线的端点控制点，控制手柄为样条曲线的中间控制点，通过调节手柄来控制节点两侧的边界的形状。

除了在创建面板创建标准的面片方法之外，面片建模还包括其他的一些方法。

（1）通过为二维图形添加编辑修改器，如添加“挤出”或“车削”编辑修改器等，在

输出对象中设置“输出”为面片对象，如图 6.3 所示。如图 6.4 所示为输出的面片模型。

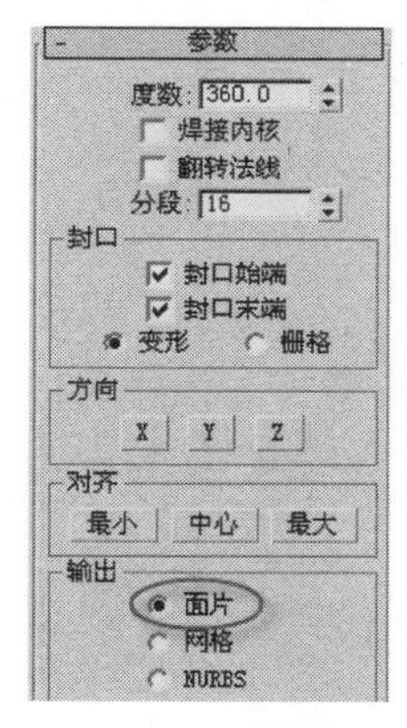

图 6.3　输出面片对象

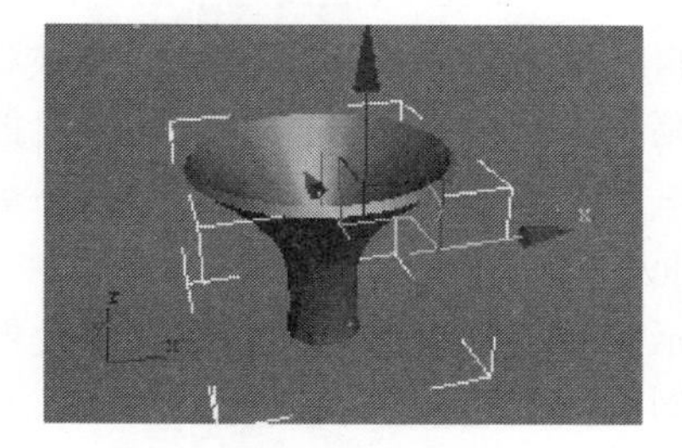

图 6.4　输出面片的造型

（2）对创建的多个规则形状应用“可编辑样条线”的“横截面”连接起来，如图 6.5 所示。再添加“曲面”编辑修改器生成三维表面，如图 6.6 所示。然后将编辑修改堆栈执行“塌陷全部”成为“可编辑面片”命令。

（3）直接对标准几何体应用“编辑面片”编辑修改器，将网格对象转化为面片对象。

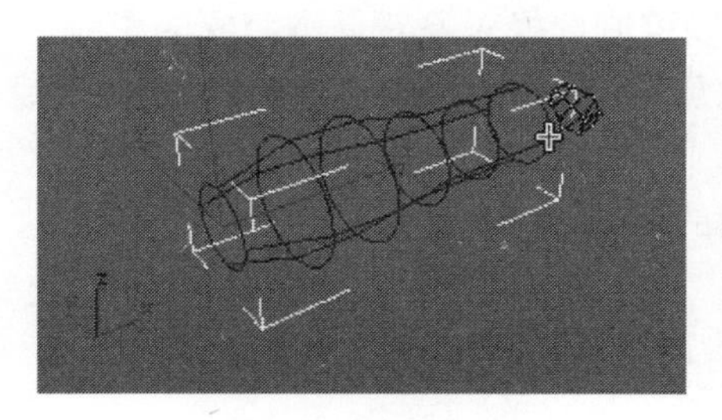

图 6.5　横截面连接

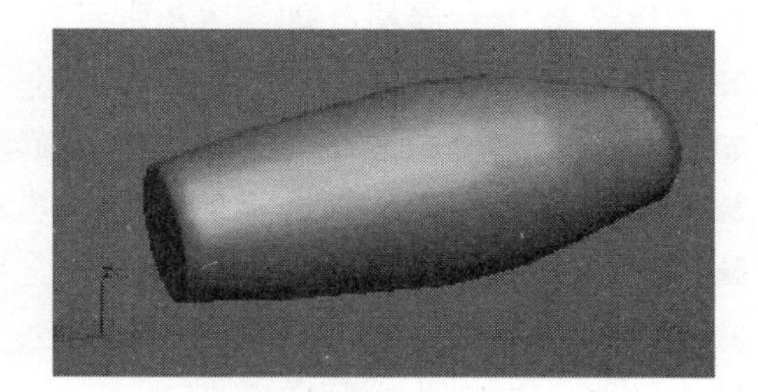

图 6.6　曲面生成三维物体

6.2　编辑网格和多边形对象

6.2.1　公用属性设置

对于编辑网格、编辑面片和编辑多边形无论哪一种对象的操作，其“修改”面板都有“选择”和“软选择”两个属性卷展栏，其次物体级为“顶点”、“边”、“元素”，“编辑多边形”存在一个“边界”次物体，“编辑面片”的次物体则为“顶点”、“边”、“面片”、“元素”、“控制柄”方式，它们的编辑方式有很多相同之处，单击相应的次物体级按钮即可对该次物体级进行编辑操作。

6.2.1.1　“选择”卷展栏

“选择”卷展栏（如图 6.7 所示）的主要功能是帮助快速地选择对象，位于上端的一

排按钮用于设定次对象的模式，可以在此处选择将要编辑的对象是点还是边，或是其他的次对象。

- 按顶点：设定是否使用节点方式选择边界和面等次对象，通过点选的方式就可以将共享该节点的边和面选中。
- 忽略背面：该复选框被选中后，将忽略视图中法向不可见的次对象，取消选中后，会将区域内法向可见与不可见的次对象都选中。
- 忽略可见边：是“编辑网格”特有的，只在多边形模式下才能够使用，选中此复选框将在选取时忽略可见边，其下的“平面阈值”设定选择的多边形是平面还是曲面。
- 显示法线：选中该复选框后依据设定的比例值显示法线。
- 比例：指定显示法线长度。
- 隐藏和全部取消隐藏：单击“隐藏”按钮后会将选择的次对象隐藏，此项是为方便复杂对象的操作而设的，隐藏后的对象就不能再被选择或编辑，其他对象的编辑也不会影响隐藏的对象。想要释放隐藏对象，单击后面的“全部取消隐藏”按钮即可实现。

6.2.1.2 “软选择”卷展栏

在“软选择”卷展栏（如图 6.8 所示）中可以控制选择对象对周围对象的影响。

- 使用软选择：使柔和选取有效。选中此复选框后，下面的参数设置即被激活。
- 边距离：设置网格对象表面作用范围。
- 影响背面：指定软选择的同时影响背面的对象。
- 衰减：指定影响的半径。
- 收缩：指定曲线尖端状态。
- 膨胀：指定曲线的曲率。

图 6.7 “选择”卷展栏

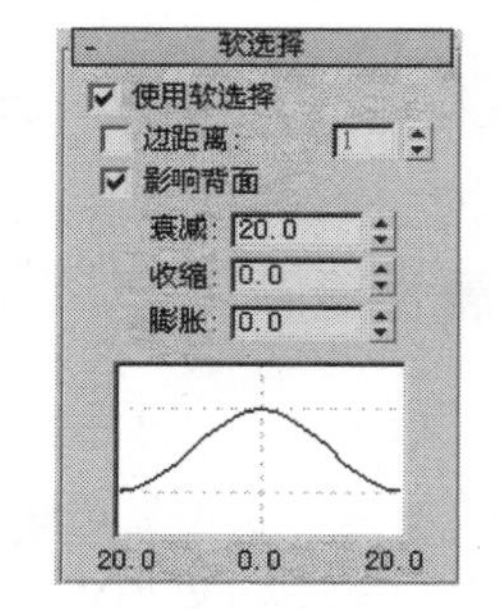

图 6.8 “软选择”卷展栏

6.2.2 编辑网格

如图 6.9、图 6.10 和图 6.11 所示分别为“顶点”编辑模式、“边”编辑模式和“面”编辑模式。

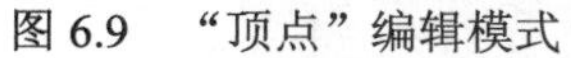
图 6.9 “顶点”编辑模式

图 6.10 “边”编辑模式

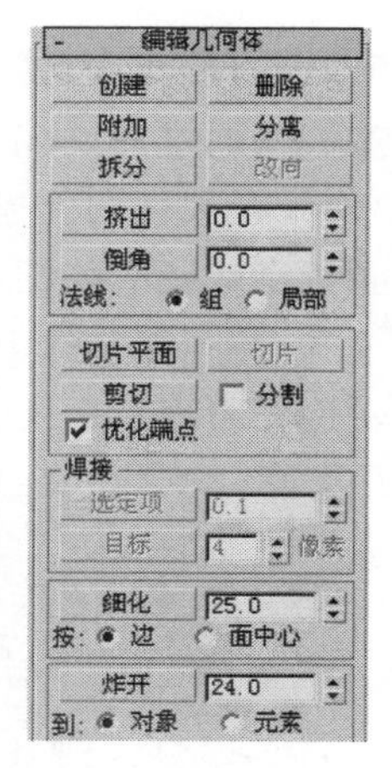

图 6.11 “面”模式

6.2.2.1 “顶点”编辑模式

单击∴按钮或在修改堆栈中选择“顶点”即可进入网格对象的顶点编辑模式。视图中网格物体的顶点会呈蓝色显示状态，当选中单个或多个点时，选中的点呈红色亮显。如图 6.9 所示为点次物体级编辑参数面板，其中有许多功能同另外两个参数面板是相同的，在此将对相同的功能作统一解释。

1．创建和删除

单击“创建”按钮，鼠标在视图中的每一次操作都会创建一个次物体对象——点，并使此点成为创建新面的基础要素。当选中一个或多个次对象后，单击“删除”按钮会删除被选择的对象和与其共享边界的所有面。

2．附加和分离

- “附加”按钮用于将场景中的其他对象合并到当前选择的网格对象上，被合并的对象可以是任何对象。
- “分离”按钮用于将选择的次对象从当前的对象中分离出去，形成独立的个体。

3．断开和焊接

“断开”可以将选中的顶点从网格对象上断开，形成独立的次对象。断开后的顶点可以应用“焊接”功能结合在一起。有两种方法完成焊接操作：一种是在“选定项”后设定合并点的阈值范围；一种是打开捕捉功能，单击“目标”按钮，选择要焊接的一个顶点，捕捉另一个目标点，其右侧的数值为设置鼠标光标与目标顶点的最大距离。

4．其他的参数设置

- “切角”按钮用于在所选的点处产生一个倒角。对顶点应用倒角实际上是将原来的点删除，在与此点相连的边上创建新的顶点，并形成倒角面，倒角的大小由右侧的数值决定。
- “平面化”按钮用于将选择的顶点强制在同一个平面上。
- “塌陷”按钮将选择的点坍塌，使多个点坍塌为一个点，新点的位置是所选点的平均值。

5．应用顶点创建圆桌布造型实例

本例将通过点的编辑操作完成圆桌布的创建。

（1）在顶视图创建一个切角圆柱体，将圆柱的“高度”设为 40，“边数”适当增加，以得到一个较圆滑的圆柱体，如图 6.12 所示。

（2）在圆柱物体上右击，在弹出的快捷菜单中选择“转化为”\“转化为可编辑网格”命令，选择“顶点”次物体级，选择底面的全部点，如图 6.13 所示。

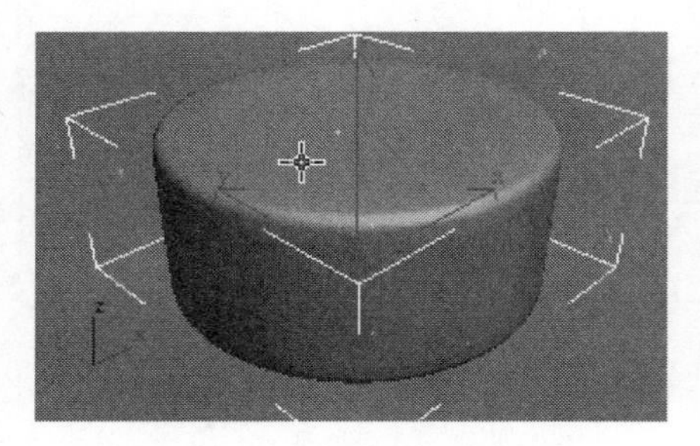

图 6.12　倒角的圆柱体

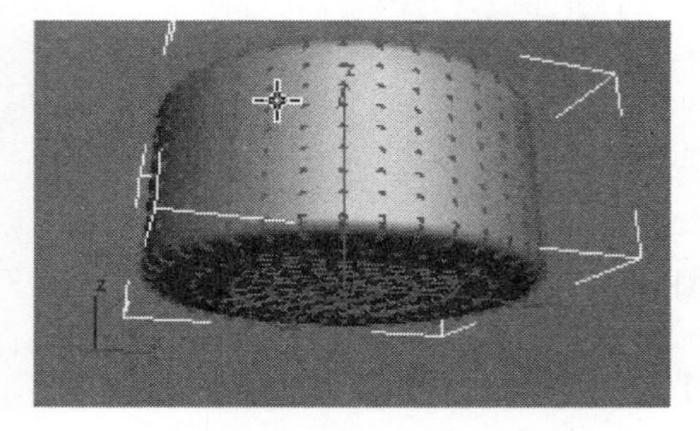

图 6.13　选择底面的所有点

（3）按“Delete”键，将选中的点删除，圆柱的底面形成空洞。

（4）使用“选取”工具，配合“Shift”键间隔地选择桌面以下部分的点，如图 6.14 所示。

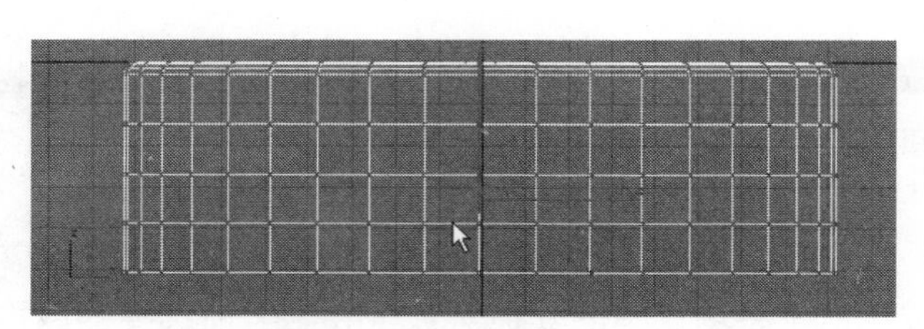

图 6.14　选择桌面下的点

（5）选中“使用软选择”复选框，设置“衰减”和“收缩”数值，注意不要影响到桌面，然后使用“比例放缩”工具配合“Alt”（减选）键逐行将选择的点放大，如图 6.15 所示。

（6）为了产生更光滑的桌面效果，给桌面添加“网格平滑”编辑修改器，设置“迭代次数”为 1，圆桌布创建完成，如图 6.16 所示。

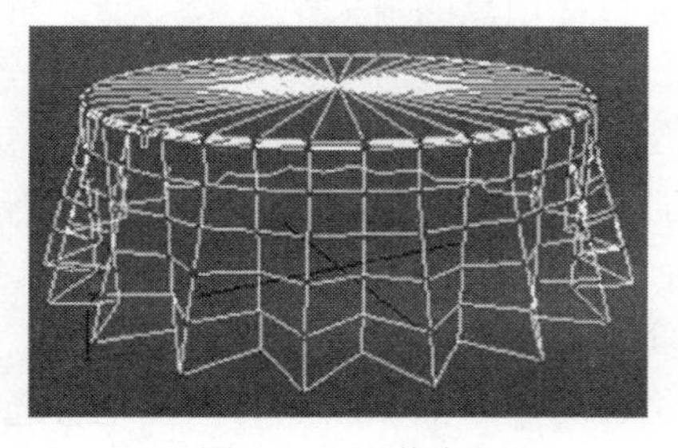

图 6.15　调节点

图 6.16　圆桌布

6.2.2.2　“边”编辑模式和“面”编辑模式

“边”作为网格物体的次对象，主要是协助创建新面的一个工具。

- 拆分：单击此按钮，然后选择将要划分的边，将会在边的中点位置插入一个点，此时的边界已被分成两段，同时原来的面也被分成两个面，如果该边是共享边，则将共享的面分成两份。
- 改向：默认情况下，网格对象的多数边都是以四边形的形式表示的，在四边形中还有一条隐藏的边界把它分割成两个三角面，可以应用“改向”将边界重新定向，反转的边会影响到共享的边界，对孤立的未共享的边界不会产生影响。
- 挤出：这是对边界进行拉伸的一个功能，拉伸后的边界会形成一个新的边和两个新面，可以通过输入数值精确设置拉伸的位置，如图 6.17 所示。
- 切角：同节点的倒角功能相同，将选择的边分成几个边形成新的边，原来的边删除，形成新面，如图 6.18 所示。

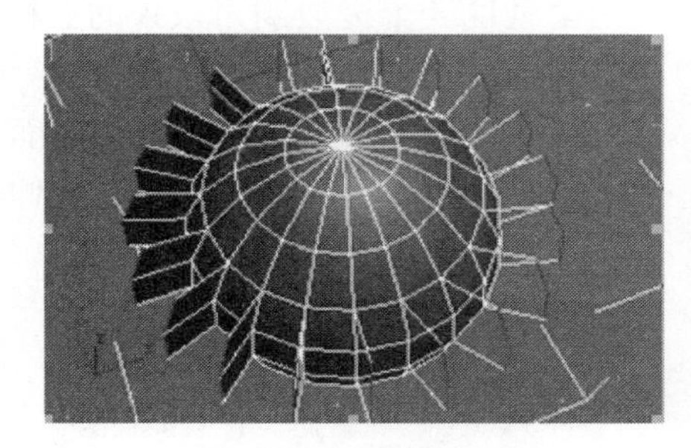

图 6.17　边的挤出

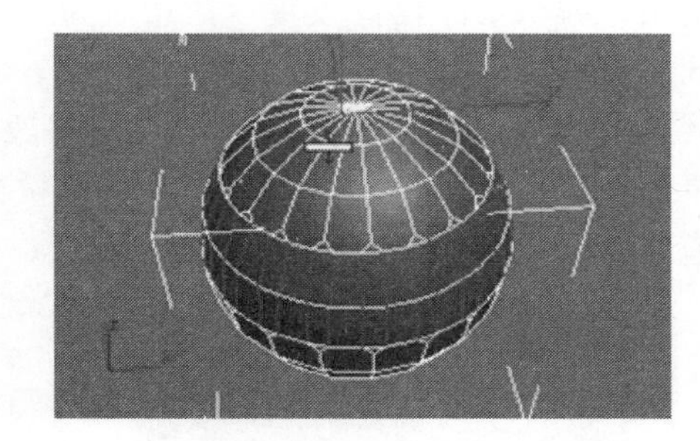

图 6.18　边的切角

- 切片平面：可以创建一个黄色的切割平面，可以调节位置，单击“切片平面”按钮，即在该平面与网格物体相交处产生新的边。
- 切片：单击此按钮会在鼠标拖动的过程中创建一条新边。其后的“分割”控制在分割的新节点处生成两套节点，即使它所依附的面被删除，在此位置上仍会保留一套点。
- 从边创建图形：这是借用网格对象的边界创建样条曲线的一种功能，首先选择边，单击此按钮，在弹出的对话框中为新图形命名。“图形类型”有两种：“平滑”和“线性”，可以根据需要选择。

面的次对象包括“面”、“多边形”和“元素”3 种。

- 切割：这个按钮可以实现面的细分。
- 细化：作细分面的处理，其右侧的数值用来控制边的张力值，同时也控制新点的位置，当为负值时，新点向内形成收缩的效果；当为正值时，形成向外扩张的效果；值为 0 时，新面与原来的面共面，只会增加网格数量而不会影响轮廓。
- 倒角：“倒角”的功能比“挤出”的功能更强大，它不仅可以在原来面的基础上创建新面，还可以将创建的新面作倒角处理，形成较复杂的网格对象，如图 6.19 和图 6.20 所示。

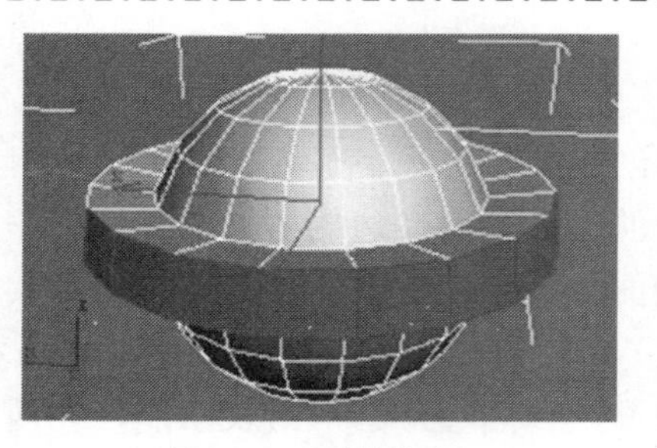

图 6.19　面的挤出

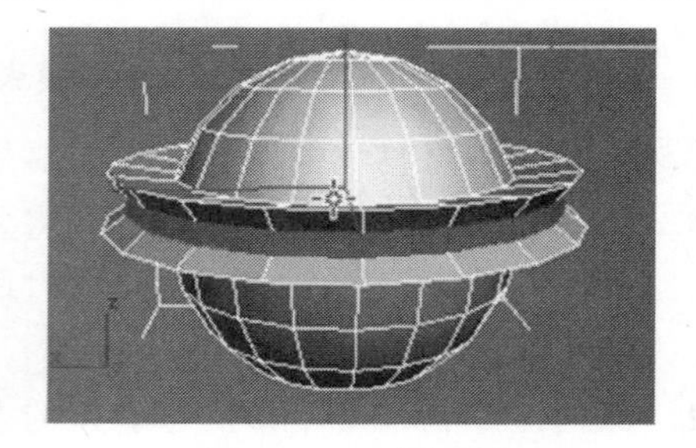

图 6.20　面的倒角

6.2.2.3　*应用网格编辑制作小转椅*

1．制作椅子架

（1）首先单击“创建”\“图形”\“多边形”按钮，创建有 5 个边的多边形，设置“半径”值为 30，“边数”为 5，“角半径”为 2，进入“修改”面板，为多边形添加“挤出”编辑修改器，设置“数量”为 35，视图中会呈现一个棱边倒角效果的五棱柱，如图 6.21 所示。

（2）为棱柱添加“编辑网格”编辑修改器，进入“多边形”次物体级，选择侧面 5 个面，单击“挤出”按钮并将“局部”单选按钮选中，向外拖动鼠标一段距离产生拉伸厚度后再拖动鼠标作倒角处理，如图 6.22 所示。

图 6.21　创建倒角效果的五棱柱

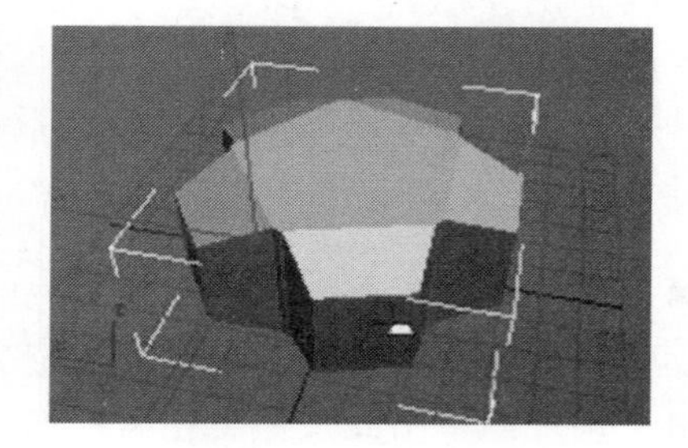

图 6.22　拉伸多边形

（3）倒角处理后不要释放鼠标，切换到前视图，使用移动工具将所选的面向下移动一点距离，如图 6.23 所示。

（4）继续应用“倒角”命令挤出并倒角椅子的爪形腿部造型，挤出的距离要稍长些，如图 6.24 所示。

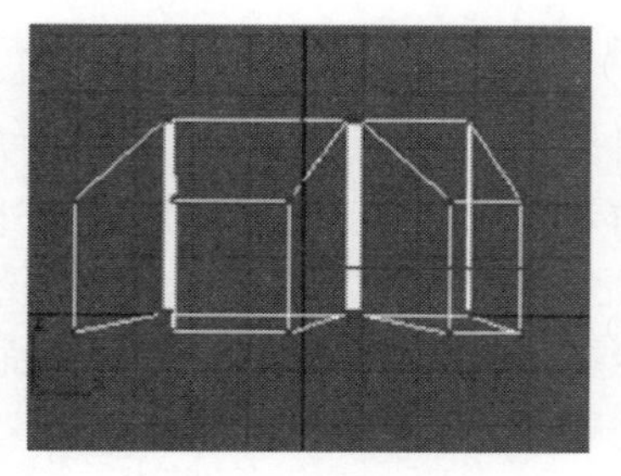

图 6.23　位移

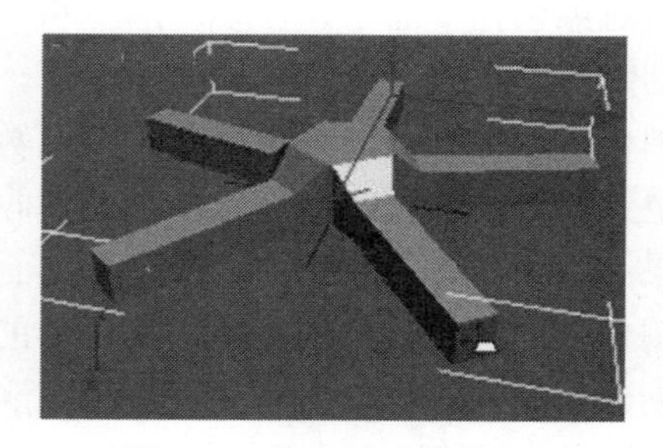

图 6.24　挤出爪形椅子腿

（5）切换到前视图，将挤出的面继续向下进行位移，形成爪形支架，如图 6.25 所示。

（6）选择棱柱中间部分的多边形，单击“挤出”按钮在视图中拉伸出一些厚度，形成中轴的台基，再次执行“挤出”操作，这一次拉伸的量稍小些，应用比例放缩工具将多边形缩小一圈，如图 6.26 所示。

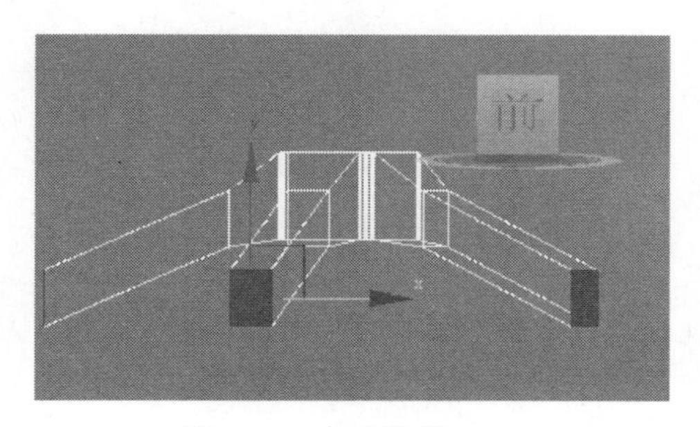

图 6.25　向下位移

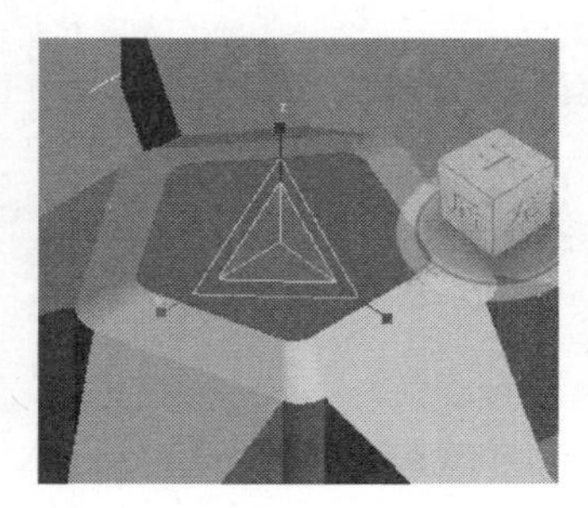

图 6.26　挤出中轴架造型

（7）多次重复使用“挤出”和“倒角”操作完成支架全部造型，如图 6.27 和图 6.28 所示。

图 6.27　利用“挤出”和“倒角”创建支架

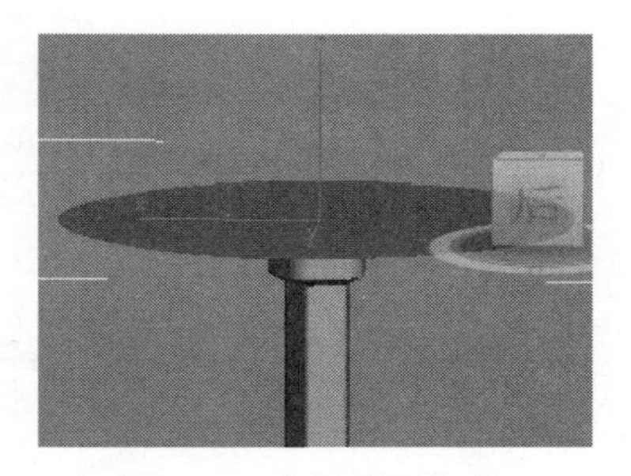

图 6.28　支架顶部造型

2．制作转台

创建一个球体，应用比例放缩工具，在透视视图中沿球体的 Z 轴方向调整比例，将球体压扁。在球体上右击，在弹出的快捷菜单中选择“转化为”\“转化为多边形”命令，将球网格物体转换成多边形物体，在顶视图选择中心部分的一个点，将“使用软选择”复选框选中，增设“衰减”数值直至产生如图 6.29 所示的效果，向下位移点形成中间的凹坑，调整网格对象位置使之正好坐于支架上，转椅的转台完成。

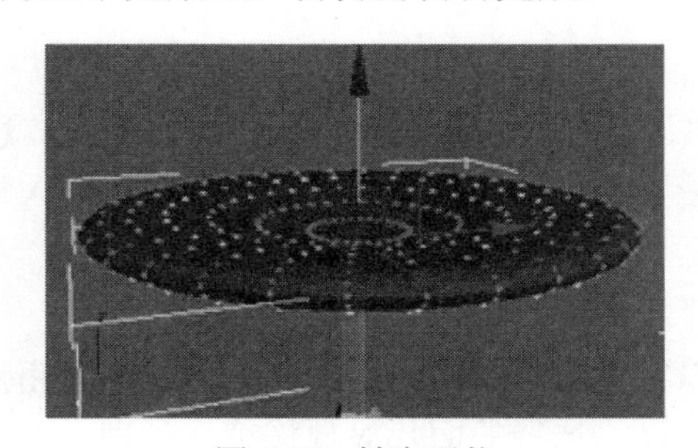

图 6.29　转台形状

3．制作坐垫

创建一个稍小一点的球体，执行与前一个球体同样的操作，完成转椅的坐垫造型，如图 6.30 和图 6.31 所示。

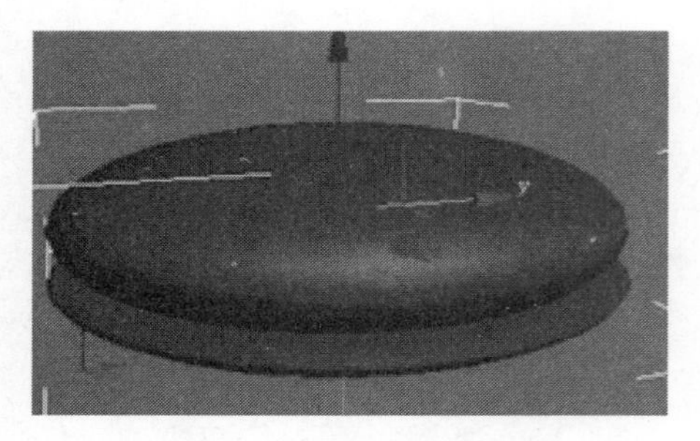

图 6.30　转椅的坐垫

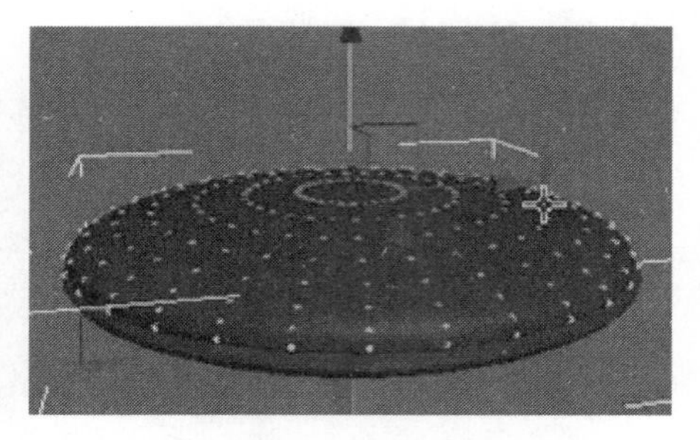

图 6.31　调节点

4．赋予材质

分别给坐垫和转台、椅架赋予材质，小小的转椅创建完毕，效果如图 6.32 所示。

图 6.32　小小的转椅

6.2.3　面片编辑

面片对象的编辑主要是使用“编辑面片”编辑修改器来完成，本小节将“编辑面片”编辑修改器作为讲解重点。

“编辑面片”编辑修改器的应用方法与“编辑网格”和“编辑多边形”编辑修改器非常相似，主要利用对次对象的调节及编辑完成模型的创建。

6.2.3.1　公用参数设置

“选择”卷展栏内提供了面片对象的次对象选择的方式和信息，其中包括“顶点”、“边”、“面片”、“元素”4 个对象，单击按钮将进入相应的次对象编辑状态。

在“顶点”模式下，可以针对点进行调整，如果单击“控制柄”按钮，将只对控制手柄进行编辑，从而改变面片的形状。

在“边”模式下可以实现对边的细分操作，并且能够利用边界增加新的面片。

在“面片”模式下可以将选择的面片对象作细分处理。

在“元素”模式下可以实现对单个面片对象的编辑。

“软选择”卷展栏的参数设置与网格对象的基本一致，此处不再赘述。

6.2.3.2　面片的次对象编辑

1．顶点的编辑

编辑顶点是面片编辑的最主要方式，在“顶点”编辑模式下可以通过控制顶点的位置和顶点的矢量手柄来调节面片的形态，此处的调节对面片造型的改观非常大，直接影响面片的曲线度。

应用“焊接”功能能够将选择的顶点焊接在一起，从而使面片结合在一起。不过面片对象的顶点焊接不能是同一面片上的两个点，同时还要求焊接的点必须在边界上，如图 6.33 所示。

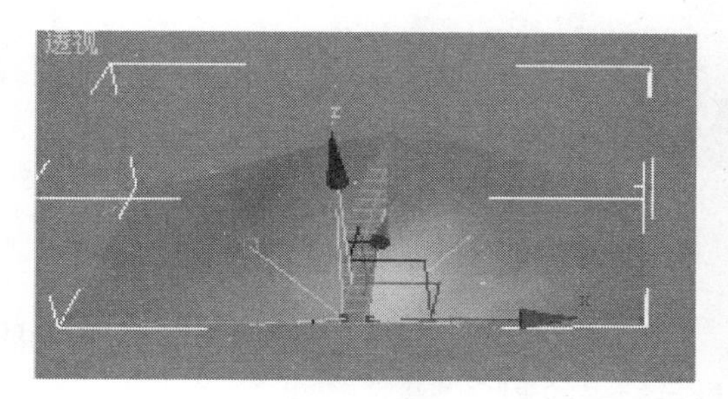

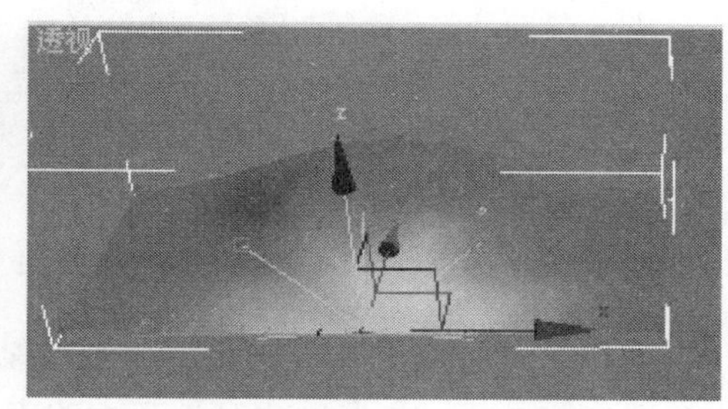

图 6.33　焊接点形成接合面片

单击“绑定”按钮能够连接两个起不同作用的面片，并且在两个面片间形成无缝的连接，但两个绑定的面片必须是同一面片对象的子对象。

在“曲面”选项组中可以设定参数，这个数值越大面片的表面越光滑，细节越多。“视图步数”选项控制视图中的显示效果。“渲染步数”控制渲染时的表面效果。“显示内部边”控制是否能够看到面片对象内部被遮盖的边界。

2．边的编辑

选择一条边单击“细分”按钮，将对选择的边进行细分，同时产生更多的面片。当选中“传播”复选框后，会将细分操作传递给与其相邻的面片，相邻的面片将作同样的细分。

选择一条边界，单击“添加三角形”按钮会在此边界上增加一个三角形面片对象，如图 6.34 所示。同样单击“添加四边形”按钮会增加一个四边形面片对象，如图 6.35 所示。

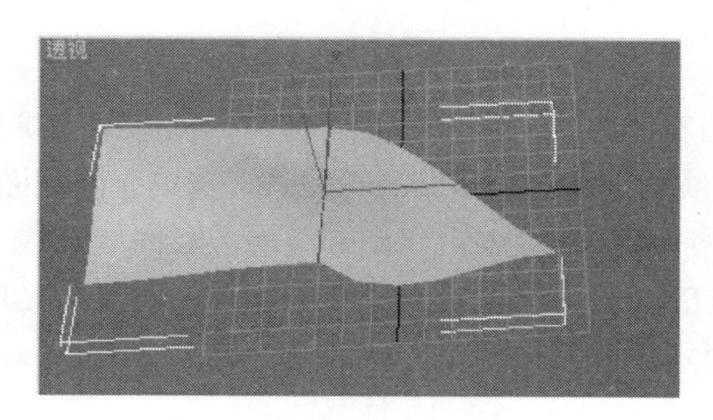

图 6.34　增加三角形面片

图 6.35　增加四边形面片

3．面片的编辑

面片对象层级的编辑主要是用来细分和拉伸面片的，单击“细分”按钮可以将选中的面片对象分成 4 个面片，这种细分是以面片的边界中点为基准的。

“分离”按钮可以将选中的对象分离出去，形成独立的个体。

“挤出”功能与网格编辑一样可以将选择的面片进行拉伸，“挤出”用来设定拉伸的精确值，“倒角”则同样用于对面片对象的倒角设置，“轮廓”用来控制倒角的值。如图 6.36 所示为执行了“挤出”和“倒角”命令的效果。

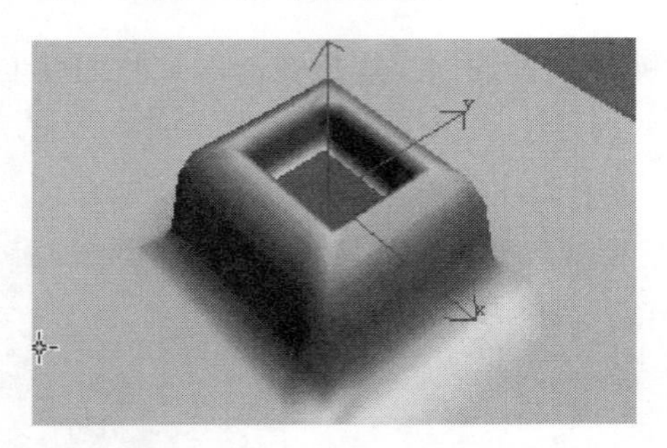

图 6.36　“挤出”和“倒角”的效果

“倒角平滑”也是非常重要的一项设置，它主要控制倒角操作生成的表面与相邻面片间相交部分的形状，主要由相交处节点的矢量手柄来控制。

4．元素的编辑

“元素”模式下的参数与其他的编辑模式基本相同，主要用来完成合并其他元素的工作，并且控制元素对象的网格密度，以便得到更好的渲染效果。

6.3　实践操作：皮鞋的制作

鞋是我们日常生活中必不可少的物品。一双精美的皮鞋，大致分为 3 个部分来制作。

（1）建模部分：完成鞋模型的各部分制作。

（2）赋予材质：为鞋各部分赋予相应的材质，使其具有真实感。

（3）布置灯光：添加灯光渲染场景。

6.3.1　鞋的建模

如图 6.37 所示的鞋的模型分为鞋底、鞋底侧面、鞋面、扣眼、鞋带、鞋面缝合线几个部分。使用的主要工具和方法是二维样条曲线的编辑（制作鞋底轮廓线、鞋底侧面截面线、鞋带线）、放样建模（制作鞋底侧面）、面片次物体的编辑（制作鞋面、鞋面缝合线）、“车削”工具建模（制作扣眼）、样条曲线的可渲染性设置（制作鞋带线）。本例完成模型文件为配书光盘\第 6 章\综合实例\shoes.max 文件。

图 6.37　皮鞋

6.3.1.1　鞋底侧面的制作

（1）选择“创建”\“图形”\“线”选项，在顶视图中创建鞋底的闭合轮廓线，如图 6.38 所示。

（2）在左视图中选择轮廓线，在“修改”面板中选择“顶点”次物体级，调节鞋底的曲线，使鞋的前部向上弯曲，如图 6.39 所示。

图 6.38　创建鞋底的轮廓线

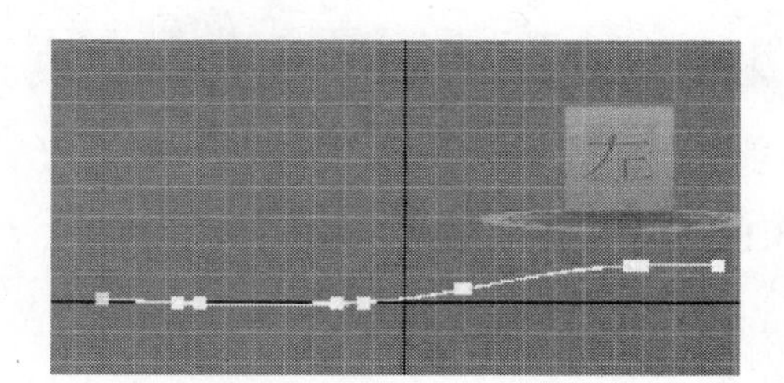

图 6.39　在左视图中调整鞋底的曲线

（3）在左视图中创建鞋底侧面的截面线，如图 6.40 所示。

（4）选择鞋底轮廓线，选择“创建”\“几何体”\“复合对象”\“放样”选项，在展开的面板中单击“拾取图形”按钮，在视图中拾取刚完成的鞋底侧面截面线进行放样物体操作，得到如图 6.41 所示的鞋底侧面。

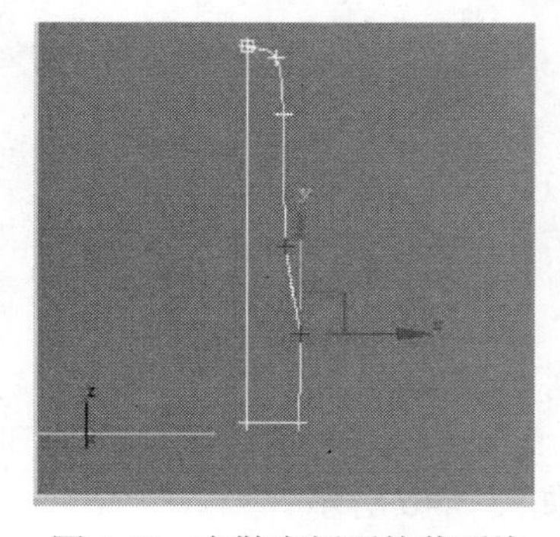

图 6.40　在鞋底侧面的截面线

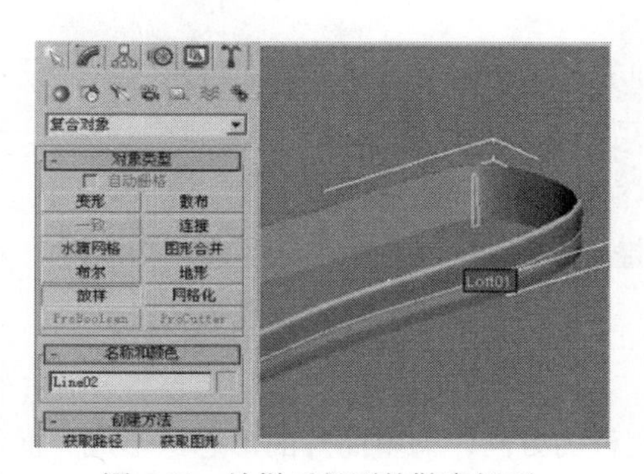

图 6.41　放样后得到的鞋底侧面

提示：

如果截面的方向不对，可以在“修改”面板，修改放样物体的次物体的方向。

6.3.1.2　鞋底的制作

（1）选择底面轮廓线，使用 Shift+移动工具，向下将轮廓线复制一份，进入“修改”面板添加“挤出”修改器进行拉伸，创建鞋底基础造型，如图 6.42 所示。

（2）为了制作鞋跟，需将鞋底转换为“可编辑多边形”对象。进入“顶点”次物体级，使用“切割”工具分割出鞋跟部分的面。

（3）再将鞋底转换为可编辑网格对象。进入次物体级三角面“面”编辑，选择鞋跟部分的面，单击“挤出”按钮，在视图中拖动鼠标，挤出鞋跟的高度，如图 6.43 所示。

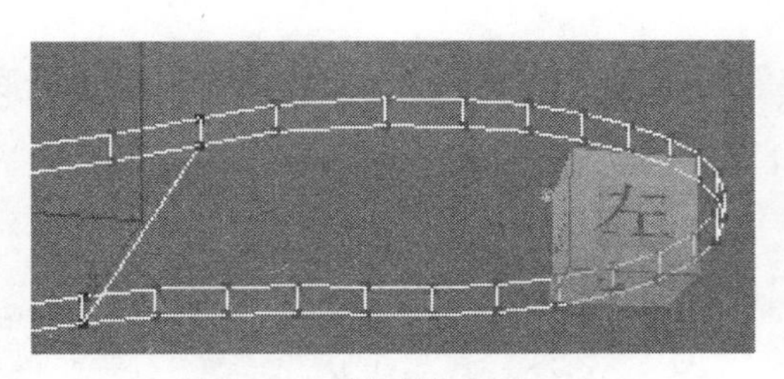

图 6.42　创建鞋底面

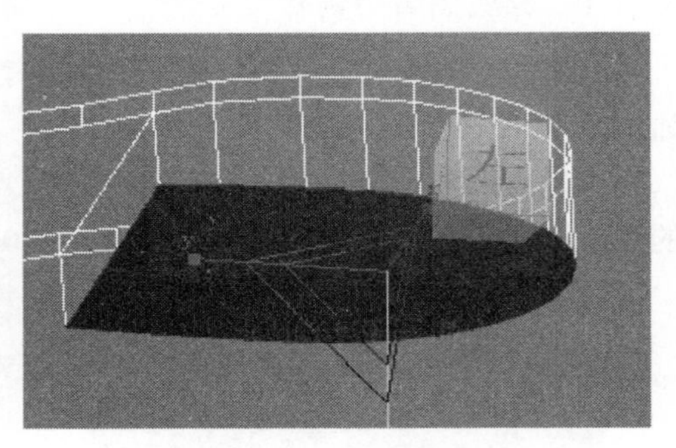

图 6.43　拉伸鞋跟

6.3.1.3　鞋面的制作

（1）选择“创建”\“几何体”\“平面”选项在顶视图中建立一个平面对象，如图 6.44 所示。

（2）右击，在快捷菜单中选择“转换到”\“转换为可编辑面片”命令，把对象转化成可编辑面片，如图 6.45 所示。

图 6.44　创建平面对象

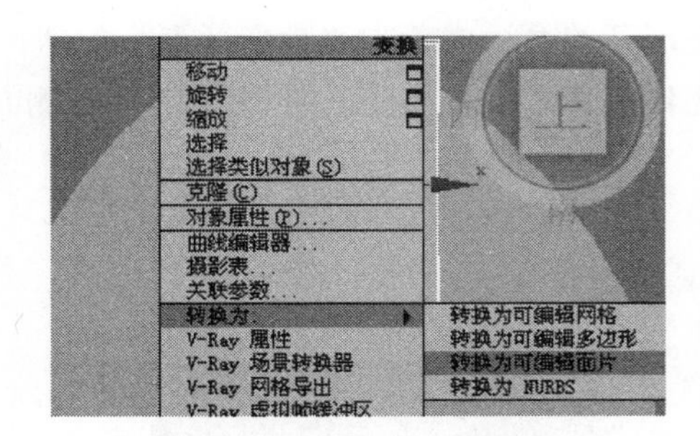

图 6.45　转换成可编辑面片

（3）在“修改”面板中选择“顶点”次物体级，通过编辑点的位置以及调节 Bezier 控制杆的方向，调整面片的形态，形成鞋面前端造型，如图 6.46 所示。

（4）编辑好基本造型以后，选择面片两侧的次物体边◇“边”，单击“添加四边形”按钮，分别扩展出两个四边形面片，继续调节∵“顶点”的位置及控制手柄，形成鞋尖的部分，如图 6.47 所示。

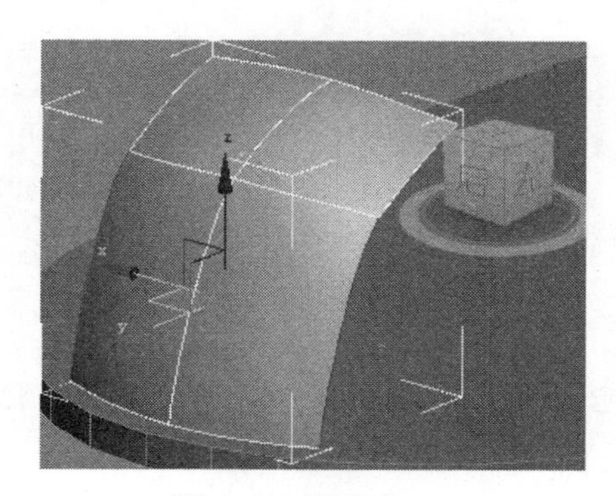

图 6.46　调节点

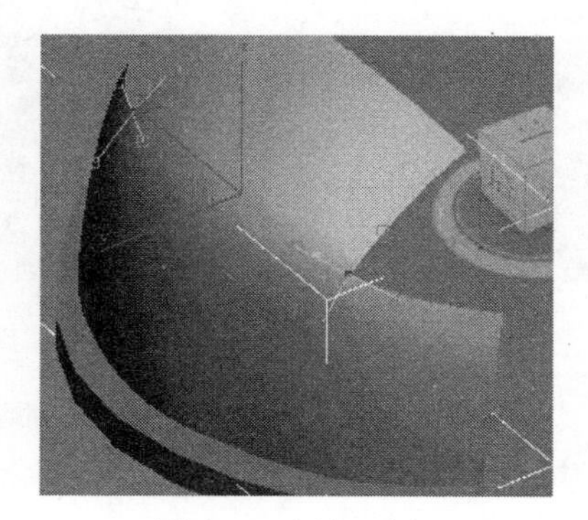

图 6.47　添加面片

提示：

希望操纵杆向某方向移动，就激活某一方向的光标。注意观察 3 个正视图。

（5）再次选择 3 条边◇“边”，单击“添加四边形”按钮添加 3 个四边形面片，如图 6.48 所示。

（6）在∵“顶点”次物体级，选择相邻点，使用“焊接”\“选定”按钮进行焊接（共焊接两处），如图 6.49 所示。

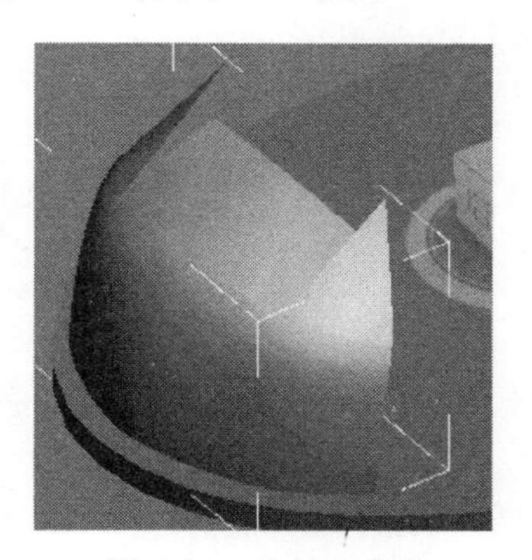

图 6.48　选择 3 条边

图 6.49　焊接面片

（7）再次选择边，继续添加四边形面片，这时新增面不再进行焊接，中间面片将作为鞋舌头，两侧的面片作为鞋帮，调整形状，如图 6.50 所示。

（8）通过面的不断添加，使鞋帮一直延伸到鞋的后跟部，并将接合处焊接。用同样的方法完成鞋的侧面造型，如图 6.51 所示。

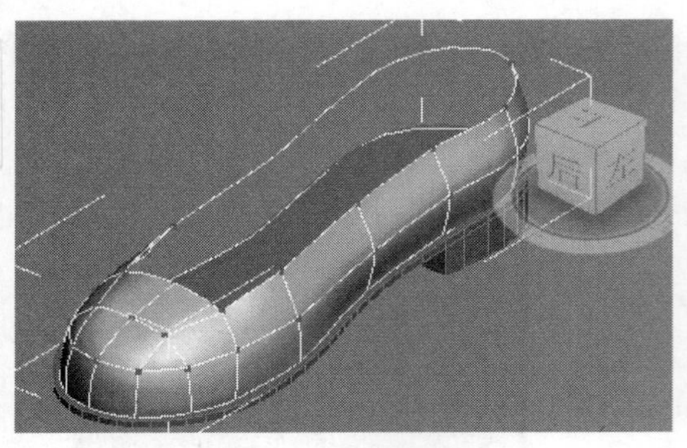

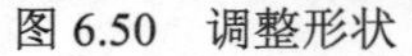
图 6.50　调整形状

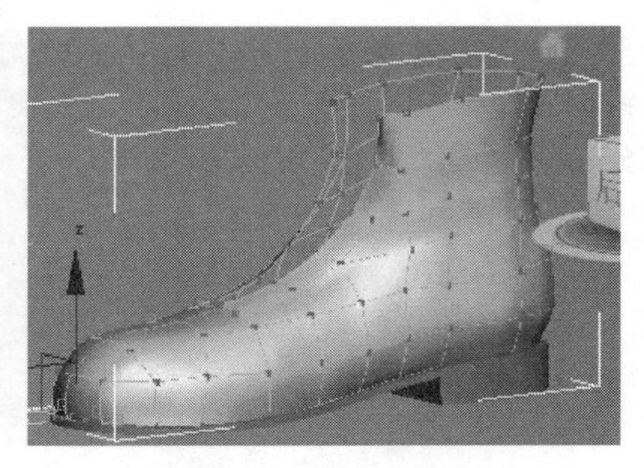

图 6.51　侧面造型

（9）调整顶点位置，并使用“添加四边形”按钮添加四边形面片，得到如图 6.52 所示的鞋面的整体造型。

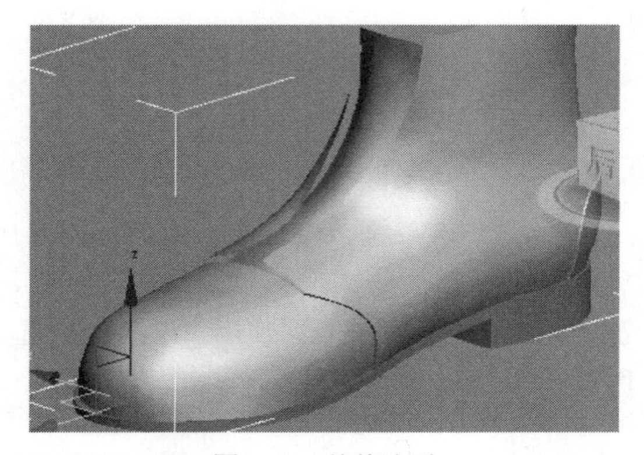

图 6.52　整体造型

（10）为了使鞋面具有一些厚度，选择鞋帮的面片，应用“壳”修改器设置鞋帮的厚度，并设置材质 ID，如图 6.53 和图 6.54 所示。

图 6.53　鞋帮的厚度

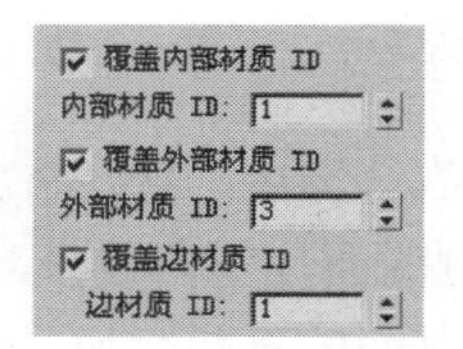

图 6.54　设定“壳”ID

提示：

使用“壳”编辑器指定 ID 比较方便，不必在赋予材质时分别对每个面指定。

6.3.1.4　扣眼的制作

（1）在左视图中，使用“线”工具创建扣眼的截面形状。进入“修改”面板，添加“车削”编辑修改器旋转生成环状对象，移动“车削”对象的轴心点，调节扣眼模型，如图 6.55 所示。

（2）使用缩放工具把做好的扣眼调整好大小，并复制多个，放在合适的位置，如图 6.56 所示。

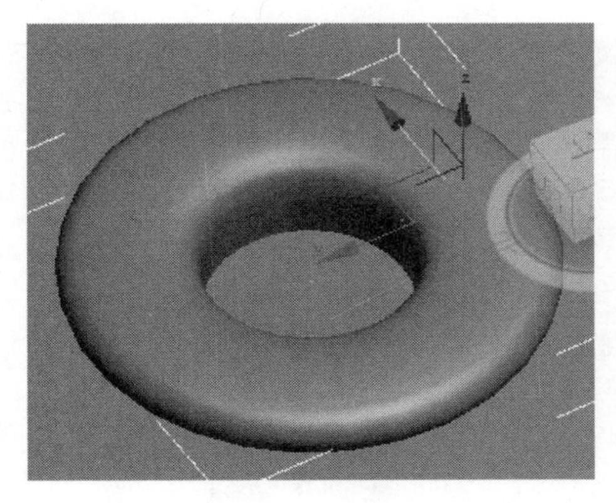

图 6.55　扣眼

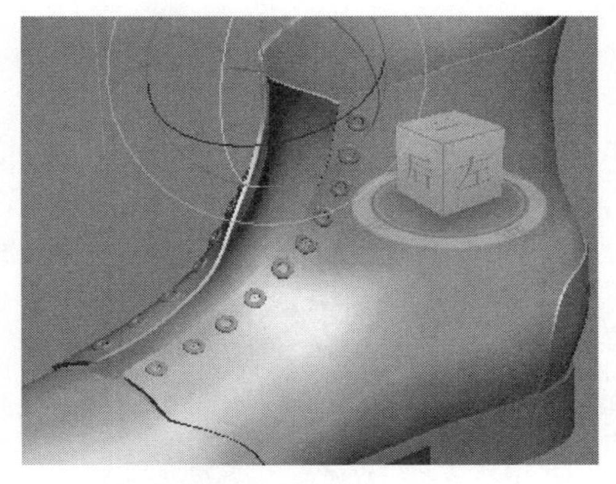

图 6.56　复制扣眼

6.3.1.5　鞋带的制作

（1）选择“创建”\“图形”\“样条线”\“线”选项绘制鞋带的造型，设置其可渲染属性，然后进入次物体级，调节点的位置，应用 Bezier 控制调节线的曲度，将线穿插于扣眼当中，效果如图 6.57 所示。

（2）使用“对称”工具镜像生成另一侧的鞋带，再右击，在弹出的快捷菜单中选择“附加”命令将两个鞋带结合在一起，将连接点处焊接并调节点的位置，如图 6.58 所示。

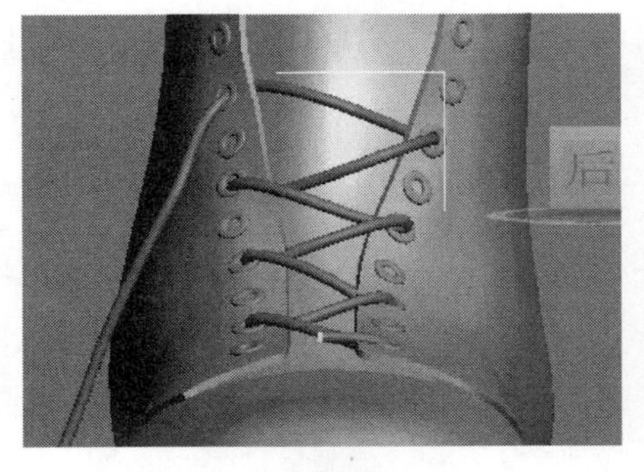

图 6.57　绘制鞋带

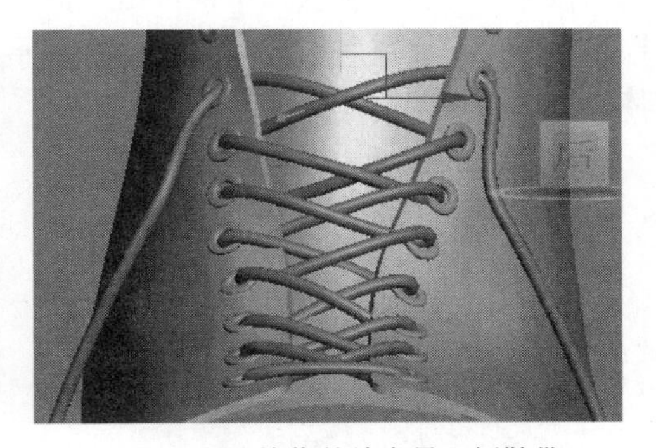

图 6.58　镜像并结合另一侧鞋带

提示：

鞋带的下垂部分不可能是两侧对称的，应分别进行调整才能真实表现。

（3）当鞋带整体造型调节好以后，添加“编辑网格”修改器，编辑“面”次物体级，选择靠近端点部分的面，应用自身坐标，将鞋带的顶部进行缩放，如图 6.59 所示。

提示：

> 如果使用鼠标右键转换的可编辑网格，原有的参数将消失，再调整鞋带的位置和弯曲方向时会很困难，所以应尽量使用编辑修改器。

（4）鞋的整体造型如图 6.60 所示。

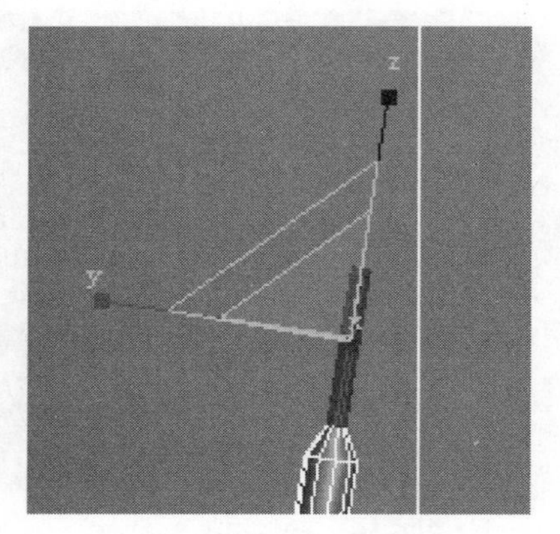

图 6.59　鞋带顶部造型

图 6.60　鞋的整体造型

6.3.1.6　鞋面缝合线的制作

（1）进入鞋面的“边”次物体级，选择后跟部的轮廓线，单击“创建”\“图形”按钮，创建出单独的曲线，调整好线的位置。

（2）选择“创建”\“几何体”\“扩展基本体”\“胶囊”选项创建胶囊造型来模仿皮子上的缝线，应用“间隔工具”沿路径复制。首先选择胶囊物体，然后单击“间隔工具”按钮，在弹出的窗口中，单击“拾取路径”按钮拾取刚提取出来的线，激活“跟随”选项，改变“计数”的值，如图 6.61 所示，动态观察复制对象的位置，使阵列出的胶囊物体首尾相连，如图 6.62 所示。

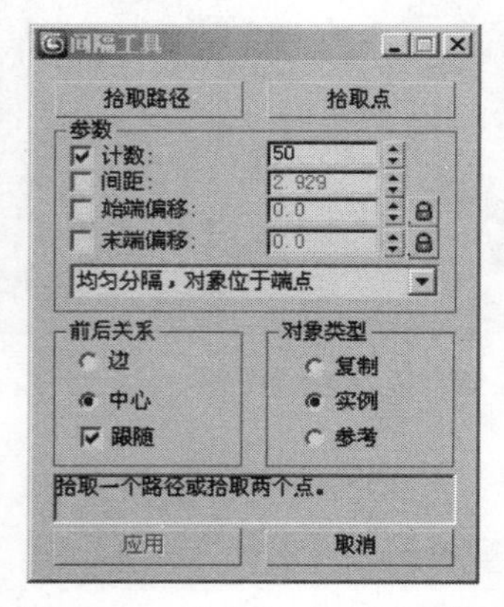

图 6.61　“间隔工具”对话框

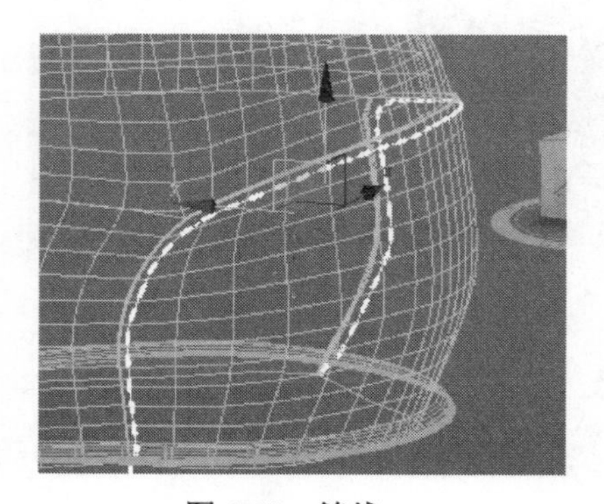

图 6.62　缝线

（3）使用“组”菜单中的“成组”命令将阵列出的所有胶囊对象创建组，便于以后对物体进行选择，如图 6.63 所示。

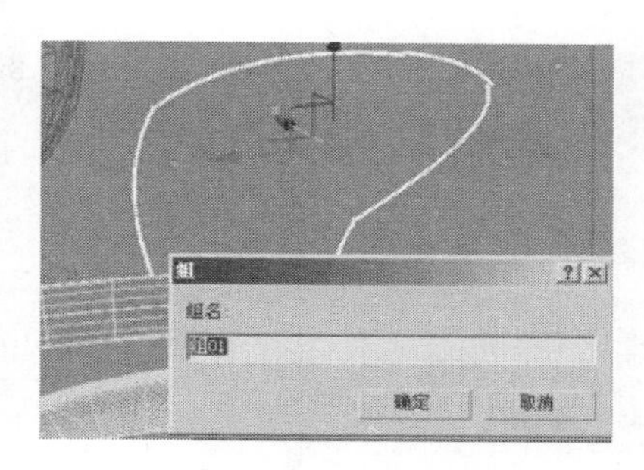

图 6.63　创建组

6.3.2　材质的制作

鞋的模型创建完成后，将要进行材质的制作。一个完美的物品要在建模后为对象赋予合适的材质才能模拟出真实的视觉效果。

6.3.2.1　制作鞋面材质

首先为每个不同对象分配不同的样本球，赋予不同的名称，以便于区分，如图 6.64 所示。

（1）制作鞋面材质以前，先确定“面片”次物体，赋予不同的 ID 号和光滑组，鞋外面为 1、边缝为 2、鞋内部为 3，如图 6.65 所示。

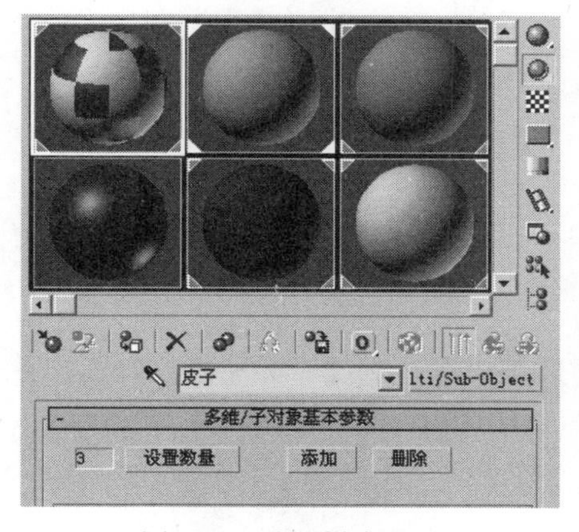

图 6.64　分配样本球

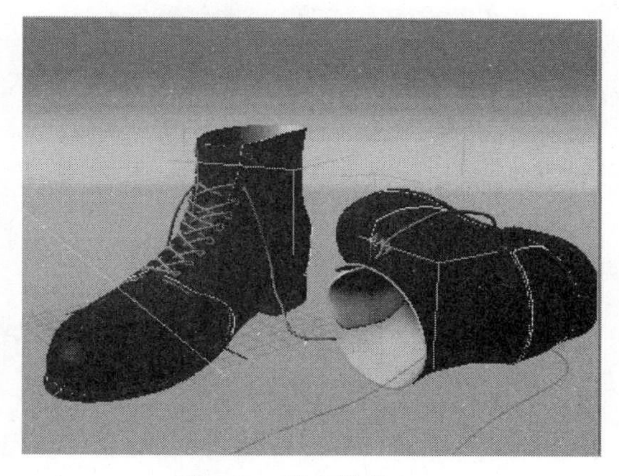

图 6.65　指定鞋的 ID

（2）选择“多维/子对象”材质，设置材质数量为 3，材质 ID 号与模型的 ID 号相对应，并分别指定基本颜色。

（3）如图 6.66 所示，单击材质 1（鞋面的材质）按钮，调整材质的基本颜色，以及高光度。

（4）为了模仿皮革纹理，加入凹凸贴图，单击“贴图”卷展栏下“凹凸”选项后的

“None”按钮，打开“材质/贴图浏览器”窗口，选择“细胞”贴图，设置“凹凸”值为15，如图 6.67 所示。

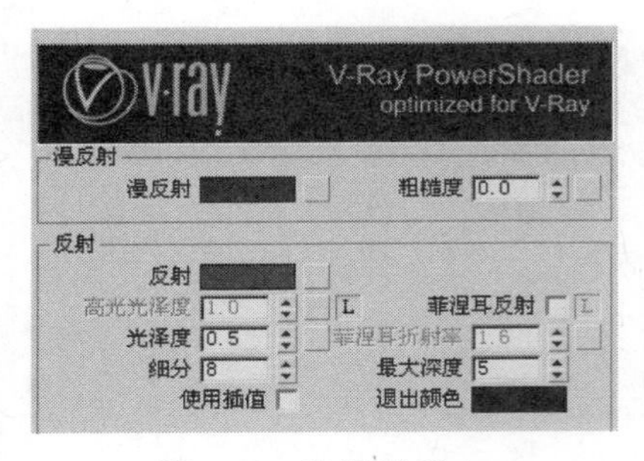

图 6.66 设置材质 1

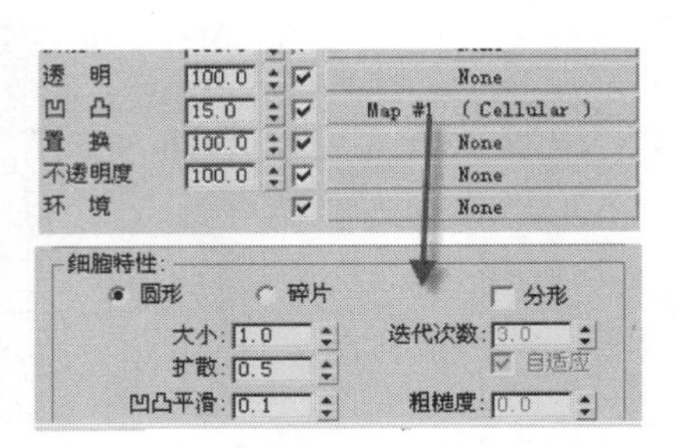

图 6.67 设置鞋面材质基本颜色

（5）设定“细胞特性”下“大小”=1，皮革的纹理不要太大或太小。

（6）回到“多维/子对象”材质级，设置好皮鞋鞋面的材质。

6.3.2.2 鞋带的材质

（1）鞋带的材质采用“标准”材质。打开“贴图”卷展栏，降低“漫反射颜色”数量值，并为其加入鞋带的贴图纹理 t1.jpg，再把它拖放复制到“凹凸”贴图上，“数量”值设高一些产生凹凸的纹理效果，鞋带的材质设置和效果如图 6.68 和图 6.69 所示。

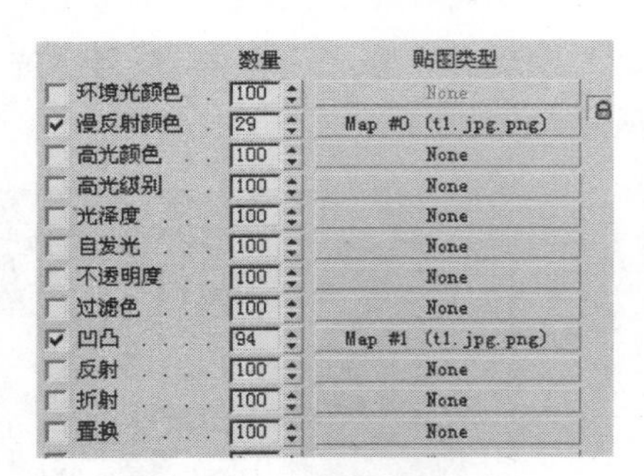

图 6.68 鞋带材质设置

图 6.69 鞋带材质效果

（2）鞋带的贴图方式有两种，一种是可以在材质编辑器里选择“面贴图”方式，另一种是可以在“UVW 贴图”中选择“面”方式，如图 6.70 和图 6.71 所示。

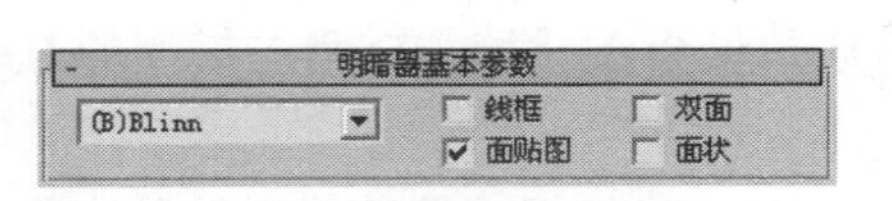

图 6.70 在材质中编辑

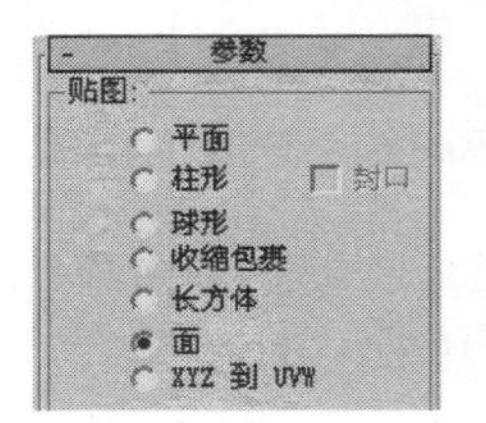

图 6.71 在贴图方式中编辑

（3）可以通过修改鞋带线的“厚度”和“边”的数值来调节鞋带上的面的大小，如

图 6.72 所示，这样就可以控制鞋带上的纹理了。

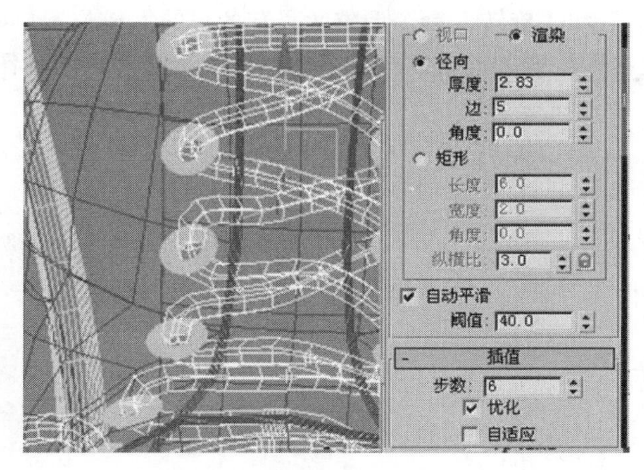

图 6.72　调节参数

6.3.3　灯光的设定

灯光能使场景中的对象更加丰富多彩，为了使场景更加逼真，本例中只设置 1 盏灯。

提示：

灯光设置的详细内容将在第 9 章中介绍。

（1）在场景中创建 1 盏 VR 太阳光，一个 VR 摄像机，灯光位置如图 6.73 所示。

（2）在渲染设置中打开间接照明，将“首次反弹”设定为“发光贴图”，“二次反弹”设定为“灯光缓存”，灯光及渲染器设置完成，如图 6.74 所示。

图 6.73　创建灯光

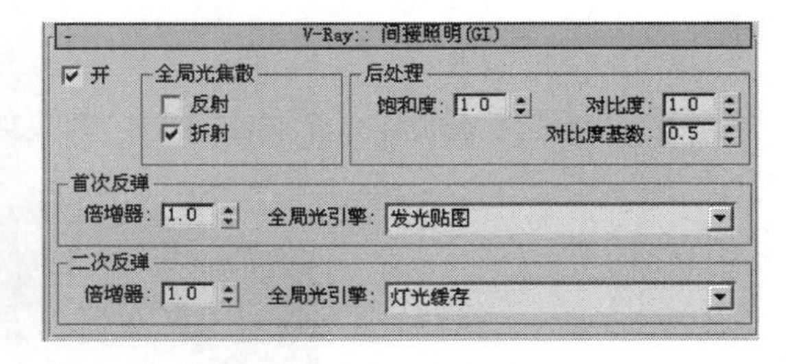

图 6.74　添加面片

注意：

由于场景创建时，模型大小不一，灯光位置的差异及灯光的强度也不尽相同。

6.3.4　后期整理

（1）选择鞋的所有对象创建群组，应用“镜像”工具镜像复制另一只鞋，复制方式为“复制”，如图 6.75 所示。

（2）应用“移动”和“旋转”命令调整两只鞋各自的摆放位置，如图 6.76 所示，通过调整部分点的位置将倒放鞋的鞋带摆放成自然随意的状态，鞋的制作全部完成，最终效果如图 6.37 所示。

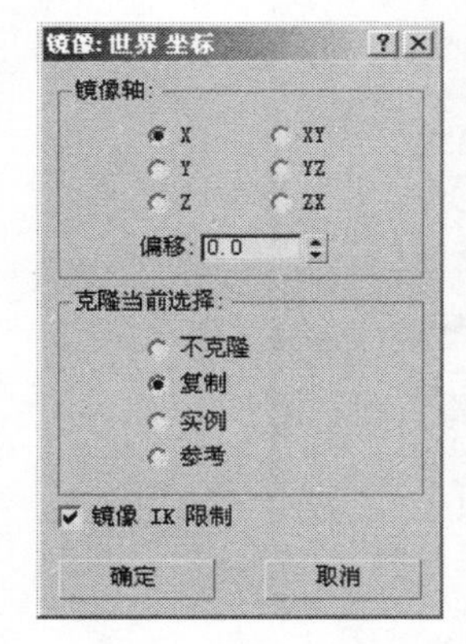

图 6.75　镜像复制另一只鞋

图 6.76　调整摆放位置

6.4　课 后 习 题

思考题

1．转换成可编辑网格对象和可编辑多边形对象的方法是什么？
2．可编辑网格对象和可编辑多边形对象的次物体层级有什么不同？
3．使用“软选择”的好处是什么？

操作题

按照鞋的制作方式制作一个男士背包，效果如图 6.77 所示。

图 6.77　背包

提示：（1）背包主体制作方式与鞋面相同；

（2）背带制作方式与鞋的侧面相似，使用“车削”命令，修改“扭曲”选项，使背带自然扭曲；

（3）背包边沿使用“车削”制作；

（4）背包缝合线与鞋面缝合线相同；

（5）提手和背包的缝合部分与鞋底部分制作方法相同。

第 7 章　NURBS 建模

本章主要内容

☑　NURBS 曲面与 NURBS 曲线
☑　NURBS 对象的创建途径
☑　用 NURBS 制作电吹风实例
☑　创建和编辑 CV 曲面
☑　创建和编辑点曲面

本章重点

NURBS 对象工具面板中常用工具的使用，创建、编辑 CV 曲面和点曲面的方法及实例。

本章难点

NURBS 对象工具面板中一些常用工具的使用

7.1　NURBS 建模简介

在模型创建方面，NURBS 是较流行的一种建模技术。3ds max 提供了强大的 NURBS 表面和曲线建模工具。NURBS 全称是 Non-Uniform Rational B-Splines（非均匀有理 B 样条），此处的 Non-Uniform（非均匀）意味着不同控制节点对 NURBS 曲面或曲线的影响权重可以不同。

NURBS 建模方式是一种交互的操纵方式，使用范围极广，最适合建立曲面外形的对象。

NURBS 模型可以在网格保持较低的细节基础上，获得更光滑、更适合轮廓的表面，多用来创建人物、汽车、工业造型类的产品。NURBS 还可以非常有效地计算和模拟曲面，渲染出天衣无缝的平滑造型。不过，如果创建造型较简单的模型，应用 NURBS 创建反而会比其他方法采用更多的面来拟合，所以建议使用更经济有效的创建途径来完成简单模型的创建。还有，NURBS 造型在创建尖角模型时也不易达到很满意的效果。

7.1.1　NURBS 曲面与 NURBS 曲线

在 NURBS 模型创建中，其顶层对象基本上就是 NURBS 曲面或 NURBS 曲线，子对象则可能是任何一种 NURBS 对象。如图 7.1 所示为 NURBS 曲面的子集。

图 7.1　NURBS 曲面的子集

曲面：曲面对象是 NURBS 建模的基础，在场景中创

建一个具有控制节点的曲面，就是要创建 NURBS 模型的基础，可以通过对控制点的编辑或 NURBS 曲面上点的修改、创建子对象等操作完成复杂造型的创建。NURBS 曲面有两种：点曲面和 CV 曲面，单击 点曲面 或 CV 曲面 按钮即可选择表面控制方式。

- 点曲面：是指所有的点被强迫控制在面上的 NURBS 表面，如图 7.2 所示。
- CV 曲面：是由控制点所控制的 NURBS 表面，如图 7.3 所示。

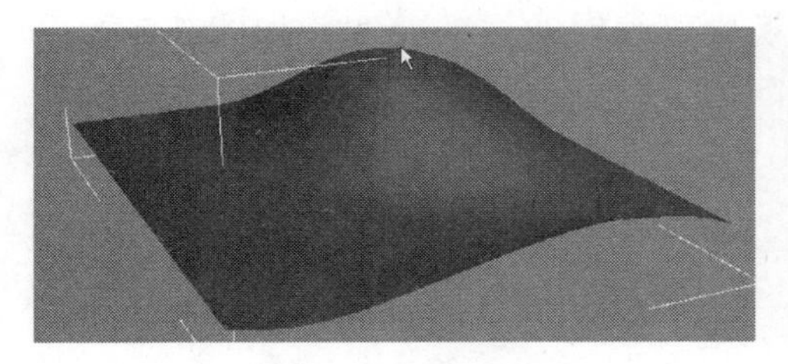

图 7.2　点曲面

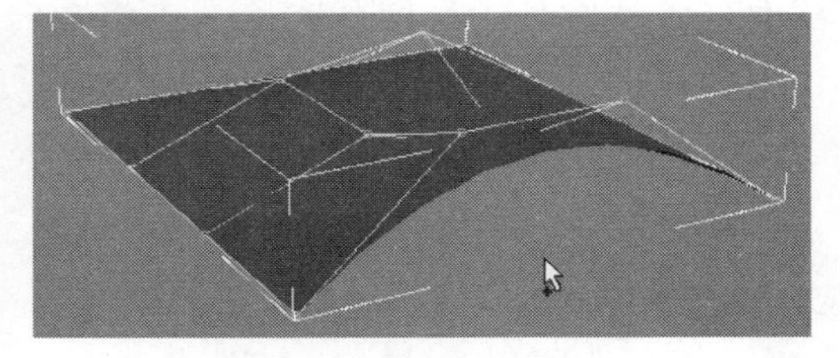

图 7.3　CV 曲面

NURBS 曲线：NURBS 曲线是一种样条线对象，可以像编辑普通的样条曲线一样来利用它，如利用“车削”和“挤出”修改器创建三维表面，还可以作为“放样”对象的路径或截面，从而生成复杂的三维造型等。

NURBS 曲线也有两种方式：点曲线和 CV 曲线，单击 点曲线 和 CV 曲线 按钮即可选择曲线创建的方式。

- 点曲线：点曲线是所有的点被强迫限制在曲线上的 NURBS 曲线，它可以是建立完整 NURBS 模型的基础。
- CV 曲线：CV 曲线是指由控制节点控制的 NURBS 曲线。

7.1.2　创建 NURBS 对象的途径

在 3ds max 中创建 NURBS 对象的途径有多种。

- 通过创建 NURBS 曲线来创建 NURBS 对象。
- 通过创建 NURBS 曲面来创建 NURBS 对象。
- 将标准的几何体转变成一个 NURBS 对象。
- 将标准的图形转变成一个 NURBS 对象。
- 将面片物体转变成一个 NURBS 对象。
- 将放样物体转变成一个 NURBS 对象。

创建和编辑 NURBS 对象的工具很多，在下面的实例中将对常用的工具进行讲解。

7.2　实践操作：用 NURBS 制作电吹风实例

说明：本例通过创建 NURBS 曲线后使用“创建 U 向放样曲面”、“创建向量投影曲线”、“创建混合曲面”、“创建封口曲面”、“创建单轨扫描”、“创建圆角曲面”、

“创建挤出曲面”等工具完成了电吹风风筒、手柄、连接处、开关按钮、风口、手柄尾部等模型的创建。本例完成文件为配书光盘\第 7 章\综合实例\wind.max 文件。

7.2.1　电吹风风筒及手柄的制作

（1）创建一个标准的圆，如图 7.4 所示。该制作过程将利用此圆形作为电吹风风筒的截面。确认圆处于选取状态，右击将圆转换为可编辑的样条曲线，如图 7.5 所示。

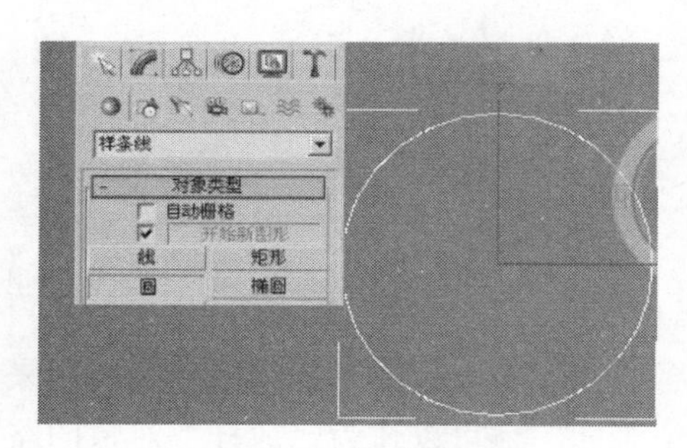

图 7.4　创建标准的圆

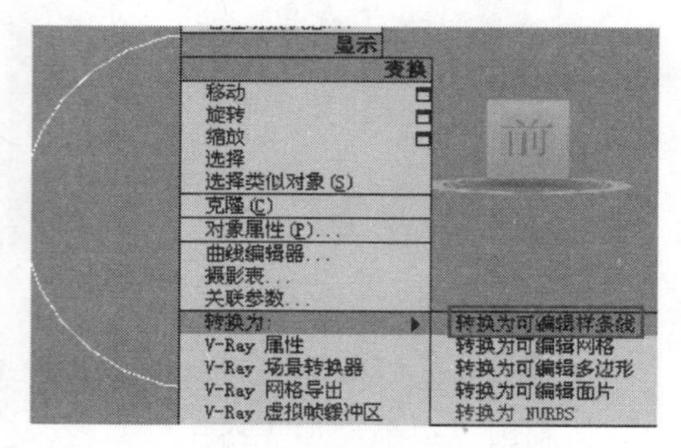

图 7.5　转换为可编辑样条线

（2）再次在圆形上右击，选择“转换为 NURBS”命令，如图 7.6 所示。

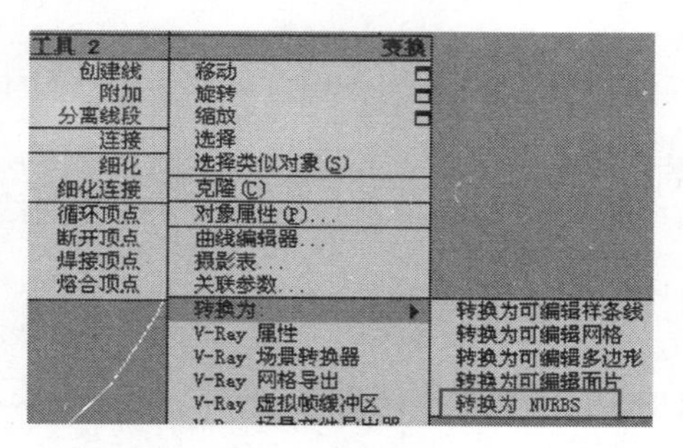

图 7.6　“转换为 NURBS”曲线

提示：

一定要先将图形转换成可编辑样条线，然后再转换成 NURBS 曲线；如果直接转换成 NURBS 曲线，转换后的曲线会有自相交现象，影响其后的操作。

（3）现在的圆形已经是一个 NURBS 曲线了，按住“Shift”键，同时使用移动工具将圆形复制几份，如图 7.7 所示。

（4）选中其中一个圆形，按住“Shift”键，同时使用旋转工具复制另一个圆形，与原来的圆形呈 90°，再应用比例缩放工具将旋转后的圆形缩小一些，它将被用作吹风机手柄的基础曲线，如图 7.8 所示。

图 7.7　复制曲线

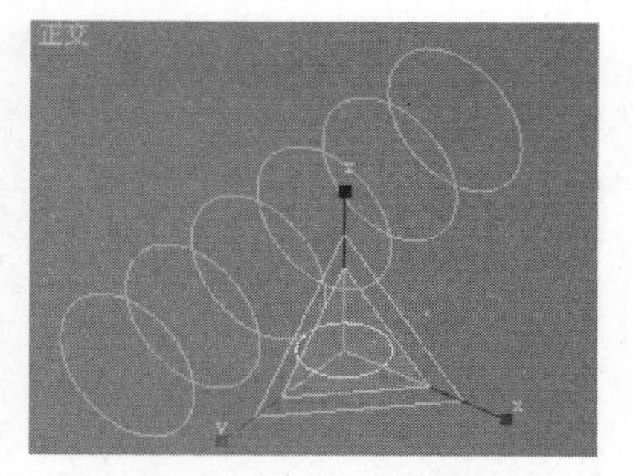

图 7.8　旋转复制曲线并调整比例

（5）使用“创建 U 向放样曲面”工具，将风筒部分曲线子对象和手柄部分的曲线子对象分别放样创建表面。放样后的表面显示有时会不正确，这是因为法线方向向内造成的，只要将放样生成的曲面选中，选中参数卷展栏中的“翻转法线”复选框，将面法线翻转即可，如图 7.9 所示。

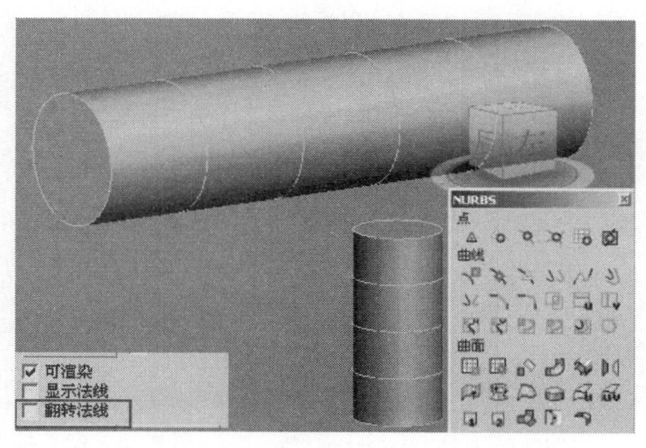

图 7.9　放样生成

（6）选中手柄部分曲线子对象，在“曲线公用”参数卷展栏中单击“分离”按钮并选中“复制”复选框，将此曲线分离出来，生成新的“曲线 02”，如图 7.10 所示。

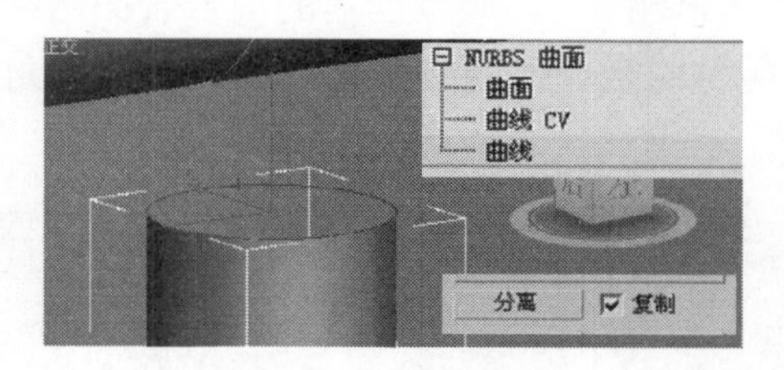

图 7.10　分离曲线

（7）分离出来的新曲线“曲线 02”会继承原有的中心轴，在“层级”面板中单击“轴”按钮，再单击“仅影响轴”按钮，最后单击“居中到对象”按钮，将图形的中心移至“曲线 02”的圆心上。调整好后将“仅影响轴”按钮弹起，使用比例缩放工具将“曲线 02”稍稍放大一点，如图 7.11 所示。

（8）选取 NURBS 物体，单击 附加 按钮，将“曲线 02”结合到 NURBS 物体中，如图 7.12 所示。

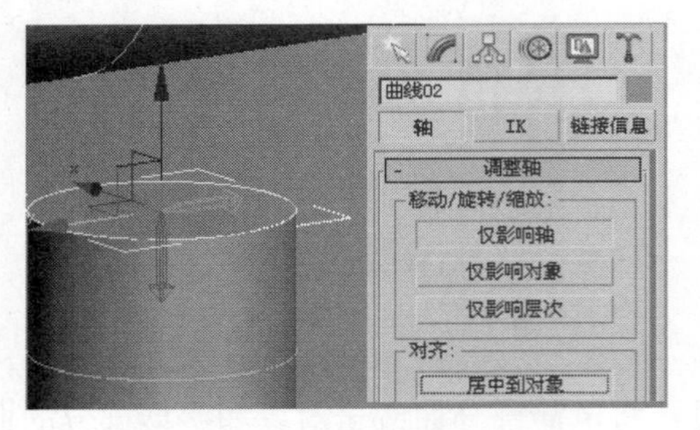

图 7.11　调整中心位置

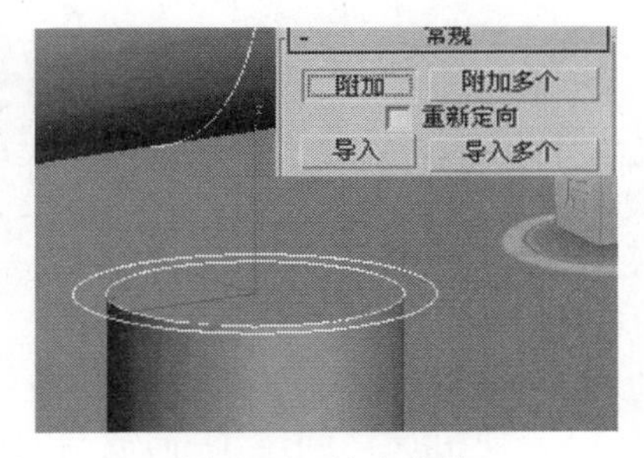

图 7.12　结合曲线

（9）切换视图到底视图，使用“创建向量投影曲线”工具将“曲线 02”映射到 NURBS 物体上，如图 7.13 所示，调节“向量投影曲线”参数面板中的“修剪”和“翻转修剪”参数，使 NURBS 物体上剪出圆形洞口，如图 7.14 所示。

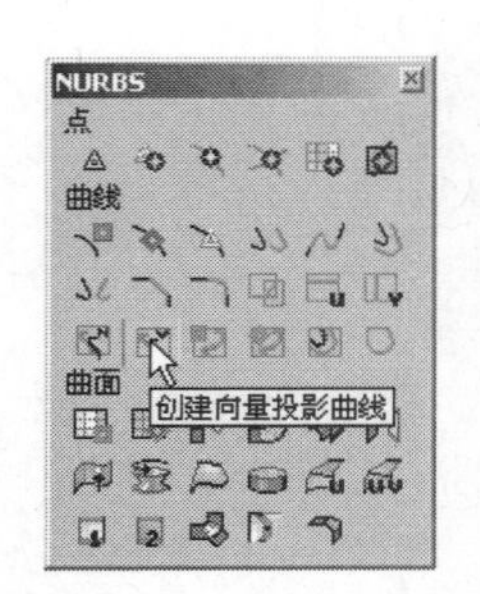

图 7.13　选择“创建向量投影曲线”工具

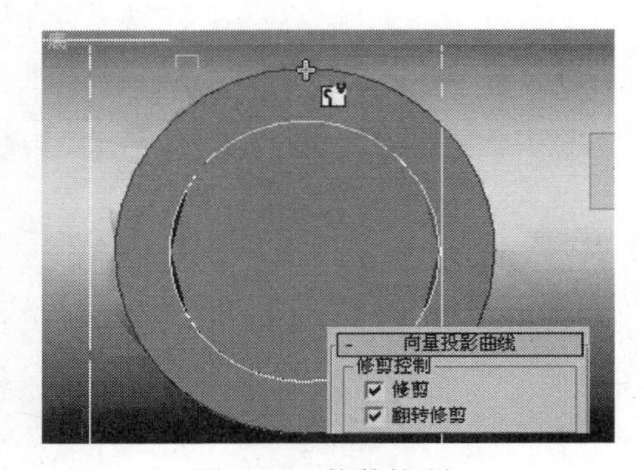

图 7.14　裁剪控制

（10）使用“创建混合曲面”工具，用鼠标将两个截面边缘的曲线相连，这样会根据两条曲线的曲率在它们之间创建一个平滑的曲面，调整“张力 1”和“张力 2”的数值，调整“翻转末端 1”、“翻转末端 2”，颠倒创建的混合表面两端的法线方向，“翻转切线 1”和“翻转切线 2”则会颠倒混合表面两端和母曲面或曲线切角的方向，得到正确的效果即可，如图 7.15 所示。

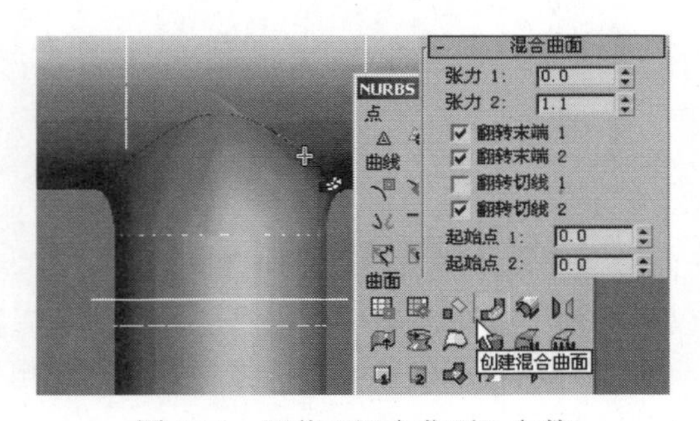

图 7.15　调节“混合曲面”参数

（11）如图 7.16 所示，调整手柄部分的曲线位置、大小及方向，形成手柄的雏形，如图 7.17 所示。

（12）选择“曲线 CV”级别，选中手柄前面的点（如图 7.17 所示），使用比例缩放工具，沿 Y 轴方向放大一些，再使用移动工具向手柄内侧作小距离的位移，使手柄前面呈扁平状。

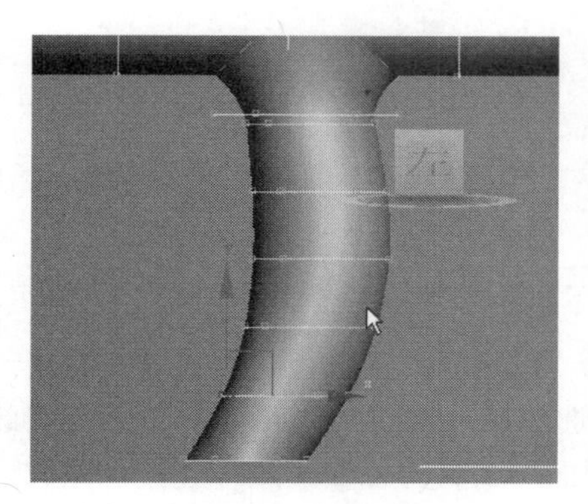

图 7.16　调整曲线形状及位置

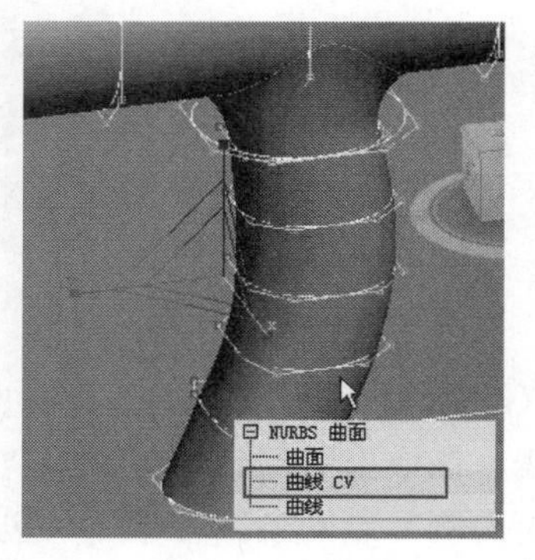

图 7.17　调节控制点完善手柄形状

（13）将吹风机的风筒各截面也作相应的比例调整，如图 7.18 所示。方法同上，此处不再重复。

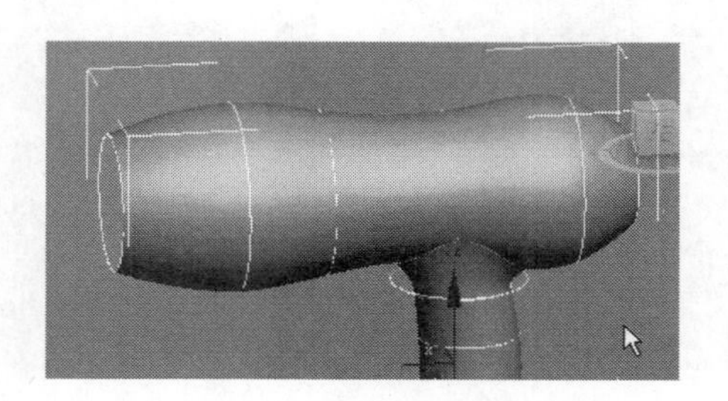

图 7.18　调整风筒部分形状

7.2.2　电吹风风筒口部、手柄尾部、开关按钮的制作

（1）配合“Shift”键，将风筒口部的曲线子对象向前方复制两份，如图 7.19 所示。

（2）通过调整控制点分别调整各曲线的形状，最前端的口部呈扁方形，如图 7.20 所示。

图 7.19　复制曲线

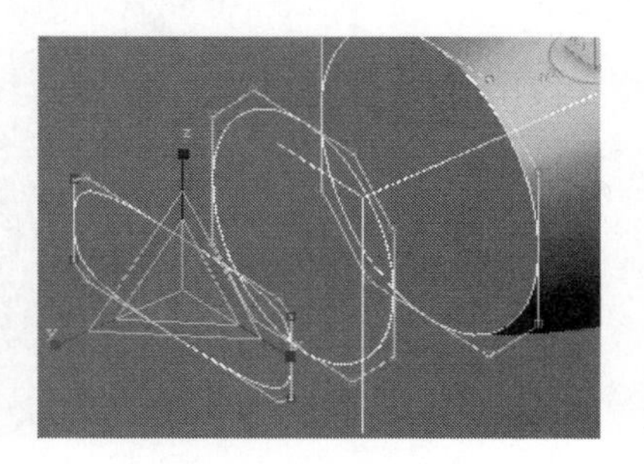

图 7.20　调节形状

（3）使用 “创建 U 向放样曲面”工具将口部各曲线子对象连接创建表面，如果法线显示方向不正确，选中“翻转法线”复选框翻转法线即可，如图 7.21 所示。

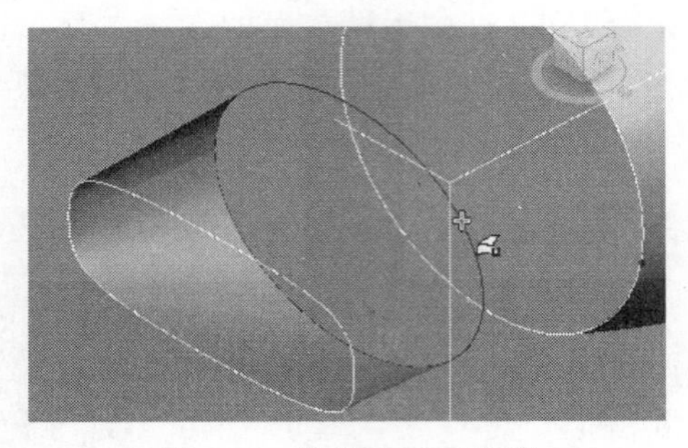

图 7.21　放样风筒口造型

（4）选中扁口最前端部分的曲线子对象，按“Shift”和 按钮，缩放并复制出一条新的曲线，在弹出的对话框中选择“独立复制”单选按钮，如图 7.22 所示。然后再将此曲线向风筒内侧复制两条，应用 “创建 U 向放样曲面”工具将各曲线放样连接，完成风筒口部的内表面的创建，如图 7.23 所示。

图 7.22　复制曲线并选中“独立复制”单选按钮

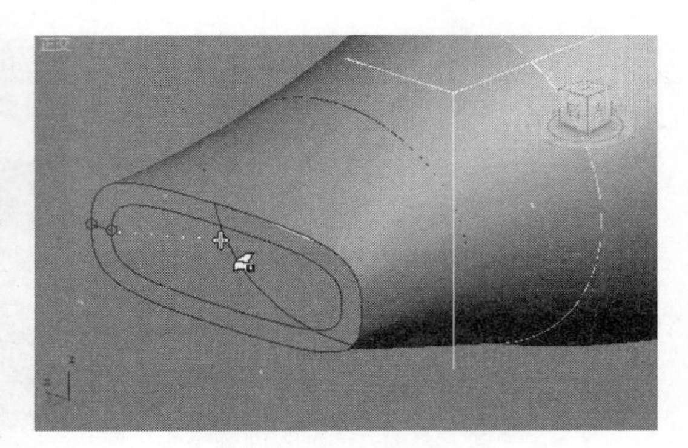

图 7.23　放样风口内壁

（5）风筒后面的造型方法与前面的操作是一样的，此处不再重复，不过要应用 “创建封口曲面”工具将敞口部分作封口处理，如图 7.24 所示。

图 7.24　创建后封口

（6）手柄尾部的处理同风筒口部分采用同样的方法，效果如图 7.25 所示。在此处复制并缩放一条新的曲线子对象，将曲线的中心置于圆的圆心上，绘制一条与手柄角度一致的直线，应用“附加”工具将直线结合到 NURBS 物体上，如图 7.26 所示。

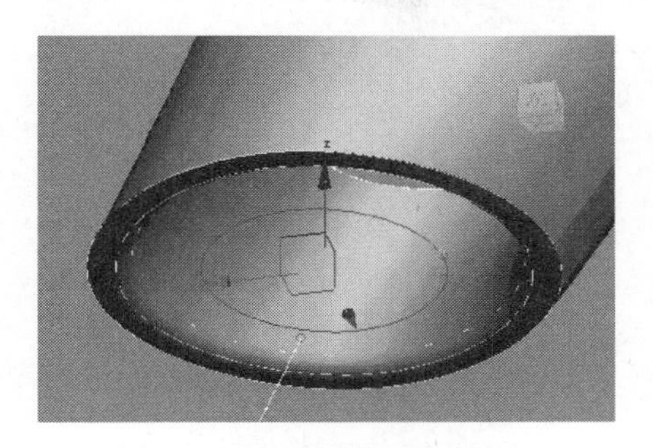

图 7.25　创建手柄尾部造型

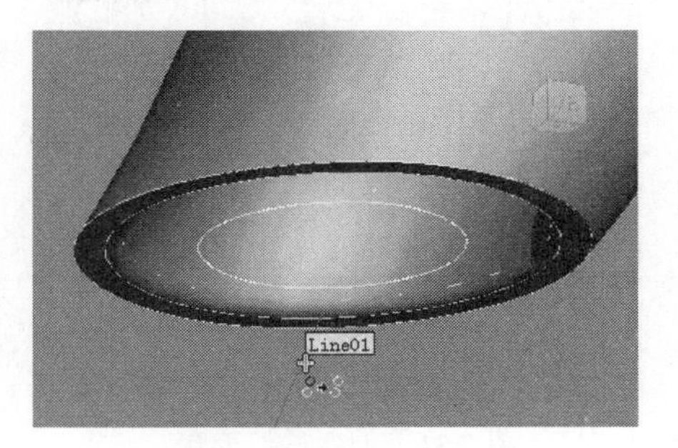

图 7.26　结合曲线

（7）应用“创建单轨扫描”工具，按住鼠标拾取圆形并拖动到直线上，生成一个柱形物体（见图 7.27），同样使用“创建封口曲面”工具将底部敞口部分作封口处理，如图 7.28 所示。

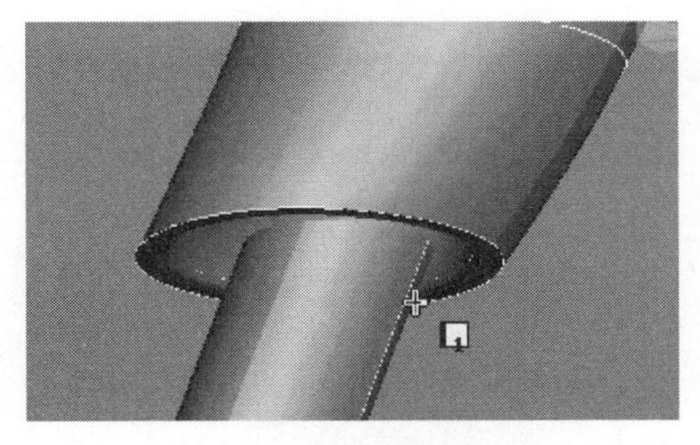

图 7.27　创建 1 轨造型

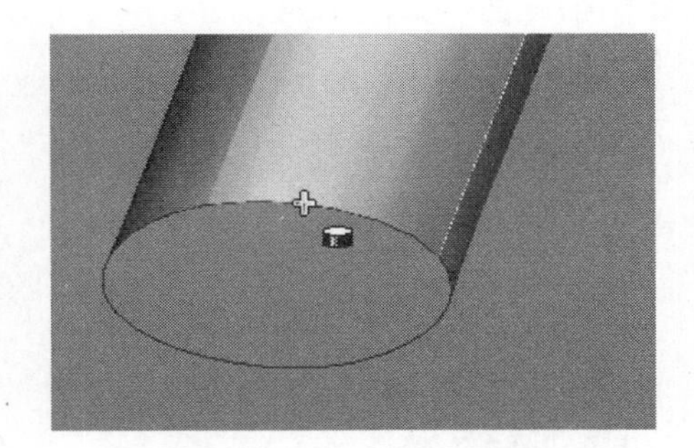

图 7.28　建立封口表面

（8）选择“创建圆角曲面”工具，将鼠标从柱的底面拖动到柱的侧面上，如图 7.29 所示。调节“圆角曲面”参数卷展栏中“起始半径”和“结束半径”的参数值为 3.6，其他参数保持默认，在“修剪第一曲面”和“修剪第二曲面”选项组中，将“修剪曲面”复选框选中，底面与侧面间的倒角就完成了，如图 7.30 所示。

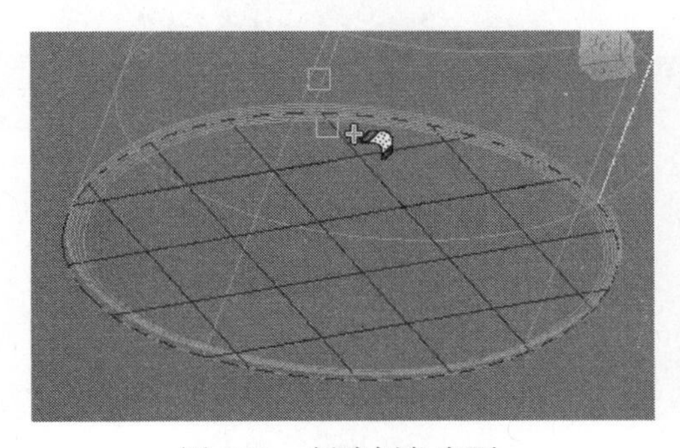

图 7.29　创建倒角表面

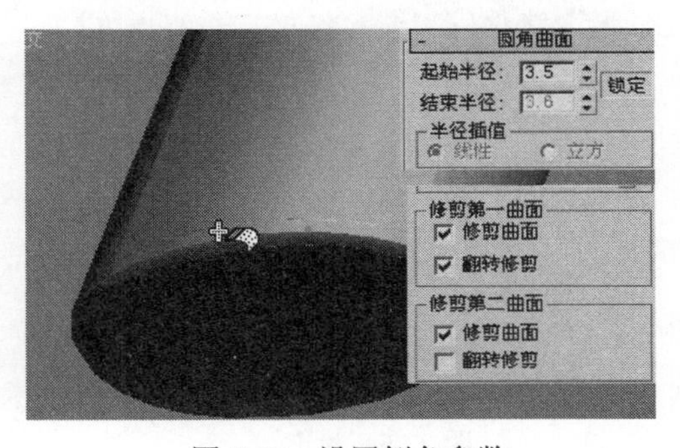

图 7.30　设置倒角参数

（9）在手柄的前方再创建一个圆形，调整控制点形状如图 7.31 所示，将用它来制作开关按钮。应用“附加”工具使它成为风筒的子对象，如图 7.32 所示。

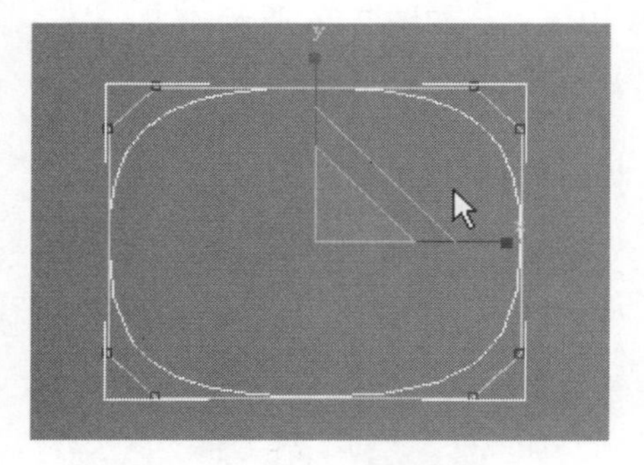

图 7.31　创建按钮形状

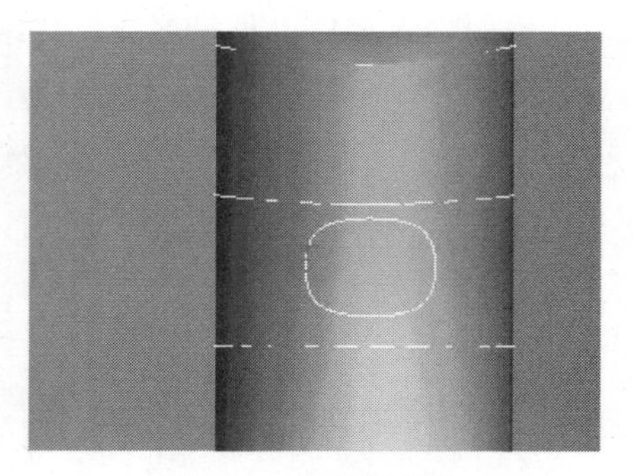

图 7.32　与风筒结合

（10）使用“创建向量投影曲线”工具将按钮曲线映射到手柄上，如图 7.33 所示，应用剪切在手柄上创建空洞。

（11）使用“创建挤出曲面”工具向手柄内侧拉伸映射在手柄表面上的曲线，产生按钮凹槽侧面，如图 7.34 所示。

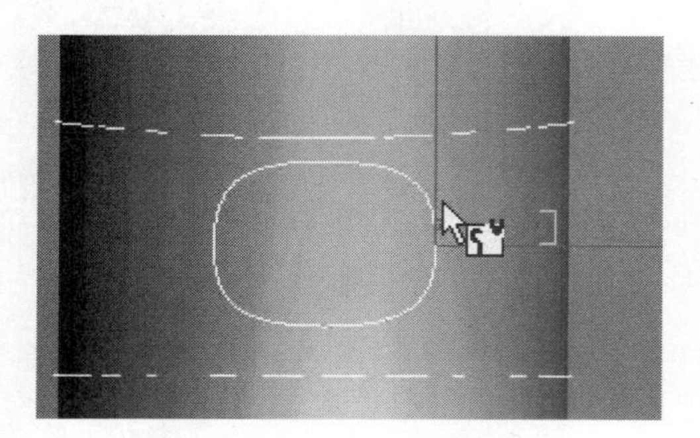

图 7.33　映射按钮形状到手柄上

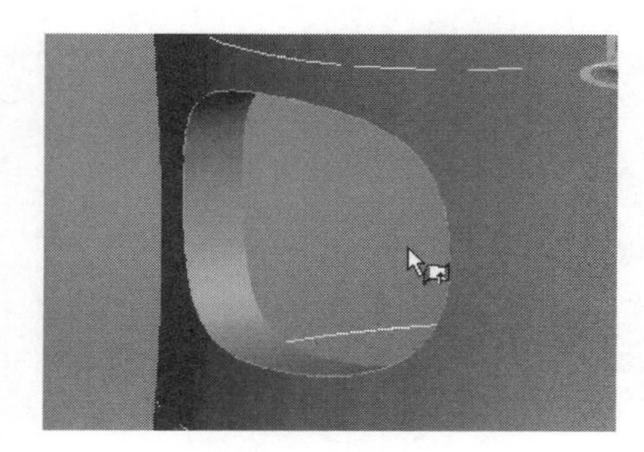

图 7.34　拉伸厚度

（12）再使用“创建封口曲面”工具对按钮凹槽内表面封口，如图 7.35 所示。然后使用“创建圆角曲面”工具完成凹陷部分表面的倒角工作，如图 7.36 所示。

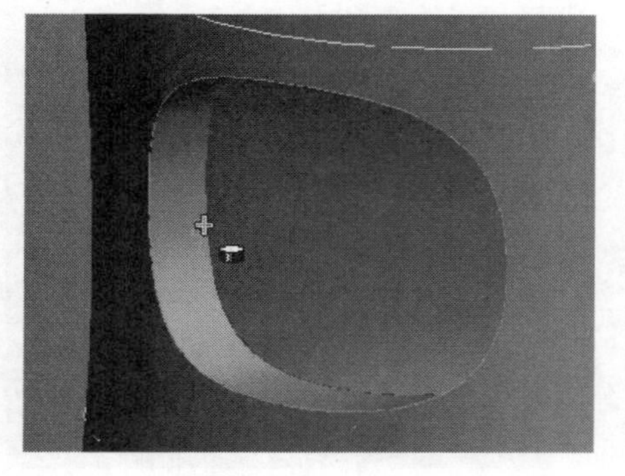

图 7.35　封口

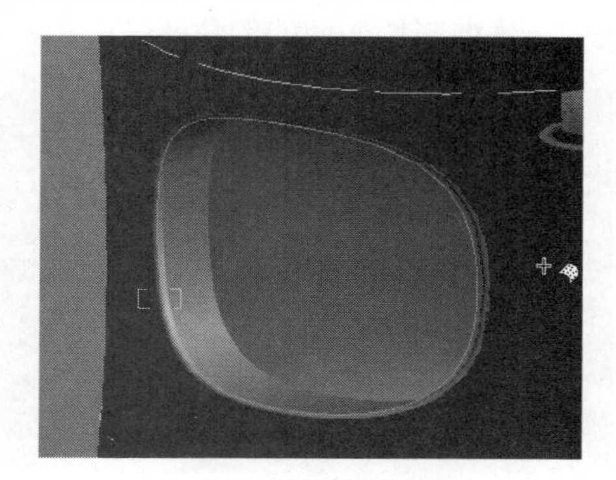

图 7.36　创建倒角表面

（13）再次使用"创建挤出曲面"工具将按钮曲线向外侧拉伸，重复倒角操作，完成按钮凸出部分的倒角，如图 7.37 所示。

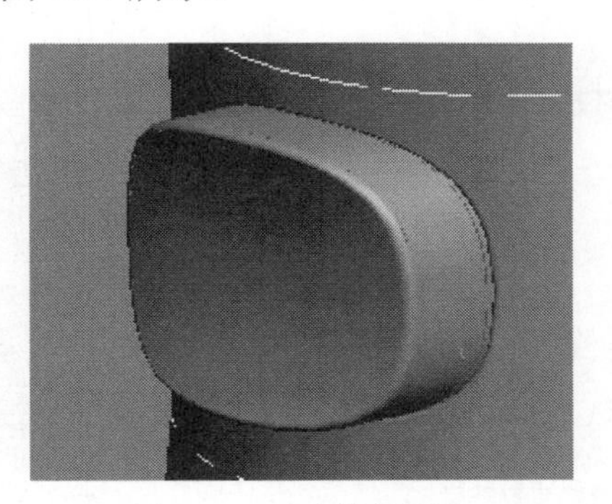

图 7.37　完成按钮制作

（14）将吹风机扁口与风筒相连部分的曲线子对象分离并复制出一条新的曲线，如图 7.38 所示为设置该曲线的可渲染参数，形成前端扁口与风筒连接部分的造型，如图 7.39 所示。

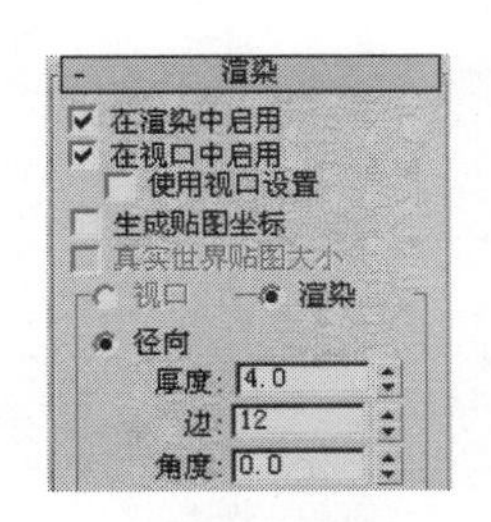

图 7.38　创建圆形曲线

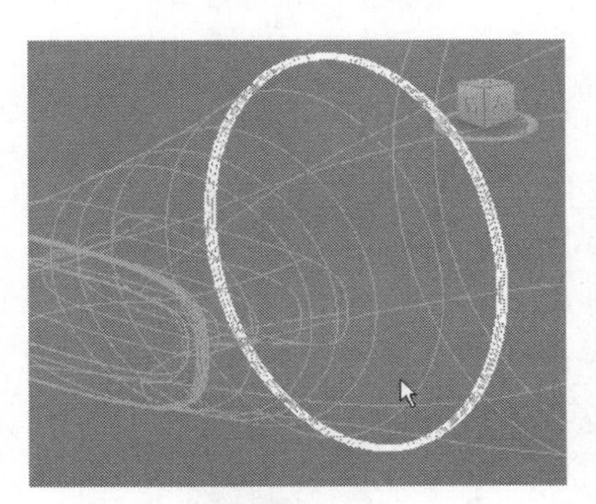

图 7.39　设置可渲染属性后的造型

7.2.3　材质的制作

（1）在 NURBS 曲面的"曲线"层级，选中吹风机风筒、手柄和后封口等部分，在"材质属性"卷展栏中将"材质 ID"设置为 1；再选中吹风机口部的曲面，将"材质 ID"设置为 2；选中连接电线的尾部曲面，将"材质 ID"设置为 3，在后面将为它们指定不同的材质，如图 7.40 和图 7.41 所示。

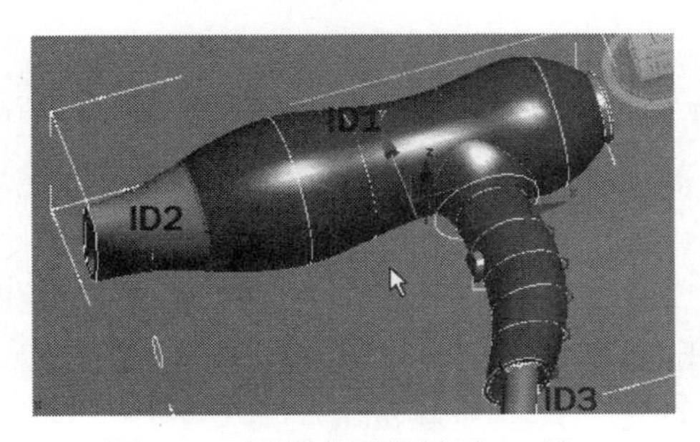

图 7.40　分配表面的材质 ID 号

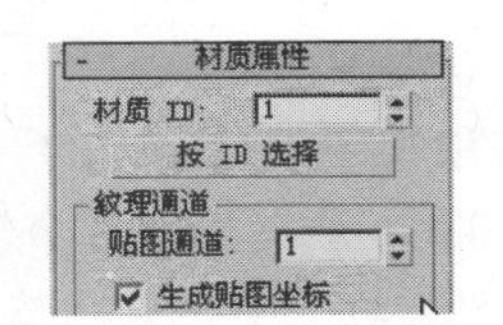

图 7.41　设置材质通道

（2）按“M”键打开材质编辑器，设置材质为“多维/子对象”材质，“设置数量”值为 3，将在 1、2、3 材质 ID 通道中分别设定材质并分配给吹风机的 3 组曲面，如图 7.42 所示。

（3）ID1、ID2、ID3 材质的参数设置分别参考图 7.43～图 7.45。

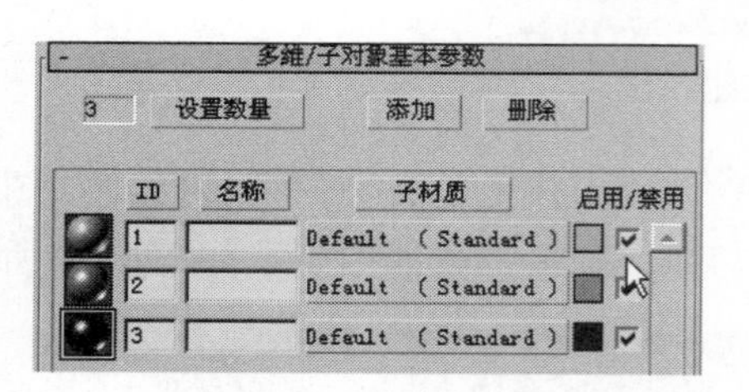

图 7.42　创建多维子材质

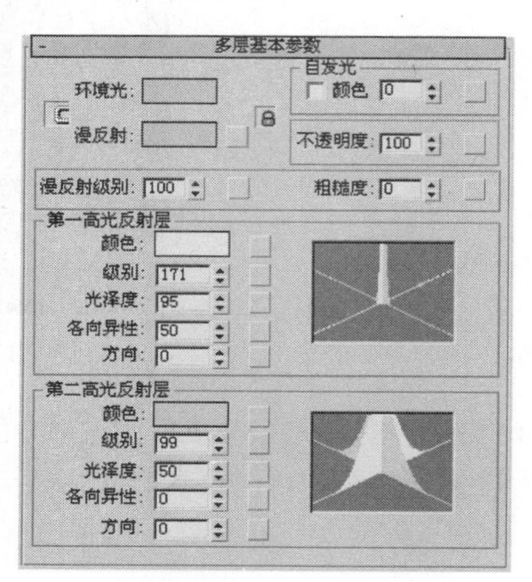

图 7.43　ID1 材质参数

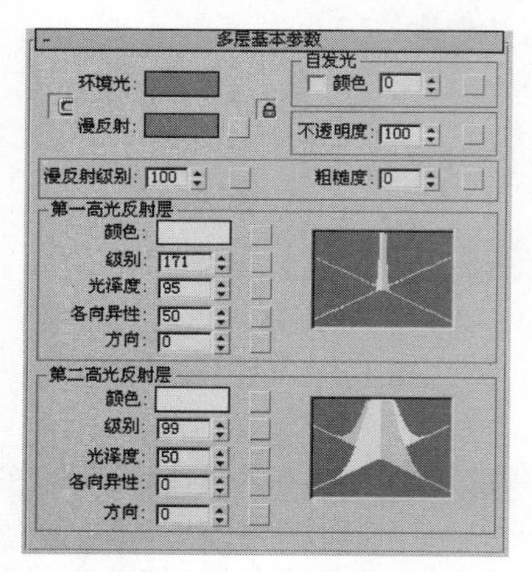

图 7.44　ID2 材质参数

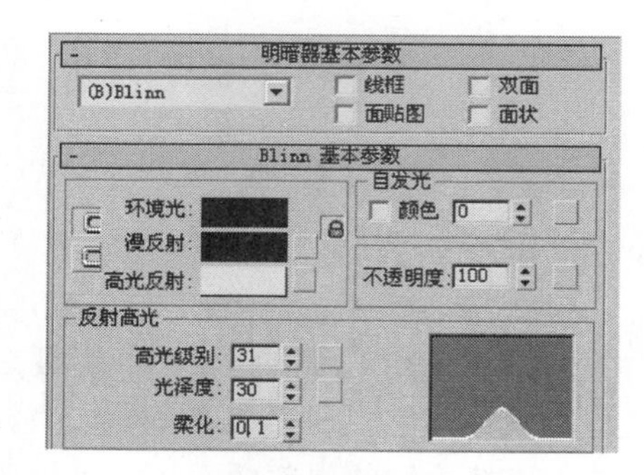

图 7.45　ID3 材质参数

7.2.4　灯光及渲染

（1）设置灯光环境是很重要的一个环节，再好的材质，如果光照不理想，材质的效果也难以表现得很到位，在此场景中创建了 5 盏强度不同、照射方向不同的灯，每盏灯的位置参考图 7.46 和图 7.47。

（2）将顶视图中最前方的一盏灯作为主光源，其他几盏灯作为辅光源，主光源的灯光强度设置为 0.6 左右，其他几个辅助光强度在 0.1~0.2 之间，将所有灯光的阴影开启，并设置“阴影贴图参数”中“采样范围”为 15，设置“大小”为 800。

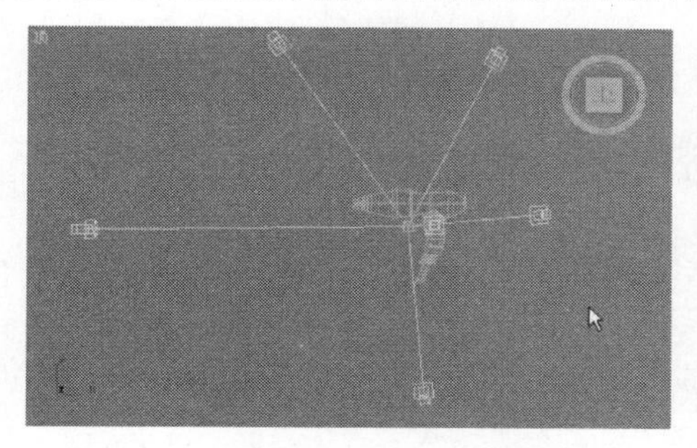

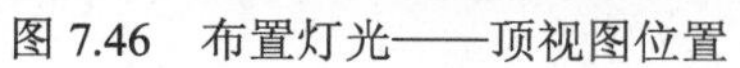

图 7.46　布置灯光——顶视图位置

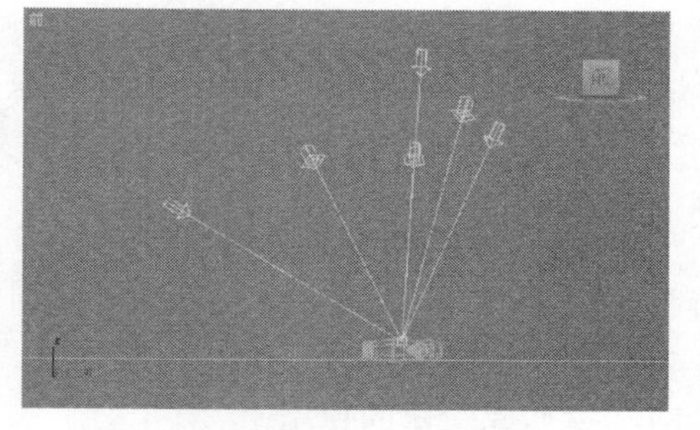

图 7.47　布置灯光——前视图位置

（3）单击 “渲染产品” 按钮，精致的电吹风制作完成，如图 7.48 所示。

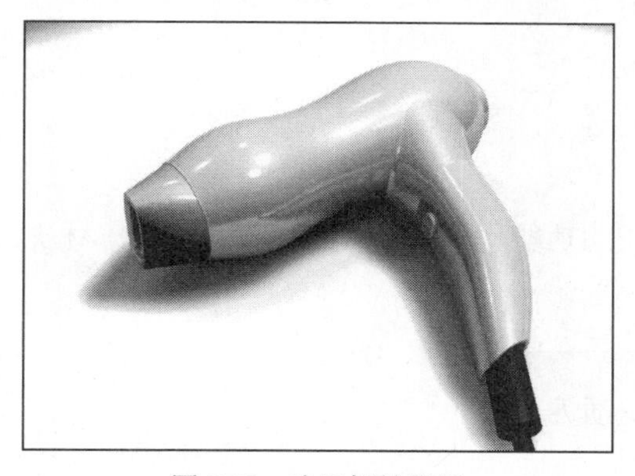

图 7.48　吹风机效果图

7.3 课 后 习 题

操作题

仔细观察图 7.49，根据吹风机教学实例所掌握的知识，用 NURBS 模型创建方式创建一个与下图相似的三通管件（注意 T 型交叉部分和管壁厚度的处理）。

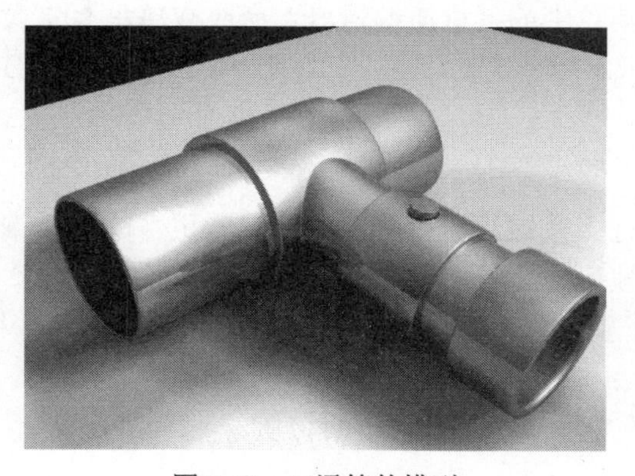

图 7.49　三通管件模型

第 8 章　使用材质和贴图

本章主要内容

☑　材质编辑器的使用
☑　常用材质的编辑
☑　材质的贴图类型
☑　贴图坐标修改器
☑　常见材质参数设置
☑　不锈钢材质的表现

本章重点

材质编辑器中各按钮的功能，常用参数的含义和设置，材质、贴图坐标及贴图方式的应用技巧及实例。

本章难点

☑　“光影跟踪”材质的应用
☑　复合材质的应用

8.1　材质编辑器

材质就是制成物体所用的材料及其表现出来的质感。在三维软件中通过给模型指定材质类型、纹理、凹凸、色彩、反光度、透明度、折射率、发光率等属性，配合环境和光照效果的影响，并选择适当的渲染方式，就能模拟真实的材料效果了。

3ds max 中的材质编辑器是单独的一个模块，按“M”键，即可打开“材质编辑器”窗口，通过选择“渲染”菜单中的“材质编辑器”命令或单击工具按钮，同样可进入材质编辑状态，如图 8.1 所示。

8.1.1　工具的功能

在材质编辑器中有许多按钮，这些按钮或隐藏着更多的材质编辑栏，或能够直接将已编辑的材质进行指定。按钮的功能如下所述。

- 设置样本球显示方式。有 3 种显示方式：球体、柱体和立方体。
- 背景光开关：关闭时样本球没有背景光投射效果。
- 背景图案开关：常用于编辑透明材质。

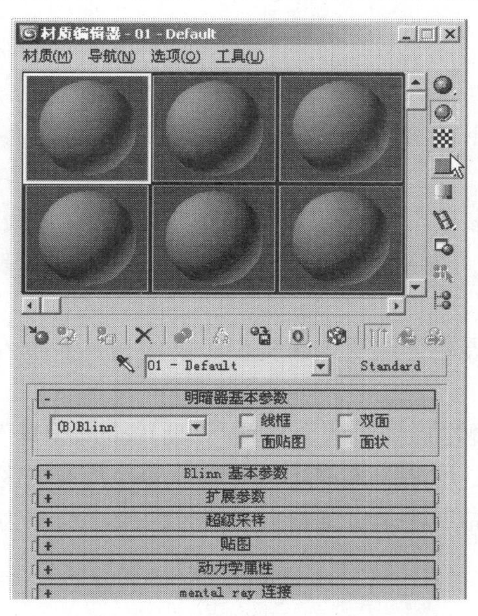

图 8.1 “材质编辑器”窗口

- 重复贴图显示开关：其中包括一次、两次、三次、四次，此处的重复只是显示效果，不等于贴图设置的重复。
- 检查除 PLA 和 NTSC 制式以外的视频信号的颜色。
- 为动画材质生成预览文件，有 3 种显示方式。
- 打开“材质编辑器”窗口，设置示例窗口显示方式。
- 根据材质编辑器选定的材质，选择场景中的物体。
- 贴图与材质导航器。
- 获取材质。
- 将材质放回场景。
- 将编辑好的材质赋予被选中的物体或选择集。
- 恢复材质默认状态。
- 复制当前的材质。
- 创建独立的材质。
- 保存编辑好的材质到材质库中。
- 指定一个材质的特效通道，使材质具有特殊效果，可以为不同的通道指定不同的特效，共有 15 个特效通道。
- 单击此按钮后，视图中已被赋予材质的物体显示贴图效果。
- 显示当前材质的最后效果。
- 单击返回材质的上一层级。
- 在当前材质层内转换到同一层的另一个贴图或材质层。

8.1.2 标准材质

材质编辑器默认状态下的材质就是标准材质，标准材质的参数主要有如图 8.2 所示的几个卷展栏。

- 在“明暗器基本参数”卷展栏中，提供了 4 种方式：线框、双面、面贴图、面状。
- “Blinn 基本参数”卷展栏中的参数主要是调节颜色、反光度、反光强度、自发光属性和透明属性。
- “扩展参数”卷展栏为透明效果提供了高级调节参数，同时提供折射和反射的参数调节。
- “超级采样”卷展栏提供了两个选项：“使用全局设置”和“启用局部超级采样”。
- “贴图”卷展栏是用贴图来描述材质属性的参数设置区域。
- “动力学属性”卷展栏是设置材质“弹性”及“摩擦力”等属性的区域。

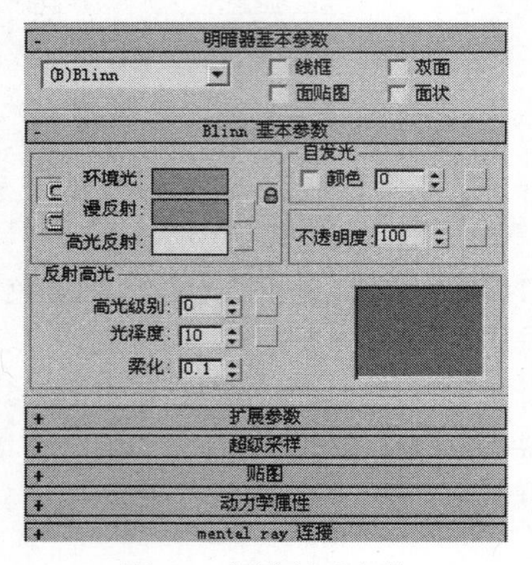

图 8.2 标准材质参数

8.1.3 材质/贴图浏览器

在材质编辑中会用到非常多的贴图，直接单击按钮，“材质/贴图浏览器”窗口就会呈现在屏幕上，如图 8.3 所示。

1. “浏览自”选项组中提供了几种材质浏览的来源

- 材质库：可在调入的材质库文件.mat 或场景文件.max 中选择材质或贴图。
- 材质编辑器：可显示编辑器中全部示例窗口的材质。
- 活动示例窗：可选中当前激活的示例窗口的材质。
- 选定对象：可打开场景中处于已选择状态模型的材质。
- 场景：显示场景中对象的材质和贴图。
- 新建：重新创建新的材质，这时将显示 3ds max 中所有的材质和贴图类型。在“浏览自”选项组中选中“新建”单选按钮时，会出现如下的控制选项。
  - 2D 贴图

- 3D 贴图
- 合成器
- 颜色修改器
- 其他
- 全部

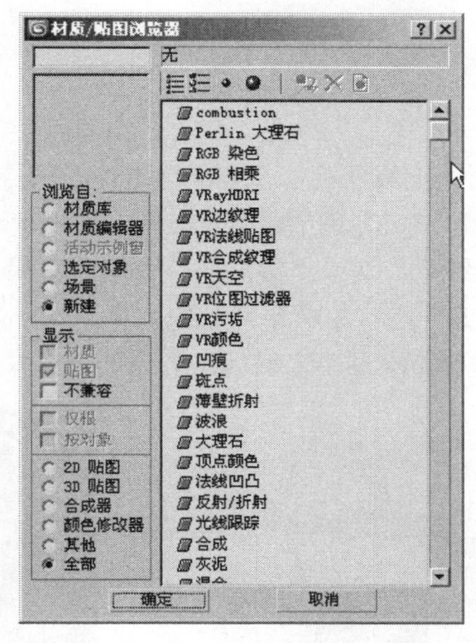

图 8.3　“材质/贴图浏览器”窗口

2．“显示”选项组

- 材质：选中此复选框将在列表中显示材质。
- 贴图：选中此复选框将在列表中显示贴图。

8.2　材质的编辑

8.2.1　使用标准材质

在场景中创建的对象初始时是不包含任何材质的，所看到的模型表面颜色是由模型属性颜色决定的，主要是为了便于观察视窗中的造型。而真正意义上的材质，是具有一定的光学性质的，能够反映出反光或高光的强弱、纹理的样式、凹凸的大小等，我们必须依靠材质编辑器提供的各项功能才能编辑出所需的材质效果，赋予模型物体。

本节以给茶壶赋予材质为例，讲解 Standard（标准）材质的编辑方法。

8.2.1.1　创建紫砂材质的色调及质感

（1）首先创建如图 8.4 所示的简单场景。

图 8.4　茶壶

（2）按“M”键打开材质编辑器，选择一个样本球，保持材质的默认“标准”属性。释放“环境光”与“漫反射”按钮左侧的锁定按钮，单击“环境光”右边的色条，在弹出的调色板上调节色彩为砖红色，调节“漫反射”色彩为棕褐色，调节“高光反射”色彩为浅米灰色，设置“反射高光”选项组中“高光级别”为 45，“光泽度”为 24，“柔化”为 0.1，如图 8.5 所示。这时样本球基本上显现出紫砂的色彩及光泽，如图 8.6 所示。

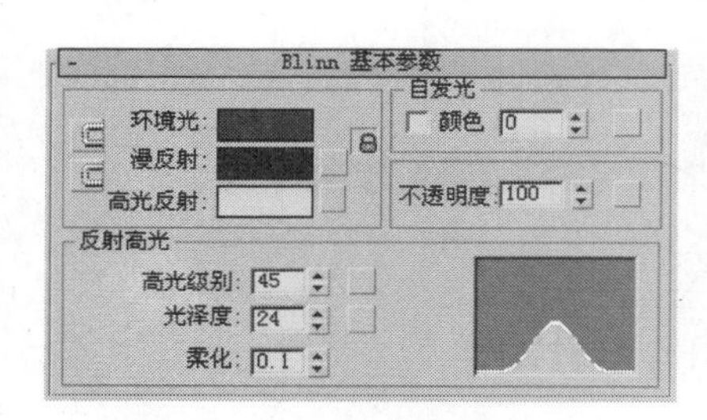

图 8.5　紫砂基本材质参数

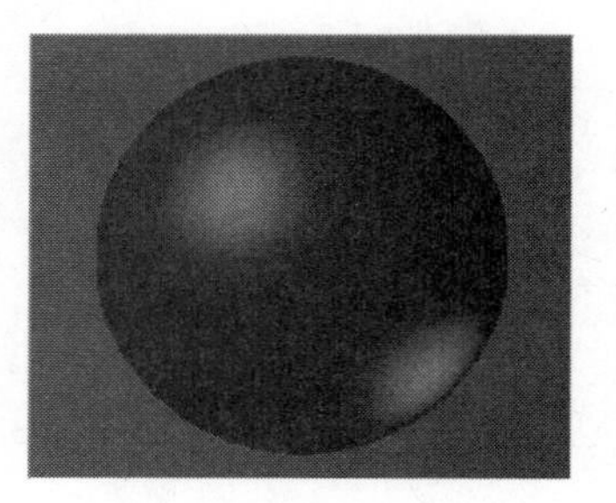

图 8.6　材质样本球

8.2.1.2　创建紫砂纹理

（1）为了将紫砂表面的细致纹理更真实地表现出来，需要为刚刚创建的材质增加凹凸效果。打开“贴图”卷展栏，单击“凹凸”右侧的 None 按钮，在弹出的“材质/贴图浏览器”窗口中选择“噪波”纹理，如图 8.7 和图 8.8 所示。

贴图

	数量	贴图类型
环境光颜色	100	None
漫反射颜色	100	None
高光颜色	100	None
高光级别	100	None
光泽度	100	None
自发光	100	None
不透明度	100	None
过滤色	100	None
☑ 凹凸	30	Map #1 (Noise)
反射	100	None
折射	100	None
置换	100	None

图 8.7　设置“凹凸”参数

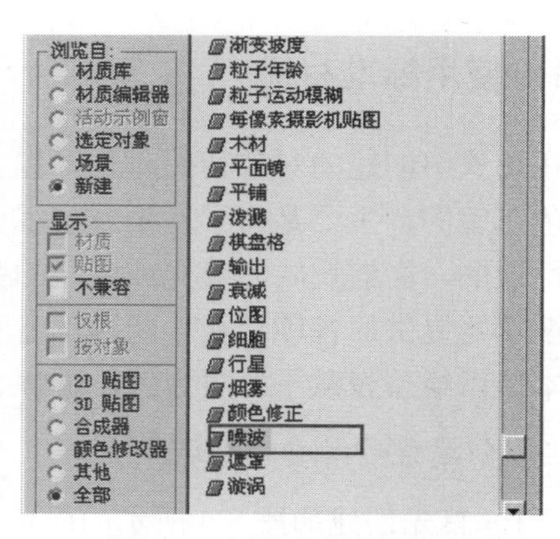

图 8.8　应用“噪波”纹理

（2）如图 8.9 所示为样本球的初始效果。在“噪波参数”卷展栏中，设置“大小”为 0.1，使噪波的颗粒变得更细致。其他参数保持默认值，如图 8.10 所示。如图 8.11 所示为创建好的紫砂材质。

（3）单击“转到父对象”按钮，返回到“贴图”卷展栏，设置“凹凸”右侧的“数量”值为 20，使凸的深度减小。

（4）命名此材质为 zisha，选中场景中茶壶对象，单击材质编辑器中按钮，将 zisha 材质赋予茶壶，精美的紫砂茶壶创建完毕，如图 8.12 所示。

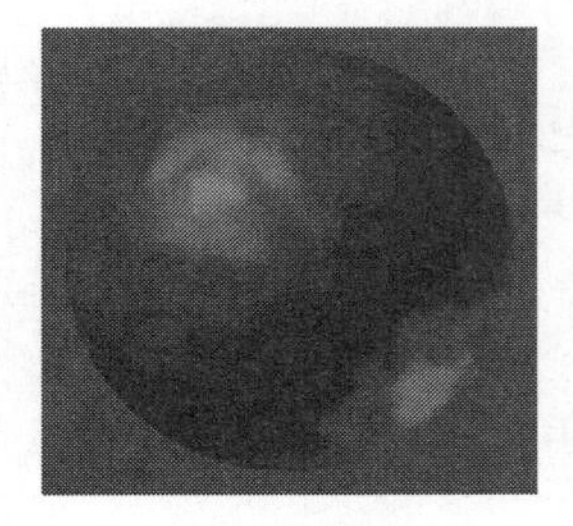

图 8.9　初始效果

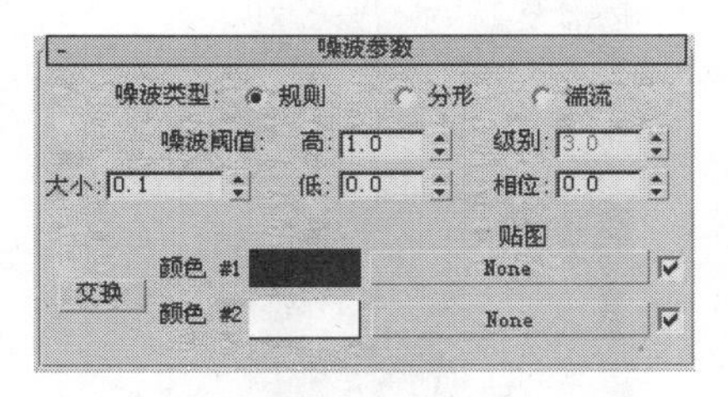

图 8.10　调节“噪波”颗粒大小

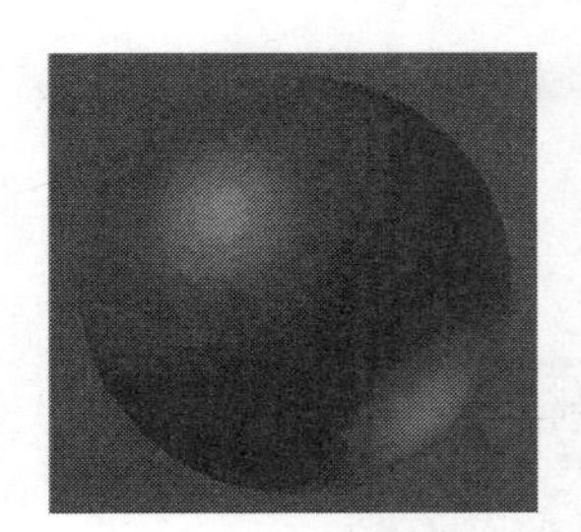

图 8.11　紫砂材质

图 8.12　紫砂茶壶

8.2.1.3　创建纹理贴图

（1）在视图中创建茶壶对象，单击工具栏中按钮进入“材质编辑器”窗口，下面创建一个有水珠纹理的瓷质茶壶表面。首先将“Blinn 基本参数”卷展栏中“漫反射”色彩调节为淡青色，“高光反射”色彩为白色，默认状态时“漫反射”与“环境光”为锁定，单击左侧的按钮释放锁定，设定“环境光”色彩为深蓝色。

（2）调节“高光级别”值为 99，“光泽度”值为 60，“柔化”为 0.1，形成瓷器表面光泽效果。

（3）单击“漫反射”右侧的小按钮，在弹出的“材质/贴图浏览器”窗口中选择“位图”贴图，在弹出的“选择位图图像文件”对话框中选择 3ds max 文件 droplets.tga 作为茶壶的表面纹理，如图 8.13 所示。确定后会打开“位图参数”卷展栏，单击“位图”右侧的长按钮，可重新选择其他的纹理贴图。

（4）目前的水珠纹理太过突出，掩盖了青瓷的本身材质，所以设置“贴图”卷展栏中“漫反射颜色”的“数量”值为 19，如图 8.14 所示。使水珠纹理与青瓷表面材质产生混合

效果，如图 8.15 所示。

（5）瓷器表面虽然已具备了瓷质的光泽度，但美中不足的是还不够透亮，单击按钮，返回上一级编辑栏，设置“自发光”数值为 20，使瓷质的亮度增加，如图 8.16 所示。

图 8.13　droplets.tga 纹理

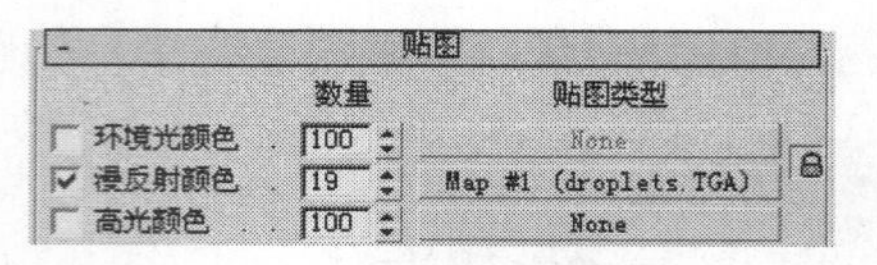

图 8.14　漫反射颜色数量

图 8.15　混合材质

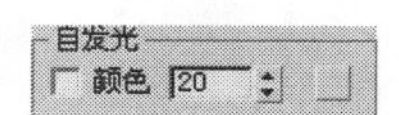

图 8.16　自发光参数

（6）用鼠标将设置好的材质一直拖动至茶壶对象上，完成材质的指定，渲染效果如图 8.17 所示。

图 8.17　完成效果

8.2.1.4　创建透明茶壶

（1）在水珠纹理瓷器材质的基础上，设置材质的透明度，使茶壶呈半透明状态。“Blinn 基本参数”卷展栏中的“不透明度”选项控制材质的透明度，当“不透明度”数值为 100 时材质为完全不透明状态，“不透明度”数值为 0 时材质为完全透明状态。

（2）设置“不透明度”值为 37，可单击按钮打开背景显示，观察材质已为半透明

状态，如图 8.18 所示。

（3）前面设置的透明材质是单面属性，因为 3ds max 默认状态下只渲染面向操作者的面，看不到的背面将忽略不计，这样会节省很多运算时间。所以如果要得到透明物体的双面效果，就须将“双面”复选框选中，使透明材质为双面属性，即可看到透明茶壶的背面效果了，如图 8.19 所示。

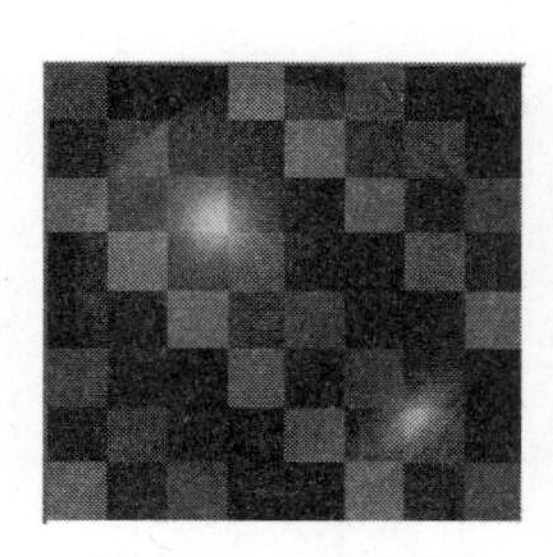

图 8.18　透明材质

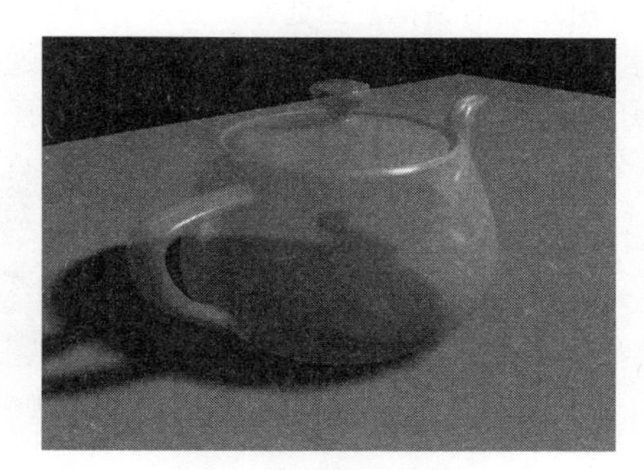

图 8.19　透明茶壶

8.2.1.5　线框茶壶

还是以紫砂茶壶的材质为基础，将“明暗器基本参数”卷展栏中“线框”复选框选中，材质显示为线框形式，同时选中“双面”复选框，样本球的背面也会显示渲染效果，如图 8.20 所示。

线框的粗细设置，可打开“扩展参数”卷展栏，设置“线框”选项组中的“大小”数值，此处的数值越大线框越粗，如图 8.21 所示。最终的线框茶壶如图 8.22 所示。

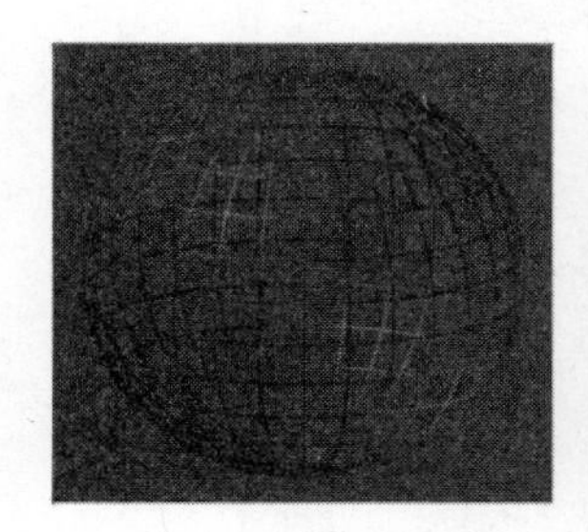

图 8.20　线框材质

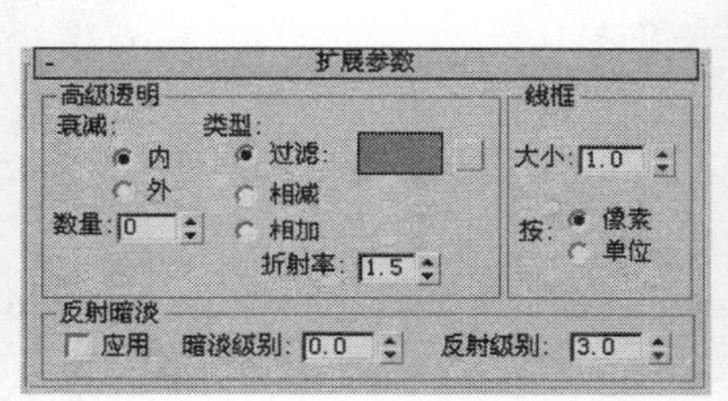

图 8.21　扩展参数设置

图 8.22　线框茶壶

8.2.2　使用复合材质

复合材质是相对于标准材质来说的，在 3ds max 中有 13 种材质类型统称为复合材质，这些材质都是由两个或两个以上的标准材质通过一定的方式组合而形成的新材质，通过这些材质的设置能够模拟三维世界中许多材质效果，是创建真实的环境及效果的关键。

在“材质/贴图浏览器”窗口中，“混合”材质、“双面”材质、“多维/子对象”材质、“光线跟踪”材质都是比较常用的复合材质类型。

8.2.2.1　“混合”材质的应用——荒草地

（1）选择菜单“文件”\“打开”命令，在弹出的对话框中打开配书光盘\第 8 章\例 8.1\grass.max 文件，一个地形出现在场景中。单击主工具栏中的按钮打开材质编辑器，单击 Standard 按钮，打开“材质/贴图浏览器”窗口，选择“混合”材质类型，这时会弹出如图 8.23 所示的对话框。当选择“丢弃旧材质”单选按钮时，表明将要丢弃原有的基本材质设置；当选择“将旧材质保存为子材质”单选按钮时，表明将保留原有的基本材质。在此因为还没有作任何的编辑，所以可以任意选择一项。

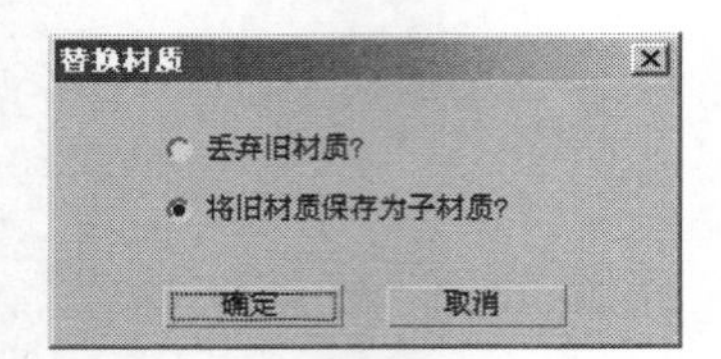

图 8.23　“替换材质”对话框

（2）如图 8.24 所示为“混合”材质参数调节面板，单击“材质 1”右侧的按钮会进入次级材质编辑，这个材质依然是“标准”材质类型，所以面板与初始状态一致。单击“漫反射”右侧的“贴图”按钮，在弹出的“材质/贴图浏览器”窗口中选择“位图”纹理类型，在 3ds max 自带的 Maps\grand 文件中选择 FOLIAGE2.jpg 作为草地纹理。单击按钮返回上一级编辑，用同样的方法设置“材质 2”为沙地纹理，在 3ds max 自带的 Maps\grand 文件夹中选择 SAND3.jpg，如图 8.24 和图 8.25 所示。

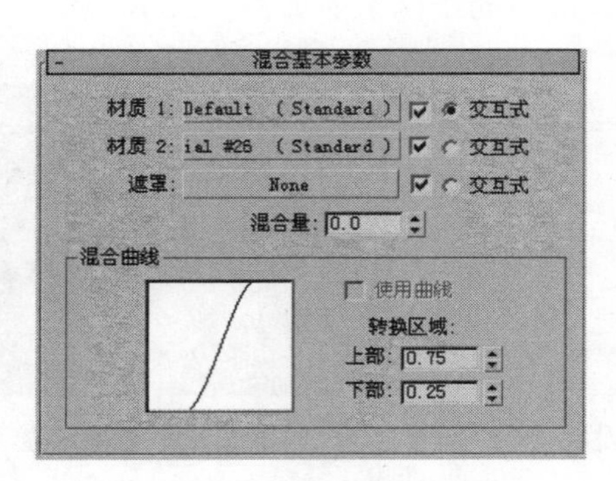

图 8.24　混合材质参数面板

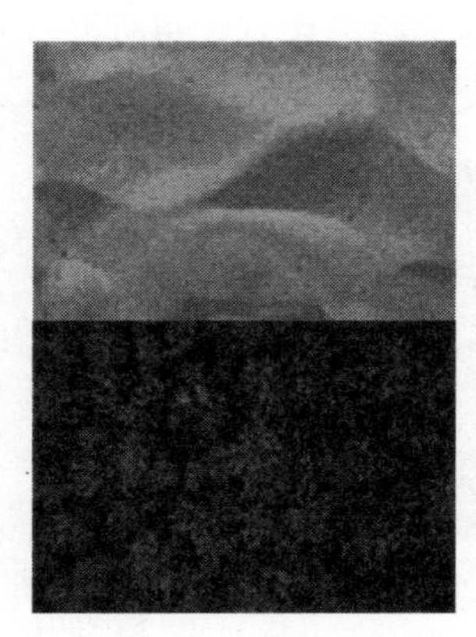

图 8.25　沙地材质草地材质

编辑“材质 1”的纹理。单击“材质 1”右侧的按钮打开材质 1 的材质编辑，此时“漫反射”右侧的小按钮呈 M 状显示，这表明这个材质已指定了贴图纹理。单击 M 按钮，在“贴图”卷展栏中“漫反射颜色”右侧的按钮上会显示材质的路径及名称。设置“坐标”卷展栏中 U（水平）方向的“平铺”值为 8，V（垂直）方向的“平铺”值为 8，如图 8.26 所示，此时草皮纹理更密集。

如图 8.27 所示为设置纹理参数。

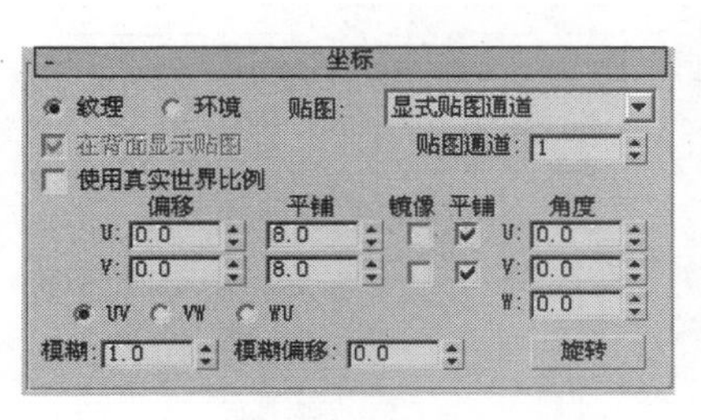

图 8.26　设置纹理平铺

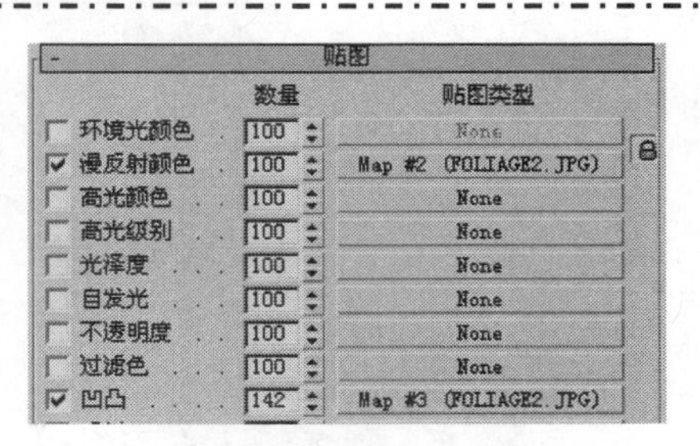

图 8.27　设置纹理参数

在材质的“贴图”卷展栏中，将“漫反射”草皮纹理复制到“凹凸”右侧的 None 按钮上，设置“数量”为 142，草皮材质的凹凸纹理效果制作完成。

编辑“材质 2”的纹理，在打开的“坐标”卷展栏中设置 U 方向“平铺”值为 2，V 方向的“平铺”值为 2，形成沙地纹理。

单击按钮返回上级编辑，在“贴图”卷展栏中，将“漫反射颜色”的沙地纹理复制到“凹凸”右侧的 None 按钮上，设置“数量”为 97，沙地的凹凸纹理效果制作完成。

提示：

在“贴图”卷展栏中，单击将要复制材质的按钮，拖动到目标按钮上即可实现复制操作。

（3）单击按钮返回到父级编辑面板，此时为“混合”材质编辑状态，单击“遮罩”右侧按钮，在弹出的“材质/贴图浏览器”窗口中选择“位图”纹理类型，选择 3ds max 自带文件 Foliage1.jpg（如图 8.28 所示）作为遮罩。

图 8.28　遮罩图片

提示：

遮罩图片应选择有较明显黑白灰关系效果的，以便产生明显的遮显效果。

添加遮罩后材质并不一定就能达到需要的结果，如图 8.29 所示。通过选中“使用曲线”复选框激活“混合曲线”参数，设置“上部”值为 0.14，“下部”值为 0，使“材质 1”草地纹理的显示较弱些，荒草地混合材质制作完成，如图 8.30 所示。

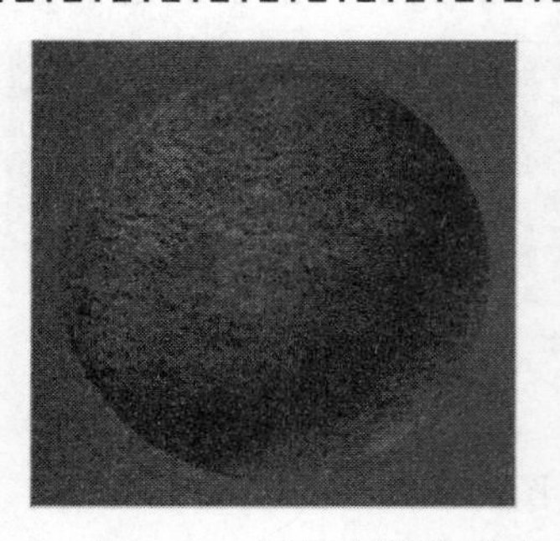

图 8.29　调节参数前材质

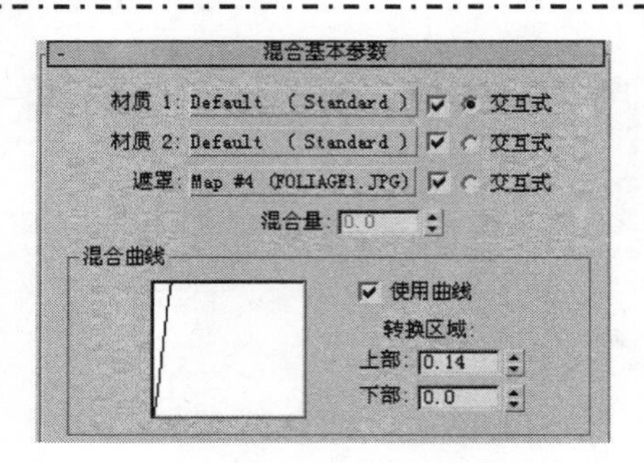

图 8.30　混合参数设置

在不使用“遮罩”贴图纹理作为遮罩的情况下，可调节“混合量”参数调整混合效果。

（4）将编辑好的材质拖动到场景中的草地对象上，渲染效果，贫瘠的荒草地制作完毕，如图 8.31 所示。

图 8.31　荒草地效果

8.2.2.2　“双面”（Double Sided）材质应用——双面旗帜

（1）打开配书光盘\第 8 章\例 8.2\flag.max 文件，按“M”键打开“材质编辑器”窗口，单击 Standard 按钮，打开“材质/贴图浏览器”窗口，选择“双面”材质类型。

（2）当材质属性为“双面”时，参数卷展栏比较简单，其中“正面材质”用来设置表面的材质纹理，“背面材质”用来设置背面的材质纹理，“半透明”选项用于设置两材质的透明度，如图 8.32 所示。

（3）设置正面材质。

单击“正面材质”右侧的长按钮，进入“表面材质编辑”参数面板，此时材质属性为 Standard（标准），在“漫反射”右侧的贴图按钮上单击，将配书光盘\第 8 章\例 8.2\图 11-25.tif（奥运旗帜）选中，样本球上显示奥运旗帜的纹理，如图 8.33 所示。

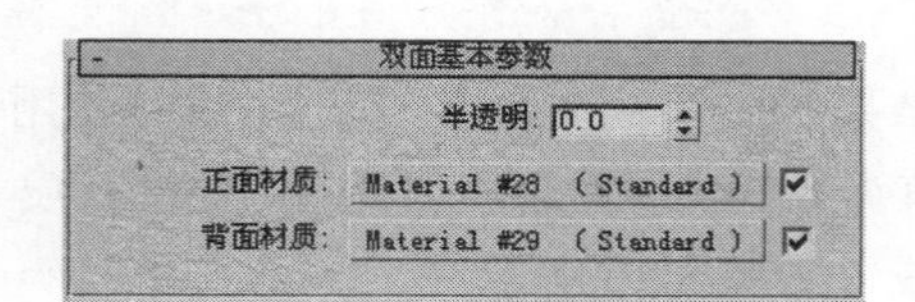

图 8.32　“双面基本参数”卷展栏

图 8.33　奥运旗帜图案

（4）设置背面材质。

单击按钮回到父级编辑面板，单击“背面材质”右侧长按钮，进入设置面板，选择配书光盘\第 8 章\例 8.2\11-24.tif（五星红旗）文件作为背面材质纹理，如图 8.34 所示。

（5）确保场景中的旗帜对象为选取状态，单击按钮，将编辑好的材质指定给场景中的旗帜对象。仔细观察，会发现奥运旗帜的纹理是反向的，这是因为纹理以法线正方向为默认方向进行贴图，由于是双面材质，所以不能调节贴图坐标的方向，否则另一面的材质也会跟随变化方向，应通过调节纹理本身的方向来得到正确的结果，如图 8.35 所示。

图 8.34 红旗图案

图 8.35 双面材质

（6）首先回到材质编辑器中，单击“背面材质”右侧按钮打开参数设置面板，单击“漫反射”右侧的M按钮，打开“纹理编辑”面板，在“角度”设置中，设置 V 方向值为 180，如图 8.36 所示，再次渲染，这时纹理的方向显示正确结果，如图 8.37 所示。

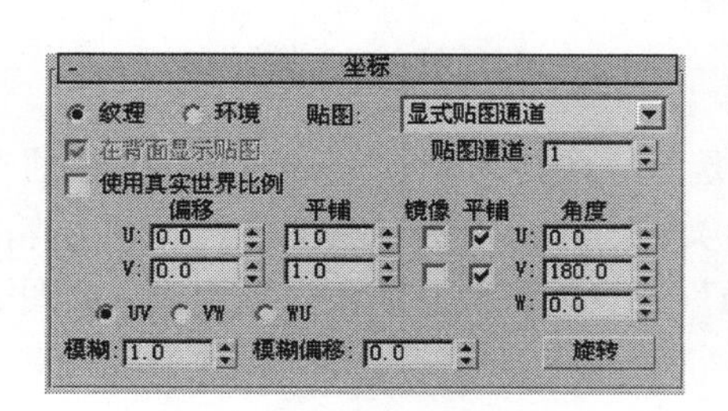

图 8.36 修改“角度”参数

图 8.37 双面旗帜

8.2.2.3 “多维/子材质”（Multi/Sub-objert）应用——手提袋

（1）“多维/子材质”是在多个通道中设置多个材质，然后再指定给场景中的对象，所以要求网格对象也要有相应的贴图通道与其对应，从而使用户能够控制在指定的位置上显示指定的材质。首先打开配书光盘\第 8 章\例 8.3\Bag.max 文件，如图 8.38 所示。

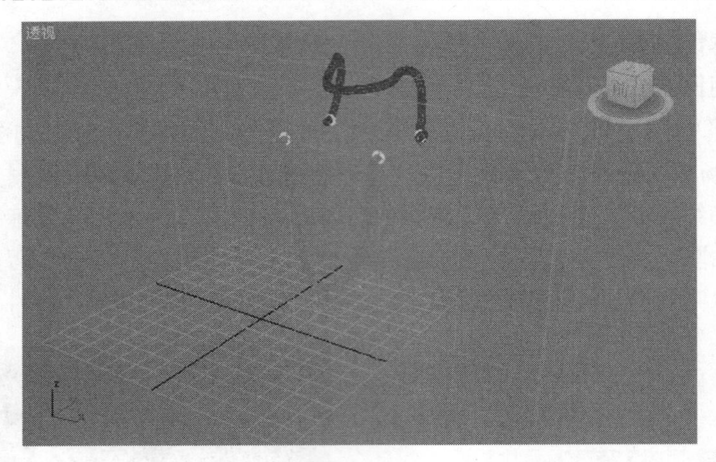

图 8.38 Bag.max

（2）手提袋网格属性为“编辑网格”，进入编辑修改面板，单击“编辑网格”的“多边形”次物体级，按图 8.39 所示分别选择 3 部分多边形，并分别设置材质 ID 贴图通道为 1、2、3，如图 8.40 所示。

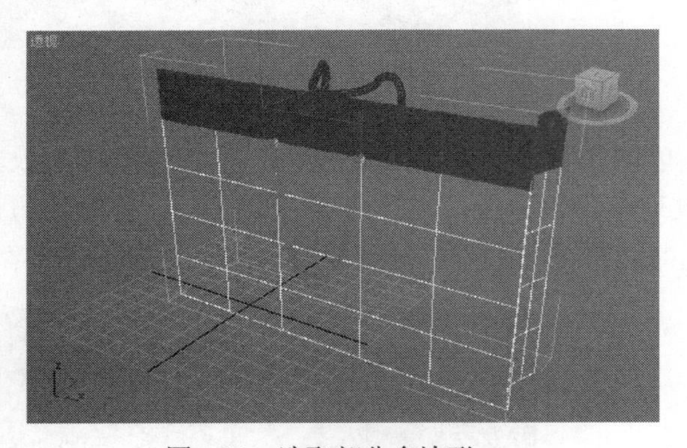

图 8.39 选取部分多边形

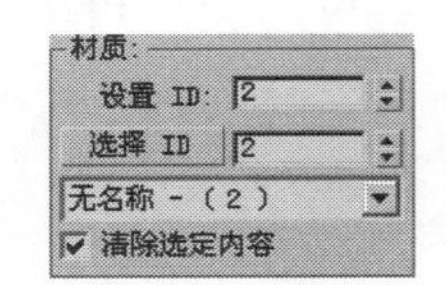

图 8.40 设置 ID 号

（3）按“M”键，进入“材质编辑器”窗口选择一个样本球，单击 Standard 按钮在弹出的“材质/贴图浏览器”中选择“多维/子材质”类型，在弹出的对话框中选择“丢弃旧材质”单选按钮，单击“确定”按钮，“多维/子材质”的参数调节面板就呈现出来，如图 8.41 和图 8.42 所示。

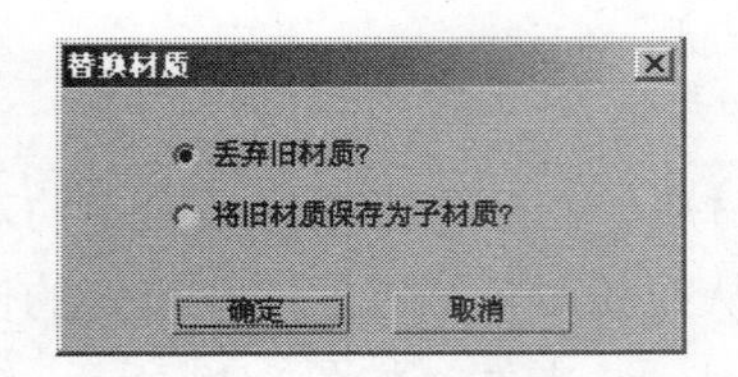

图 8.41 “替换材质面板”对话框

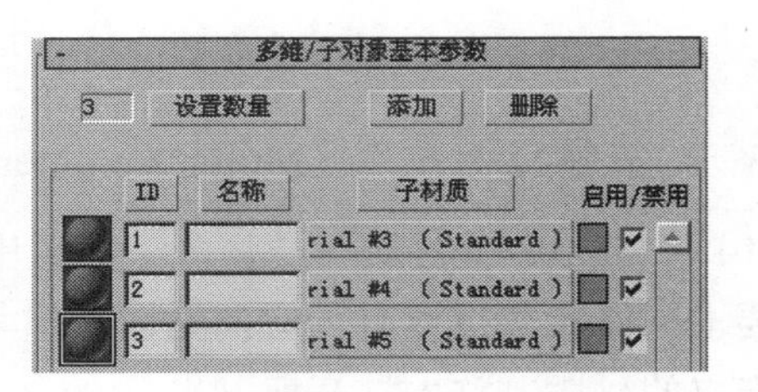

图 8.42 “多维/子材质”参数面板

（4）单击 设置数量 按钮，设置“材质数量”为 3，此时已分配了 3 个材质通道，它们分别与场景手提袋的 3 部分多边形相对应。

（5）每个通道内的材质都是一个 Standard 标准材质，分别为 1、2、3 材质通道设置条纹、白板纸、棋盘格纹理。

（6）条纹纹理和棋盘格纹理都可以由 Checker （棋盘格）纹理类型编辑获得，单击 ID1 右侧的按钮，打开第一个材质的编辑面板，单击“漫反射”右侧的贴图按钮打开“材质/贴图浏览器”，选择“棋盘格”类型，在“棋盘格参数”卷展栏中分别设置“颜色#1”和“颜色#2”色彩为黄色、白色，在“坐标”卷展栏中设置“偏移”和“平铺”数值，其他参数设置参考图 8.43，完成条纹材质编辑。单击 ID2 右侧的长按钮，打开第二个材质的编辑面板，用同样的方法编辑棋盘格材质，参数设置如图 8.44 所示。

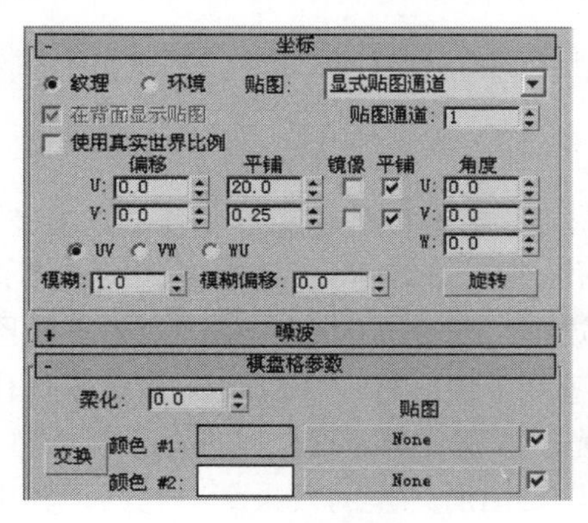

图 8.43　条纹纹理

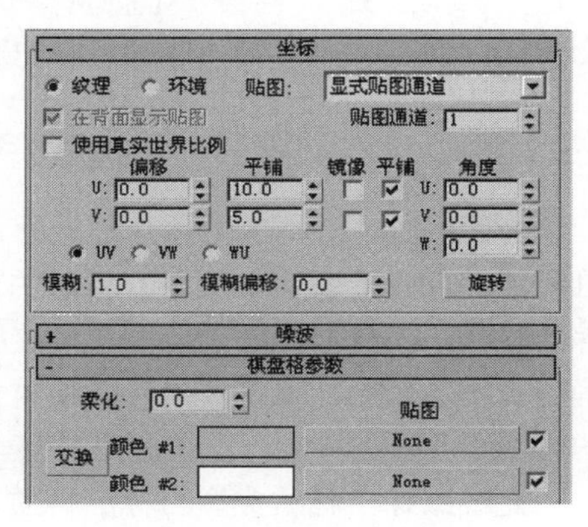

图 8.44　棋盘格纹理

（7）单击按钮返回父级材质编辑，单击 ID3 右侧的按钮，打开第三个材质的编辑面板，设置“漫反射”及“环境光”材质为白色，白板纸材质完成。回到父级材质编辑，单击按钮将材质指定给手提袋对象。如图 8.45 所示为多维子材质。

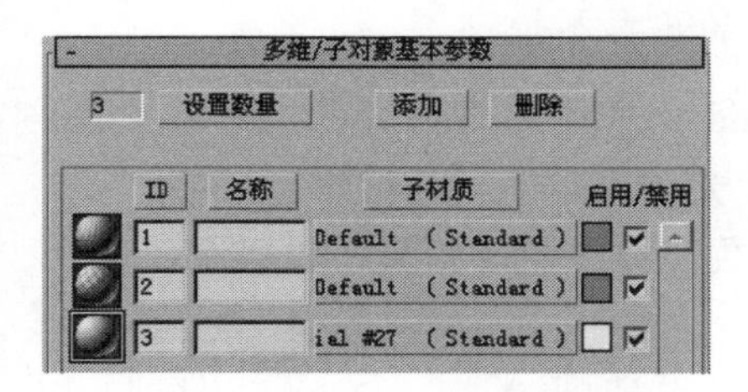

图 8.45　多维/子对象材质

（8）选择手提袋对象，单击按钮，在“修改器列表”中选择“UVW 贴图”修改器，设置贴图坐标方式为“长方体”方式，在修改堆栈中选择“UVW 贴图”次物体级 Gizmo 选项，调整视图中 Gizmo 控制框的比例，使其长宽比约为 1∶1，如图 8.46 所示，确保手提袋宽度与厚度上的纹理大小一致。渲染观察，时尚手袋制作完成，如图 8.47 所示。

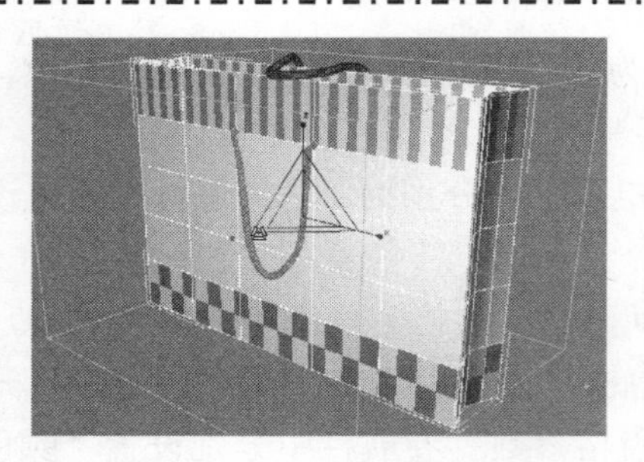

图 8.46　调节“UVW 贴图”坐标

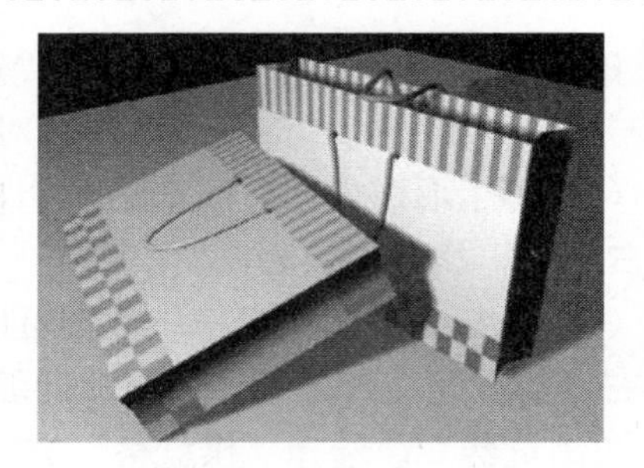

图 8.47　bag.jpg

提示：

在复合材质编辑中，在每个 Standard（标准）子材质上还可以继续转换为其他类型的材质，这样材质的层级就会进一步增多，材质表现也会更加丰富。

8.2.3　使用“光线跟踪”（Raytrace）材质

“光线跟踪”材质是比标准材质更高级的一种材质，它不仅具有标准材质的所有特性，而且还能够创建更真实的反射和折射的效果，是制作玻璃等透明材质的选择之一。“光线跟踪”材质还支持雾、颜色浓度、半透明、荧光等效果，能够产生比“反射/折射”贴图更精确、真实的效果。不过其出色效果也使它的渲染速度更慢，好在 3ds max 提供了优化渲染的方案，可以在特定场景中指定对某一物体进行光线跟踪计算，这样就提高了制作效率。

“光线跟踪”材质类型与标准材质“光线跟踪”贴图所产生的效果基本相同，其中标准材质的“光线跟踪”贴图会节省一些渲染时间，不过有些情况下“光线跟踪”材质的基本参数与标准材质的“光线跟踪”贴图参数设置会有所不同，这是因为两种材质的形成不同。标准材质是将颜色贴附在物体表面上，多用来模拟具有反射性的固体物质；而“光线跟踪”材质是根据光学原理的反射来设置颜色，形成逼真材质的。

8.2.3.1　“光线跟踪”材质的基本参数

单击材质编辑器中 Standard 按钮，在打开的“材质/贴图浏览器”窗口中选择“光线跟踪”材质类型，即会弹出“光线跟踪”材质编辑卷展栏。

1．“光线跟踪基本参数”卷展栏（如图 8.48 所示）

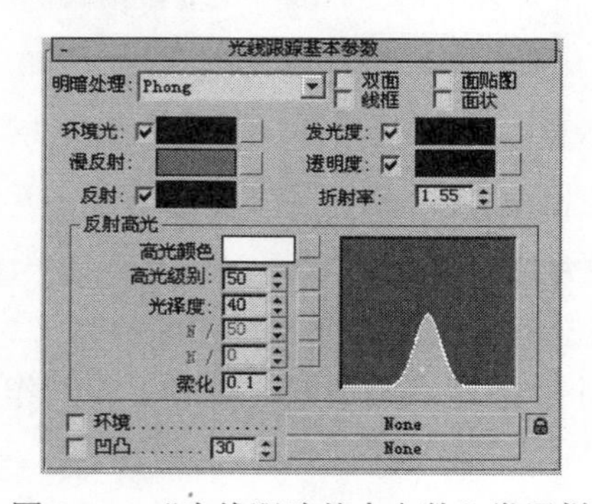

图 8.48　“光线跟踪基本参数”卷展栏

- “明暗处理”类型列表：可选择 Phong（塑性）、Blinn（胶性）、金属、Oren-Nayar-Blinn（明暗处理）、各项异性 5 种明暗类型。
- 环境光：此处的环境色与标准材质的有所不同，这里是指控制材质吸收环境光的多少，如设置为白色，则与在标准材质中将环境色与扩散色锁定效果等同。
- 漫反射：应用光学原理定义物体表面的颜色，右侧小按钮可选择纹理作为表面材质。
- 反射：设置物体的高光反射色彩，也是反射环境的过滤色。如果扩散色为黑色，反射色为饱和的彩色，材质将表现为彩色铬钢的效果。
- Fresnel：单击 Reflect（反射）选择框会出现此项设置，用来为反射物体增加一些折射效果，效果取决于观察物体对象的角度。
- 发光度：类似于标准材质的自发光设置，它不依赖于扩散色，可以独自让一种材质发另一种色彩的光，同时也支持应用图像来发光。
- 透明度：类似于标准材质的过滤色，对“光线跟踪”材质物体背后的颜色进行过滤，黑色为不透明，白色为完全透明，灰色为半透明。如将漫反射和透明度都设为彩色，则可模拟彩色玻璃的效果。
- 反射高光部分的参数与标准材质的基本相同，这里就不再重复。
- 环境：允许指定一种环境贴图，取代原来的全局环境贴图。
- 凹凸：与标准材质的凹凸贴图类似，产生凹凸的质感效果。

2. “扩展参数”卷展栏（如图 8.49 所示）

这里主要用于创建“光线跟踪”材质的特殊效果、透明属性和高级反射等。

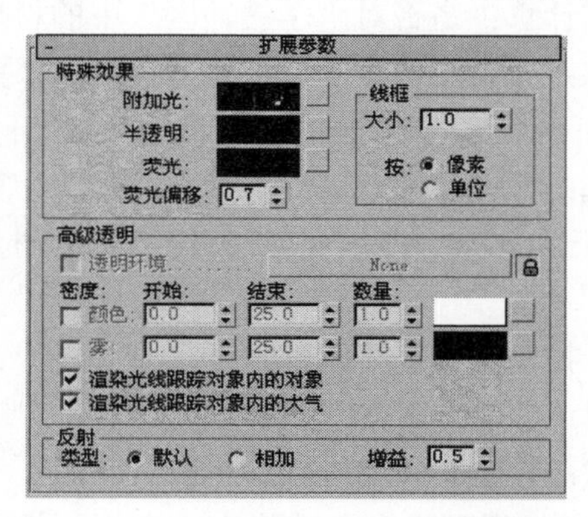

图 8.49 “光线跟踪”扩展参数卷展栏

- “特殊效果”选项组，这里是更加强大的特效设置区。
  - 附加光：此设置可增加物体表面的光照，为右侧的贴图按钮指定一个贴图，可以模拟场景中物体将光线反射到其他物体的效果。
  - 半透明：可以创建一种半透明的效果。
  - 荧光和荧光偏移：创建一种荧光材质的效果，即使在黑暗的环境下，也可以

显示物体的色彩与贴图，通过“荧光偏移”数值可以设定荧光的强度。

- “高级透明”选项组用于创建更多的透明效果。
  - 透明环境：与基本参数中的环境贴图相似，但它只对透明的折射效果有效，可取代场景中的环境贴图。透明物体将会对此贴图进行折射计算，但还会反射场景中的环境贴图与基本参数中设置的环境贴图，所以可分别为反射和透明设置不同的环境贴图。
  - 密度：只对透明的物体有效，控制透明物体的密度。
  - 颜色：形成物体厚度上的颜色，透明色对其后面的物体对象进行染色处理时，采用这里设置的色彩对物体内部进行染色，多用来模拟彩色玻璃效果。
  - 雾：是针对物体厚度的效果，采用不透明的自发光的雾效填充透明物体内部，有点像玻璃中的烟、氖管中的物体。
  - 开始/结束：用于设定颜色和雾开始与结束的位置。
  - 数量：用来控制雾和颜色的量。
  - 渲染光线跟踪对象内的对象：选中此复选框，渲染“光线跟踪”材质内部的物体。
  - 渲染光线跟踪对象内的大气：选中此复选框，渲染“光线跟踪”材质内部的大气效果。

3．“光线跟踪器控制”卷展栏（如图 8.50 所示）

它是为提高材质渲染性能的内部参数设置控制栏。

- 局部选项：控制光线跟踪器的开与关是否进行自身折射、反射计算；是否对大气效果进行光线跟踪计算；是否对“G-缓冲区”中的材质 ID 进行光线跟踪计算。
  - 启用光线跟踪：允许光线跟踪对折射、反射的开关。
  - 启用自反射/折射：允许自身折射、反射计算的开关。
  - 光线跟踪大气：允许对大气效果进行光线跟踪计算的开关。
  - 反射/折射材质 ID：允许对“G-缓冲区”中的材质 ID 进行光线跟踪计算的开关。
- 启用光线跟踪器：控制光线能否跟踪。
  - 光线跟踪反射：控制是否光线跟踪反射。
  - 光线跟踪折射：控制是否光线跟踪折射。
- 单击 局部排除... 按钮可弹出“排除/包含”对话框，用于设置排除或包含场景中进行光线跟踪计算的对象，应用此项设置可加快渲染的速度。
- 凹凸贴图效果：用于调节光线跟踪的折射与反射的凹凸贴图效果。
- 衰减末端距离：用于调节折射与反射的衰减距离。
- 多分辨率自适应抗锯齿器：光线跟踪抗锯齿通用失效。这一选项组中可以忽略光线跟踪材质或光线跟踪贴图的通用抗锯齿设置，使用局部的光线跟踪抗锯齿设置。如关闭通用抗锯齿复选框，此项目呈灰色不激活状态。如要启用此选项可按 F10

键，调出渲染场景窗口的“光线跟踪器全局参数”卷展栏，将其中的“全局光线抗锯齿器”选项组中的“启用”复选框选中即可，如图 8.51 所示。

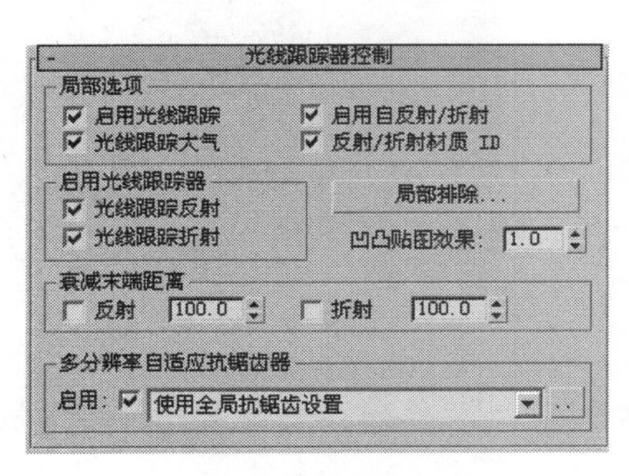

图 8.50　“光线跟踪器控制”卷展栏

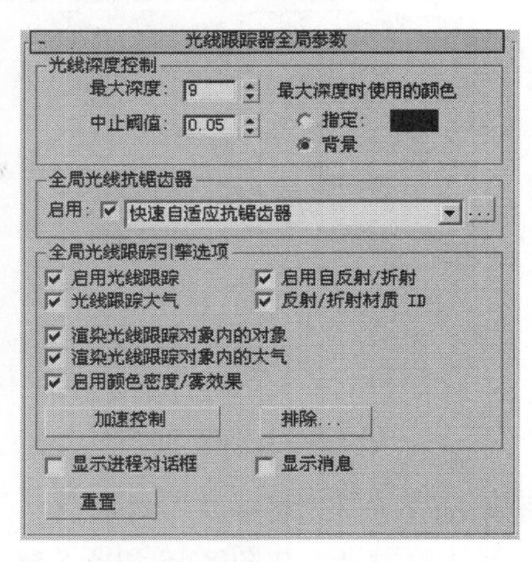

图 8.51　“光影跟踪器全局参数”设置

“贴图”卷展栏的使用方法与标准材质贴图相同，此处不再赘述。

8.2.3.2　“光线跟踪”（Raytrace）材质的应用

打开配书光盘\第 8 章\例 8.4\Raytrace01.max 文件，渲染视图，可以看到如图 8.52 所示的场景效果。

图 8.52　Raytrace01.max

此场景中我们看到红球和蓝球都有不同程度的反射效果，木质板面也有真实的反射效果，最为突出的是后面的镜子，这些材质都是由“光线跟踪”材质创造出来的。下面就是它们各自的参数设置，可参照练习。

红球材质：“光线跟踪”材质类型，环境色为黑色，不透明、无自发光、使用 Fresnel

增加一点折射效果，但效果不是很明显，如图 8.53 和图 8.54 所示。

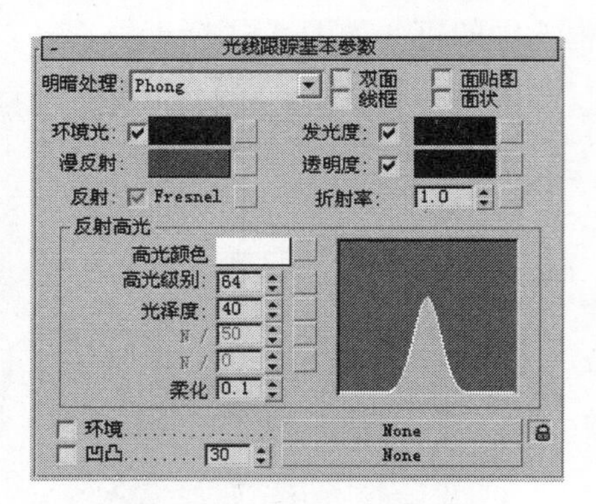

图 8.53　红球材质参数

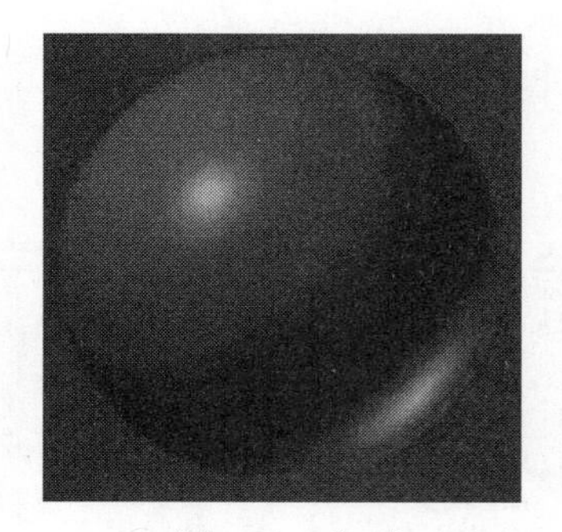

图 8.54　红球

蓝球材质：“光线跟踪”材质类型，环境色为黑色，不透明、无自发光、反射周围环境并过滤深蓝色光，如图 8.55 和图 8.56 所示。

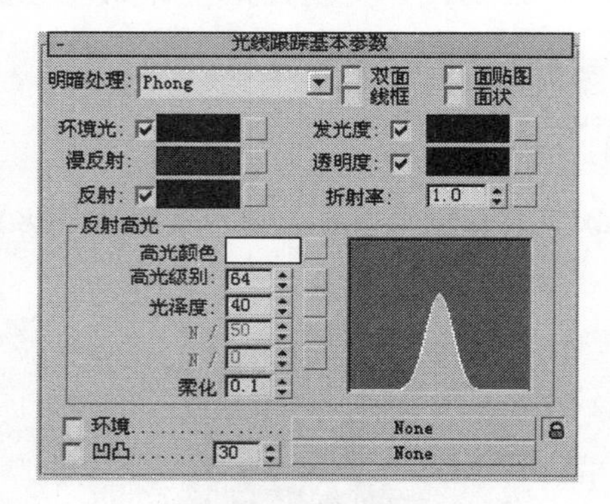

图 8.55　蓝球材质参数

图 8.56　蓝球

木板材质：“光线跟踪”材质类型，环境色为黑色，不透明、无自发光、反射色为灰色，使木板表面能够反射周围环境，如图 8.57 和图 8.58 所示。

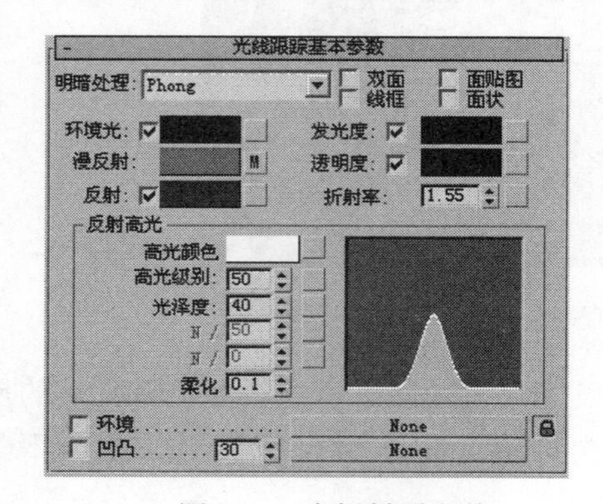

图 8.57　木板材质参数

图 8.58　木板

玻璃镜材质：“光线跟踪”材质类型，环境色为黑色，不透明、无自发光、反射色为浅灰色，高光色为白色，完全能够表现镜子的材质特征，如图 8.59 和图 8.60 所示。

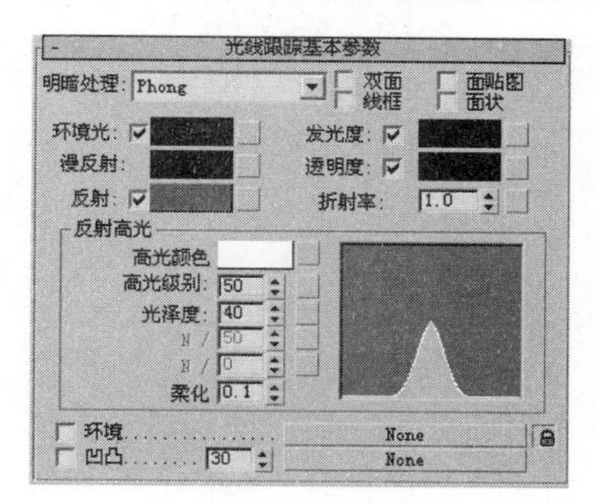

图 8.59 玻璃镜材质参数

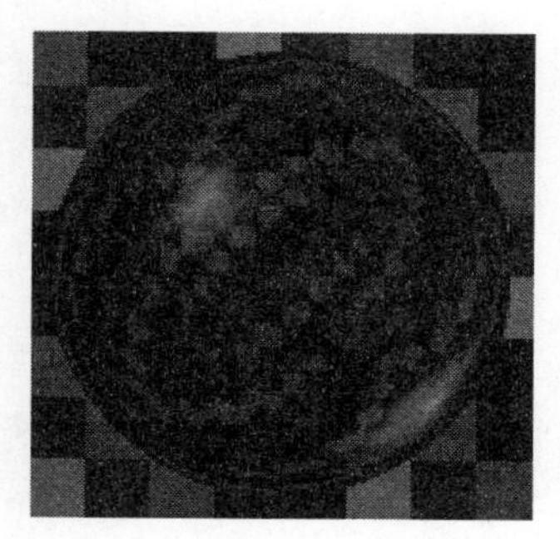

图 8.60 玻璃镜

8.2.4 建筑材质

“建筑”材质原来是为了 VIZ 渲染系统而设计的，能够在真实光源和全局光照（包括光能传递和 mental ray 的全局光照）下模拟真实的质感。

在实际的操作中，“建筑”材质的参数设计基本和 Lightscape 相同。同时还继承了 Lightscape 的“傻瓜”材质设计，使初学者能够轻松地设置需要的材质，如图 8.61 和图 8.62 所示。

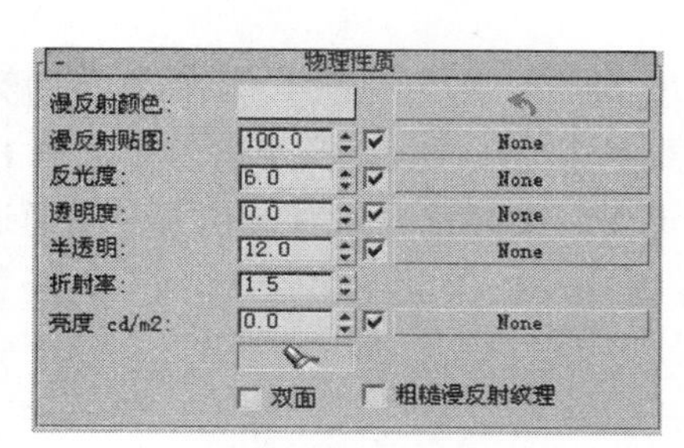

图 8.61 “建筑”材质的参数 1

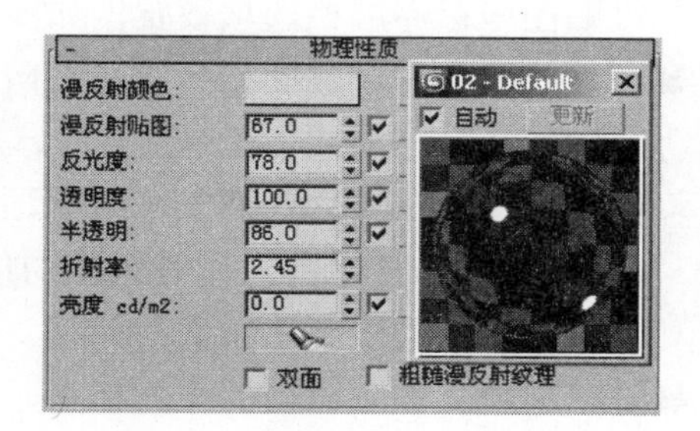

图 8.62 “建筑”材质的参数 2

8.3 材质贴图类型

在 3ds max 中提供了“2D 贴图”、“3D 贴图”、“合成器”、“颜色修改器”、“其他”几种贴图类型。在图 8.63 中显示了所有 3ds max 的材质贴图类型。

8.3.1 贴图坐标

贴图坐标主要是用来控制贴图的位置、方向、重复次数的，多数的二维与三维贴图都有贴图坐标，正确的贴图坐标是获得完美效果的保证之一。

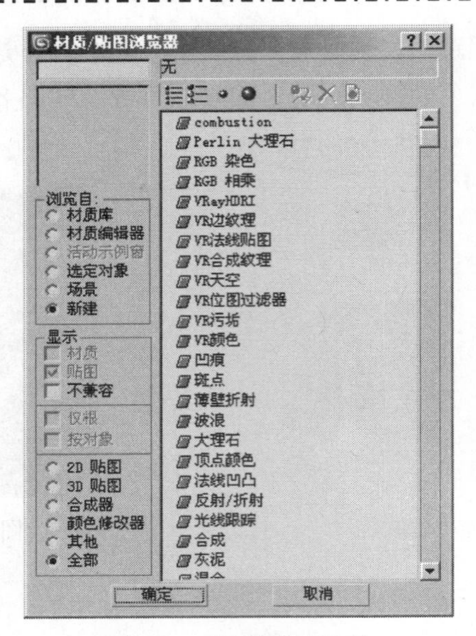

图 8.63　材质贴图类型

在“材质编辑器”窗口中单击贴图按钮，选择一种贴图，系统会根据此贴图的类型显示相应的坐标系设置栏。

8.3.1.1　二维贴图坐标

二维贴图坐标卷展栏选项设置，如图 8.64 所示。

- “纹理”是以位图作为纹理贴附在物体表面上的，可在后面的“贴图”下拉列表中选择贴图方式。其中有 4 种方式可供选择：“显示贴图通道”，这里可选择 1~99 个贴图通道中的任何一个；“顶点贴图通道”用来指定顶点颜色作为贴图通道；“对象 XYZ 平面”用场景中物体坐标的平面贴图；“世界 XYZ 平面”用场景中世界坐标的平面贴图。
- “环境”将贴图坐标作为环境贴图。这里提供 4 种选择方式：球形环境、柱形环境、收缩包裹环境和屏幕。
- 当选中平面贴图时，选中“在背面显示贴图”复选框才能够在背面也显示贴图。
- “贴图通道”是作为选择贴图的通道。
- “偏移”文本框设置贴图的位移，U 是作水平方向移动，V 是作垂直方向移动。
- “平铺”用来设定 U、V 方向贴图的重复次数。
- “镜像”是一个镜像开关，用来设置 U、V 方向贴图的镜像。
- “平铺”用来设置 U、V 方向平铺贴图。
- “角度”用来设定 U、V、W 方向上贴图的旋转角度。
- 右下角的 旋转 按钮可直接单击进入，可通过鼠标直接控制。
- “模糊”数值会影响到贴图的清晰度，数值越大越模糊。
- “模糊偏移”通过图像的偏移形成更大幅度的模糊效果。

8.3.1.2　三维贴图坐标

三维贴图坐标设置如图 8.65 所示。其中“源”用于选择贴图使用的坐标系，共有 4 种选择：“对象 XYZ”；“世界 XYZ”；“显示贴图通道”，使用此选项时“贴图通道”呈启用状态；“顶点颜色通道”。其余的参数设置与二维贴图基本相同，此处不再赘述。

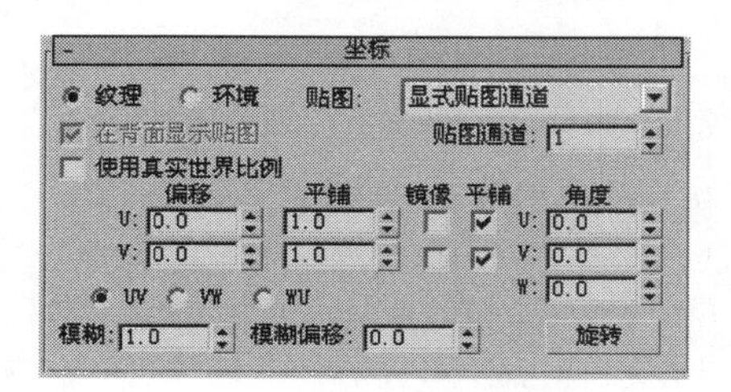

图 8.64　二维贴图坐标控制

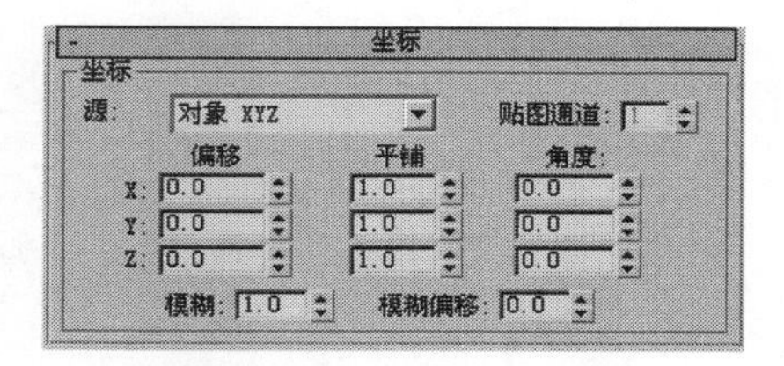

图 8.65　三维贴图坐标控制

8.3.2　2D 贴图类型

2D 贴图中主要有 Combustion、渐变、渐变梯度、平铺、棋盘格、位图、漩涡，在此将对经常用到的几种类型进行介绍。

1．位图（如图 8.66 所示）

这是最常用的贴图类型，它的应用范围较广，相对也比较灵活。既可以应用于图形图像，也可以应用于动画文件作为位图贴图。通常从扫描仪或数码相机等途径获得的图像文件，都可以应用在位图贴图中，但是要求贴图的路径不能够变动，否则系统将无法按原位置找到图像文件而失去贴图，所以提醒大家在确定贴图时最好将位图文件放置在独立的固定文件夹中，确保在指定的路径中找到图像文件。

图 8.66　位图

在“位图参数”卷展栏（如图 8.67 所示）中，单击“位图”右侧的长按钮，即可进入选择图像文件状态，选择文件后按钮上会显示文件的路径和名称。“重新加载”按钮是一个重置装置，图像文件在其他软件修改编辑并使用原文件名存储后，单击此按钮即可更新图像。“过滤”选项组是用来选择像素计算方法的，一般使用默认参数即可。“总面积”选项会产生更好一些的效果；应用“无”选项即将此功能关闭。

比较常用的是“裁剪/放置”设置，“裁剪”用于对图像局部的修剪，裁掉多余的部分；“放置”用于改变图像的尺寸和位置。单击“查看图像”按钮，在弹出的面板中调节图像，然后将“应用”复选框选中即可。“位图参数”卷展栏的其他选项通常是不作修改的。

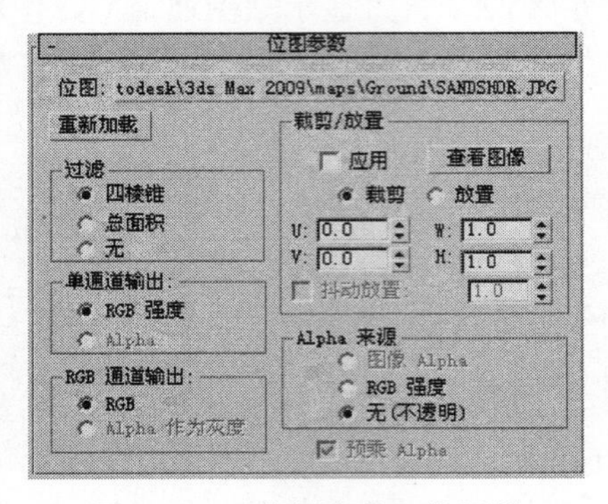

图 8.67　“位图参数”卷展栏

2．棋盘格

这是一种程序贴图，能创造双色格子相间的纹理效果，在每一种色彩设置后提供一个位图选项按钮，可在各自的基础上添加图案纹理，如图 8.68 所示。详细的使用方法参考 8.2 节中手提袋的材质制作。

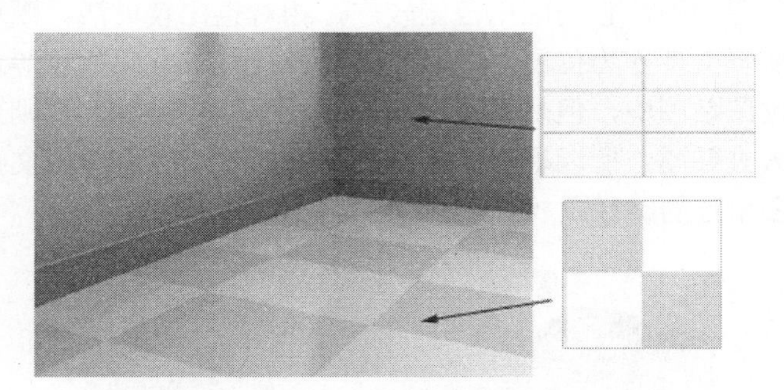

图 8.68　棋盘格及平铺

3．平铺

也是一种程序贴图，与早期版本的 Brick（砖）相同，瓦片及缝隙的大小、宽窄，以及颜色、花色都可通过数值进行设置。

在材质编辑器中单击“漫反射”右侧的小按钮。在弹出的“材质/贴图浏览器”中选择“平铺”选项打开瓦片编辑卷展栏，在“标准控制”卷展栏中，“图案设置”用于设置瓦片的样式，如图 8.69 所示。有一些较常见的样式可以选择，当选择“自定义平铺”时，“堆垛布局”版面呈现可编辑状态，“线性移动”数值控制层叠的瓦片纵向线的位置，“随机移动”数值同时控制瓦片双向线的位置，“行修改”用于设置行变化，“列修改”用于设置列变化，如图 8.70 所示。

在“高级控制”卷展栏中，可以通过“平铺设置”和“砖缝设置”选项组对瓦片及泥浆缝隙的颜色、纹理、宽窄作细致的调节，创建具有个性的瓦片纹理，如图 8.71 所示。

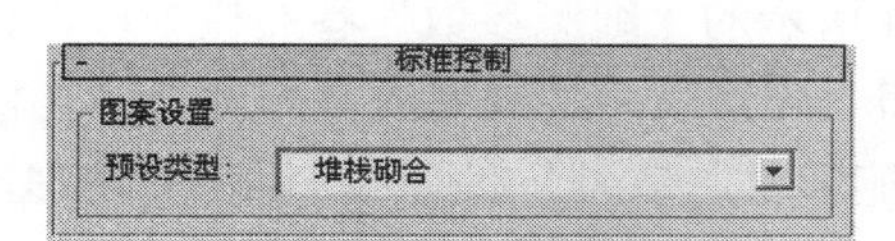

图 8.69　设置“平铺”样式

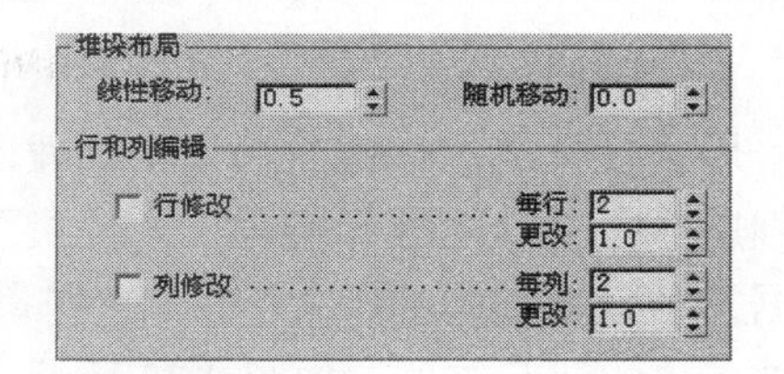

图 8.70　自定义“平铺”

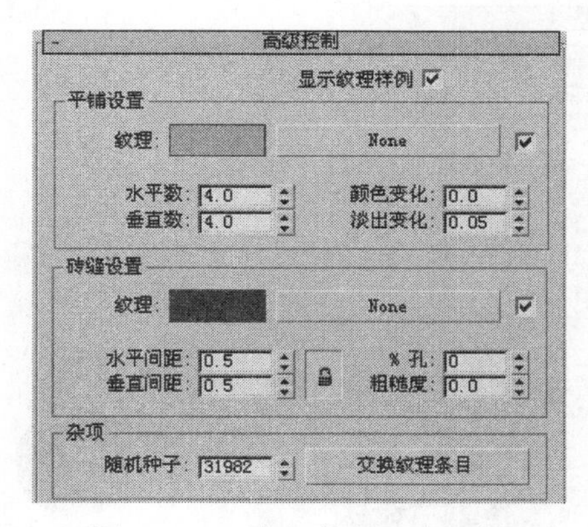

图 8.71　“高级控制”卷展栏

4．渐变

渐变材质是由 3 种基本颜色定义的渐变效果，渐变的方式分为“线性”和“径向”两种，在“噪波”选项组中，可设置噪波干扰效果，使色彩间形成混合变化，同时也支持图像间的渐变与混合。“颜色 2 位置”用于设置第二个颜色的位置，如图 8.72 所示。“渐变”材质效果如图 8.73 所示。

8.3.3　3D 贴图类型

3D 贴图类型主要有：细胞、凹痕、衰减、大理石、噪波、粒子年龄、粒子运动模糊、斑点、行星、烟雾、泼溅、Perlin 大理石、灰泥、波浪、木材 15 种。因为大多数的参数设置都比较相似，所以只针对其中几种常用的贴图类型加以介绍。

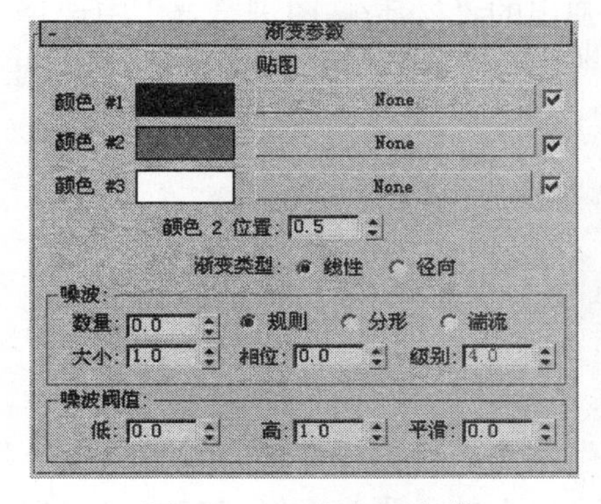

图 8.72　“渐变”参数

图 8.73　“渐变”材质效果

1．细胞

用于设置类似细胞的颗粒状纹理，在如图 8.74 所示的“细胞参数”卷展栏中可以设置“细胞颜色”、“分界颜色”，提供了“圆形”和“碎片”两种细胞的基本形状，还能够根据需要设置细胞的“大小”、“扩散”等。“细胞”材质常用于模拟凹凸贴图的纹理，例如桔子皮的凹凸纹理，如图 8.75 所示。

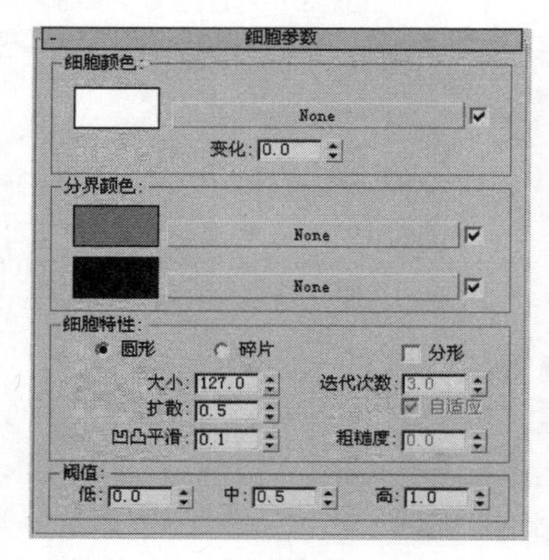

图 8.74　“细胞参数”卷展栏

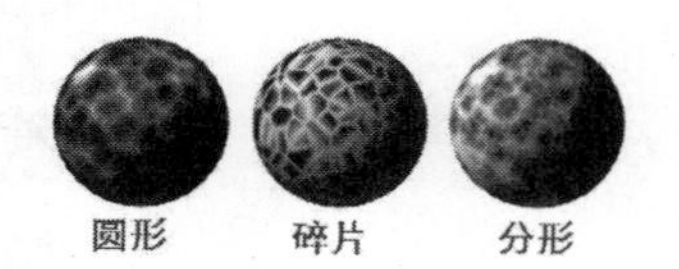

图 8.75　细胞效果

2．噪波

一种程序贴图，能产生由两种颜色的随机混合而形成的无序颗粒状纹理的效果，一般常用来创建凹凸贴图的纹理。如前面提到的紫砂茶壶的凹凸效果就是由“噪波”材质设置完成的。

【例 8.1】桔子材质创建

了解了“细胞”和“噪波”材质的用途，下面应用这两种贴图来完成桔皮材质的创建。首先打开配书光盘\第 8 章\例 8.5\orange.max 文件，打开材质编辑器并选择一个样本球，确定材质为 Blinn 属性，将“环境光”与“漫反射”的锁定解开，设置“环境光”色彩为“红=80，绿=44，蓝=12”，设置“漫反射”色彩为“红=254，绿=242，蓝=175”，如图 8.76 所示。单击“漫反射”右侧的小按钮，在弹出的“材质/贴图浏览器”中选择“噪波”贴图，单击按钮返回上一级编辑，设置“高光级别”值为 38，“光泽度”值为 33，“柔化”值为 0.24，如图 8.77 所示。

图 8.76　桔皮颜色设置

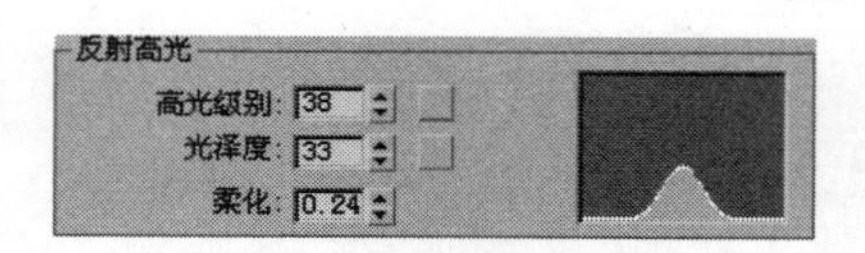

图 8.77　高光设置

单击“漫反射”左侧的贴图按钮，进入“噪波”贴图纹理编辑界面，设置“大小”值为 2，“噪波类型”使用“湍流”方式，设置“颜色 #1”的色彩为“红=253，绿=113，蓝=0”，设置“颜色 #2”色彩为“红=255，绿=167，蓝=15”，桔皮的纹理完成了初步的设

定，如图 8.78 所示，但桔皮的凹凸效果还没有表现出来，剩下的工作将由“细胞”材质来完成。

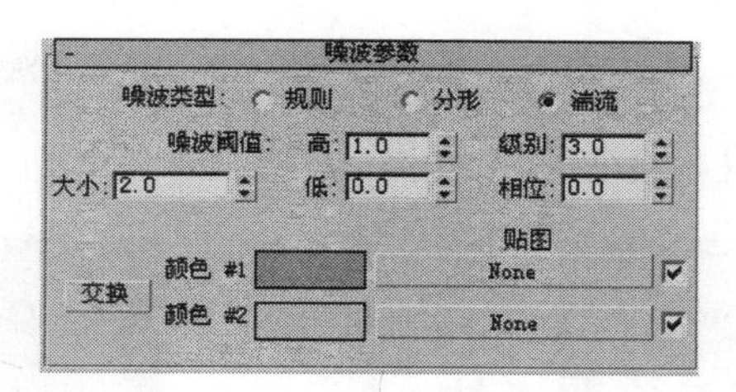

图 8.78　桔皮噪波设置

单击按钮返回上一级编辑，在“贴图”卷展栏“凹凸”选项后的 None 按钮上单击，在弹出的“材质/贴图浏览器”中选择“细胞”程序贴图，应用于凹凸效果，直接使用由程序自带的黑、白、灰色彩作为细胞颜色即可。设置“细胞特性”为“圆形”，调节“大小”为 2.8，“扩散”值为 0.65，选中“分形”复选框，产生不规则碎片效果，其他选项保持默认状态。将材质赋给场景中的桔子，渲染观察结果，会发现桔子的凹凸效果太强烈了，重新设置“凹凸”的数量为 11，如图 8.79 所示。逼真的桔子材质创建完成，如图 8.80 所示。

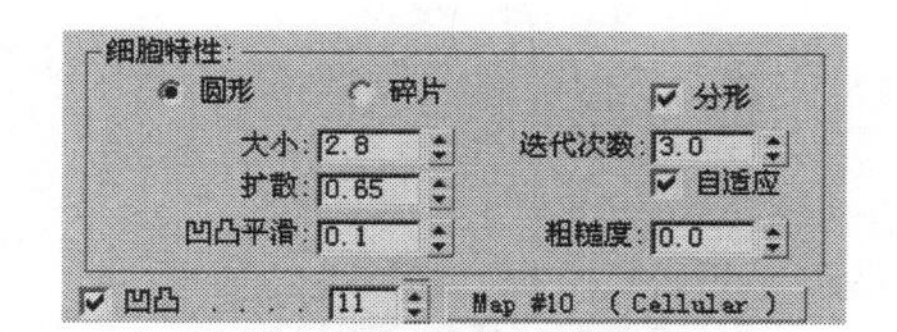

图 8.79　细胞参数设置

图 8.80　桔子的纹理渲染结果

3．凹痕

凹痕能够在物体的表面形成三维的凹凸贴图，可模拟被腐蚀的、粗糙的表面效果，如图 8.81 所示。

4．衰减

创建一种由明到暗的衰减效果，在创建透明材质时衰减效果比较好，如图 8.82 所示。

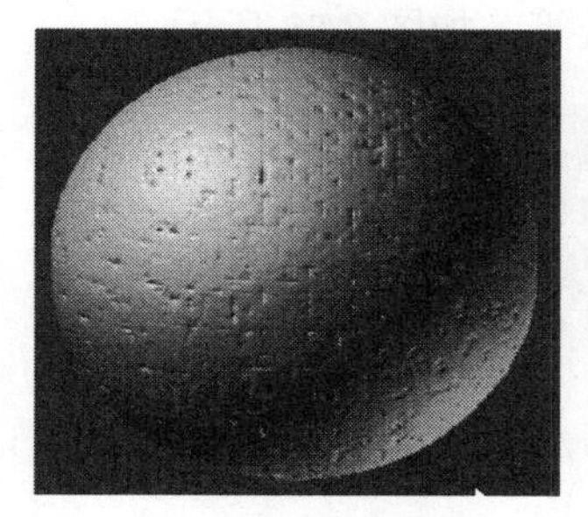

图 8.81　凹痕效果

图 8.82　衰减效果

5. 大理石

能够模拟大理石纹理的效果，可用程序色彩，也可使用纹理贴图，如图 8.83 所示。

6. 粒子年龄

是与粒子相关的材质，可通过 3 种不同的颜色或贴图分配给粒子流，在粒子的动画过程中产生色彩的变化，如图 8.84 所示。

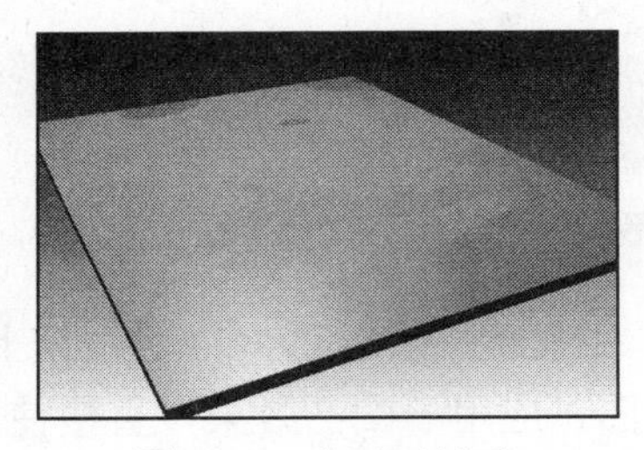

图 8.83 大理石材质

图 8.84 粒子年龄

7. 粒子运动模糊

同样应用于粒子，是将粒子运动的速度进行模糊处理，形成更逼真的运动效果，如图 8.85 所示。

8. Perlin 大理石

与大理石材质有一点相似，但纹理更紊乱一些，类似珍珠岩的效果，有时也采用它作为大理石的纹理，如图 8.86 所示。

图 8.85 粒子运动模糊效果

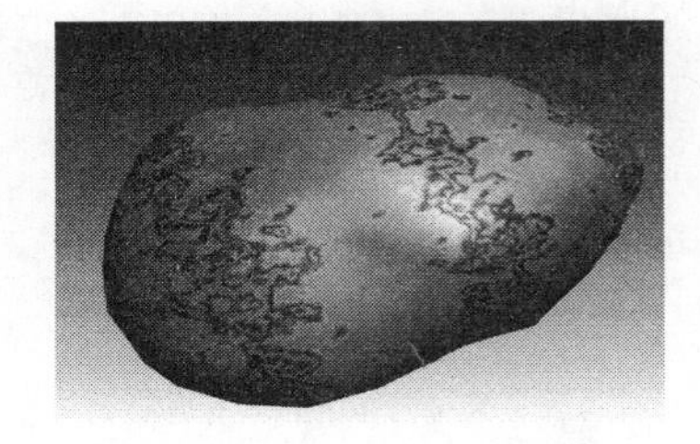

图 8.86 Perlin 大理石效果

9. 行星

能够模拟类似行星表面的纹理，其中有岛屿、水面等参数控制，如图 8.87 所示。

10. 烟雾

形成无序的烟雾状，一般用来制作烟雾、流动的云等，如图 8.88 所示。

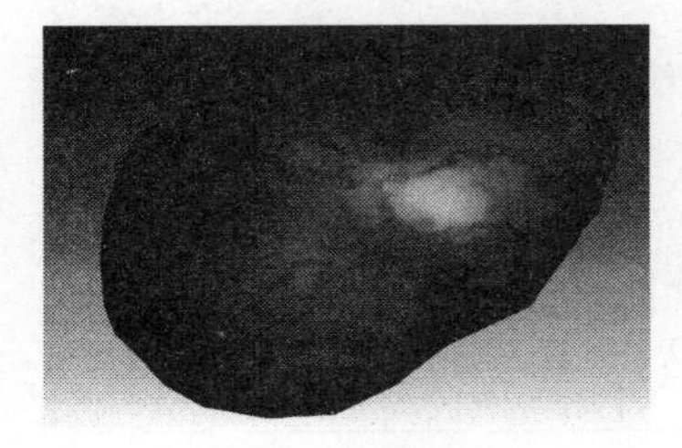

图 8.87 行星材质

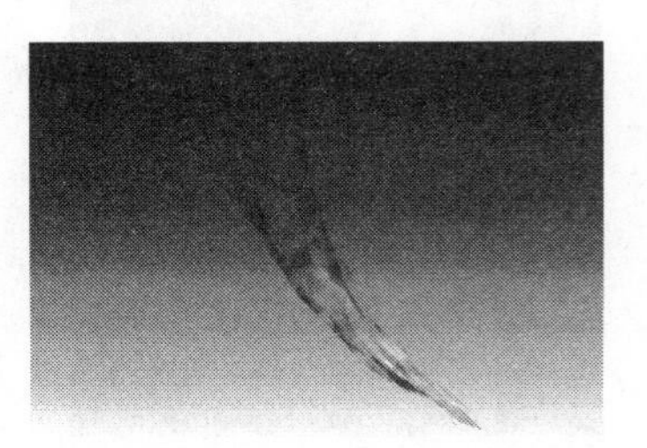

图 8.88 烟雾材质

11．斑点

能够模拟花岗岩的效果，如图 8.89 所示。

12．泼溅

从纹理表面看有点像油彩的效果，也可用来创建凹凸的纹理，如图 8.90 所示。

图 8.89　斑点材质

图 8.90　泼溅材质

13．灰泥

是一种灰泥材质，也常用于凹凸贴图，如图 8.91 所示。

14．木材

创建三维的木纹效果，如图 8.92 所示。

图 8.91　灰泥材质

图 8.92　木材材质

15．波浪

产生水波纹理，如图 8.93 所示。

图 8.93　波浪材质

8.3.4 合成器

“合成器”主要有“合成”、“遮罩”、“混合”、“RGB 相乘”几种贴图。

1．合成贴图

“合成”是指将多个图片合成在一起，与混合贴图有所不同的是它是基于 Alpha 通道的一种数量混合，如图 8.94 所示。

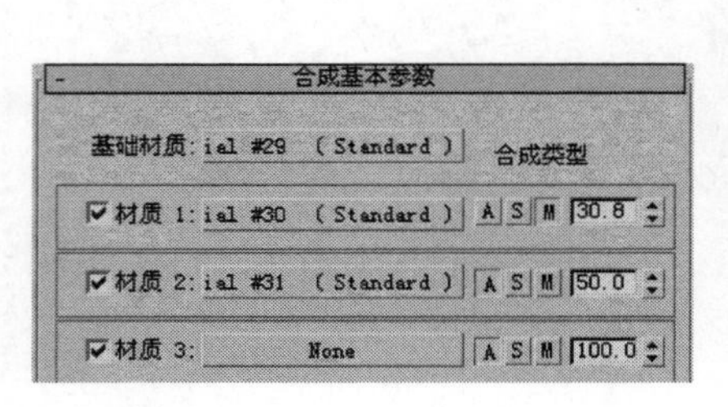

图 8.94 合成贴图

进入“材质编辑器”窗口，单击 Standard 按钮，打开“材质/贴图浏览器”窗口，选择“合成”材质，弹出“合成基本参数”卷展栏，编辑“基础材质”，在打开的基础材质编辑中单击“漫反射”右侧的按钮，选择“位图”贴图类型，选择 3ds max 自带文件 GRASS2.jpg 作为基础纹理。单击按钮返回“合成基本参数”卷展栏，单击“材质 1”的贴图按钮，采用上述方法设置 GRYDTRT1.jpg 文件为“材质 1”的纹理，单击 M 按钮，并设置其后的数值为 30.8。单击“材质 2”的贴图按钮，设置 GRYDTRT2.jpg 文件为“材质 2”的纹理，单击 A 按钮，并设置其后的数值为 50，一个合成材质创建完成。

2．遮罩

就是用一种材料遮住另一种材料，白色的区域为不透明的，显示当前的贴图；黑色的区域为透明的，显示下面被覆盖的纹理；灰色区域为半透明，显示当前材料与被遮住材料的混合效果，如图 8.95 所示。

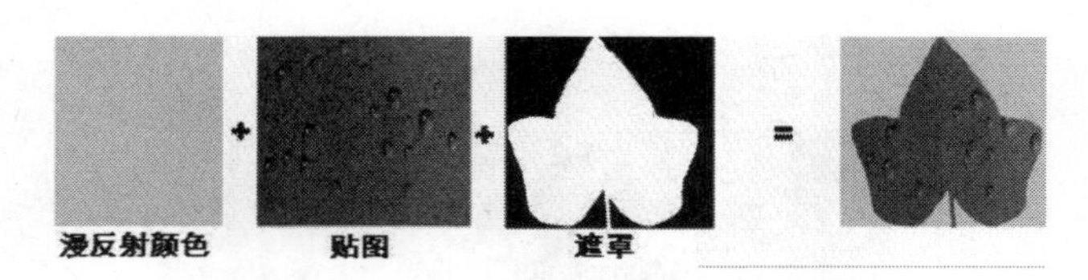

图 8.95 遮罩材质

3．混合

这是将两种颜色或纹理混合到一起的一种贴图，它不仅有“合成”贴图的叠加功能，同时还可以像“遮罩”一样为贴图制定遮罩，贴图之间的透明由混合的量决定，同时提供曲线调节方式控制，调节方式与混合材质类型相似，此处不再重复，如图 8.96 所示。

图 8.96　混合材质

4．RGB 相乘

这种贴图能够将两种色彩和贴图非常完美地结合起来，而且它很适用于凹凸贴图。它是应用两个贴图的 RGB 值分别相乘或 Alpha 通道相乘得到对应的 RGB 值或 Alpha 通道值，同时还可以利用一种纯色为另一种贴图染色，如图 8.97 所示。

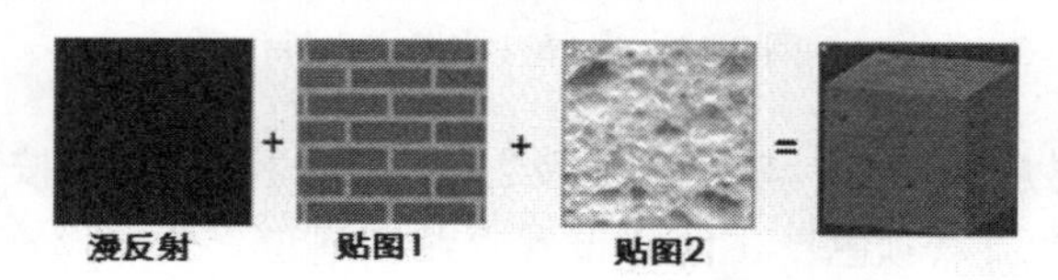

图 8.97　RGB 相乘材质

8.3.5　“颜色”修改器

“颜色”修改器贴图类型中主要有“输出”、“RGB 染色”、“顶点颜色”、“颜色修正”几种。

1．输出

它的主要功能是为一些程序贴图设置输出属性，如“棋盘格”、“大理石”等。

2．RGB 染色

它主要是用来调整一个贴图的 R、G、B 三个颜色通道，可以将任何颜色作为该贴图的 R、G、B 通道颜色，如图 8.98 所示。

图 8.98　RGB 染色材质

3．顶点颜色

它能够为场景中指定的顶点渲染颜色。

创建如图 8.99 所示的瓶子，在编辑修改堆栈中选取“顶点”次物体编辑，选择瓶子上部的点，如图 8.99 所示，选择“修改器列表”中的“UVW 贴图”变动修改器，设置坐标方式为“柱形”，设置“对齐”X 轴，单击“适配”按钮使坐标控制框与选择集拟合，设置“贴图通道”为 1，如图 8.99 所示。

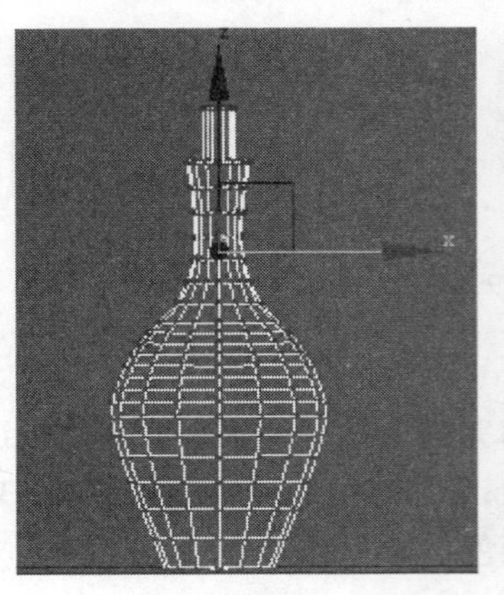
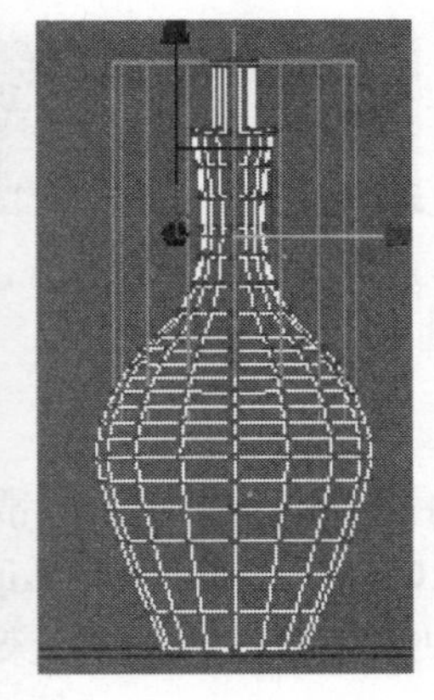

图 8.99　选择点并指定坐标

按“M”键进入材质编辑器，单击“漫反射”右侧的“贴图”按钮，在打开的“材质/贴图浏览器”中选择“顶点颜色”，同样设置“贴图通道”为 1，在“子通道”选项组中选择“全部”，单击按钮将材质指定给瓶子物体，观察渲染结果如图 8.100 所示。

图 8.100　顶点颜色材质

8.3.6　其他

“其他”这一类的贴图用途最广泛，也有较好的渲染效果，主要包括“平面镜”、“光线跟踪”、“反射/折射”和“薄壁折射”。

1．平面镜

在三维场景创建中，常使用“平面镜”贴图来模拟平面镜或平面反射周围环境的效果，多应用于“反射”贴图中。它的特点是能快速地实现反射效果，并且能够根据平面的材质设置反射变形和模糊效果，如图 8.101 所示。

提示：

“平面镜”贴图只能应用于平的表面，在“反射”贴图中的“数量”不宜过大，以免得到失真效果（镜子材质除外）。

“平面镜参数”卷展栏如图 8.102 所示。

图 8.101　平面镜材质

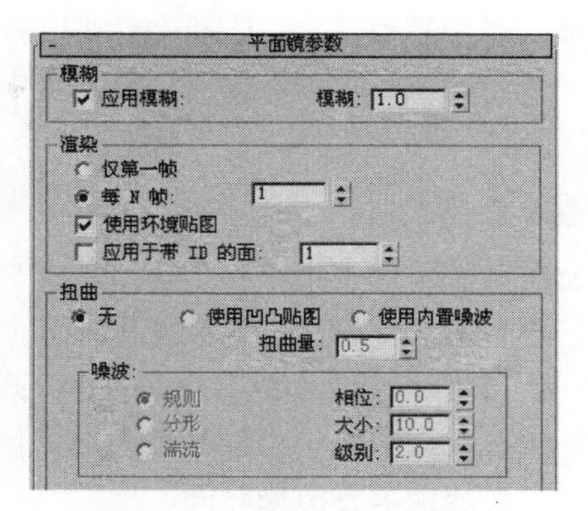

图 8.102　“平面镜参数”卷展栏

- “模糊”选项组：选中“应用模糊”复选框，将开启对反射的模糊处理。“模糊”参数调节模糊的程度，一般情况下此值为 1，对反射图像作抗锯齿处理。
- “渲染”选项组
  - 仅第 1 帧：只在第一帧建立自动平面镜反射。
  - 每 N 帧：设置在动画渲染中将间隔多少帧进行一次自动平面镜反射计算；默认值为 1。
  - 使用环境贴图：选中此复选框后，将对环境贴图进行反射计算；如果关闭，则忽略。
  - 应用于带 ID 的面：选中此复选框，会根据 ID 数值对应物体表面相同的 ID 平面进行平面镜反射（注意：只能是一组共同的平面）。
- “扭曲”选项组：模拟不规则的反射效果。
  - 当选中“无”单选按钮时不产生扭曲变形效果。
  - 当选中“使用凹凸贴图”单选按钮时，将根据当前材质指定的凹凸贴图的纹理进行扭曲变形计算。
  - “扭曲量”参数决定变形的大小。
  - 当选中“使用内置噪波”单选按钮时，能够使镜面反射的影像发生扭曲变形，但它不受凹凸贴图纹理的影响。
- 其他的“噪波”参数是“规则”、“分形”、“湍流”，它们控制噪波的主要方式是“相位”控制噪波变化的速度；“大小”控制噪波的碎片大小；“级别”控制计算的次数，数值越高，噪波越不规则。

2．光线跟踪

用于创建反射/折射效果的一种贴图，与“光线跟踪”材质的算法相同。与反射/折射贴图相比，更精确一些，但花费的渲染时间也会更长。这种贴图类型可与其他的贴图类型同时使用，能够应用于任何种类的材质。与“光线跟踪”材质比较，“光线跟踪”贴图的衰减控制更多，渲染更快。“光线跟踪器参数”卷展栏如图 8.103 所示。

（1）“光线跟踪”的主要参数设置如下所述。

- “跟踪模式”：选择“自动检测”单选按钮，系统会自动进行测试；选中“反射”单选按钮只进行反射计算；选中“折射”单选按钮则只进行折射计算。

注意：

如果将“光线跟踪”贴图应用于“凹凸”贴图时，如“凹凸”强度过高会导致跟踪失败。

- 背景：当选中“使用环境设置”单选按钮，在进行光线跟踪计算时会考虑当前场景的环境设置。下面的色选框能将指定的颜色作为当前环境，进行光线跟踪计算。单击 None 按钮，允许使用纹理贴图作为当前的环境贴图，进行光线跟踪计算。在此选项组中可以为不同的物体指定不同的环境贴图，不仅产生出色的效果，同时还能节省渲染时间。

（2）衰减：这里主要是用来控制衰减效果的，可以由距离的不同形成强弱不同的反射、折射效果。对衰减控制得好，不仅能增强真实感，还能提高渲染速度，其设置如图 8.104 所示。

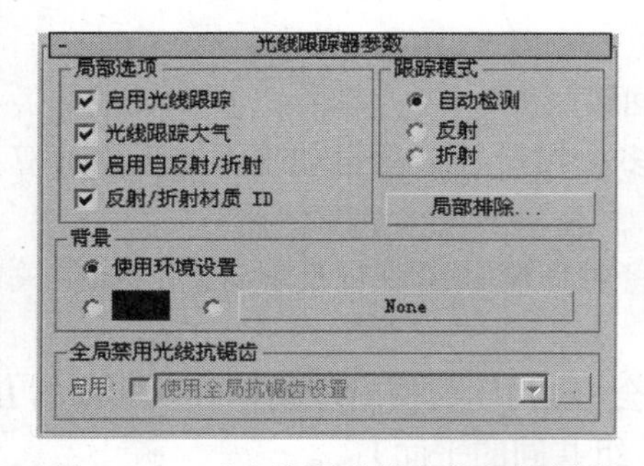

图 8.103　“光线跟踪器参数”卷展栏

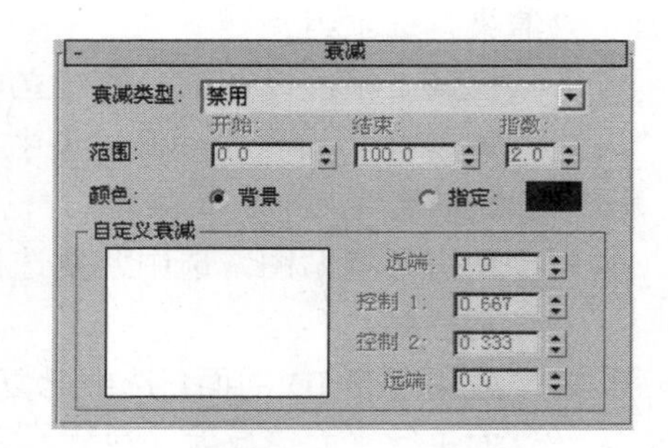

图 8.104　“衰减”设置

“衰减类型”默认呈现“禁用”状态。“线性”设置启用后“范围”呈现可编辑状态，衰减的影像会根据“开始”到“结束”的范围进行计算。“平方反比”通过反向平方计算衰减，这时会只使用“范围”值；“指数”利用指数进行衰减计算，可根据“开始”到“结束”的范围进行计算，也可直接指定指数。“颜色”是设置光线在最后衰减至消失的状态，默认为背景，这时会消失在背景色中；还提供“指定”选项，用来指定特殊的颜色。“自定义衰减”，“近端”设置在距离的开始范围处进行反射/折射的光线强度。“控制 1”是设置起始处曲线的状态，“控制 2”是设置结束处的曲线状态。“远端”设置在距离的结束范围处进行反射/折射的光线强度。

（3）“基本材质扩展”卷展栏如图 8.105 所示。

- 反射率/不透明度：这一项主要是设置影响光线跟踪结果的强度。可以指定贴图来控制光线跟踪的量，允许根据物体的表面来决定光线跟踪的强度。
- 色彩：用来控制对光线跟踪返回颜色的染色处理，它不会影响到材质表面色彩，由“数量”控制染色的量。色彩贴图可以将贴图作为染色贴图，能够在物体表面形成变化的染色效果。

（4）“折射材质扩展”卷展栏是为更好地调节光线跟踪贴图而设的一些参数，如图 8.106 所示。

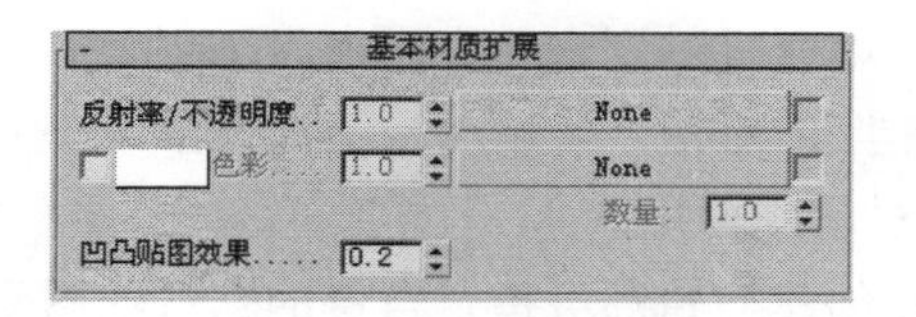

图 8.105　“基本材质扩展”卷展栏

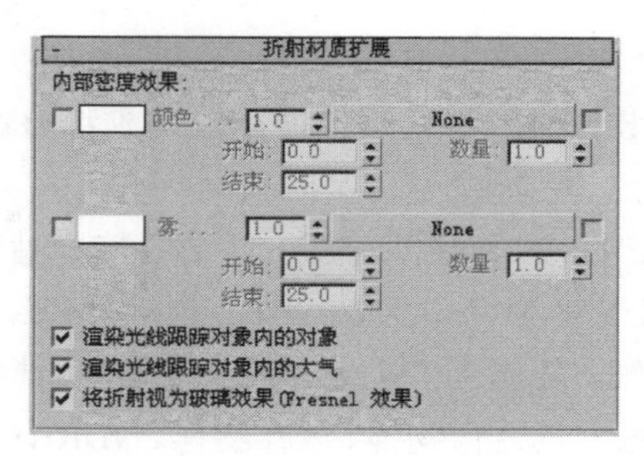

图 8.106　“折射材质扩展”卷展栏

3．反射/折射

自动反射/折射周围环境，常用于“反射”和“折射”贴图选项，分别如图 8.107 和图 8.108 所示。

图 8.107　用于“反射”贴图

图 8.108　用于“折射”贴图

4．薄壁折射

产生薄壁折射的效果，常用于模拟透过玻璃或从水中看物体的效果，如图 8.109 所示。

图 8.109　用于“薄壁折射”贴图

8.4 “贴图坐标”修改器

多数情况下，可以使用贴图坐标修改器来完成贴图坐标的指定，这会使贴图更容易控制。

“UVW 贴图”坐标：主要是确定贴图的材质如何投射到物体表面上。

UVW 坐标与 XYZ 坐标系非常相似，U 轴相当于 X 轴，V 轴相当于 Y 轴，W 轴相当于 Z 轴，不过 UVW 坐标系只在贴图坐标的指定过程中使用。

任何的几何物体、放样物体、NURBS 物体，在创建初始都可指定自身的默认贴图坐标；已编辑的三维物体、导入的物体、手工创建的多边形物体、面片物体都没有默认的贴图坐标，只有通过指定“UVW 贴图”修改编辑器才能拥有贴图坐标，后来指定的贴图坐标将优先于默认的贴图坐标。

贴图坐标修改器的作用主要有以下几方面：

- 为特定的贴图通道指定一种贴图坐标。
- 通过变换修改器线框的位置，改变物体表面贴图位置。
- 为无默认贴图坐标的物体指定贴图坐标。
- 为物体的次物体层级指定贴图坐标。

对于没有贴图坐标的物体，最终渲染时会弹出“警告”对话框，提示用户为其添加贴图坐标。

“UVW 贴图”坐标提供了“平面”、“柱形”、“球形”、“收缩包裹”、“长方体”、“面”、“XYZ 到 UVW”共 7 种坐标，每一种坐标方式都有其各自的特点，如图 8.110 所示。其中较常用的有“平面”、“柱形”、“球形”、“长方体”、“面”贴图坐标，后面将以综合实例的制作说明贴图坐标的使用方法。

在场景中选中要指定贴图坐标的物体，单击按钮进入“编辑”面板，单击“修改器列表”选取“UVW 贴图”修改器，贴图坐标就贴附于物体上了，如图 8.111 所示。

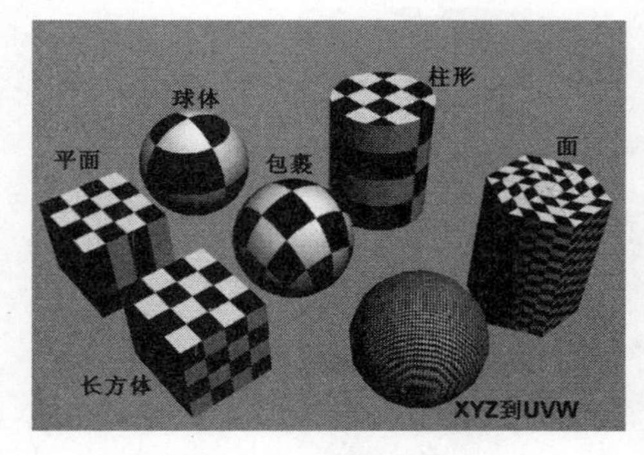

图 8.110　贴图方式

图 8.111　添加“UVW 贴图”修改器

合理的参数设置才能创建真实的贴图效果，下面为 book.max 场景中物体赋予贴图，分

别对几种贴图坐标的应用加以说明。

（1）打开配书光盘\第 8 章\例 8.6\book.max 文件，其中的几个物体分别为圆柱体、球体、方体、平面等几种类型，会应用到相应的贴图坐标设置，如图 8.112 所示。

图 8.112　book.max 文件

（2）首先选择记事本物体，按“M”键打开材质编辑器，选择一个样本球，修改材质名称为 book，设置“高光级别”值为 11，“光泽度”值为 10。

（3）单击“漫反射”右侧的按钮，在弹出的“材质/贴图浏览器”窗口中选择“位图”材质。在“位图参数”卷展栏中，单击“位图”右侧的 None 按钮，选择配书光盘\第 8 章\例 8.6\book.jpg 文件。

（4）单击按钮返回上一级编辑，单击按钮指定材质给选择的对象，将 book 材质指定给场景中的记事本物体。单击按钮，使场景中的物体显示贴图。

（5）单击“修改器列表”卷展栏，选择其中的“UVW 贴图”修改器为记事本添加坐标控制。在“参数”卷展栏的“贴图”选项组中应用默认状态的“平面”贴图方式，如图 8.113 所示，此时在记事本物体上会出现一个桔黄色的控制框，如图 8.114 所示。

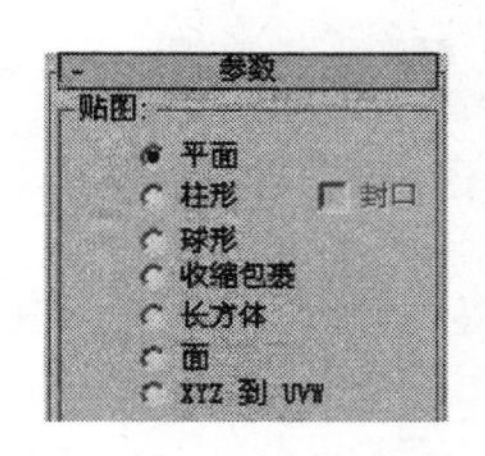

图 8.113　平面坐标方式

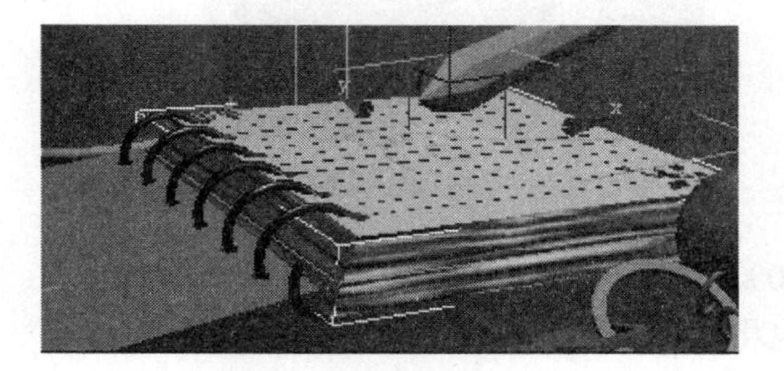

图 8.114　指定给物体

（6）在修改堆栈中单击“UVW 贴图”变动修改前的“+”号，打开它的次级修改。

（7）单击次级修改“Gizmo”，使其呈黄色光亮显示，此时 book 物体上的控制框也呈黄色显示，应用“缩放”修改命令，如图 8.115 所示，对 Gizmo 进行 XY 平面的比例调整，如图 8.116 所示，使 Gizmo 控制框比记事本物体稍小一圈儿。用同样的方法给另一侧的页面赋予相同的材质，记事本赋予材质完毕。

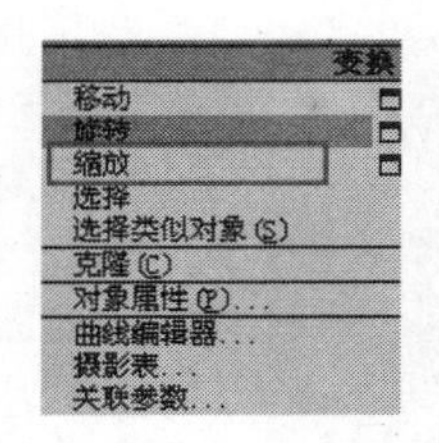

图 8.115　选择“缩放”命令

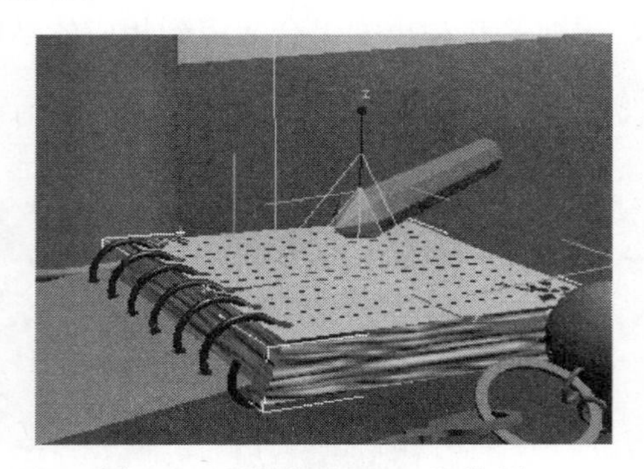

图 8.116　调整“Gizmo”比例

（8）场景中的茶叶桶对象是由两部分物体组成的——桶盖和桶身。选中桶身物体，将材质编辑器中已编辑好的 tong 材质指定给网格物体。单击“修改器列表”，选择其中的“UVW 贴图”修改器，将默认状态的“平面”贴图方式修改为“柱形”贴图方式，指定柱状贴图坐标，如图 8.117 所示。

（9）此时贴图坐标控制框的方向与柱体方向呈交叉状，贴图显示不正确。向下拖动卷展栏，在“对齐”选项组中选择对齐 X 轴，并单击“适配”按钮，使坐标控制框正好包裹在柱体上，如图 8.118 所示。

图 8.117　“柱形”贴图坐标

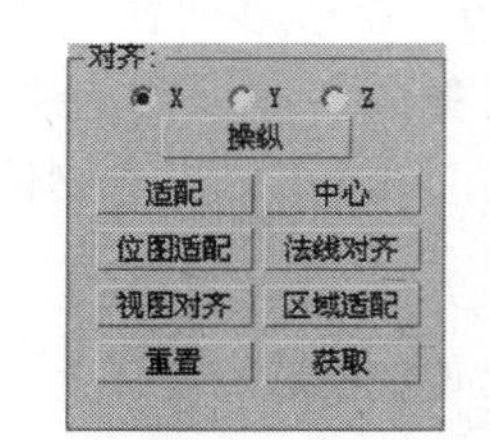

图 8.118　“对齐”设置

（10）用同样的方法将 gaizi 材质赋予桶盖物体，不过要将“封口”选项选中，这样在桶盖上也将贴上同样的纹理，效果如图 8.119 所示。

（11）分别为钥匙扣的球体和方体添加 UVW 贴图，并分别修改坐标方式为“球体”和“长方体”方式，将 QIU 材质和 BOX 材质指定给球体和方体，将 KEY 材质直接指定给钥匙物体。

（12）铅笔上的材质需要为其设置贴图通道，以使它的不同部位显示不同的材质。首先选中铅笔对象，右击，选择“转换为可编辑网格”命令将铅笔转换成可编辑网格对象，

选择“多边形”次物体级，分别选取笔头、铅芯、笔杆 3 部分，并“设置 ID”分别为 1、2、3，如图 8.120 所示。

图 8.119　桶盖纹理

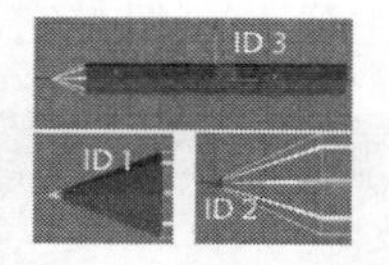

图 8.120　为铅笔设置材质贴图通道

（13）接下来编辑多维子材质，按“M”键打开“材质编辑器”窗口，单击 Standard 按钮，在弹出的“材质/贴图浏览器”中选择“多维/子对象”材质，如图 8.121 所示。设置“设置数量”为 3，分别设置 ID1 为笔头材质，ID2 为铅芯材质，ID3 为笔杆材质，单击按钮将材质指定给铅笔，为铅笔添加“UVW 贴图”坐标，并选用“柱形”坐标方式，单击 适配 按钮，使坐标轴贴附于铅笔上，条纹铅笔制作完成，如图 8.122 所示。

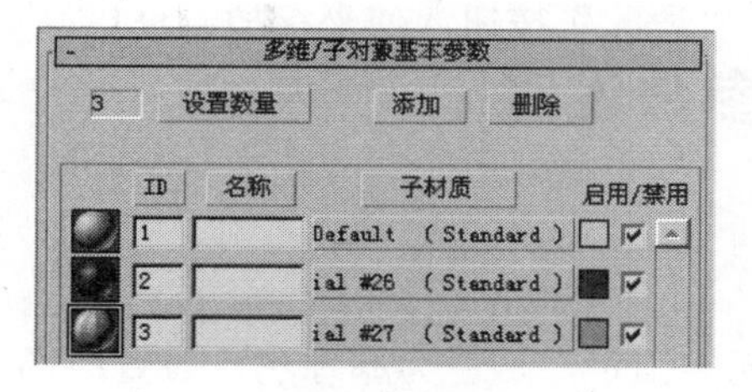

图 8.121　铅笔的多维子材质

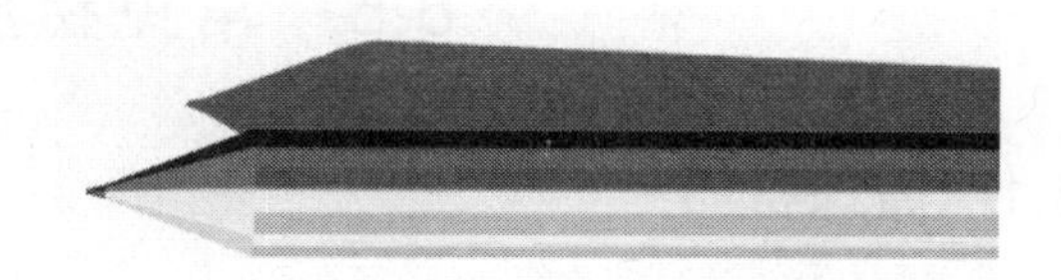

图 8.122　铅笔效果

在本例中应用了最常用的“平面”、“柱形”、“球形”、“长方体”贴图坐标方式，并且应用贴图通道完成多维材质的指定，可见应用好贴图坐标方式是非常重要的。如图 8.123 所示为最终完成效果。

图 8.123　完成效果

除了前面介绍的贴图坐标方式外，还有“收缩包裹”、“面”、“XYZ 到 UVW”等贴图方式。

- 收缩包裹：将整个贴图从上向下包裹，一般适用于球体或不规则物体贴图，其优点是不在中间产生接缝，而是集中在包裹方向下端的一个点上，如图 8.124 所示。
- 面：按物体表面划分进行贴图，也就是说对物体每个面的次物体贴图，如图 8.125 所示。
- XYZ 到 UVW：它是使纹理与表面相匹配的一种贴图，如果表面变形，贴图也会发生变形，但是它不能应用于 NURBS 曲面物体上。

图 8.124　“收缩包裹”贴图

图 8.125　“面”贴图

8.5　常见材质参数设置

8.5.1　露珠材质

材质属性为 Phong，将“漫反射”与“环境光”锁定，颜色为墨绿色，设置“高光反射”颜色为默认色（灰白色），“高光级别”值为 72，“光泽度”值为 48，设置“反射”为“光线跟踪”贴图，反射背景色为墨绿色，反射量“数量”值为 60，“折射”为“薄壁折射”，折射量“数量”值为 80，得到露珠材质效果，如图 8.126 所示。

图 8.126　露珠材质

8.5.2　木地板材质

材质属性为 Phong，在“漫反射”上应用“平铺”贴图类型，设置“高光反射”颜色为默认色（灰白色），“高光级别”值为 64，“光泽度”值为 48，“反射”为“平面镜”贴图，参数设置参考图 8.127 所示，反射强度为 10，“平铺”贴图参数设置如图 8.127 右图所示。

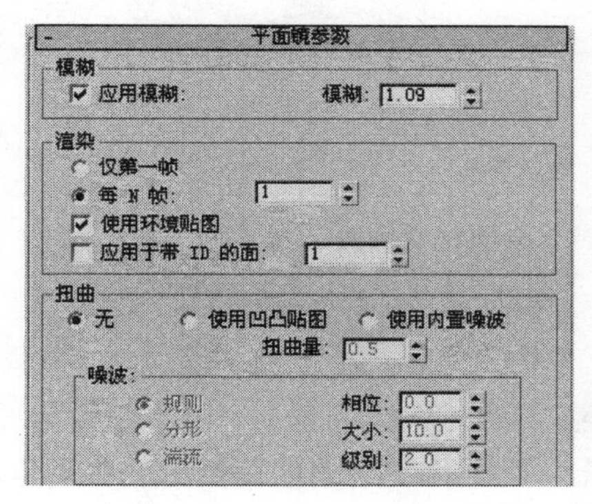

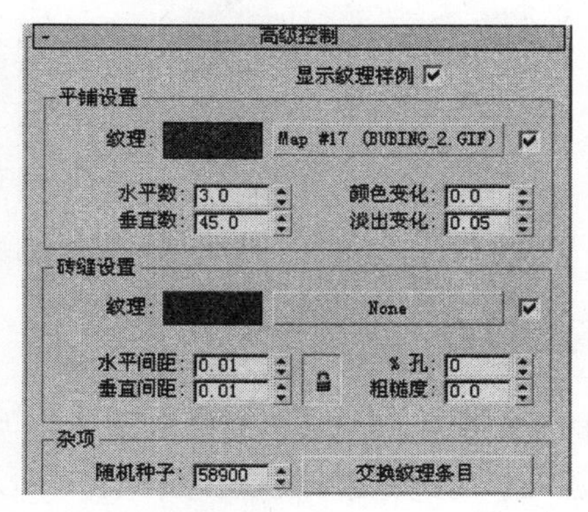

图 8.127　木地板参数设置

将“漫反射”上的“平铺”贴图复制到“凹凸”贴图上，复制方式为“复制”，在“凹凸”上设置“平铺”中“纹理”后的贴图选项不启用（将复选框取消即可），这样只在地板格上产生凹凸，而木纹不会产生凹凸，如图 8.128 所示。

图 8.128　木地板材质

8.5.3　玻璃材质

创建玻璃材质多数都会应用到光线跟踪，此处使用“光线跟踪”贴图，而不是直接应用“光线跟踪”材质，这样渲染的速度会快一些。

参数设置参考图 8.129。

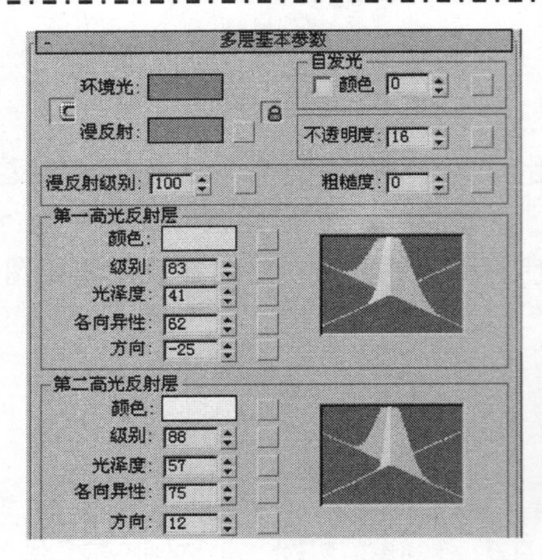

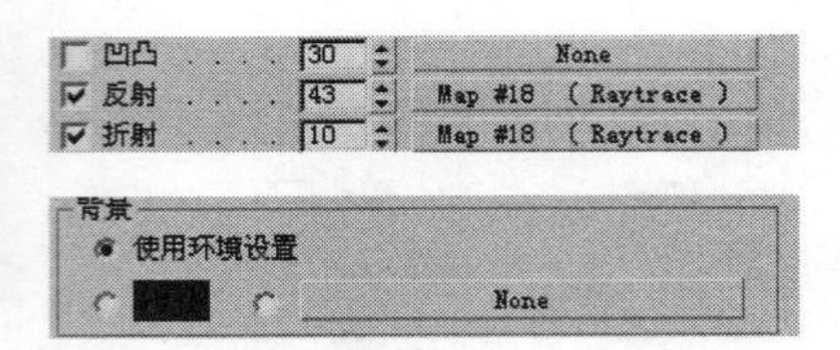

图 8.129　“光线跟踪”贴图材质参数

8.5.4　黄金材质

黄金材质多应用“金属”材质类型，将“漫反射”及“环境光”色彩设置为“红=252，绿=226，蓝=81”，如图 8.130 和图 8.131 所示。“反射”贴图使用图 8.132 所示的纹理，设置反射强度为 95，反射效果如图 8.133 所示。在“凹凸”贴图上添加“噪波”纹理，设置纹理颗粒稍小些，以模拟金属表面的粗糙效果。如图 8.134 所示为黄金手镯。

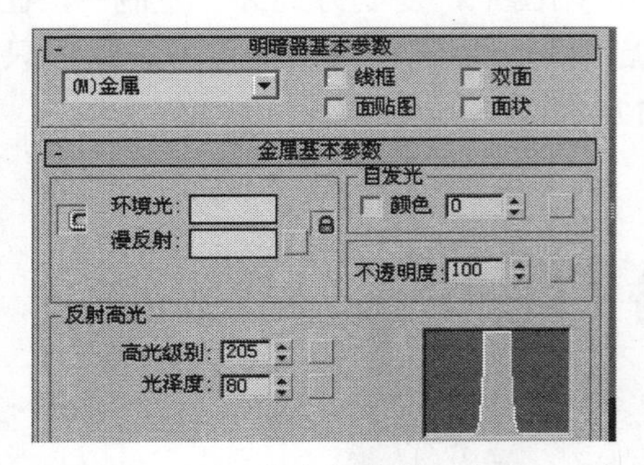

图 8.130　黄金基本材质参数

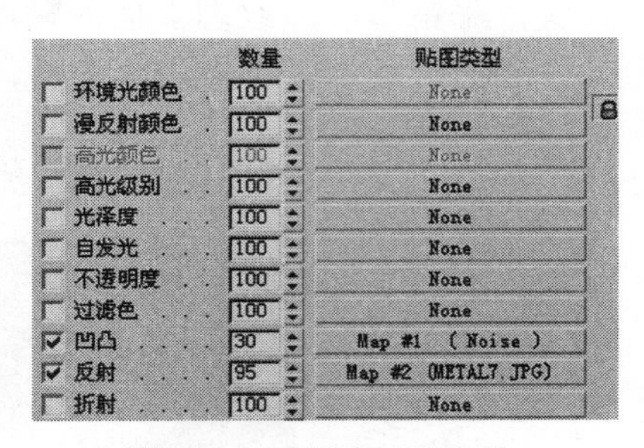

图 8.131　贴图材质参数

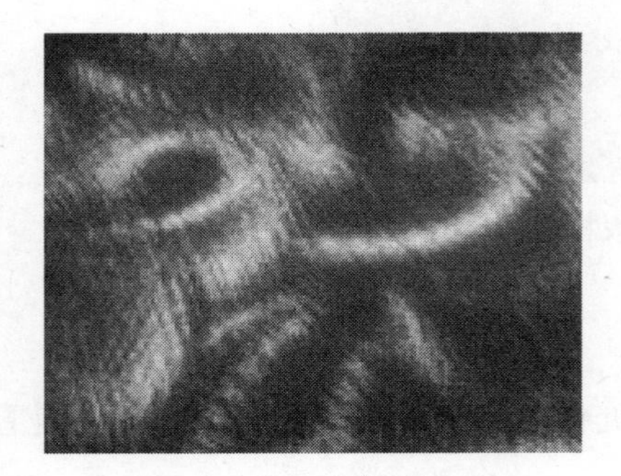

图 8.132　反射贴图纹理

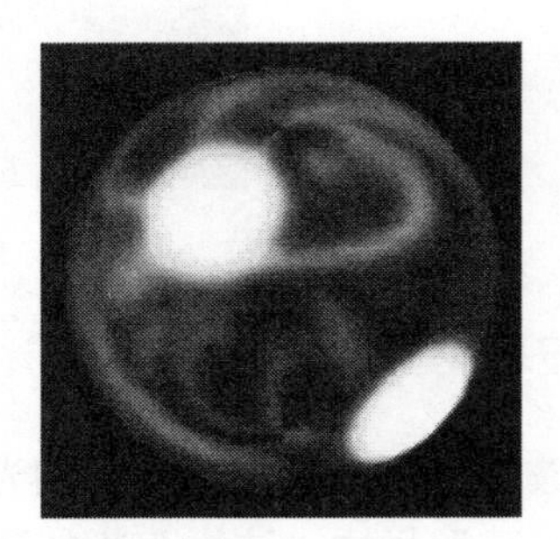

图 8.133　反射效果

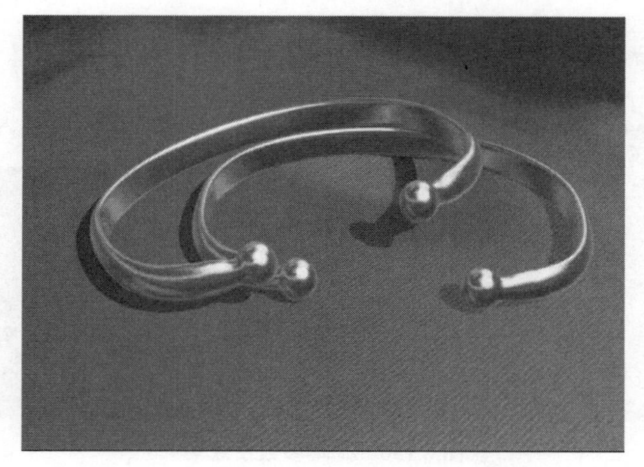

图 8.134　黄金手镯

8.6　实践操作：不锈钢材质的创建

（1）下面介绍一种不锈钢材质的创建方法。如图 8.135 所示，打开配书光盘\第 7 章\作业\guan.max 文件（已做好的金属管模型文件，这是采用 NURBS 建模方式创建的造型）。

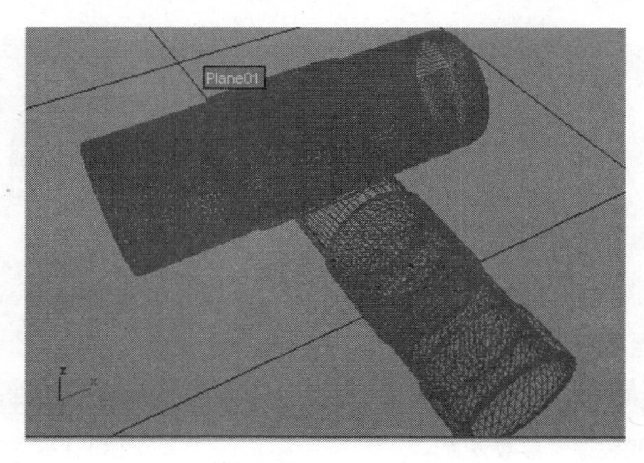

图 8.135　guan.max

（2）按“M”键，打开材质编辑器，设置样本球的材质模式为“多层”，这种材质模式拥有两个高光效果点的控制能力，这种层叠式的亮光效果，在模拟光泽度比较高的材质方面非常出色。

（3）将“漫反射”扩散色设置为灰色，设置“第一高光反射层”选项组中“颜色”为白色，“级别”数值为 94，“光泽度”数值为 53，“各向异性”数值为 92，“方向”数值为 0，设置“第二高光反射层”选项组中“颜色”为浅蓝色，“级别”数值为 38，“光泽度”值为 25，“各向异性”值为 48，“方向”值为 0，“粗糙度”值为 50，如图 8.136 所示。样本球上出现一条如刀刃样的高光，这样的高光在表现小转折面的时候效果很好。

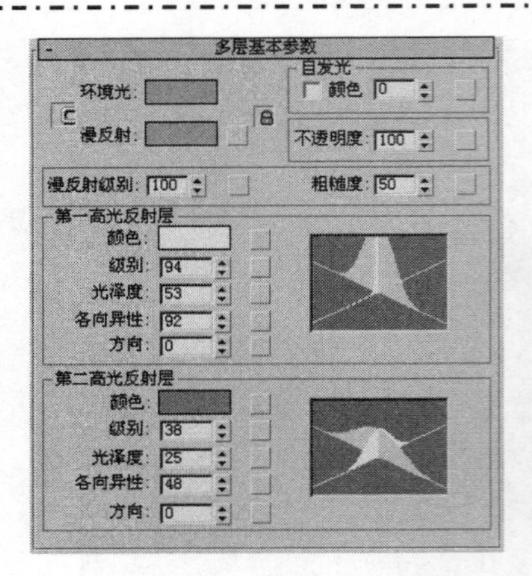

图 8.136　基本参数及效果

（4）为了使不锈钢材质更真实，单击“反射”右侧的长按钮，选择“光线跟踪”材质类型，在“背景”选项组中，选择 CHROMIC.JPG 文件作为环境反射纹理，设置“模糊”值为 20，如图 8.137 所示，单击按钮返回到上一级编辑，设置“反射”的“数量”值为 50。

（5）在“凹凸”上添加“噪波”纹理，设置“噪波”的“大小”值为 0.01，“凹凸”的“数量”值为 2，在材质上只产生微小的凹凸效果，使过于光滑的表面有一点粗糙的感觉，如图 8.138 所示。

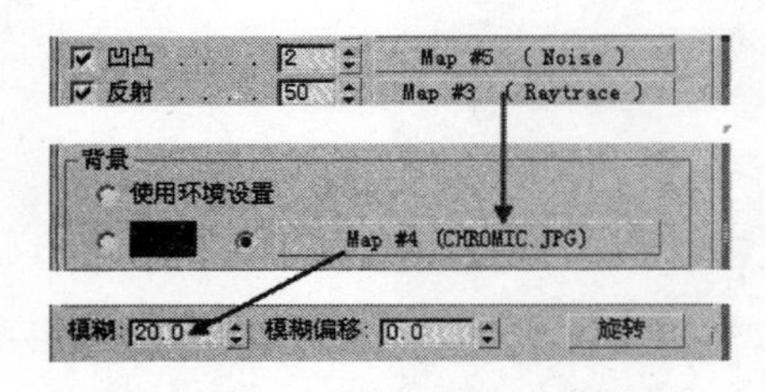

图 8.137　“光线跟踪”参数设置

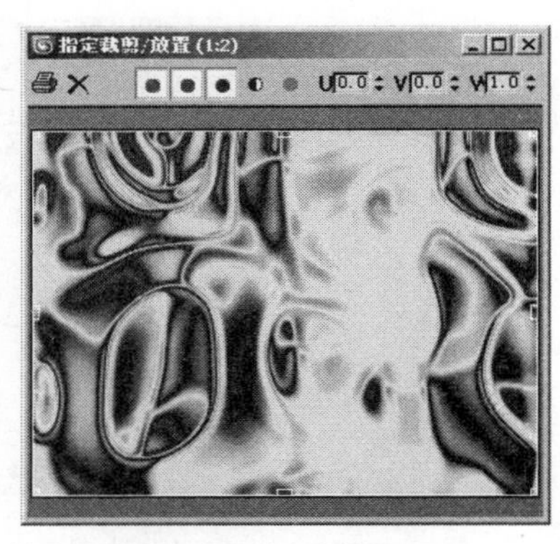

图 8.138　反射纹理

（6）单击按钮，将编辑好的材质指定给管物体，渲染效果如图 8.139 所示。

图 8.139　不锈钢管

8.7　mental ray 材质介绍

mental ray 在兼容原来版本中常用材质的情况下，该渲染器还有多种专用材质。其中包括：DGS Material（physics_phen）、Glass（physics_phen）、SSS Physical Material 和 mental ray 等材质。

当选择“mental ray 渲染器”，系统除了“高级照明”材质，其他的材质都能够在“mental ray 渲染器”中正常渲染。

这里将介绍使用“mental ray 渲染器”的方法。

单击“渲染设置”按钮，在“指定渲染器”卷展栏中单击“产品级”后的按钮，在弹出的“选择渲染器”对话框中选择“mental ray 渲染器”，单击“确定”按钮即应用“mental ray 渲染器”进行场景渲染，如图 8.140 和图 8.141 所示。

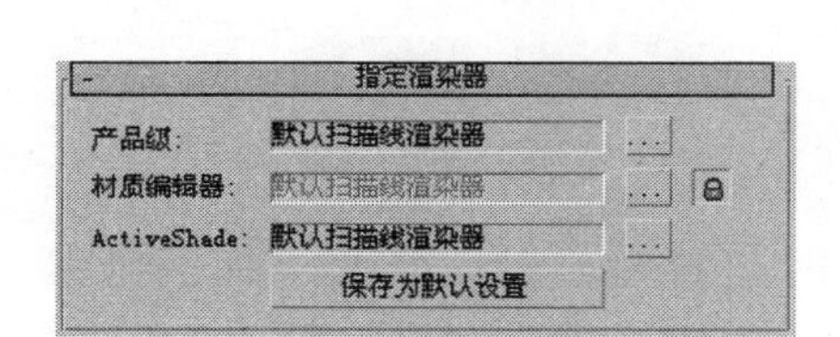

图 8.140　渲染器选择

图 8.141　mental ray 渲染方式

除了 3ds max 提供的材质能够在 mental ray 渲染器中正常渲染外，另外还有多种材质可以支持 mental ray 渲染。在图 8.142 中黄色的为支持 mental ray 材质。

1．mental ray 材质

最能够支持 mental ray 渲染器的当然是 mental ray 材质，mental ray 材质由 9 个设置选项组成，如图 8.143 所示。

2．DGS Material 材质

DGS 是 Diffuse（固有色）、Glossy（光滑度）、Specular（反射度）的缩写。这种材质是以真实的物理方式进行计算的，其参数面板如图 8.144 所示。

3．Glass 材质

Glass 材质拥有真实玻璃的所有表面特性及其光子特性（提示：此材质不适用于带阴影的物体，除非打开“焦散”效果，否则阴影将以不透明的形式存在）。其参数面板如图 8.145 所示。

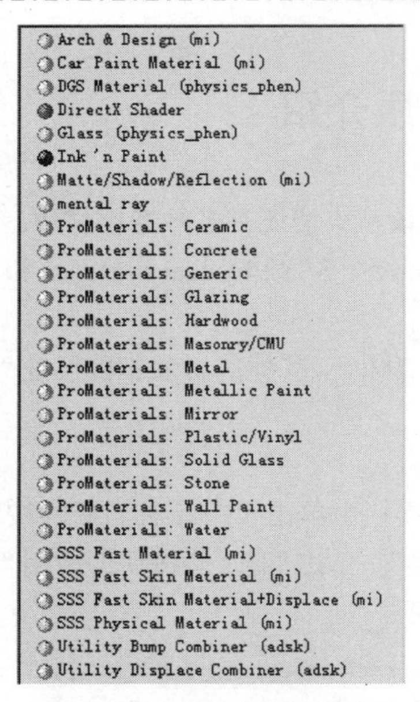

图 8.142　支持 mental ray 材质

图 8.143　“mental ray”材质参数

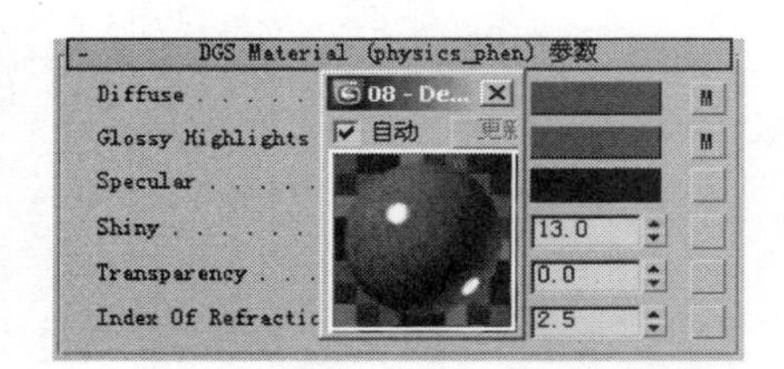

图 8.144　“DGS Material”材质参数

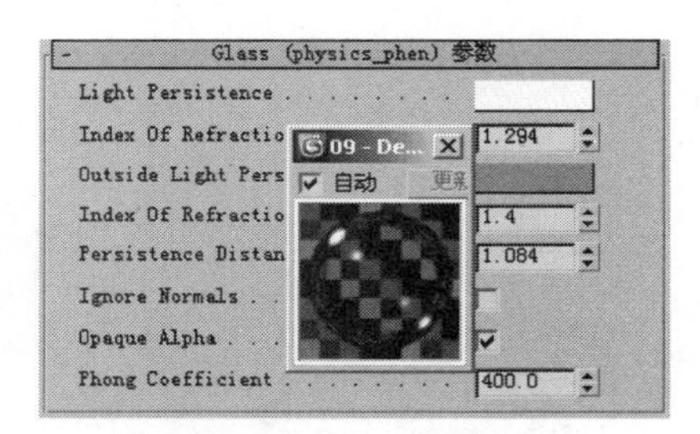

图 8.145　“Glass”材质参数

4．SSS 材质

在 3ds max 2009 中有 4 种材质来专门实现子表现面的散射效果，可以模拟石蜡、大理石、奶油和皮肤所特有的子面散射效果。这些材质渲染非常快，而且效果比较逼真。

- SSS Fast Material（通用表面散射材质）：通用的、定制性较高，用于制作半透明材质效果。
- SSS Physical Material（自然表面散射材质）：用于制作更加复杂和精确的 SSS 材质。
- SSS Fast Skin Material（皮肤表面散射材质）：专门用于制作人类的皮肤材质（或者类似的材质），提供了多层的子面散射。如图 8.146 所示为“SSS Fast Skin Material”材质参数。
- SSS Fast Skin Material+Displace（皮肤表面散射材质+置换）：与上一种材质基本相同，不过添加了对 Displace（置换）的支持。

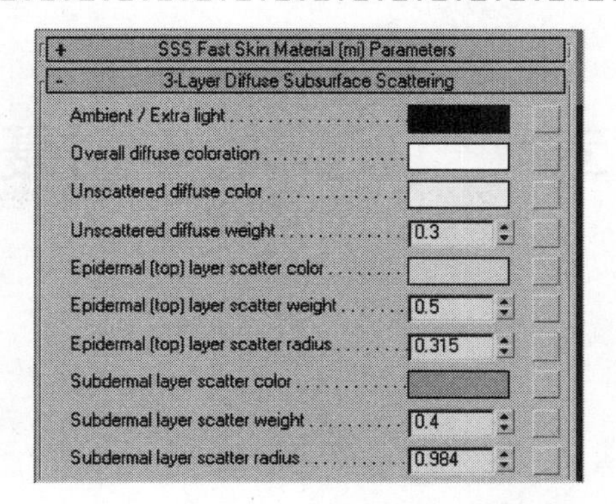

图 8.146　“SSS Fast Skin Material”材质参数

8.8 课 后 习 题

思考题

1．在 3ds max 中的材质类型有哪些？

2．“UVW 贴图”修改器有几种贴图方式，是哪几种？

3．“平面镜”材质只能用于平面上吗？

操作题

创建一个真实的玻璃材质。

第 9 章 灯光与摄影机

本章主要内容

☑ 灯光的分类
☑ 标准灯光参数设置
☑ 灯光使用实例
☑ 光学灯光类型
☑ 摄影机参数及视图控制
☑ 实践操作：灯光及摄影机应用实例制作
☑ 大气环境

本章重点

灯光的类型及灯光的基本参数设置，标准灯光及光学灯光的使用技巧实例，大气环境中质量光、雾、体积雾、燃烧等大气效果的设置。

本章难点

☑ 光学灯光的使用
☑ 灯光位置的确定
☑ 大气环境参数设置

9.1 灯光的分类

在 3ds max 中，制作者往往容易在模型和材质的创建上花费较大的精力，但是在灯光的布置及参数设定上却较少投入，结果渲染出的效果与自己的预想效果差距很大。如果在创建初期就关注灯光环境和大气效果，不仅能增强真实感，而且在模型创建等工作上还会适当地减少工作量。

在 3ds max 中，系统默认状态下提供了两盏泛光灯照明，分别放置在场景的对角线上，它们发挥着灯光的照明作用，但并不显示在场景中，用户无法对这两盏灯光进行参数修改，所以场景中的光照缺乏表现力。不过，当场景中创建任何一盏灯光后，3ds max 就会自动关闭默认的两盏泛光灯。

在 3ds max 中灯光分为两种类型，即“标准”和“光度学”，如图 9.1 所示。

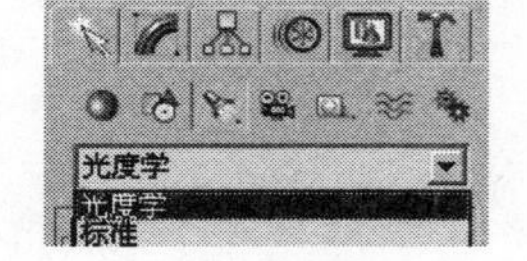

图 9.1 灯光的两种类型

9.2　标准灯光参数设置

标准灯光类型有 8 种：目标聚光灯、自由聚光灯、目标平行光、自由平行光、泛光灯、天光、mr 区域泛光灯和 mr 区域聚光灯，如图 9.2 所示。

- 泛光灯：泛光灯有些类似常用的白炽灯泡，光线向四周发散。
- 目标聚光灯：目标聚光灯是有照射方向的灯光，能形成锥形的照射区域。
- 自由聚光灯：自由聚光灯与上述的目标聚光灯相同，只是它只有光源体，没有目标点，用户只能针对整个目标调整。
- 目标平行光：目标平行光灯能产生平行的照射区域，其他的参数与目标聚光灯相同，一般用来模拟阳光的照射，有时也用来模拟激光柱。
- 自由平行光：自由平行光灯产生平行的照射区域，同样只是具有光源体，没有目标点，用户只能针对整个目标调整。
- 天光：天光灯会形成全局照明效果。
- mr 区域泛光灯：mental ray 渲染器使用的面积泛光灯。
- mr 区域聚光灯：mental ray 渲染器使用的面积聚光灯。

在灯光参数中大部分的参数项目都相同，只在特性部分存在差异。

参数详细含义如下：

1．“常规参数”卷展栏（如图 9.3 所示）

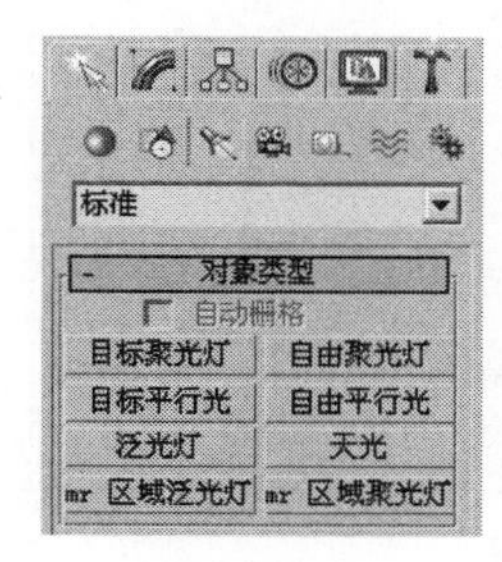

图 9.2　标准灯光

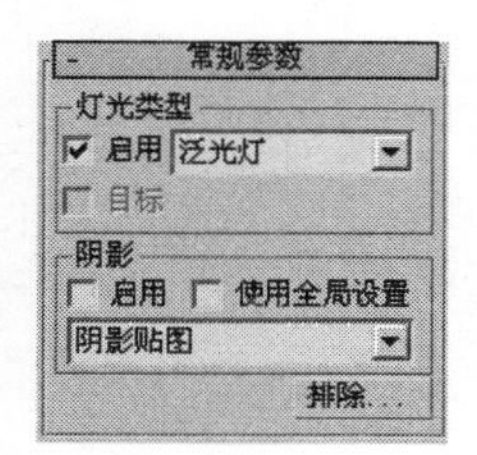

图 9.3　“常规参数”卷展栏

- “灯光类型”选项组：“启用”参数用来作为灯的开关，选中状态为开启状态。
- “阴影”选项组
  - 选中“启用”复选框后将打开灯光的阴影，在其右侧下拉列表中可以选择阴影的类型，其效果如图 9.4、图 9.5、图 9.6 和图 9.7 所示。

图 9.4　阴影贴图

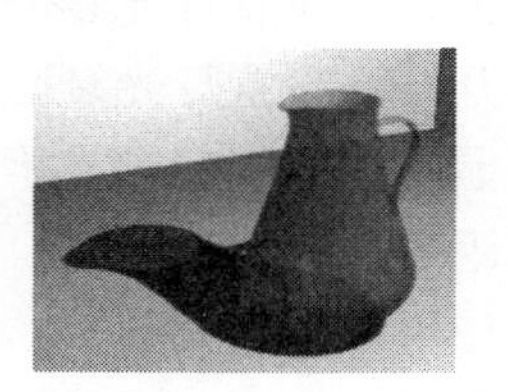

图 9.5　光影跟踪阴影

图 9.6　区域阴影

图 9.7　mental ray 阴影贴图

➢ “使用全局设置”：选中此复选框，场景中的所有投射灯都会产生阴影效果。

➘ “排除”参数控制灯光是否对某一物体产生影响。单击该按钮将打开“排除/包含”对话框。左侧窗口为场景中的物体列表，右侧窗口为将要排除或包含的对象，选中左侧列表中的物体，单击向右的箭头，就会将该物体列入灯光照射“排除”或“包含”的区域，可以选择“照明”、“投射阴影”或“二者兼有”选项，单击“清除”按钮会将此窗口中的所有内容清除，如图 9.8 所示。

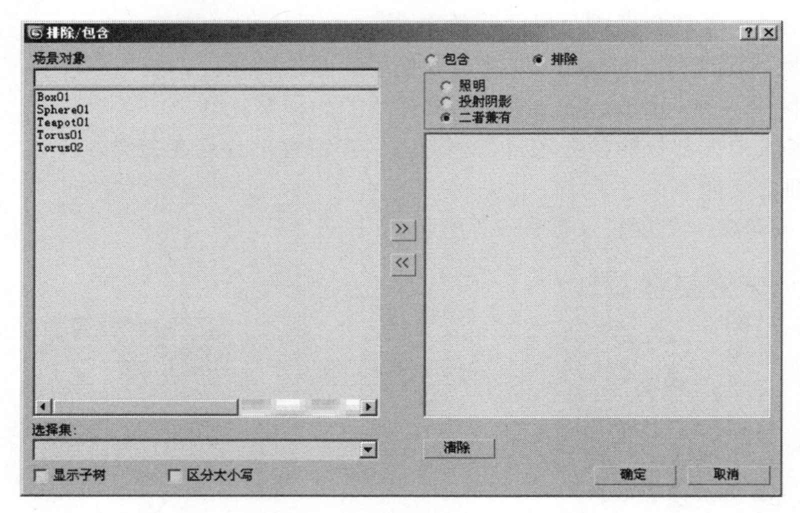

图 9.8　“排除/包含”对话框

2．“强度/颜色/衰减”卷展栏（如图 9.9 所示）

➘ 倍增：设置灯光的照射强度。

➘ 颜色：设置灯光的色调。

➘ 衰退：为光线的剧烈衰减效果提供附加的衰减控制。

  ➢ 类型：设置灯光衰减的样式。
  ➢ 开始：设置灯光衰减的开始范围。
  ➢ 显示：在视口中显示范围线框。

➘ “近距衰减”选项组。

  ➢ 使用：衰减开关。
  ➢ 显示：在视口中显示范围线框。

- ➢ 开始：设置灯光衰减的开始范围。
- ➢ 结束：设置灯光衰减的终止范围。

➘ “远距衰减”选项组。

- ➢ 使用：衰减开关。
- ➢ 显示：在视口中显示范围线框。
- ➢ 开始：设置灯光衰减的开始范围。
- ➢ 结束：设置灯光衰减的终止范围。

3．“高级效果”卷展栏（如图 9.10 所示）

➘ “影响曲面”选项组

- ➢ 对比度：调节灯光照射到场景时亮面与暗面的对比度。
- ➢ 柔化漫反射边：柔化过渡区与阴影区的表面的边缘。
- ➢ 漫反射：设置灯光影响的过渡区域。
- ➢ 高光反射：设置灯光影响的高光区域。
- ➢ 仅环境光：设置灯光影响到环境。

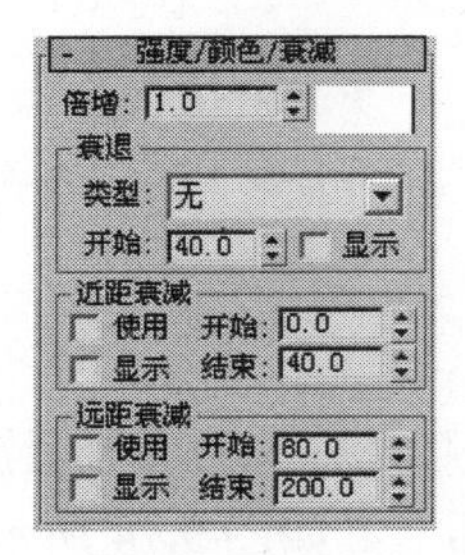

图 9.9　“强度/颜色/衰减”卷展栏

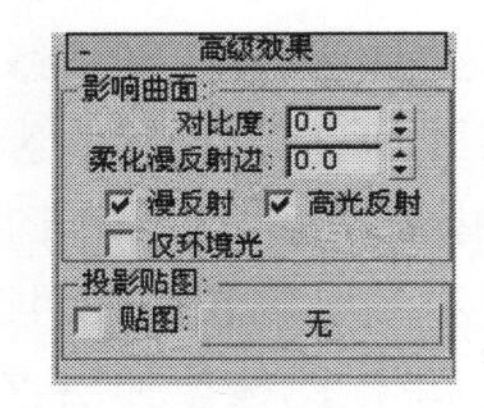

图 9.10　“高级效果”卷展栏

如图 9.11 所示为使用 3 种效果后的示意图。

➘ 投影贴图：是模拟幻灯片将图像投射到目标物体上的效果，选中“贴图”复选框将启用投射贴图设置，单击其后的“无”按钮可以在相应的文件目录中选择贴图。

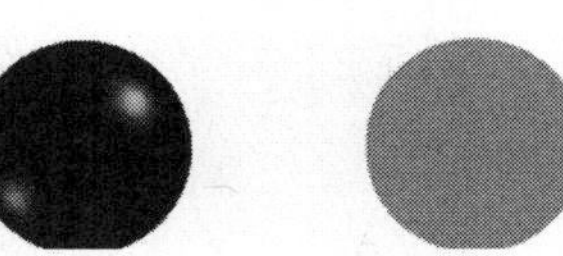

图 9.11　3 种效果

4．“阴影参数”卷展栏（如图 9.12 所示）

➘ “对象阴影”选项组

- ➢ 颜色：设置阴影的颜色。
- ➢ 密度：设置阴影的密度、深浅度。
- ➢ 贴图：选中“贴图”复选框后，可单击其后的“无”按钮选择贴图，此贴图

会影响阴影效果。

➢ 灯光影响阴影颜色：设置灯光的颜色影响阴影的开关。

➘ “大气阴影”选项组

➢ 当选中“启用”复选框时，将启用大气阴影的影响。

➢ 不透明度：调节大气影响阴影的透明度。

➢ 颜色量：调节大气阴影颜色的数量。

5. “阴影贴图参数”卷展栏（如图 9.13 所示）

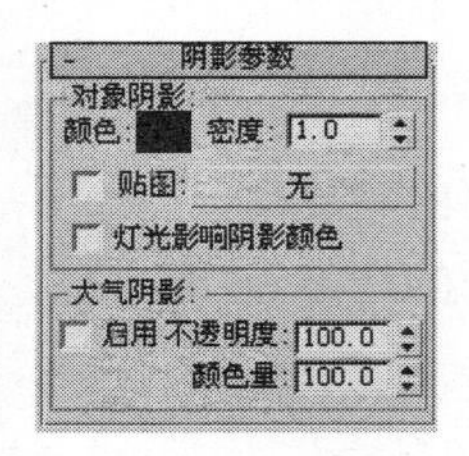

图 9.12 “阴影参数”卷展栏

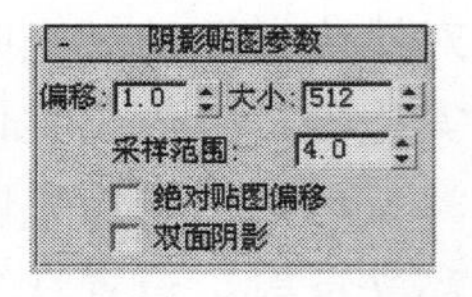

图 9.13 “阴影贴图参数”卷展栏

➘ 偏移：设置阴影贴图的偏移量。

➘ 大小：设置阴影贴图的大小。

➘ 采样范围：设置阴影边缘部分的柔和程度。

➘ 绝对贴图偏移：设置阴影贴图的绝对偏移量。

➘ 双面阴影：形成双面阴影效果。

6. “大气和效果”卷展栏用于指定、删除和设置与灯光有关的大气及渲染特效参数。

➘ 添加：单击此按钮弹出“添加大气或效果”对话框，如图 9.14 所示。可以选择体积光或镜头效果，如图 9.15 和图 9.16 所示。

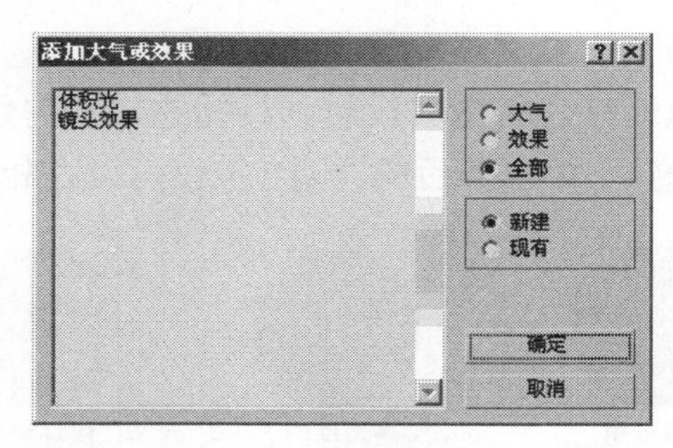

图 9.14 “添加大气或效果”对话框

图 9.15 体光效果

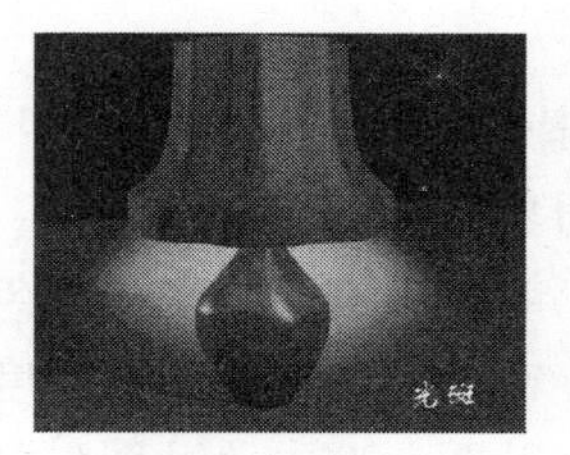

图 9.16 镜头效果

- 删除：将已添加的效果编辑器删除。
- 设置：单击此按钮可弹出编辑器设置面板。

9.3　灯光使用实例

（1）打开配书光盘\第 9 章\例 9.1\Coffee.max 文件，将屏幕显示切换为视图，在灯光创建面板中单击 目标聚光灯 按钮，按图 9.17 和图 9.18 所示位置布置聚光灯。

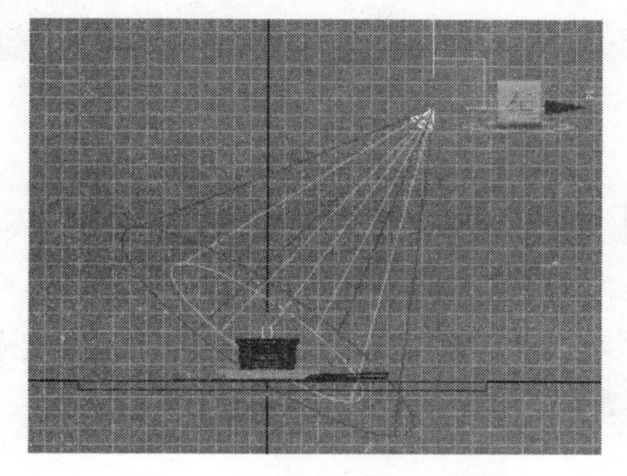

图 9.17　Coffee.max 左视图

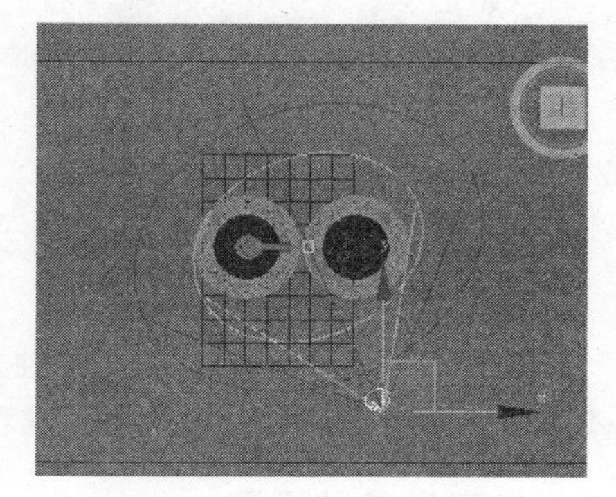

图 9.18　Coffee.max 顶视图

（2）聚光灯参数设置如图 9.19～图 9.21 所示。

图 9.19　灯光方式设置

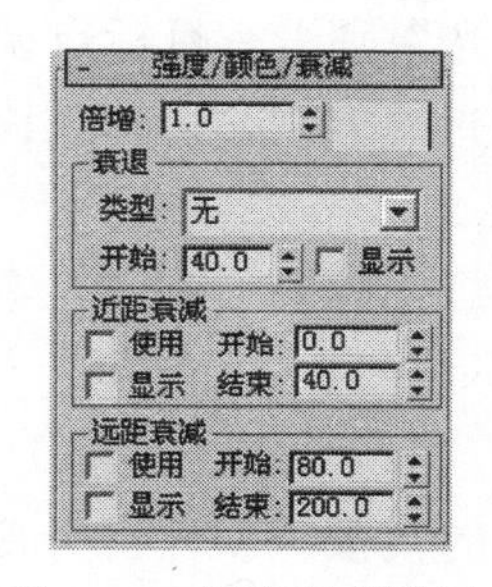

图 9.20　灯光强度设置

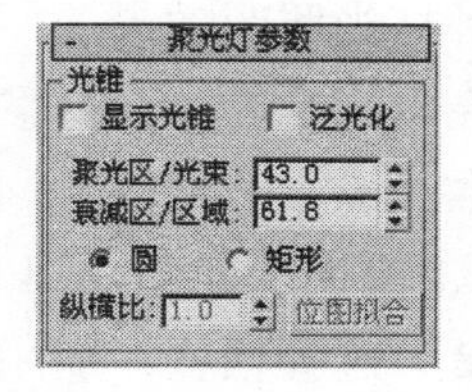

图 9.21　聚光参数

（3）当场景中只有一盏聚光灯作为主光源时，灯光不能将物体的形体塑造得很完善，应在主光源的对角方向设置背景光源，在主光源同侧布设辅助光源，如图 9.22 所示。注意，背景光是用来照射物体暗部轮廓的，强度一定不要太大，不能超过主光源的强度，辅助光也应较主光源强度弱些，这样才能得到好的渲染效果。还要注意的是阴影设置，主光源与其他光源所产生的阴影不能是同样的强度，那样会使画面看起来杂乱，一般主光源的阴影要较其他光源的阴影强一些。

（4）辅助光源采用泛光灯，位置稍低于主光源位置，设置“倍增”参数为 0.28，色彩为淡黄色，不开启阴影，其他参数保持默认状态。

（5）背景光源也采用泛光灯，设置“倍增”数值为 0.58，色彩为赭石色，不开启阴影，其他参数保持默认状态。渲染效果如图 9.23 所示。

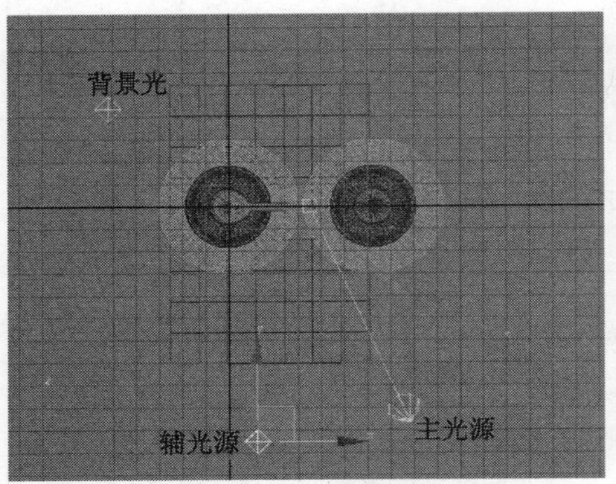

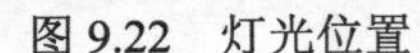
图 9.22　灯光位置

图 9.23　完成效果

9.4　光学灯光类型

“光度学”类型的 3 种灯光不能独立完成照明任务，需要借助“光能传递”功能来完成，近似于在真实世界中布光一样，这种光照非常适合室内外效果图的制作。

9.4.1　光度学参数设置

“光度学”主要有“目标灯光”、“自由灯光”、“mr Sky 门户”3 种。其中的“目标灯光”可调节目标点，“自由灯光”则没有目标点调节。两者之间可以互相转换。

光学灯光是模拟生活中各种灯光的类型，可产生比较真实的点光源、线光源、面光源等各种灯光照明效果。

光学灯光的大部分参数与标准灯光的参数相同，本书不再赘述，此处只介绍一些特定的参数。

1．模板（如图 9.24 所示）

- 选择模板：调用软件储存的模板。软件自身带有的多种灯光模式，使操作更加方便、快捷。其下存在多种灯光种类，如“灯泡照明”、“卤元素灯照明”等，这种灯光产生的效果与选择灯光种类密切相关。

2．常规参数（如图 9.25 所示）

- 启用：选择使灯光有效。
- 目标：可以使灯光在“目标灯光”和“自由灯光”间转换。
- 阴影：选中“启用”复选框后将打开灯光的阴影，在其右侧下拉列表中可以选择阴影的类型。
- 灯光分布：包含“光度学 Web”、“聚光灯”、“统一漫反射”、“统一球形”。

3．强度/颜色/衰减（如图 9.26 所示）

- 颜色：设置灯光的颜色，也可通过上面的预设制定。
- 强度：用来设定灯光的强度，其下有如图 9.26 所示的 3 种光学计量单位可选。

4．图形/区域阴影（如图 9.27 所示）

通过下拉菜单选择阴影形式。包括点光源、线、矩形、圆形、球体和圆柱体。

图 9.24 模板

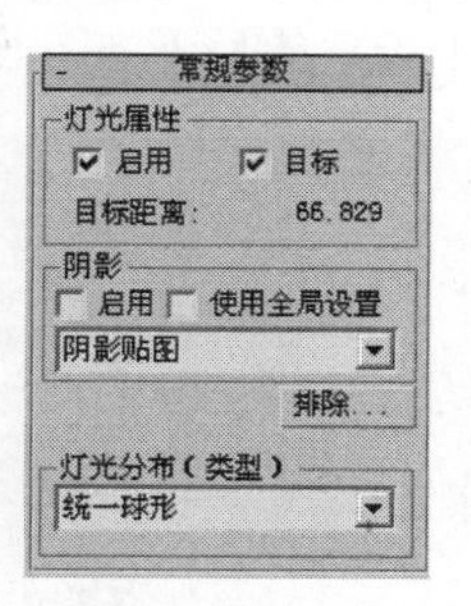

图 9.25 常规参数

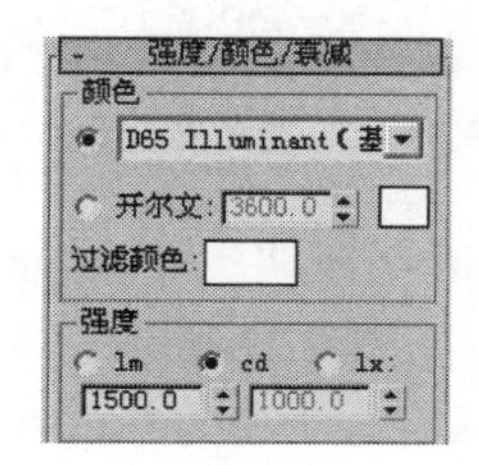

图 9.26 强度/颜色/衰减

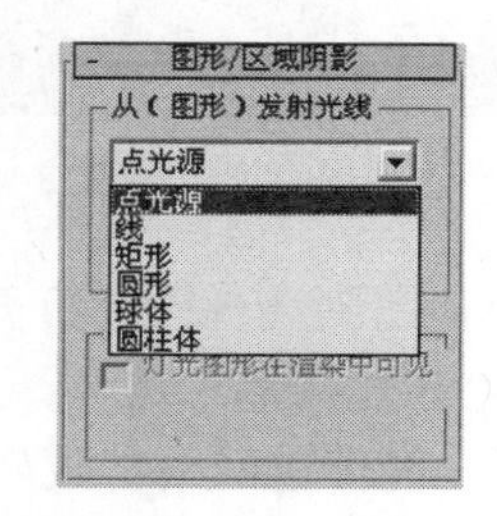

图 9.27 图形/区域阴影

9.4.2 光学灯光的使用

（1）首先打开配书光盘\第 9 章\例 9.2\book.max 文件，在场景中创建两盏目标灯光，分别命名 Point01 和 Point02。

（2）设置 Point01 的“模板”为“60W 灯泡”，“过滤颜色”为白色，“强度”值为 38886cd，“阴影”为开启状态，使用“阴影贴图”方式，阴影“大小”为 512，“采样范围”值为 6，在顶视图将此灯放置于场景的右上方。

（3）设置 Point02 的“模板”为“60W 灯泡”，“过滤颜色”为白色，“强度”值为 90000cd，“阴影”为开启状态，使用“阴影贴图”阴影方式，阴影“大小”值为 512，“采样范围”值为 6，在顶视图将此灯放置于场景的左上方，如图 9.28 和图 9.29 所示。

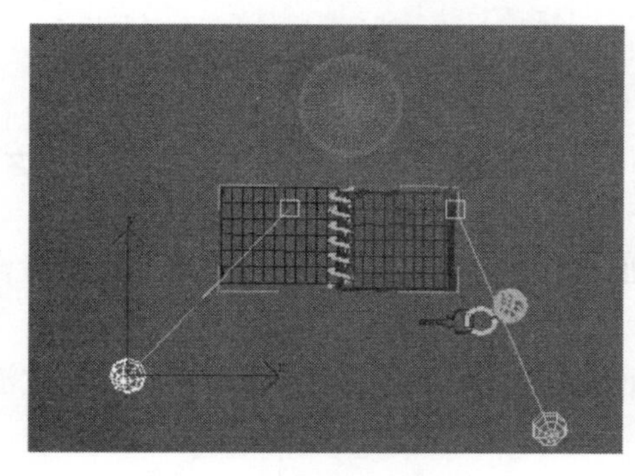

图 9.28 顶视图灯光位置 1

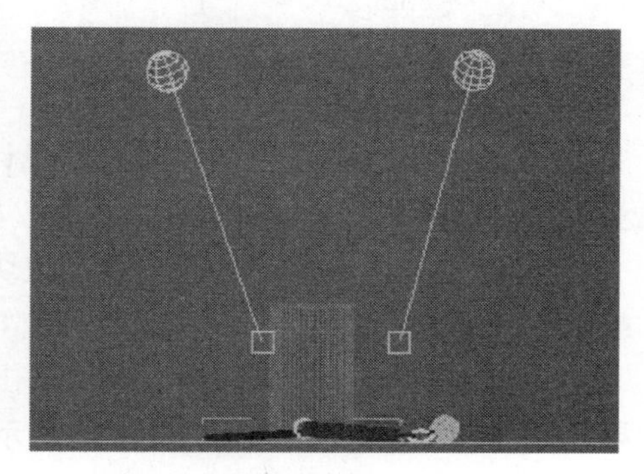

图 9.29 前视图灯光位置 1

（4）再创建一盏自由灯光，命名为 FPoint01，设置 FPoint01 的“模板”为“60W 灯泡”，“过滤颜色”为淡蓝灰色，“强度”值为 12000cd，“阴影”为关闭状态，在顶视图将此灯放置于场景的后下方，与 Point01 呈对角状态，如图 9.30 和图 9.31 所示。

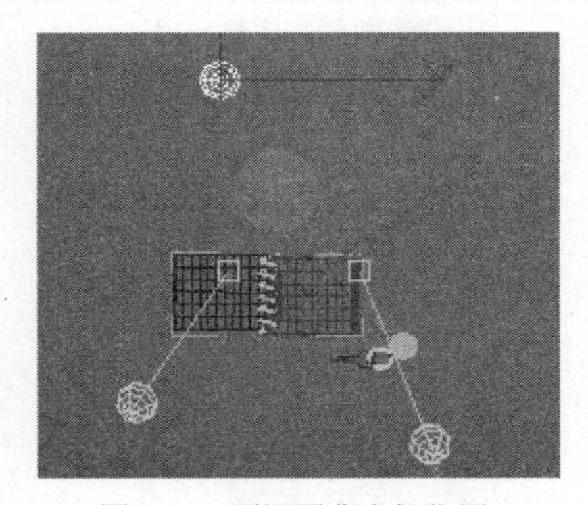

图 9.30 顶视图背光灯位置 2

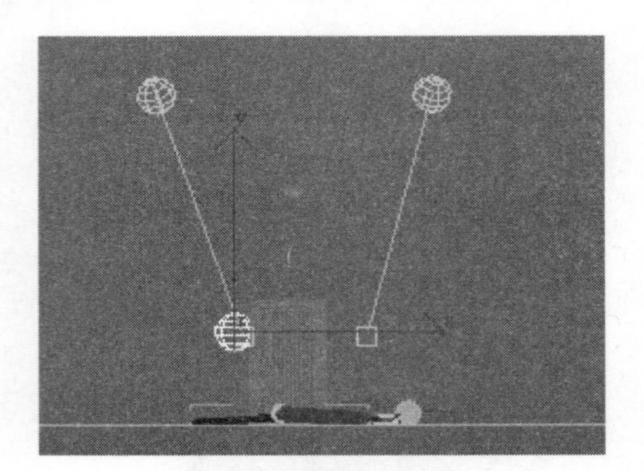

图 9.31 前视图背光灯位置 2

（5）切换视图到透视图，打开渲染设置窗口，在“高级照明”\“选择高级照明”下拉菜单中选择“光能传递”选项。选中“活动”复选框。如图 9.32 所示。

（6）在“光能传递网格参数”卷展栏，设置“最大网格大小”为 70.079，对场景中的网格进行细分处理，如图 9.33 所示。

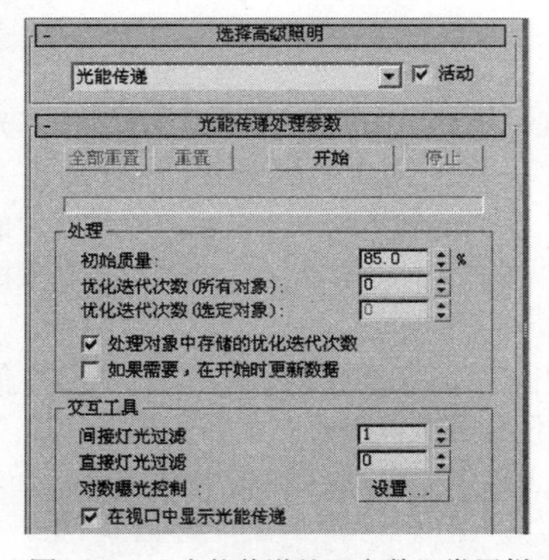

图 9.32 “光能传递处理参数”卷展栏

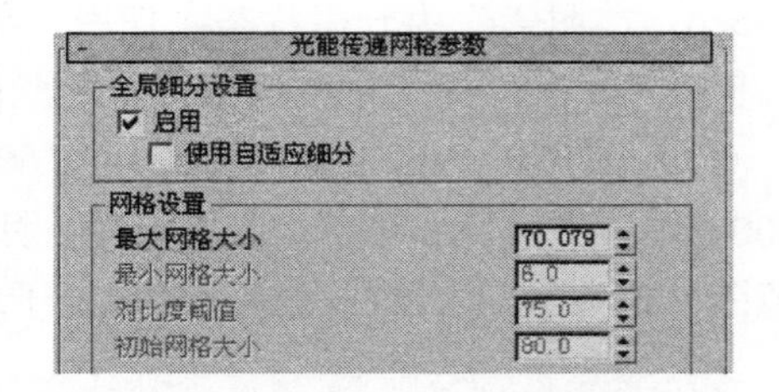

图 9.33 “光能传递网格参数”卷展栏

（7）单击“开始”按钮进行光线信息计算，当计算至 80%时可以单击“停止”按钮，渲染观看结果。

（8）有时会发现渲染的场景中有一块块的脏斑，可以将“间接灯光过滤”的数值设置为 1 或 2，增大过滤数值。

（9）单击“全部重置”按钮，再次单击“开始”按钮进行光线信息计算，这一次渲染的效果要比前一次干净多了，如图 9.34 所示。

图 9.34　渲染效果

提示：

1．光线信息计算以前，决定渲染效果的一个重要因素是场景单位的设定。选择“自定义”\“单位设置”命令，设置参数使场景尺寸符合实际情况，才能渲染出正确的结果。
2．“间接灯光过滤”的数值不要设得过大，否则会将场景的明暗关系过滤掉，使场景缺乏层次感。
3．“光能传递”渲染引擎渲染效果的好坏的另一个重要因素是材质，首先要将“标准”材质转换成“高级照明覆盖”材质，然后给每个材质设置相应的材质属性才能得到满意的渲染效果。

9.5　摄影机参数及视图控制

9.5.1　摄影机简述

在 3ds max 中允许存在多部摄影机，通常动画影片都通过在摄影机视图中渲染输出。3ds max 的摄影机属性与真实世界的摄影机属性基本一致，可以对焦距、景深、视角、透视、畸变等镜头光学特性进行调整。

在渲染输出时摄影机是不可见的，不过可以通过系统配置使摄影机图标能够在预览时可见，选择“动画”\“生成预览”命令，在弹出的如图 9.35 所示的对话框中的“在预览中显示”选项组中选中“摄影机”复选框，在非摄影机视图即可渲染摄影机图标，如图 9.36 所示。

在“自定义”菜单中选择“首选项”命令，弹出“首选项设置”对话框，选择“视口”选项卡，其中“视口参数”选项组中的“非缩放对象大小”参数用于定义摄影机图标及灯光等其他图标的显示尺寸。

摄影机视图可以通过按“C”键进入，也可以在编辑窗口视图名称位置上右击，在快捷菜单中“视图”子菜单列出的视图名称中选择进入。

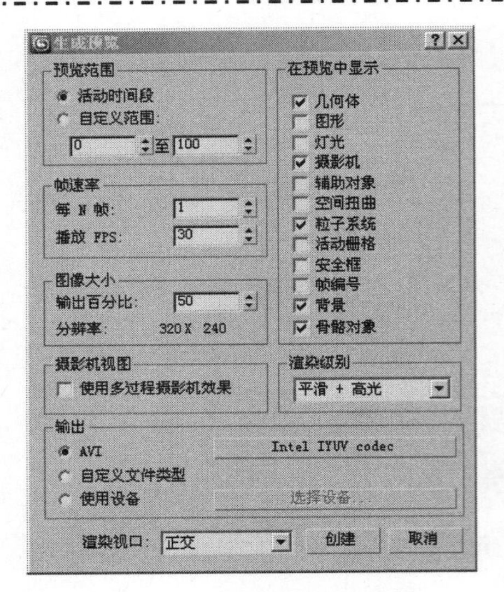

图 9.35 “生成预览”对话框

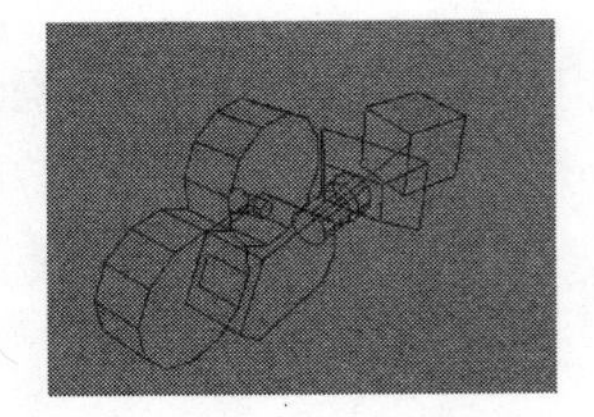

图 9.36 摄影机图标

有时场景中的摄影机拍摄角度、位置、镜头需要与真实摄影机拍摄的背景图像相匹配，这时可利用“摄影机匹配”和“摄影机点”使摄影机摄制的场景与背景图像或动画精确地配合在一起。

9.5.2 摄影机类型

摄影机共有两种类型，即“目标”和“自由”，如图 9.37 所示。

图 9.37 摄影机类型

1. 目标摄影机

目标摄影机既可调节拍摄目标点，又可调节摄影机的位置，所以在动画制作中常用来拍摄视线变化的动画。

2. 自由摄影机

自由摄影机没有拍摄目标点，只能调节摄影机拍摄方向，所以它比较适合链接到运动的对象上，拍摄摄影机跟随动画。

9.5.3 摄影机的参数

摄影机的参数设置，如图 9.38 所示。

- 镜头：设置摄影机的焦距长度，单位是（mm）毫米，其下的“备用镜头”中提供了一些常用的预设镜头类型。
- 视野：共提供 3 种不同类型的视场方向，即（水平方向）、（垂直方向）、（对角线方向），其后为数值控制区。
- 正交投影：此复选框为选中状态时，拍摄效果同“正交”视图相近；取消选中后，拍摄效果同“透视”视图相近。
- 类型：这里可以设定当前摄影机是作为目标摄影机还是自由摄影机，不过目标摄影机如转换为自由摄影机后，任何已指定到拍摄目标点的信息都会丢失。

- 显示圆锥体：选中此复选框将显示摄影机的锥形视域范围。
- 显示地平线：选中此复选框将在摄影机视图中显示一条灰色的地平线。
- “环境范围”选项组
  - 近距范围：受大气效果影响的近距范围。
  - 远距范围：受大气效果影响的远距范围。远距与近距范围之间会根据距离的百分比设置衰减淡化处理。
  - 显示：选中此复选框将在摄影机锥形框中显示一个矩形，表明近距与远距的距离位置。
- “剪切平面”选项组
  - 手动剪切：选中此复选框将能够手动定义剪切平面。
  - 近距剪切：指定近距离的剪切平面，当被拍摄对象与摄影机间的距离小于近距剪切平面与摄影机间的距离时，被拍摄对象将不出现在摄影机视图中。如选中“手动剪切”复选框，可将最小距离设为 0.1。
  - 远距剪切：指定远距离的剪切平面，当被拍摄对象与摄影机间的距离大于远距剪切平面与摄影机间的距离时，被拍摄对象将不出现在摄影机视图中。
- “多过程效果”（如图 9.39 所示）选项组

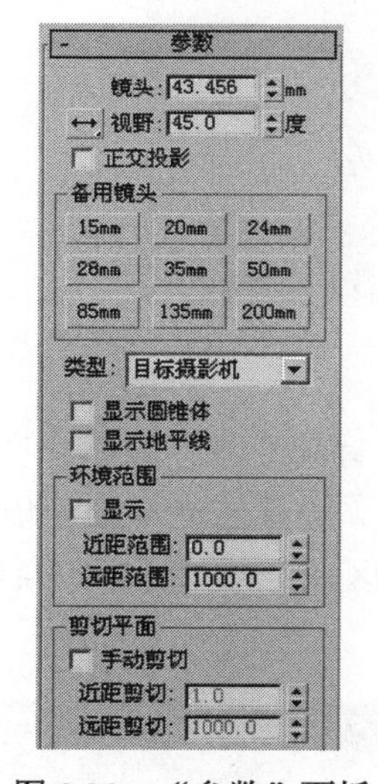

图 9.38　“参数”面板

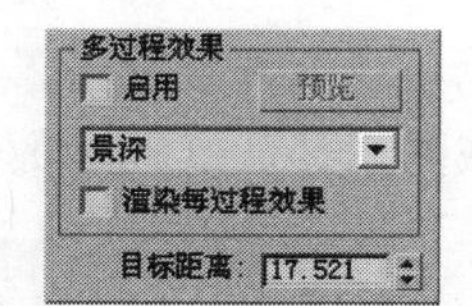

图 9.39　景深设置

  - 启用：选中此复选框，将允许预览或渲染景深和运动模糊效果。
  - 预览：单击此按钮可以在激活的摄影机视图中观察景深和运动模糊效果，只对摄影机视图有效。
  - 景深与运动模糊效果是相互排斥的，对于摄影机一次只能指定一种效果，如图 9.40 和图 9.41 所示。
  - 渲染每过程效果：选中此复选框，可以在每次的复合传递过程中，同时执行渲染效果（如模糊、色彩平衡等）。

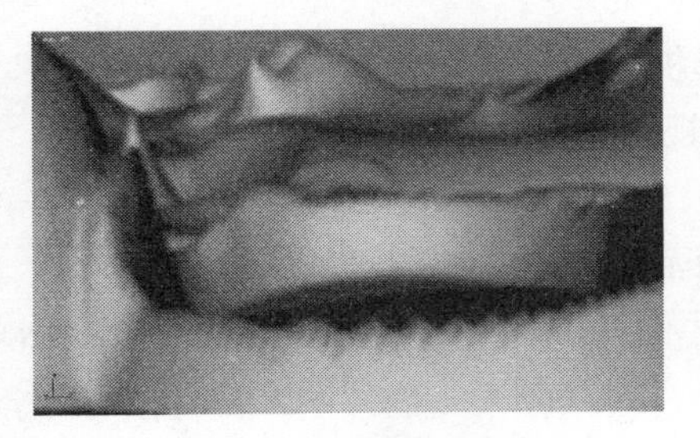

图 9.40　景深效果

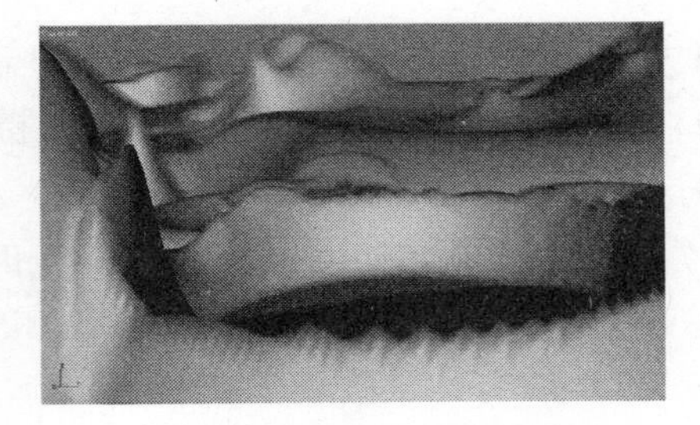

图 9.41　运动模糊效果

9.6　实践操作：灯光及摄影机应用实例制作

（1）打开配书光盘\第 9 章\例 9.3\transpar.max 文件，在此将为该场景添加灯光和摄影机。

图 9.42　transpar.max 文件

（2）按“T”键，将视图切换至顶视图，单击“目标聚光灯”按钮，在场景的左侧创建一盏目标聚光灯作为主光源，聚光灯位置参考图 9.43。设置聚光灯的“倍增”值为 0.7，灯光色彩为白色，“聚光区/光束”值为 38，“衰减区/区域”值为 54，开启阴影，设置阴影属性为“区域阴影”，其他参数保持默认值。

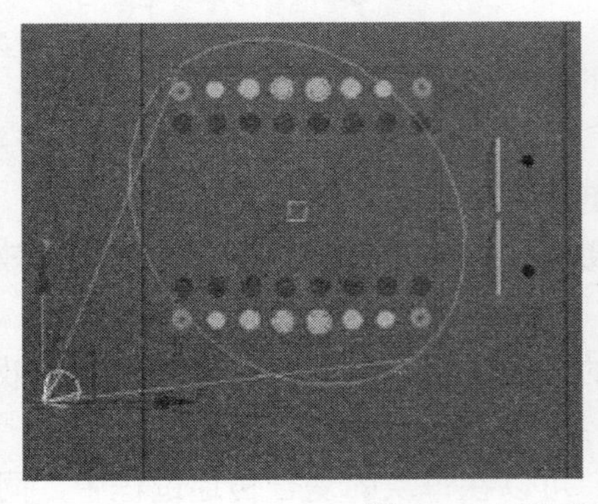

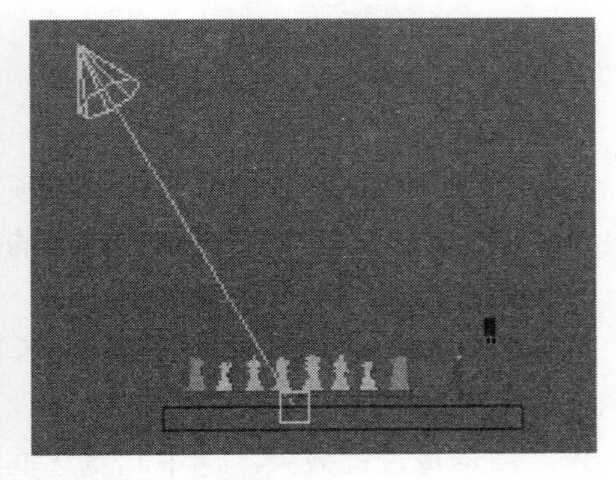

图 9.43　灯光在顶和左视图中的位置

（3）在聚光灯对角线的位置上放置一盏泛光灯，因为要将其作为背光灯，所以位置放低些。调整背光灯色彩为黄灰色，“倍增”值为 0.7，不使用阴影。

（4）在图 9.44 所示的位置上创建目标摄影机，设置“镜头”为 35mm，“视野”为 54°，将摄影机的目标点放置于棋盘上，摄影机位置提高一些，形成斜向俯视的效果。

（5）在靠近摄影机的位置上放置一盏泛光灯作为辅助光源，灯光色彩为暖色调的橘黄色，“倍增”值为 0.4，不使用阴影。

（6）按“C”键，将视图切换到摄影机视图，按“Shift+Q”组合键，或单击“渲染产品”按钮，渲染视图，效果如图 9.45 所示。

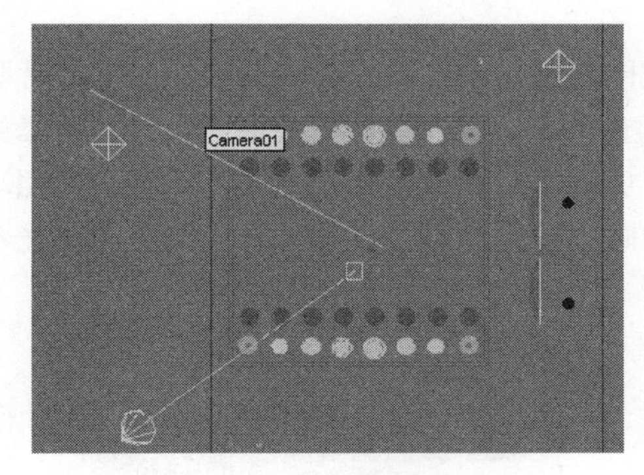

图 9.44　摄影机位置

图 9.45　最终渲染效果

9.7 大 气 环 境

在 3ds max 中提供了雾、体积雾、体积光和火效果 4 种大气效果，通过“环境”编辑器设置，可以模拟真实的环境效果。

9.7.1　设置环境

设置环境首先需要选择“渲染”\“环境”命令，即可打开“环境和效果”对话框。

9.7.1.1　公用参数

1．“公用参数”卷展栏（如图 9.46 所示）

图 9.46　公用参数

➘　“背景”选项组

➢　颜色：用来设置场景中的背景颜色，可以为背景颜色设置动画。

➢ 环境贴图：用来指定一个环境贴图，环境贴图必须使用环境贴图坐标“球形”、“柱形”、“收缩包裹”或“屏幕”。如果要指定环境贴图，可以将材质编辑器内材质的“纹理”属性改变为“环境”属性，然后再选择相应的环境贴图坐标。当选中“使用贴图”复选框时，场景将使用环境贴图作为背景。

➘ “全局照明”选项组

➢ 染色：为场景中所有灯光设置色彩，除环境光外，可设置色彩动画。

➢ 级别：设置灯光色彩亮度的倍增强度。

➢ 环境光：设置环境光的颜色，也可以设置色彩动画。

2. “曝光控制”卷展栏

“曝光控制”主要是用来调节场景的颜色范围和输出级别，它类似于照相机的胶片曝光，其中有“mr 摄影曝光控制”、“对数曝光控制”、“伪彩色曝光控制”、“线性曝光控制”和“自动曝光控制”几种控制方式，如图 9.47 所示。这些控制方式与高级的光照功能和高级光照所能达到的光照范围相关，这里的曝光量控制将能够补偿曝光过强或曝光不足的差异。

曝光控制参数如图 9.48 所示。

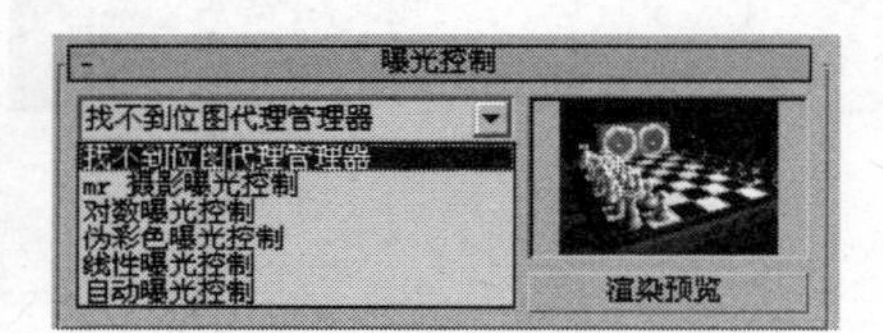

图 9.47　几种曝光控制方式

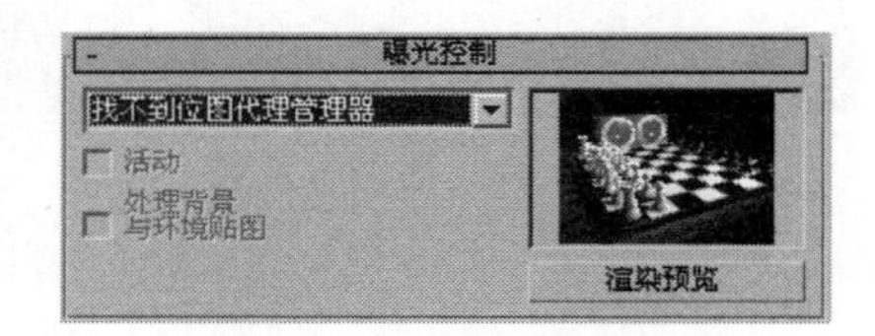

图 9.48　“曝光控制”参数

➘ 活动：选中此复选框时表示渲染场景时使用曝光控制；未选中时，曝光控制只影响场景中的对象，不影响场景中的背景。

➘ 处理背景与环境贴图：选中此复选框时，对背景和环境贴图应用曝光控制；未选中时，曝光控制影响场景对象，但不影响背景。

➘ 渲染预览：单击此按钮将在小预览窗口中快速地查看调整后的结果，便于曝光量的控制设置。

3. “自动曝光控制参数”卷展栏

当在曝光控制下拉列表中选择“自动曝光控制”选项时，与其相对应的卷展栏被打开，如图 9.49 所示。

自动曝光控制是通过对渲染的图像进行采样，生成类似照相机的曝光作用的、增强的灯光效果。它使用一个物理模型，使场景中的每个灯光的强度由灯光的倍增器值乘以“物理比例”的值来确定，“物理比例”的值同时也会影响反射与折射、自发光等属性。不过由“反射/折射”或“平面镜”贴图所产生的反射与折射是不能使用自动曝光控制的。

➘ 亮度：用来调节转换颜色的亮度。

➘ 对比度：调节转换颜色的对比度。

➘ 曝光值：调整渲染全部场景的亮度，默认值为 0，曝光数值作为摄影机的曝光补

偿，此参数可作动画设置。

- 物理比例：设置曝光控制的物理缩放值。这是灯光的强度值，乘以灯光的“倍增”、“自发光”、“反射”及“折射”，单位为 cd，取值范围为 0～200000，默认状态为 1500，减小物理缩放数值将会使场景更加灰暗，增大此数值则会使场景更加明亮，也可利用此数值的变化制作动画，使场景由暗转亮等处理。
- 颜色修正：选中此复选框，场景将按照所选的色彩进行色彩调节，这种色彩调节是根据人眼对色彩的适应所产生的大脑反应来调节的。例如，我们对有色灯光环境下的白色物体感觉依然是白色，这就是因为经过了大脑的色彩调节而形成的印象，实际看到的白色物体在灯光环境下显示的是灯光的环境色彩。
- 降低暗区饱和度级别：选中此复选框，将会降低人眼的不敏感色彩的饱和度。

4. “线性曝光控制参数”卷展栏（如图 9.50 所示）

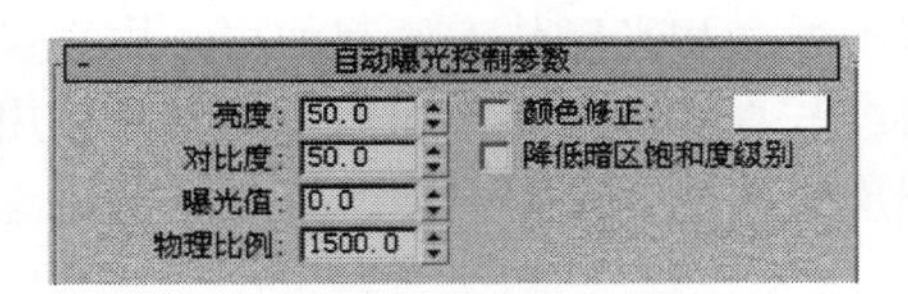

图 9.49　“自动曝光控制参数”卷展栏

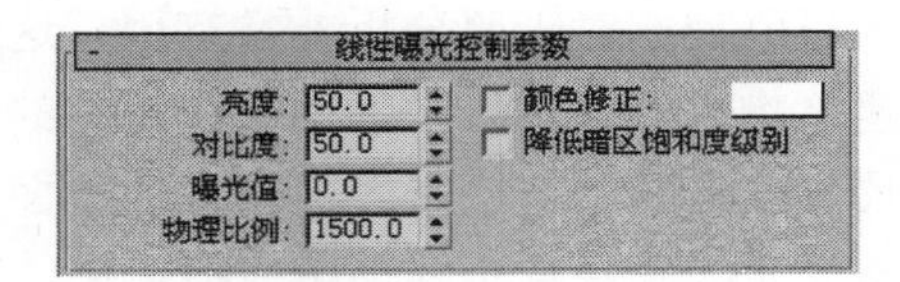

图 9.50　“线性曝光控制参数”卷展栏

此卷展栏内的参数与“自动曝光控制参数”卷展栏内的参数基本一致，只是线性曝光控制是通过对渲染图像进行采样，而使用场景的平均亮度把物理值映射成 RGB 值，因此尤其适用于动态范围较低的场景。

5. “对数曝光控制参数”卷展栏（如图 9.51 所示）

本卷展栏的大部分参数与前面的“自动曝光控制参数”卷展栏内的参数基本相似，这里只针对不同的参数进行介绍。

- 中间色调：调和转换颜色中间的调和值。该参数将中间值调向更高或更低的范围，这取决于场景的整体明暗的范围。
- 仅影响间接照明：在使用标准灯时，应用此项将只影响非直射光。因为标准灯光是基于颜色的，而非能量设置，所以直射灯光不需要校正。
- 室外日光：选中此复选框，会转换颜色使其适合于室外场景。室外日光是特殊地用于自动补偿过量的 IES 太阳光的设定，如果场景中有这样的灯，应将此复选框选中。

6. “伪彩色曝光控制”卷展栏（如图 9.52 所示）

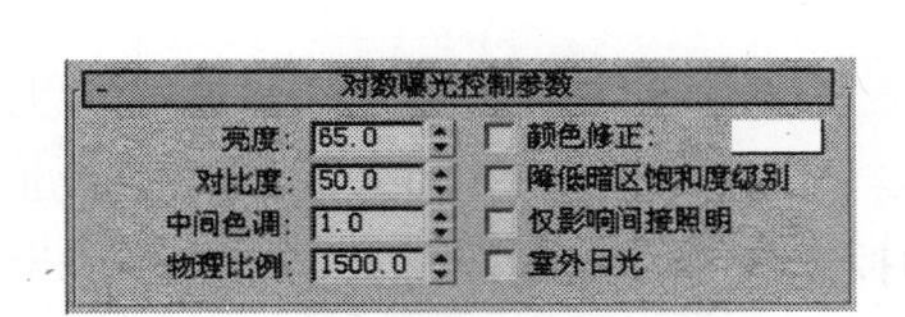

图 9.51　“对数曝光控制参数”卷展栏

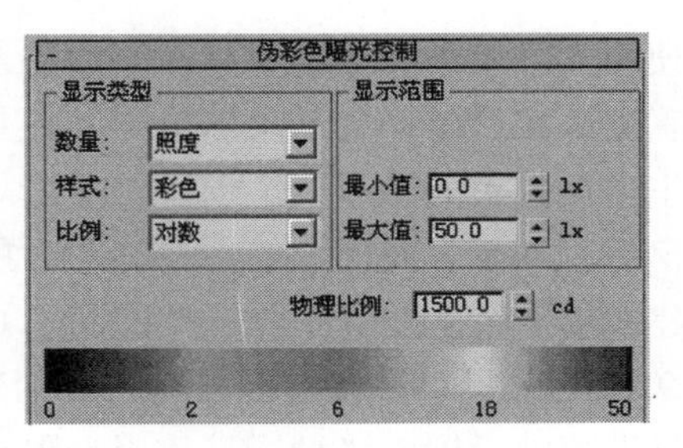

图 9.52　“伪彩色曝光控制”卷展栏

- “显示类型”选项组
  - 数量：选择将要分析的光照的量和亮度，同一时间内只可选择一项。
  - 样式：选择显示为灰度级或色彩级的尺度，底部的色条显示的是当前所选的尺度。
  - 比例：范围尺度中的颜色可以在最大值和最小值范围内以线性或对数方式分布。
- “显示范围”选项组

最小值/最大值：设置将要分析的最小和最大值范围，设置该数值时应包括场景中所有灯的范围，错误的范围只会把结果限制在色彩尺度的一个部分内。

- 物理比例：将会把非物理灯转换为物理灯。
- 光谱条：显示从光谱到亮度的映射。光谱下的数字设置最小值和最大值的范围。

伪彩色控制对光照分析非常有用。这个功能一般会和光能传递一起使用，用来设计和测试建筑物内部等场景中的照明，得到的结果将会与真实情况非常相似。伪彩色使用一个色彩尺度或是一个灰度尺度在场景的表面使光强度可视化。使用光度学灯、光能跟踪和正确的材质才能确保真实的环境模拟效果。

9.7.1.2 “大气”卷展栏

- 效果：这里显示增加的大气效果名称。当增加大气效果时，在对话框中就会出现相应的参数设置卷展栏。
- 名称：用来对选中的大气效果重新命名，可为场景增加多个同类型的效果。
- 添加：用来为场景增加一个大气效果。
- 删除：用来删除列表中选中的大气效果。
- 活动：处于选中状态时，列表中选中的大气效果将暂时失效。
- 上移/下移：用来改变列表中大气效果的顺序。渲染时，系统将按照列表中的顺序进行计算，列表底部的大气效果将叠加在上面的效果上。
- “合并”：用来把其他的 3ds max 文件场景中的效果合并到当前场景中，在合并效果时，灯光或大气 Gizmo 也会一起合并到场景中来，如果合并的效果与当前的效果同名，将会出现提示对话框。

9.7.2 创建大气效果

使用大气效果能够创建更真实的场景效果，在使用雾、火焰等效果时要先添加一个大气装置来限定产生大气效果的范围。在几种大气效果中只有“雾”是不必添加大气装置就能产生大气效果的。

单击“创建”面板中的“辅助对象”按钮，选择“大气装置”选项，即显示大气装置创建面板，3 个按钮分别是“长方体 Gizmo”、“球体 Gizmo”和“圆柱体 Gizmo”，如图 9.53 所示。单击按钮可在场景中创建相应的控制线框，控制框有长、宽、高或半径和“种子”值的设置，“种子”值用来限定计算大气的随机数，“新种子”按钮能重新设置

一个新的随机数种子，如图 9.54 所示。相同的种子数值的控制线框，会产生相同的大气效果，可以通过移动、缩放、旋转等工具对控制线框进行修改，但不能对其应用编辑修改器。

在“环境和效果”对话框的“大气”卷展览中单击“添加”按钮，会弹出如图 9.55 所示的对话框，其中有 4 种大气效果可以选择：“火效果”、“雾”、“体积雾”和“体积光”。

图 9.53　大气装置

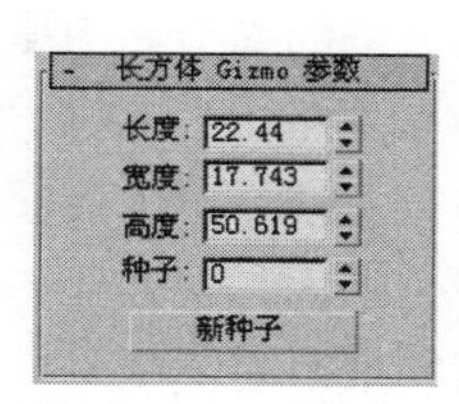

图 9.54　大气装置参数

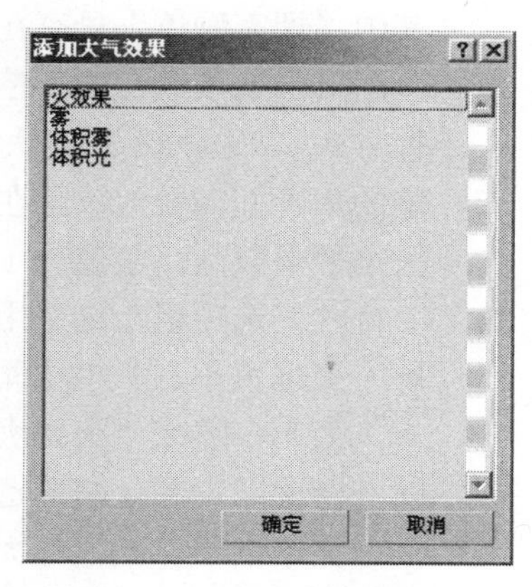

图 9.55　大气效果选项

9.7.2.1　使用“火效果”

在三维场景创建中常常会需要产生真实的火焰、火球、烟雾或爆炸等效果，这些效果都可利用“火效果”创建出来。“燃烧效果”参数面板如图 9.56 所示。

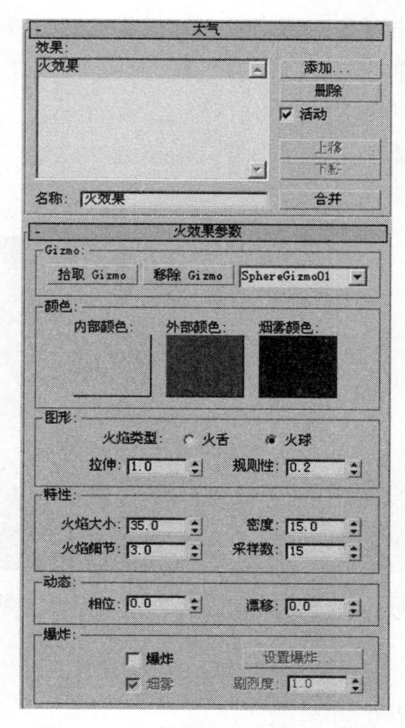

图 9.56　“燃烧效果”参数面板

创建的方法是先创建一个大气装置控制框，然后将“火效果”指定给此大气装置，就成功地添加了燃烧效果。值得注意的是大气装置的大小与“火效果”内部的参数设置是密切相关的，在制作动态的火球燃烧或爆炸效果时，大气装置控制框也可随时间变化而变化。

- “颜色”选项组：用于调节火焰的颜色，3 种颜色分别为内焰、外焰和烟的颜色，其中“烟雾颜色”只有在激活“爆炸”和“烟雾”复选框后才会生效。
- “图形”选项组：主要控制火焰的形状。“火焰类型”有“火舌”和“火球”两种方式。“拉伸”控制火焰沿“Gizmo”Z 轴缩放的程度。“规律性”用来调整火焰的规则性，数值范围在 0~1 之间，它的数值为 0 时，火焰不能充满“Gizmo”，火焰效果较乱；数值为 1 时，火焰能够充满“Gizmo”，火焰效果较规则。
- “特性”选项组：这里用来控制火焰的细节和密度。
  - 火焰大小：大的火焰要求有较大的大气装置“Gizmo”，如果此项数值设置太小，那么“火焰大小”的数值就要增加以获得更多的细节。
  - 密度：设置火焰的透明度和亮度。
  - 火焰细节：数值越大，火苗的细节越清晰。
  - 采样数：采样数值越大，火焰越模糊，渲染时间越长。
- “动态”选项组：控制火焰的动画设置。
  - 相位：调整火焰的相位，随着此数值的变化，火焰形态相应地变化。
  - 漂移：此数值越大，火焰的跳动越剧烈。
- “爆炸”选项组：主要控制爆炸效果。
  - 当“爆炸”复选框处于选中状态时，即会产生爆炸效果。单击右侧的“设置爆炸”按钮会弹出爆炸时间控制框，如图 9.57 所示。
  - 烟雾：处于选中状态时，将会产生烟雾效果。
  - 剧烈度：设置爆炸的猛烈强度，数值越大，爆炸越猛烈。

如图 9.58 所示为火球效果。

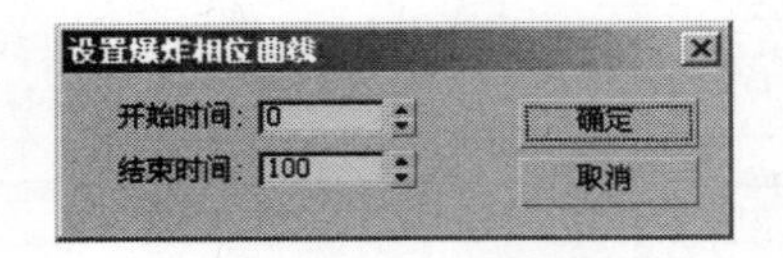

图 9.57　爆炸时间控制

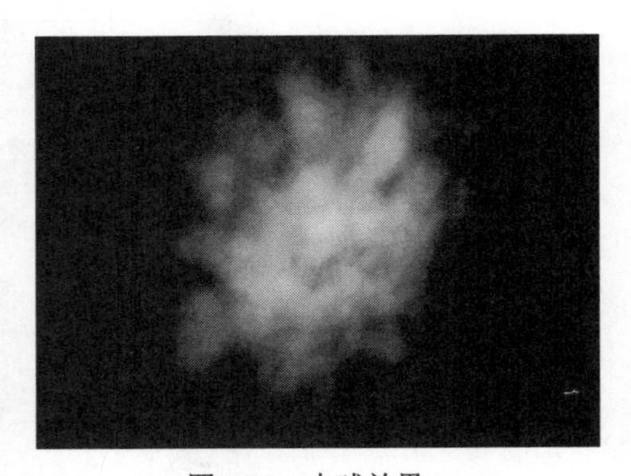

图 9.58　火球效果

9.7.2.2　“雾效果”

“雾效果”参数面板如图 9.59 所示。

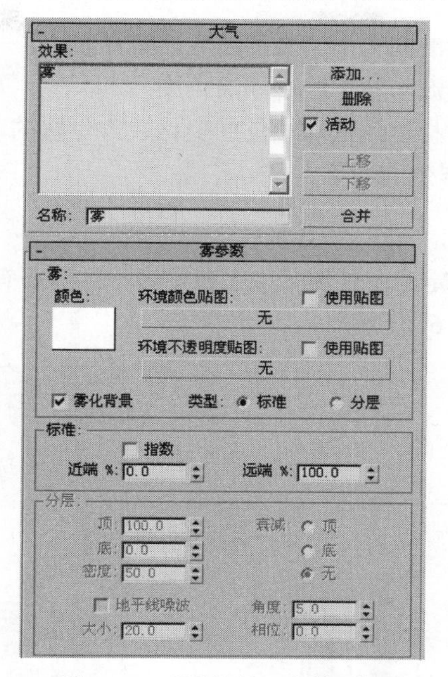

图 9.59　“雾效果”参数面板

- “雾参数”选项组：可设置雾效果。
    - 颜色：可设置雾的颜色。
    - 环境颜色贴图：用贴图来控制雾的颜色。
    - 环境不透明度贴图：用贴图来控制雾的透明度。
    - 雾化背景：选择此复选框时可以使背景同时有雾的效果。
    - 类型：主要有“标准”和“分层”方式。
- “标准”选项组

此选项组只有在选择了“标准”方式后才可启用。

- 指数：选中此复选框后，雾的浓度随距离的变化而变化，符合现实的指数变化。
- 近端%和远端%：设定在摄影机的“近端%”和“远端%”位置上雾的浓度的百分数，这两者之间系统自动产生过渡。

- “分层”选项组

当雾的方式选择“分层”后才会开启此选项组。

- 顶：雾的上限的值。
- 底：雾的下限的值。
- 密度：设置雾的整体的密度。
- 衰减：添加一个额外的垂直地平线的浓度衰减，在顶层或底层将雾的浓度减少。
- 地平线噪波：为雾添加噪波，能够增加雾的真实感。

- 大小：设置噪波的大小，数值越大，雾团越大。
- 角度：设置噪波与地平线的偏离角度。
- 相位：噪波的相位，依靠相位的变化，产生雾的动态效果。

如图 9.60 所示为应用雾效的场景。

9.7.2.3 “体积雾”

“体积雾”是一种可限定范围的雾效，它和火焰一样需要有一个大气控制框作为容器。“体积雾参数”设置如图 9.61 所示。

图 9.60 有雾的场景

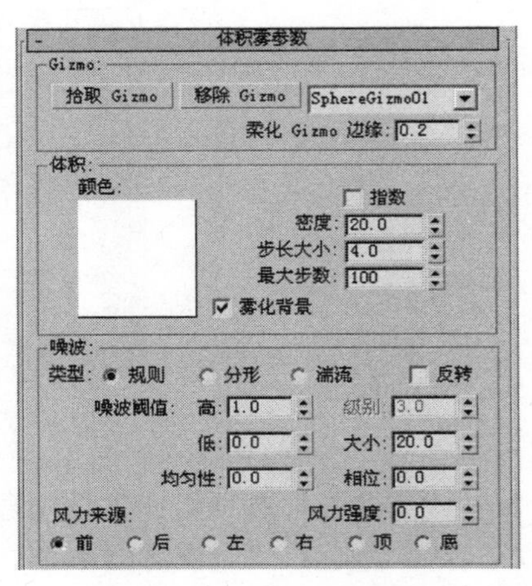

图 9.61 “体积雾参数”设置

- “Gizmo”选项组
  - 拾取 Gizmo：拾取大气控制框。当在视图中创建的大气控制框调整好后，用此按钮拾取，雾效将限定在控制框范围内。
  - 移除 Gizmo：删除大气控制框。将已拾取的控制框删除，删除后，大气控制也会自动失效。
  - 柔化 Gizmo 边缘：羽化体积雾的边界。数值越大，羽化效果越强，一般情况都会大于 0，这样不会产生锯齿边界。
- “体积”选项组
  - 指数：选中此复选框后，雾的浓度随距离的变化而变化，符合现实的指数变化。
  - 密度：设置雾的整体的密度。
  - 步长大小：用来确定雾的颗粒大小，颗粒越大，雾效越粗糙。
  - 最大步数：限制取样的数量。
  - 雾化背景：选中此复选框时可以使背景同时有雾的效果。
- “噪波”选项组：为体积雾添加噪波效果。
  - 类型：设置噪波的方式，主要有“规则”的噪波、“分形”的噪波、“湍流”的噪波及“反转”——将噪波的效果反相，浓度大的地方变成浓度小的。

- 噪波阈值：“高”是阈值的上限，“低”是阈值的下限，“均匀性”：设置雾的均匀度，数值范围在-1~1 之间。数值越小，越容易形成分离的块状雾，雾块间的透明度越大。“级别”：此项只有在“类型”中选择“分形”或“湍流”时才有效，主要设置噪波的程度。“大小”：设制雾块的大小。“相位”：噪波的相位，主要针对动画效果，产生动态雾。
- 风力来源：设置风吹的方向。有“前”、“后”、“左”、“右”、“顶”和“底”几个方向。
- 风力强度：设置风的强度。

利用体积雾可以模拟云团的效果，对大气控制框进行形状上的变化来设置云团大小。体积雾效果如图 9.62 所示。

图 9.62　体积雾

9.7.2.4　使用“体积光”

在前面介绍灯光时，已接触到“体积光”的使用，这里将通过实例分析来详细学习体积光的参数设置。

（1）打开配书光盘\第 9 章\例 9.4\ vol_light2.max 文件，如图 9.63 所示，为场景的目标聚光灯添加体积光效果。

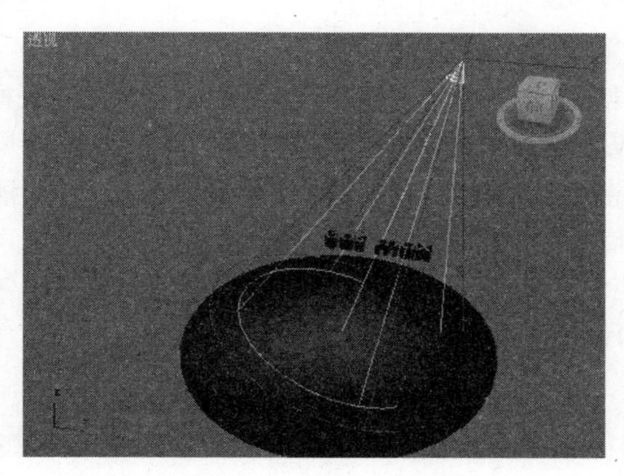

图 9.63　vol_light2.max

（2）选中灯光 Spot01，打开“环境和效果”对话框，单击“添加”按钮，在弹出的选项面板中，选择“体积光”选项，灯光被添加了“体积光”属性。

（3）使“体积光”处于工作状态，单击“设置”按钮进入环境与效果编辑器，如图 9.64 所示。

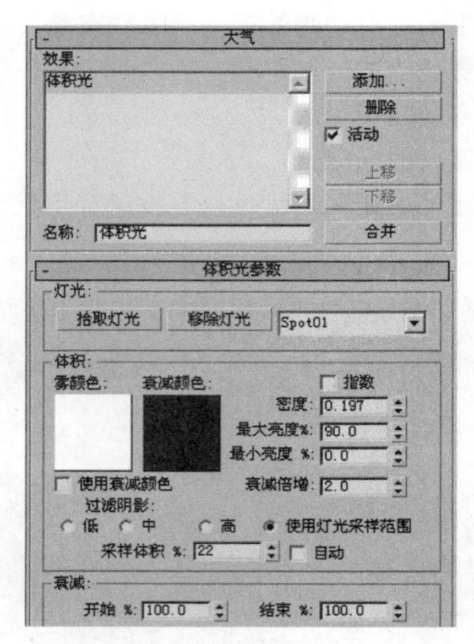

图 9.64　体积光参数

以下介绍一下“体积”选项组中的参数意义。

- 雾颜色：设置雾的色彩。
- 衰减颜色：设置雾衰减区域的颜色。
- 使用衰减颜色：选中此复选框将应用衰减颜色。
- 密度：设置雾的浓度。
- 最大亮度%：设置雾效的最大亮度。
- 最小亮度%：设置雾效的最小亮度。
- 衰减倍增：设置衰减的倍增值。
- 过滤阴影：包括“低”、“中”、“高”、“使用灯光采样范围”几项。
- 采样体积%：设定采样百分比。

本例中体积光的“密度”值为 0.197，“过滤阴影”使用“使用灯光采样范围”，采样百分比“采样体积%”值为 22，其他参数保持默认状态。

（4）将聚光灯的阴影选项打开，使用“阴影贴图”阴影类型，在透视图中渲染场景就会得到如图 9.65 所示的体积光效果。

提示：

所有的大气环境效果只能在透视图或摄影机视图渲染结果。

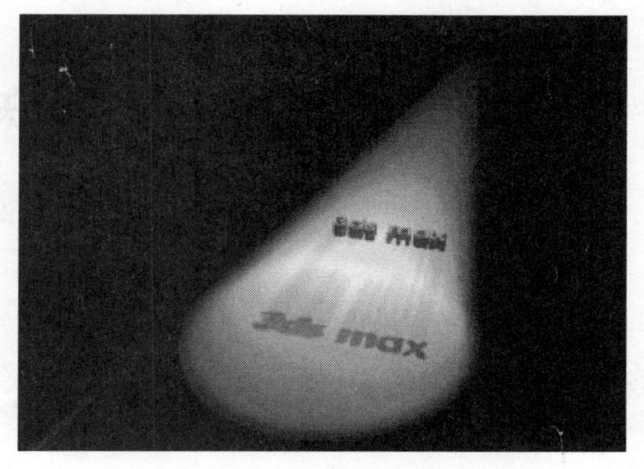

图 9.65　体积光效果

9.8 课后习题

思考题

1．3ds max 的灯光类型有哪些？
2．灯光的阴影有几种类型，分别是哪些？
3．大气效果中哪种效果可以模拟云团？
4．如何创建景深和运动模糊效果？

第 10 章　动画基础知识

本章主要内容

- ☑　动画原理及一般三维动画的制作步骤
- ☑　关键帧动画的制作方法
- ☑　关键帧动画实例制作
- ☑　轨迹视图的应用
- ☑　动画实例的制作
- ☑　课后习题

本章重点

一般三维动画的制作方法和步骤，关键帧动画的制作方法，轨迹视图的应用及一些实例的制作。

本章难点

- ☑　轨迹视图的应用
- ☑　动画实例的制作

10.1　简单动画设置

10.1.1　动画基础

1．动画的工作原理

与电影、电视中传统的动画相似，在计算机中完成的三维动画，也是首先制作出多幅前后顺序相关联的图像，每幅图像显示对象在某个特定的运动瞬间的姿态及相应的周围环境，然后快速播放这些图像，使之看起来是光滑流畅的动作。通常将这一幅幅的图像称做帧。

关键帧是传统动画制作中的一个概念，是指所有帧中的关键点，是控制动作的关键一帧，通常是动作的转折点。传统动画一般是首先由设计师绘出动作的关键一帧即关键帧，然后由一般的绘画工作者根据关键帧绘出两关键帧之间的其余帧。动画中的关键帧由制作者来设置，其余帧由计算机通过计算完成。

2．动画制作的一些关键步骤

动画的创作大致可以分为以下几个步骤：

（1）首先要明确表现的内容（这些内容可以分几个镜头来完成）及每个镜头所占用的

时间，即准备一个动画制作脚本。

（2）创建所需要的场景对象模型。计划好对象由哪些部分构成，以及它们之间的层次链接关系，是否需要辅助对象等。设置好灯光和相机，完成整个场景的布置。

（3）给场景中的每个物体制作相应的材质，并根据需要调整材质的各项参数，使每个对象的材质效果在脚本要求的场景内表现得十分协调。

（4）设定对象的动作及场景、材质等变化，即设置动画。

（5）进行参数变化等调试，观察效果，直到符合设计要求。

（6）对制作的动画进行后期合成，如加入一些特殊效果、合成配音文件等。

（7）将动画渲染为要求的文件格式。

10.1.2　动画制作过程

制作一个完整的动画一般需要经过 3 个过程。

1．搭建动画场景

这是动画制作的基础部分，该过程又分为 3 步。

（1）创建场景中的模型（俗称建模）。动画场景中的模型又可分为两种：一种是基础模型，主要用来模拟动画的环境，如山峦、河流、草地、天空等。这些模型相对于建筑效果图中的模型来说，对精度的要求不是很高，制作也相对简单，只要达到基本的要求即可，模型的效果主要依靠材质和灯光来表现。另外一种是动画模型，也就是需要设置动画的模型，如人物、动物、车、船等。这些模型的制作要求就要高一些，若想达到逼真的效果可能需要相当复杂的制作过程。

（2）制作模型的材质。模型最终的效果是要通过材质来表现的，如金属质感的文字、晶莹透明的玻璃、波澜壮阔的海面等，材质是动画场景对象及环境设置中不可缺少的重要部分。

（3）设置灯光和相机。灯光的配置是场景构成的一个重要组成部分，在造型及材质已经确定的情况下，场景灯光的设置将直接影响到整体效果。通常灯光是和对象的材质共同起作用的，它们之间合理的搭配可以产生恰到好处的色彩和明暗对比，从而使三维作品更具有立体感和真实感。所以在动画场景中，材质和灯光是密不可分的。而相机的作用则是为场景摄取一个好的视角，有助于更好地表现场景环境和模型的效果。另外，也可以通过为相机设置动画，来完成一些特技的制作。

2．设置动画

这是动画制作中的关键部分。设置动画一般需要 3 个步骤。

（1）首先根据动画的内容确定动画对象，并设定各动画对象的动画时间段。这个过程类似于影视制作中，每场戏的角色选择和上场时间安排。

（2）选择最简单有效的动画制作工具和方法。在 3ds max 中有多种设置动画的方法和工具，用于制作各种动画效果。如要表现河水流动的动画效果，可直接使用动画录制器在不同的关键帧处设置材质的参数变化；如要表现茶壶破裂效果，可使用粒子系统；如要表现物体之间碰撞后的运动效果，可使用动力学系统等。

（3）对动画对象具体的设置。这是动画制作最繁琐的一步，需要制作者以极大的耐心不断地调整关键帧的位置和参数的大小等，直到达到令人满意的效果为止。

3．渲染输出动画

这是动画制作的收尾工作，主要是设置动画的输出大小、输出格式、保存位置等。当然也可以在这一环节中，为动画加入一些后期效果，以使场景更加绚丽夺目，这就要根据实际的动画要求来定了。

10.1.3 简单动画制作

【例 10.1】文字动画

下面以简单的文字旋转并由远及近的动画实例制作，说明一个完整动画的制作过程和关键帧动画的设置方法。

1．创建场景

单击“创建”\“几何体”\ 长方体 按钮，在顶视图中创建一个长方体 Box01 作为地面；单击“创建”\“图形”\ 文本 按钮，在前视图中输入文字“三维动画”，字体类型为“隶书”，其他参数使用默认值。

2．设置材质

按“M”键，打开材质编辑器，分别为地面和文字设置材质。地面使用简单的颜色，在漫反射中设置颜色块的红、绿、蓝值分别为 200、182、150。文字设置自发光效果，并在漫反射中加入 3ds max 自带的“渐变坡度”贴图，调整颜色块，RGB 值及位置设置如图 10.1 所示。

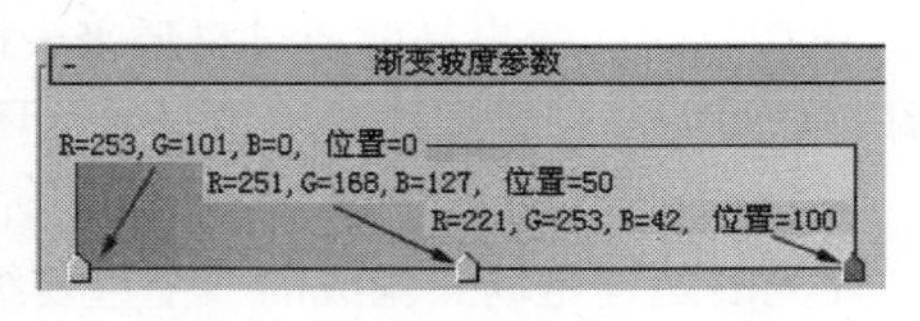

图 10.1 “渐变坡度”贴图

3．设置动画

（1）单击 自动关键点 按钮，开始自动记录关键帧动画。在第 0 帧处，将文字移动到右上角的位置上，并缩小文字。

（2）在第 100 帧处，将文字移动到画面中间的位置，旋转一定的角度，并放大文字，在第 100 帧处可见关键帧点已生成，同时第 0 帧的关键帧也自动生成。

（3）再次单击 自动关键点 按钮，关闭关键帧动画记录。

（4）单击“播放动画”按钮，播放动画。如设置不理想，可进行动画调节，直到满意为止。

提示：

使用 设置关键点 按钮与 按钮配合，可以实现手动设置关键帧点，方法是单击 设置关键点 按钮并在动作的转折点处单击 按钮，则关键帧点被设置。

4．渲染动画

（1）单击主工具栏中的 “渲染设置”按钮或选择“渲染”\“渲染设置”菜单命令（快捷键为 F10）都可以打开渲染窗口。

（2）在“公用”卷展栏中选择“时间输出”选项组下的“活动时间段”或“范围”（指定渲染的开始和结束帧）进行动画渲染。

（3）“输出大小”项使用默认值。

（4）“渲染输出”项中，单击“文件”按钮，将渲染的动画保存在指定的位置上，并将文件的保存类型设为 AVI 格式。

（5）单击窗口右下角的 渲染 按钮，开始渲染动画。经过一段时间后，渲染结束。可通过动画播放器播放动画或选择菜单“文件”\“查看图像文件”命令观看图像文件。

10.2　关键帧动画实例

在 3ds max 中最基本的动画主要有以下几种动画类型：变换动画、参数变化动画、材质动画、摄像机动画、灯光动画、特效动画等。在很多情况下，动画设置往往综合几种基本类型的动画，下面介绍部分动画的设置方法。

【例 10.2】碰撞

本例通过位移（变换）动画和（修改器）参数变化动画设置两球相撞前后的运动场面。

（1）打开配书光盘\第 10 章\例 10.2\碰撞.max 场景文件，橡皮球棒被弯曲到如图 10.2 所示的位置，在第 0 帧处修改器弯曲的角度值为 146.5。

图 10.2　碰撞场景文件

（2）单击 按钮，打开“时间配置”窗口，在“动画”选项组下的“长度”项中，将动画长度设置为 30 帧。

（3）单击 自动关键点 按钮，开始自动记录关键帧动画。在第 3 帧处，将修改器弯曲的角度值设置为-22.5，两球相接触，如图 10.3 所示。

（4）在第 7 帧处，将修改器弯曲的角度值设置为 11，模拟橡皮球被撞回的效果。

（5）在第 12 帧、第 16 帧、第 21 帧处再设置弯曲的角度值分别为-7.6、4、4.6，模拟由于弹性作用，橡皮球棒来回摆动的效果。

（6）玻璃球在受撞击后发生了位移，所以设置玻璃球沿 X 轴移动了约 200 个单位的距离。

（7）为了模拟玻璃球的滚动效果，除了设置位置变换，也在 Y 轴向设置了 900° 的旋转变换。

（8）播放动画，如果有不合适的环节，可以继续调整，直到合乎要求为止。

（9）渲染动画。如图 10.4 所示为渲染后第 30 帧的效果。

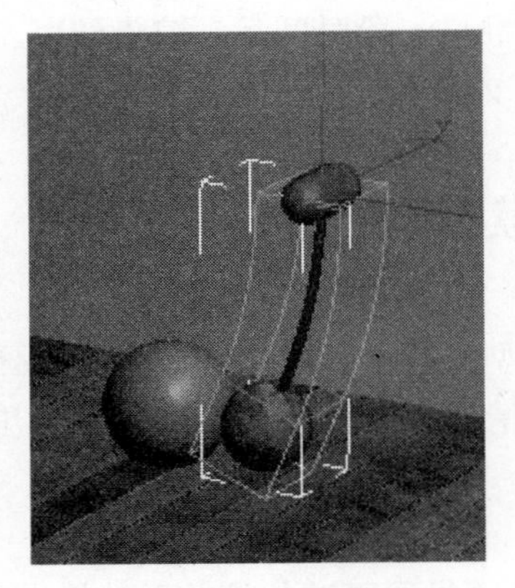

图 10.3　弯曲的参数角度为-22.5

图 10.4　第 30 帧的渲染效果

【例 10.3】文字生成动画

本例使用放样命令将数字 1、2、3 放样成三维对象，然后制作动画模拟立体字生成过程。

（1）在前视图中创建 Text01、Text02、Text03 文字，分别输入 1、2、3，参数使用默认值。创建 3 个半径为 2.5 的圆，创建一个 Box01 作为平台。

（2）选择数字 1，单击“创建”\“几何体”\“复合对象”\放样\获取图形按钮，在视图中拾取圆（Circle01），从而创建了一个数字 1 的轮廓字 Loft01。

（3）以同样方法完成数字 2 和 3 的轮廓字 Loft02 和 Loft03。

（4）选择 Loft01，单击“修改”按钮，在“修改”面板中单击“变形”卷展栏中的\缩放按钮，弹出“缩放变形”面板。

（5）选择曲线右边端点，在下边的数值框中将 100 改成 0（把该点下移到 0 点）。

（6）单击“插入角点”按钮，在红色曲线的任意位置插入两点。

（7）单击自动关键点按钮，开始录制动画。

（8）将时间滑块拖到第 0 帧，在“缩放变形”面板选择刚插入两点左边的一点，在面板下方的两个数值框中分别输入 0、100。然后选择第二个插入点，在面板下方的两个数值框中分别输入 0、0，结果如图 10.5 所示。

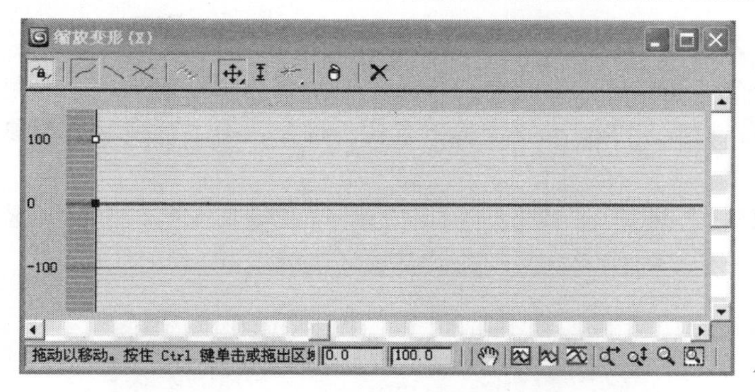

图 10.5　第 0 帧时的设置结果

（9）将时间滑块拖到第 30 帧，仍然选择第二个插入点，在面板下方的两个数值框中分别输入 100、0。选择第一点，输入 100、100，结果如图 10.6 所示。

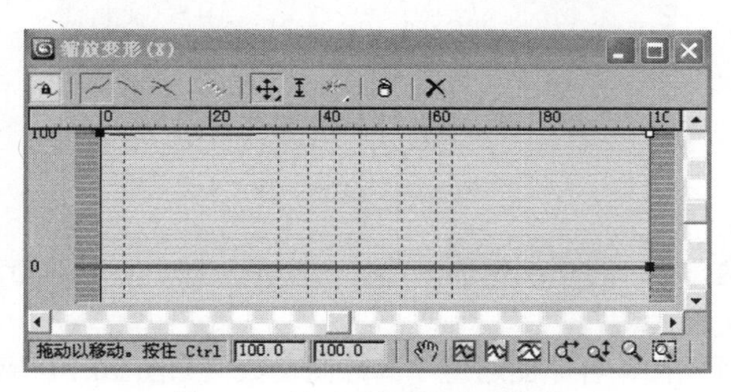

图 10.6　第 30 帧时的设置结果

（10）以同样方法为 Loft02 设置动画，选中两个关键帧，拖动鼠标使关键帧调整到第 30 帧和第 60 帧。

（11）再以同样方法为 Loft03 设置动画，并将关键帧调整到第 60 帧和第 90 帧。

（12）播放动画。如图 10.7 所示是第 50 帧的效果，最后渲染动画。

图 10.7　第 50 帧的动画效果

【例 10.4】水上鸭

本例制作一个卡通鸭在水上游动及水面微波粼粼的动画效果。在本例中，使用材质制作水面动画效果。材质是 3ds max 中很重要的一部分，通过改变材质的参数，能创造出丰富多彩的动画效果。

（1）打开配书光盘\第 10 章\例 10.4\水上鸭.max 场景文件。如图 10.8 所示，场景中包括一只卡通鸭、一个平面作为水面，并设置了环境背景。

图 10.8　场景文件

（2）按“M”键，打开材质编辑器。选择一个示例球，将材质命名为“水面”，其基本参数设置如图 10.9 所示。

（3）为水面设置贴图，各贴图通道中的贴图及数值如图 10.10 所示。其中，为了产生波浪效果，在漫反射颜色通道中加入了“波浪”贴图；为了使波浪有凹凸效果，在“凹凸”通道中加入了“噪波”贴图；为了表现水面的反光效果，在“反射”通道中加入了“光线跟踪”（Raytrace）贴图；为了表现折射效果，在“折射”通道中加入了“薄壁折射”（Thin Wall Refraction）贴图。

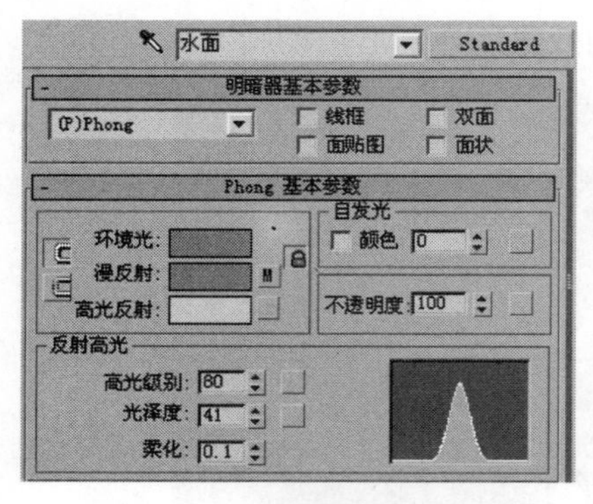

图 10.9　水面材质基本参数设置

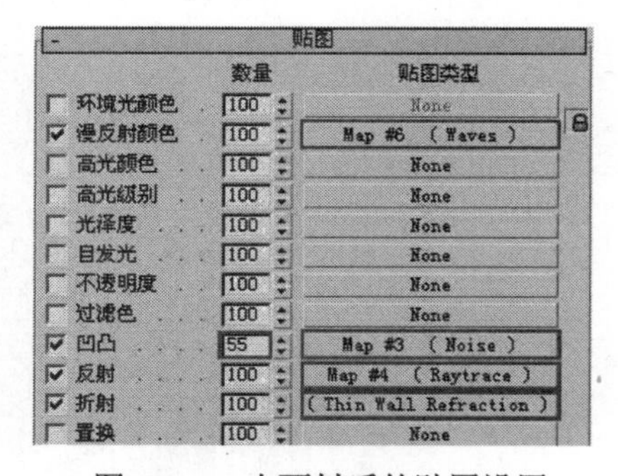

图 10.10　水面材质的贴图设置

（4）“波浪”贴图的参数设置如图 10.11 所示。

（5）“光线跟踪”贴图和“薄壁折射”贴图的参数使用默认设置。

（6）单击自动关键点按钮，为噪波贴图的参数变化记录动画，在第 0 帧的参数设置如

图 10.12 所示。

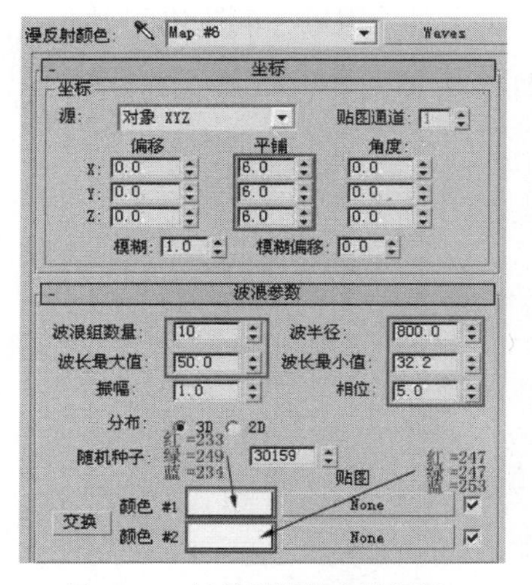

图 10.11　波浪贴图的参数设置

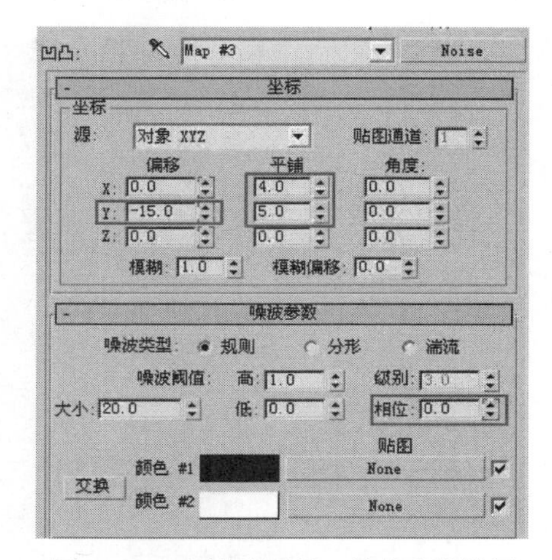

图 10.12　噪波贴图第 0 帧的参数设置

（7）第 100 帧处，将噪波贴图的参数设置中 Y 轴向的“偏移”值改为-185，“相位”值改为 5，其他参数不变，单击自动关键点按钮，结束材质动画记录。

（8）选择卡通鸭，单击自动关键点按钮，开始记录卡通鸭的位移及旋转变换动画。设置在第 0 帧~200 帧之间，卡通鸭从左边游动到中间偏右侧。

（9）播放动画，如效果不理想，可继续调整。

（10）渲染动画，如图 10.13 所示为第 50 帧和第 160 帧处的渲染效果。

图 10.13　第 50 帧和第 160 帧处的渲染效果

10.3　轨迹视图的应用

10.3.1　轨迹视图的组成和功能

使用轨迹视图可以在关键帧动画中精确地编辑动画。单击主工具栏中的“曲线编辑

器（打开）”按钮，即可打开轨迹视图窗口，也可选择菜单“图形编辑器”\“轨迹视图-曲线编辑器”或“轨迹视图-摄影表”命令打开“轨迹视图”窗口，如图 10.14 所示。

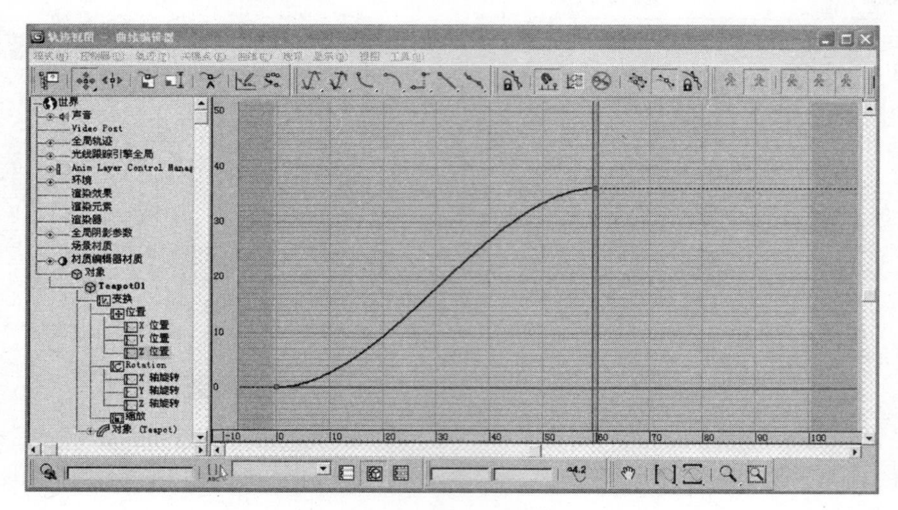

图 10.14　轨迹视图

轨迹视图窗口包含“曲线编辑器”和“摄影表”两部分，而后者又包括“编辑关键点”和“编辑范围”两个模式。两类轨迹模式通过单击视图菜单栏中“模式”下拉菜单中的两个命令互相转换。

轨迹视图窗口主要分为如下几个部分。

1．菜单栏

菜单栏的功能和 3ds max 主界面中的菜单栏类似，它主要提供一些用于编辑、显示以及控制的用户接口。

2．工具栏

工具栏的按钮分为全局按钮和动态按钮，全局按钮无论在任何轨迹模式下都可以使用，动态按钮则会根据轨迹模式的不同而变化。

3．对象层次列表

位于窗口的左侧，以层次树的形式来管理各个动画对象的轨迹。在默认的情况下，每一个场景中都包括世界（整个场景）、声音、Video Post（视频处理）、全局轨迹、光线跟踪引擎全局、渲染效果、渲染元素、渲染器、全局阴影参数、场景材质、材质编辑器材质、对象等的运动轨迹。也就是说，可以在轨迹视图中为这些元素设置动画效果，这其中包括了全部应用在场景中的元素。

4．轨迹编辑窗

位于窗口的右侧，这个窗口主要用于编辑动画对象的运动轨迹。

5．轨迹曲线、关键帧点

在默认的“曲线编辑器”模式下，各对象的运动轨迹以曲线方式表示，动画对象的参数变化一目了然。在该模式下，各关键帧点变成了曲线上的节点。可以使用工具栏中的“添

加关键点”按钮，在曲线上添加关键帧点。

6．标尺

水平方向为时间轴，垂直方向为参数值。

7．状态栏

显示所编辑的关键帧的状态信息，左边的窗口显示关键帧的位置，右边窗口显示关键帧处的参数值。

8．导航栏

导航栏中提供了几个工具，可以方便地对轨迹编辑窗口进行缩放拉伸等。

10.3.2　轨迹视图的应用

【例 10.5】小球跳动

本例通过小球跳动动画的设置，说明轨迹视图的应用。

（1）单击“创建”\“几何体”\ 球体 按钮，在顶视图中创建一个球体。

（2）单击 自动关键点 按钮，开始记录动画。在前视图中第 0 帧处将小球向上移动 100 个单位，在第 5 帧处向下移动 100 个单位，在第 10 帧处再向上移动 100 个单位。

（3）打开轨迹视图，可以看到如图 10.15 所示的结果，轨迹编辑窗显示 0~10 帧的运动曲线。

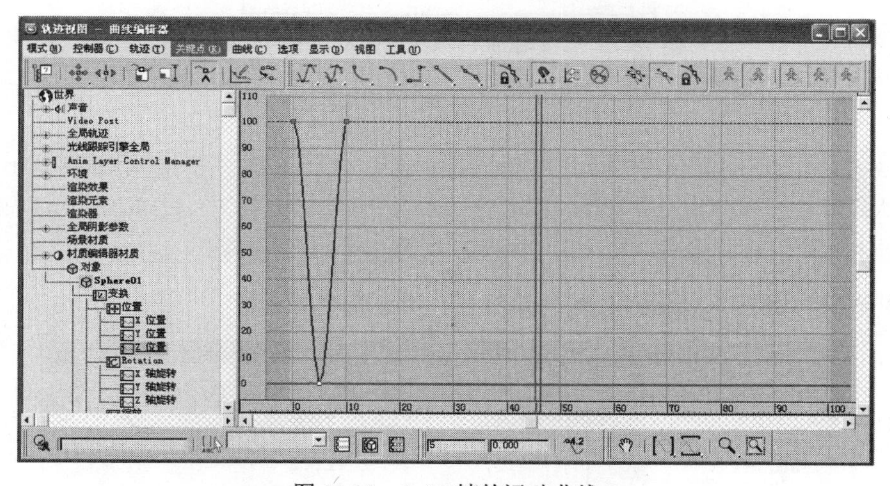

图 10.15　0~10 帧的运动曲线

（4）右击某个节点，可以打开该关键帧点参数面板，按住“输入”或“输出”下的按钮，可以调整进入或离开该关键帧点时对象的运动方式，如图 10.16 所示。

（5）要想让小球在 0~100 帧连续地跳动，可以继续设置关键帧，或采用关键帧复制的方法。也可以单击轨迹视图工具栏中的“参数曲线超出范围类型”按钮，打开如图 10.17 所示的对话框，选择“循环”项，设置小球在整个时间范围内循环跳动效果。

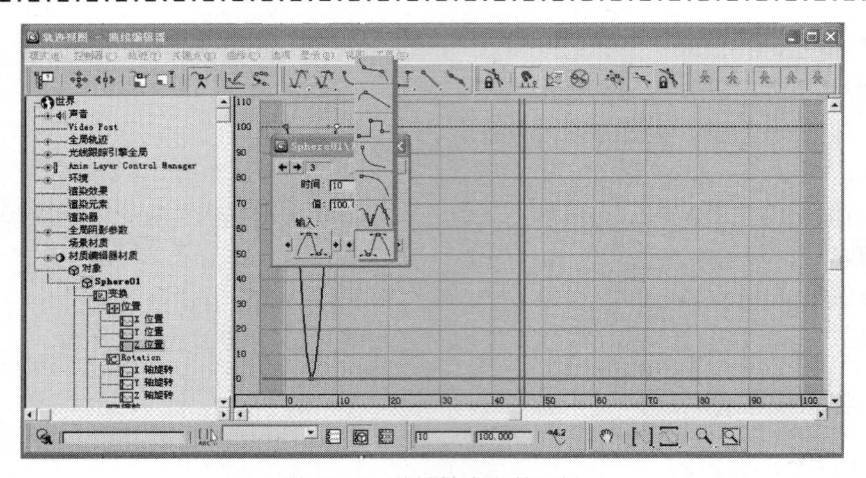

图 10.16　关键帧点参数面板

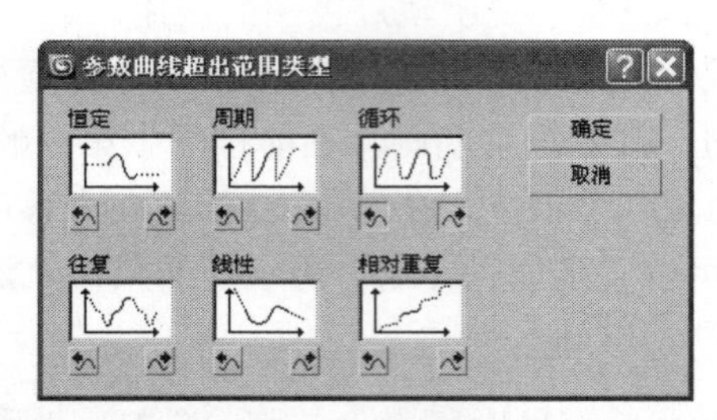

图 10.17　“参数曲线超出范围类型”对话框

提示：

其他 5 种方式分别为恒定：以恒定的方式控制动画循环执行；周期：使动画周期循环执行，功能与循环大致相同；往复：使动画来回往复执行；线性：使动画以线性的方式，在整个时间段内渐渐减弱；相对重复：按照开始值和结束值之差设置偏移量，重复执行动画。

（6）选择“循环”项设置后的轨迹视图如图 10.18 所示。

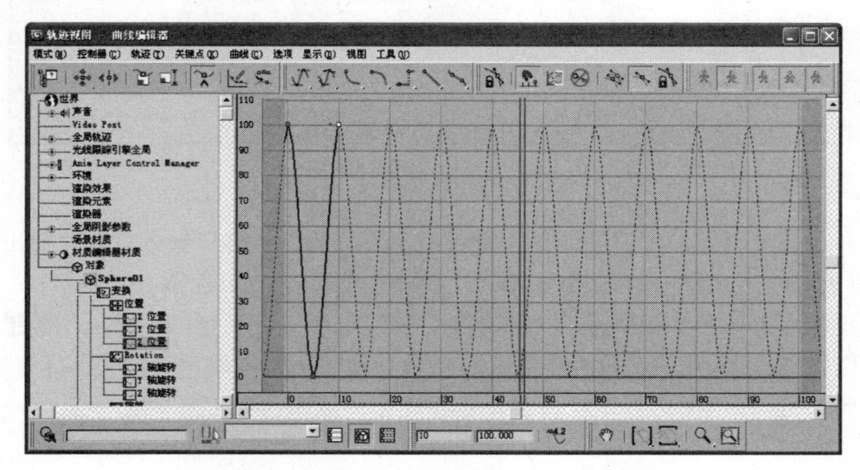

图 10.18　使用“循环”设置后的轨迹视图

（7）播放动画，可见小球连续地弹跳。

10.4　实践操作：动画实例制作

综合实例：写字

说明：本例要表现一只笔在纸上写字的动画过程。在本例中，使用了路径约束控制器控制笔的移动过程，使用路径变形（WSM）修改器参数变化动画完成了字的书写过程，在轨迹视图中对运动轨迹进行调整，以保证笔的移动过程与字的书写过程一致，另外加入了摄像机移动动画。

（1）打开配书光盘\第 10 章\综合实例\写字.max 场景文件，如图 10.19 所示，场景中包括桌面、纸、墨水瓶、滴管、笔、摄像机及字迹的路径线等，并已设置好了摄像机移动动画。

图 10.19　场景文件

（2）单击创建\几何体\圆柱体按钮，在顶视图中创建一个圆柱体并命名为“字”，其参数设置如图 10.20 所示（注意：因为要让圆柱体沿路径线拉伸变形，所以设置了较大的高度段数）。

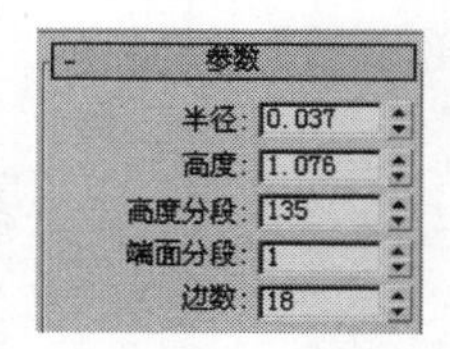

图 10.20　圆柱体参数设置

（3）在“修改器列表”中选择“世界空间修改器”\“路径变形（WSM）”，给“字”对象加入“路径变形”修改器。

（4）单击自动关键点按钮，开始记录动画。在第 0 帧处设置“参数”卷展栏\“路径变形”

项下的“拉伸”值为 0，在第 100 帧处“拉伸”值为 15.1，结束动画记录（注意：路径线不同，拉伸参数设置也不同）。

（5）选择笔对象，单击“运动”按钮，打开运动面板，如图 10.21 所示。单击“参数”\“指定控制器”卷展栏下拉列表中的位置：位置 XYZ，再单击“指定控制器”按钮，打开“指定位置控制器”窗口，如图 10.22 所示。选择“路径约束”控制器，单击“确定”按钮返回。

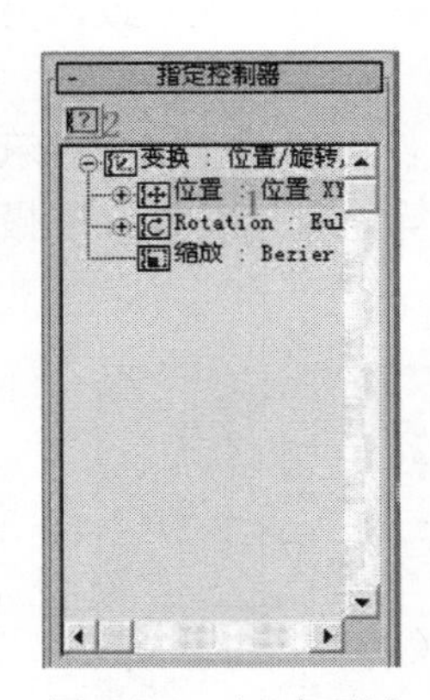

图 10.21　运动面板

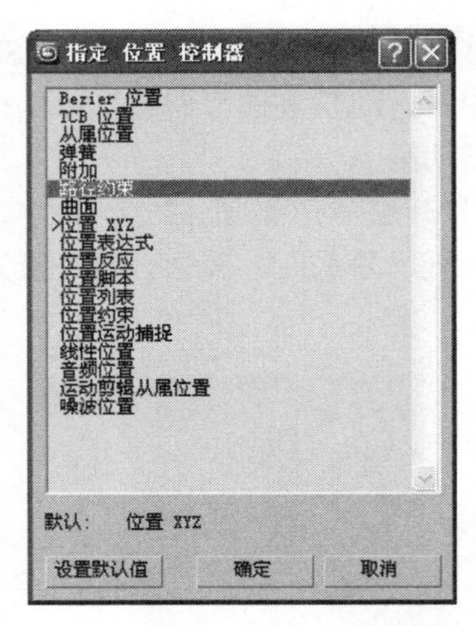

图 10.22　“指定位置控制器”窗口

（6）在“路径参数”卷展栏中单击 添加路径 按钮，并在场景中单击路径线。其他参数使用默认值。

提示：

关于动画控制器等知识将在第 11 章详细介绍。

（7）播放动画，可见笔在路径线上移动，字迹也慢慢生成，但两者动画效果没有统一。

（8）打开轨迹视图，调整“字”对象的修改器参数“拉伸”变化曲线中节点的控制手柄，使其变化效果达到与笔对象运动同步。如图 10.23 所示为调整前和调整后的效果。

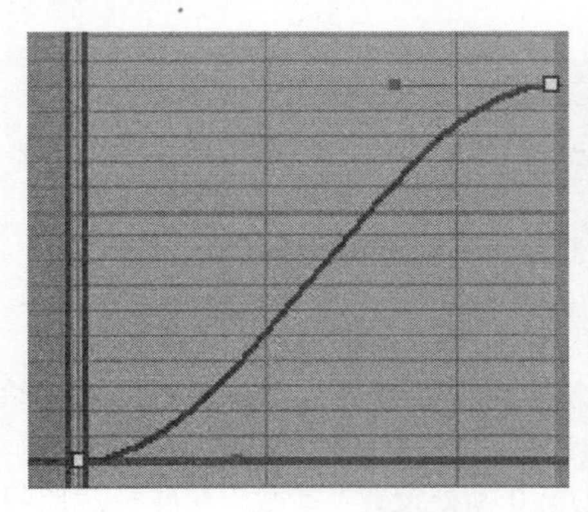

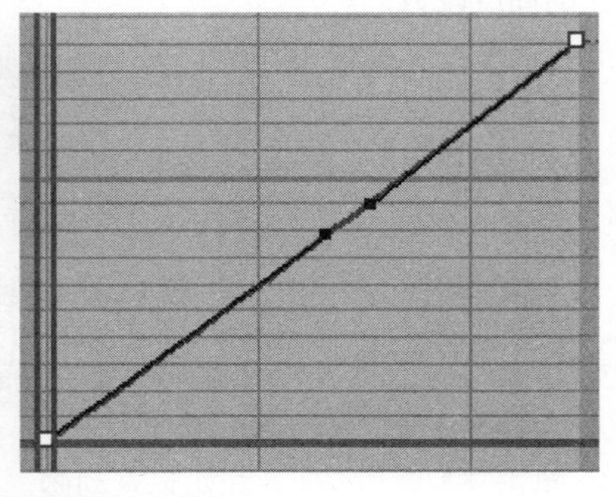

图 10.23　调整前和调整后的效果

（9）再次播放动画，可以看到“字”与笔对象的运动效果已经同步。

（10）如图 10.24 所示为在第 0 帧和第 80 帧时的动画效果。

图 10.24　在第 0 帧和第 80 帧时的动画效果

10.5　课 后 习 题

思考题

1．一个完整的动画制作需要哪些过程？

2．如何将场景中设置好的动画渲染成 AVI 类型的文件？

3．举例说明关键帧动画的设置方法。

4．举例说明轨迹视图的作用。

操作题

1．利用材质参数变化制作一个如图 10.25 所示的霓虹灯动画。

图 10.25　霓虹灯

2．利用旋转和位移变换制作两球相撞动画，并在轨迹视图中进行精确调整。

第 11 章　使用动画控制器

本章主要内容

- ☑ 动画控制器的分类
- ☑ 动画控制器的作用
- ☑ 动画控制器应用实例的制作
- ☑ 课后习题

本章重点

动画控制器的分类和作用、动画控制器的使用方法，相关实例的制作方法。

本章难点

- ☑ 动画控制器的作用及参数设置
- ☑ 动画控制器实例的制作

11.1　动画控制器分类

动画控制器是用于控制对象运动规律的，通过对动画控制器参数的调整会影响到动画对象，从而生成一些关键帧动画所无法完成的动画效果，例如可以强制对象在运动中始终面向某个对象或跟随一条路径运动。可以在运动命令面板、轨迹视图和动画菜单中为对象指定控制器。

在 3ds max 中，动画控制器存储并管理所有动画的关键帧点值。当创建一个对象后，就为它指定了默认的动画控制器。当对象的参数设置了动画后，系统会自动指定一个动画控制器，控制该对象参数的变化规律；也可以对它进行修改，换为其他类型的动画控制器。动画控制器有以下类型：

- 浮点控制器：用于设置浮点值的动画。
- Point3（三相）：具有 3 个组类动画控制器，例如 Colors（颜色）等。
- 位置控制器：用于设置对象和选择集位置的动画
- 旋转控制器：用于设置对象和选择集旋转的动画
- 缩放控制器：用于设置对象和选择集缩放的动画
- 变换控制器：应用位置、旋转、缩放的变换类动画控制器。
- 约束：约束类动画控制器。

此外，还有一些动画控制器，它们按类别放置在动画菜单中使用，例如 IK（反向运动）控制器。下面介绍一些常用的动画控制器。

11.1.1　浮点类控制器

此类控制器主要作用于使用浮点数的参数，如一个圆柱体的半径或是长方体对象的长、宽、高的缩放倍数等。浮点数是一些用小数表示的数字，如 1.5，3.44 等。浮点控制器可以指定给任何一个可设置关键帧的参数。浮点类控制器中，最常用的有下面 3 个。

1．贝塞尔浮点

贝塞尔浮点控制器的工作原理是利用样条曲线控制参数的变化轨迹，是浮点数参数的默认控制器。轨迹上的关键帧点变成了曲线的节点，每个节点上有一个控制柄，通过调整控制柄的位置，可以改变曲线的曲率，也就是改变浮动轨迹的变化规律。右击节点可以打开关键帧参数面板，如图 11.1 所示。

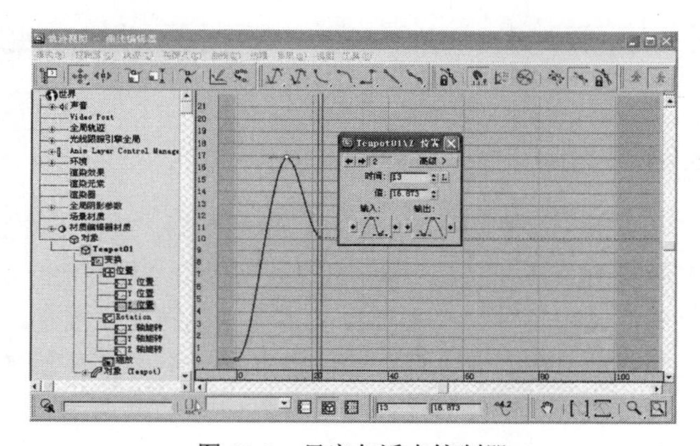

图 11.1　贝塞尔浮点控制器

2．噪波控制器

噪波控制器，为参数指定一个不规则的变化曲线，工作原理是根据一个随机生成的值，产生随机的参数变化，没有关键帧点的设置，而是使用一些参数来控制噪波曲线，从而影响对象的参数变化轨迹。

在变换动画设置中，“位置”、“旋转”、“缩放”子项中都包含该控制器，如图 11.2 所示为“旋转”子项中设置了噪波控制器。

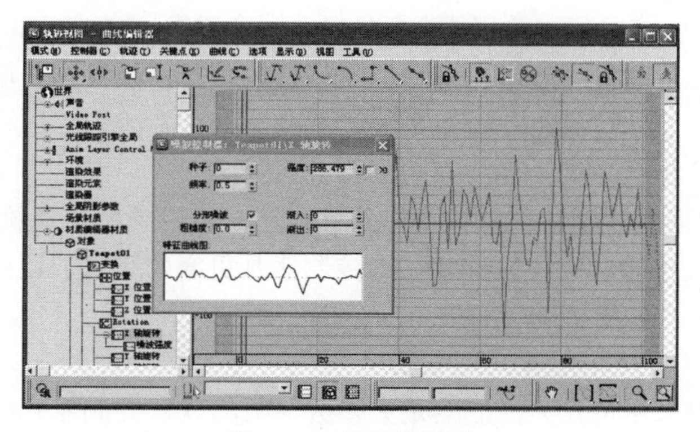

图 11.2　噪波控制器

3．启用/禁用控制器

启用/禁用控制器主要用于控制一条有二进制值的轨迹，如可见性轨迹。它也可以控制轨迹的开关状态，启用或禁用某个选项。如图 11.3 所示为指定了启用/禁用控制器的可见性轨迹。蓝色为启用部分，表示对象可见；空白处为禁用部分，表示对象不可见。

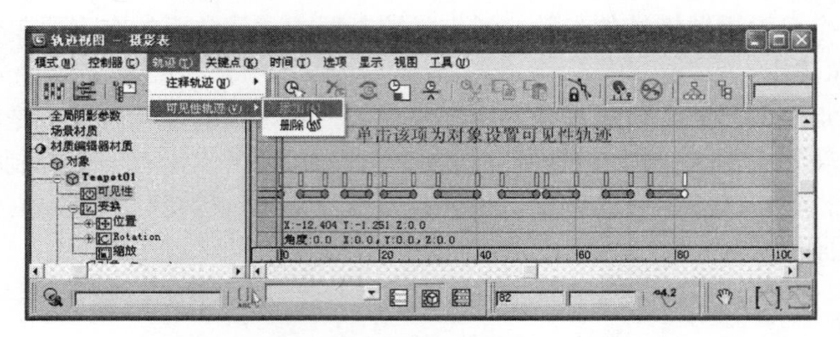

图 11.3　启用/禁用控制器

11.1.2　变换类控制器

变换类控制器可以应用于对象的位置、旋转、缩放变换，整体上控制对象的运动轨迹。

变换类控制器中最常用的是“位置/旋转/缩放”控制器，并将它们分为“位置”、“旋转”、“缩放”3 个子控制项目，每个子项目又各自有不同的控制器。除了目标类灯光和摄影机之外，可以变换的对象在创建之后，都被指定了一个“位置/旋转/缩放”控制器。

在运动面板中，为对象指定变换类控制器的参数如图 11.4 所示。

- “指定控制器”卷展栏下包括默认的变换控制器，子控制项的默认控制器；单击指定控制器按钮，打开指定控制器窗口，可以为对象指定一个动画控制器。
- “PRS 参数”卷展栏下按钮可分别设置子控制项控制器的参数。
- “位置 XYZ 参数”卷展栏下设置打开 X、Y、Z 轴向上的位置轨迹。
- “关键点信息（基本）”卷展栏下为 X 轴（也可以是其他轴向）轨迹上的关键帧参数设置区。

下面分别介绍 3 个子控制项各自常用的控制器。

11.1.2.1　位置控制器

在对象被创建后，位移的动作就是由位置动画控制器所控制的。用于“位置”子项的动画控制器有近二十个，常用的有如下几种。

1．位置 XYZ 控制器

位置 XYZ 控制器是默认的位置控制器。其作用是将对象的位置轨迹分解为 X、Y、Z 轴向上 3 条独立的轨迹线。每条轨迹默认的控制器是贝塞尔浮点，还可以再分配不同的控制器，从而达到分别控制的目的。

2．Bezier 位置（贝塞尔位置）控制器

Bezier 位置（贝塞尔位置）控制器是大多数参数的默认控制器。Bezier 位置（贝塞尔

位置）控制器可以利用 3 条曲线分别控制对象在 3 个轴向上的位置轨迹。X、Y、Z 轴向上的轨迹分别为红色、绿色、蓝色曲线，位置轨迹上的关键帧点变成了曲线上的节点，每个节点上有一个控制柄，拖动节点上的控制柄，可以改变曲线的曲率。

3．位置列表控制器

位置列表控制器是一个组合其他控制器的合成控制器，能将其他种类的控制器组合在一起，按从上到下的顺序进行运算，产生组合控制的效果。例如为位置指定一个由“线性”控制器和“噪波”位置控制器组合的列表控制器，将在线性运动上叠加一个噪声位置运动（这一方法可用在坦克在凹凸不平的地面上运动的效果控制）。在使用列表控制器后，原来的控制器将变为其下的第一个子控制器，其他控制器通过“可用”项指定，如图 11.5 所示。

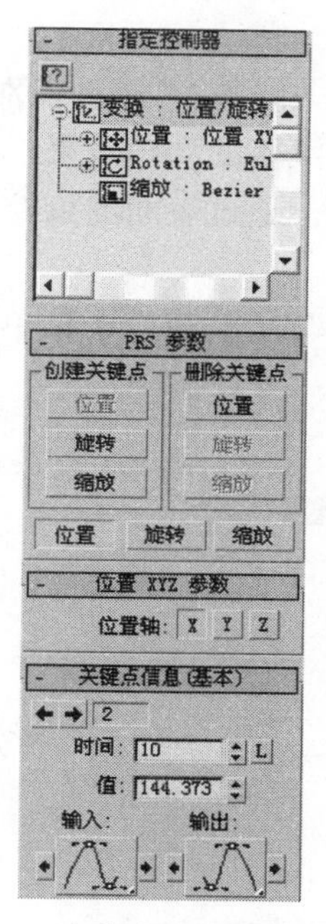

图 11.4　变换类控制器参数面板

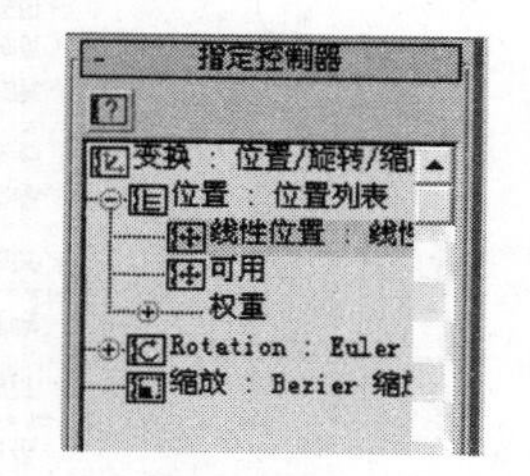

图 11.5　位置列表控制器的使用

11.1.2.2　旋转类控制器

这一类控制器主要用来控制对象的旋转运动。

1．Euler XYZ（欧拉 XYZ）旋转控制器

这个控制器是旋转子项的默认控制器，将旋转轨迹的 X、Y、Z 轴向分解为 3 条独立的轨迹，分别为 3 条轨迹指定控制器，控制对象的旋转角度。

2．旋转列表控制器

与位置列表控制器相似，用来产生旋转组合控制的效果。

11.1.2.3　缩放控制器

这一类控制器主要用来控制对象的缩放比例。

1．Bezier 缩放（贝塞尔缩放）控制器

Bezier 缩放（贝塞尔缩放）控制器是缩放控制项的默认控制器，其工作原理与 Bezier 位置（贝塞尔位置）控制器相同。

2．缩放列表控制器

它是一个含有一个或多个控制器的组合，产生组合的缩放控制效果，其作用与位置列表控制器相同。

3．缩放 XYZ 控制器

将缩放控制项分解为 X、Y、Z 三个方向的控制子项，可以单独对每个子项指定控制器，其作用与位置 XYZ 控制器相同。

11.1.3 约束类控制器

这类控制器的特点是通过一个对象与目标对象的参数关联关系，来控制对象的变换（位置、旋转、缩放）动作。例如，设置一个露珠沿树叶表面滚落的动画效果，就是为露珠指定一个表面约束控制器，将树叶作为其目标对象与之关联，通过表面约束控制器的控制，使露珠沿树叶表面运动。

约束类控制器主要有 7 种，放置在菜单栏中的“动画”\“约束”子菜单中，如图 11.6 所示。

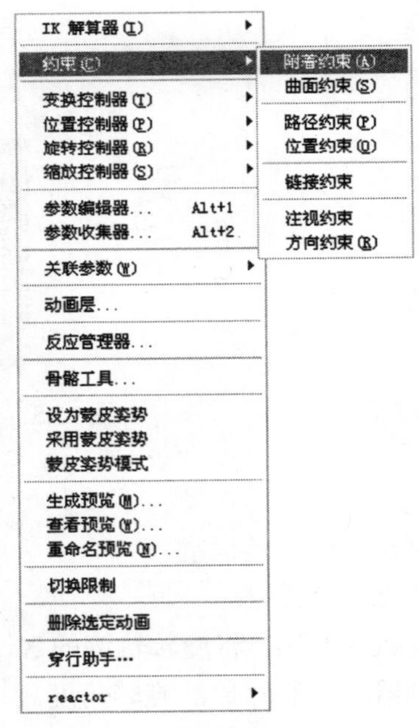

图 11.6　约束类控制器

下面介绍常用的控制器。

1．曲面约束控制器

该控制器控制一个对象沿着目标对象的表面运动。目标对象可以是 NURBS（曲面）、

锥体、圆柱体、方形面片、放样对象等。

2．路径约束控制器

该控制器可以为对象的运动选择一条样条曲线路径，这样可以方便地控制对象的运动。

3．链接约束控制器

该控制器常用于一个对象向另一个对象链接移动的动画设置。被约束对象随目标对象的变换而发生相应的变化。

4．注视约束控制器

该控制器可以使被约束对象朝向目标对象，当目标对象变化时，它会不断地改变自身的角度，以便保持注视状态。例如，为摄影机指定该控制器以实现视线跟随对象运动的效果。

11.1.4　IK（反向运动）类控制器

这类控制器比较特殊，主要用于骨骼系统中。

提示：

关于 IK（反向运动）类控制器的使用方法，将在第 13 章中介绍。

11.2　动画控制器实例

【例 11.1】山路车行驶

说明：本例要制作汽车在山路上行驶的一段动画。在这一实例中，使用“路径约束”动画控制器完成汽车行驶的动画。

（1）打开配书光盘\第 11 章\例 11.1\山路.max 场景文件，如图 11.7 所示，这是一个简单的场景。

图 11.7　山路场景

（2）设置动画长度为 500 帧。

（3）如图 11.8 所示，沿着山路画一曲线准备作为汽车的行驶路径。

（4）使用“文件”\“合并”命令将一汽车模型 che01 合并到场景中。

（5）选中 che01 对象，复制 4 个，放在适当的位置上，如图 11.9 所示，它们都作为在道路上行驶的车辆。

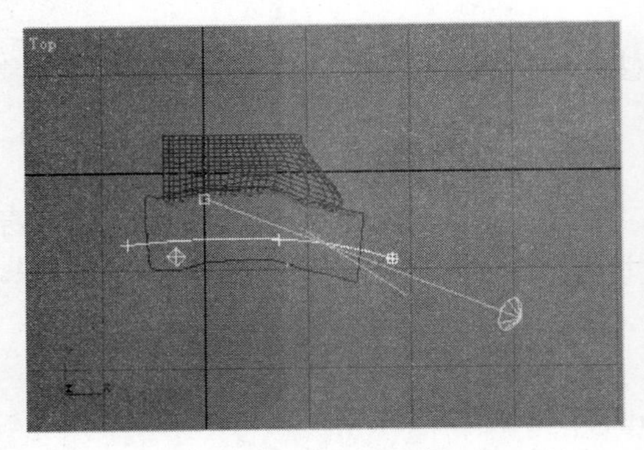

图 11.8　绘制路径曲线

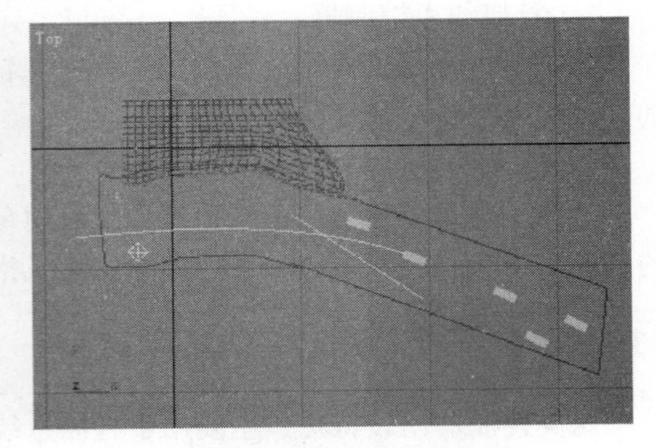

图 11.9　道路上行驶的车辆

（6）打开命令面板中的运动面板，为 che01 对象设置运动方式。

① 选择运动面板下的参数选项，打开“指定控制器”卷展栏，在其下的列表中选择“位置”选项之后，“指定控制器”按钮被激活。如图 11.10 所示。

② 单击该按钮，打开“指定位置控制器”窗口，如图 11.11 所示，选择“路径约束”选项后，单击“确定”按钮，即为对象指定了“路径约束”动画控制器。

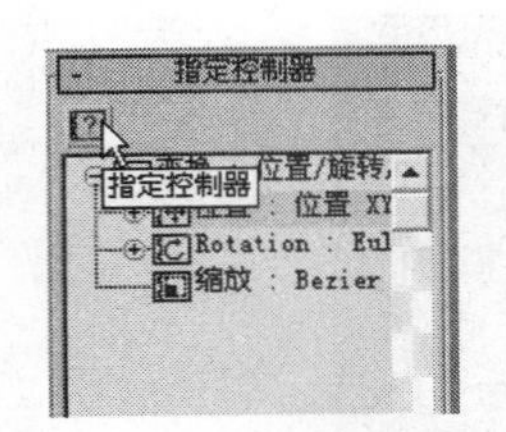

图 11.10　“指定控制器”卷展栏

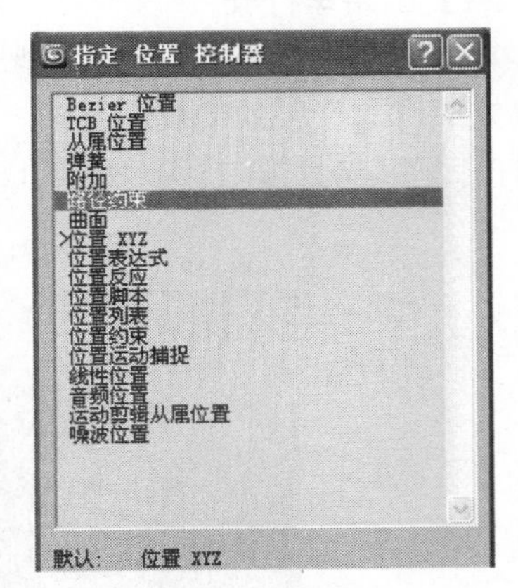

图 11.11　“指定位置控制器”窗口

③ 在“路径参数”卷展栏中，单击 添加路径 按钮，并在场景中单击路径线对象。

④ 播放动画，可见 che01 对象已沿着路径线运动，但总是朝着一个方向。

⑤ 将“路径参数”卷展栏下“路径”选项中的“跟随”项选中，再次播放动画，现在可以看到汽车沿着路径线运动并在路径线上合理地变动方向。

提示：

当看到对象运动方向仍不正确时，可使用旋转工具适当地调整方向。

（7）单击主工具栏上的链接工具按钮，分别将其他汽车模型对象链接到 che01 对象上，播放动画后，看到山路上有几辆车同时在行驶，如图 11.12 所示为第 250 帧时的效果。

（8）保存文件，并渲染输出动画文件。

图 11.12　最终效果

注意：

关于链接及层级动画知识，将在后面的章节中详细介绍。

【例 11.2】坦克夜行军

说明：本例要制作坦克夜行军的一段动画。在这一实例中，使用位置列表控制器合成曲面约束控制器动画和噪波控制器动画完成坦克沿崎岖不平山路颠簸行进的运动效果。

（1）打开配书光盘\第 11 章\例 11.2\坦克.max 场景文件，如图 11.13 所示，这是一个夜晚的场景。

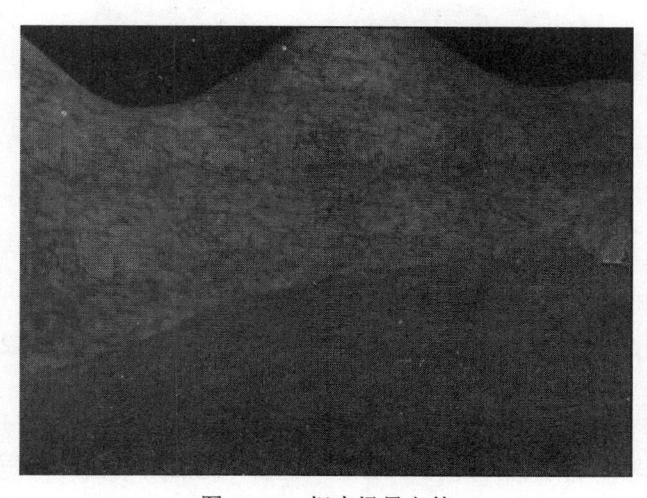

图 11.13　坦克场景文件

（2）设置动画长度为 450 帧。

（3）选中“坦克 1”对象，打开“运动”面板\“参数”选项下“指定控制器”卷展栏，按图 11.14 所指的步骤单击鼠标为其指定“曲面约束”控制器。

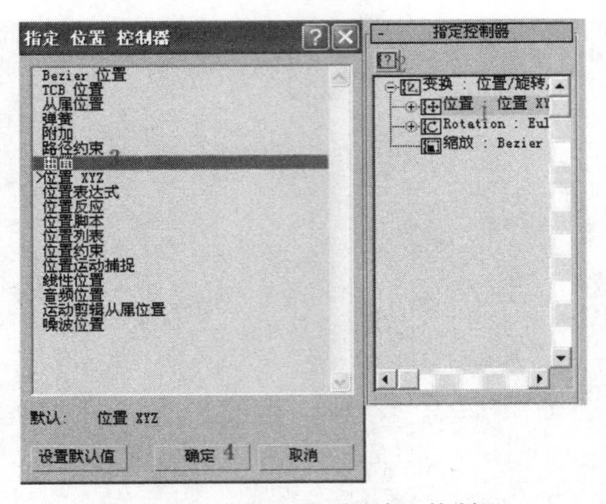

图 11.14　指定“曲面约束”控制器

（4）打开“曲面控制器参数”卷展栏，单击“当前曲面对象”选项组中的 拾取曲面 按钮，并在场景中单击“地面”对象。

（5）设置“曲面选项”组中的“V 向位置”=25，选中“对齐到 U”单选按钮。

（6）打开关键帧设置，在第 0 帧时，设置“U 向位置”=19，如图 11.15 所示。在第 450 帧处设置“U 向位置”=97（注意：U 方向和 V 方向的位置是以其长度的百分比来计量的）。

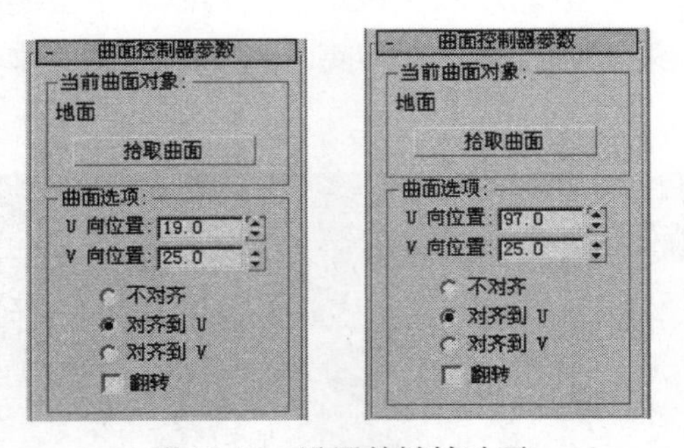

图 11.15　设置关键帧动画

（7）选择“坦克 2”对象，对该对象的动画设置方法与“坦克 1”相同，只是关键帧点的参数设置不同，如图 11.16 所示为在第 0 帧和第 450 帧处“坦克 2”对象的运动参数设置。

（8）选择“坦克 1”对象，开始为对象设置颠簸运动效果。打开“运动”面板\“参数”选项下“指定控制器”卷展栏，选择“位置”选项，之后，单击“指定控制器”按钮，打开“指定位置控制器”窗口，选择“位置列表”选项后，单击“确定”按钮，即为对象

指定了合成控制器。

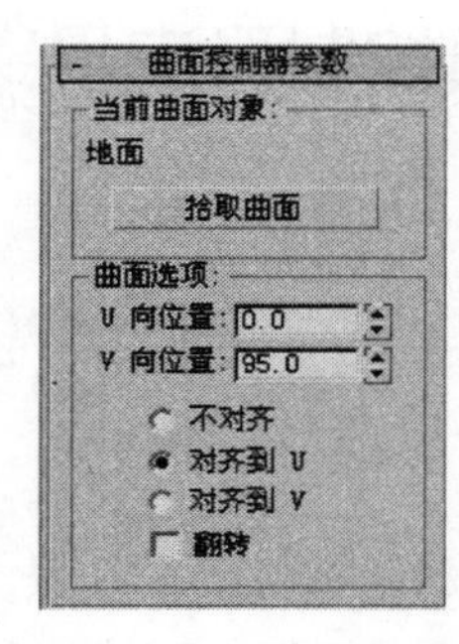

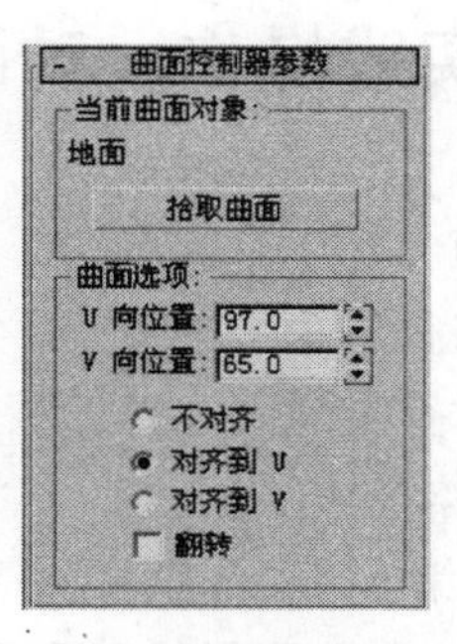

图 11.16　“坦克 2”对象在第 0 帧和第 450 帧处的运动参数设置

（9）打开“位置列表”选项，可以看到曲面动画控制器已成为合成控制器中的第一子项运动，按如图 11.17 所示的步骤可以完成第二子项运动的设置，在这里选择的运动是“噪波位置”，单击“确定”按钮（第 4 步骤），打开“噪波控制器”窗口。同时在位置选项下又出现了可用选项，如果需要，还可以继续设置子项运动。

（10）在“噪波控制器”窗口中调整各项参数如图 11.18 所示，其中 X（Y、Z）向强度表示 X（Y、Z）轴向上波动的强度，“频率”表示波动的频率。调整后播放动画可以看到“坦克 1”对象在颠簸中行进的效果。

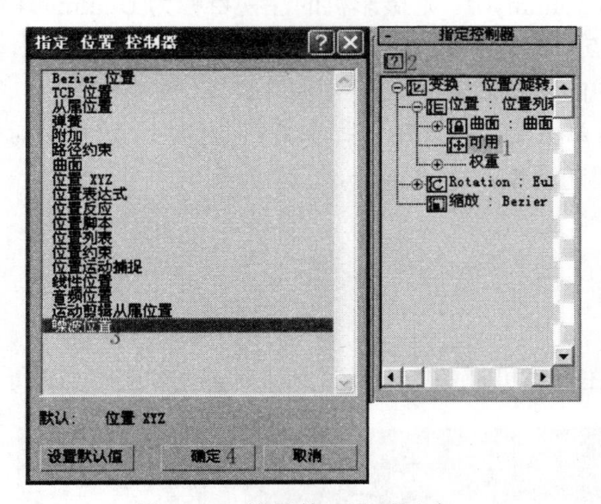

图 11.17　设置第二子项运动

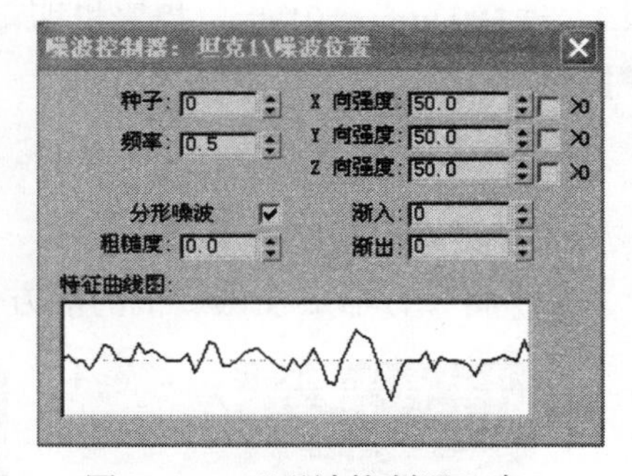

图 11.18　“噪波控制器”窗口

（11）选择“坦克 2”对象，为该对象设置噪波控制器，设置方法及参数设置与“坦克 1”对象的设置完全相同。

（12）再次播放动画，可以看到两个坦克在夜晚沿着崎岖不平的山路颠簸行进的运动效果。

（13）渲染动画。

11.3 实践操作：动画控制器应用实例制作

综合实例：穿越隧道

说明：本例使用“路径约束”控制器、“注视约束”控制器等设置摄影机跟随帮助物体运动，表现飞行器绕时空隧道飞行时的情景。

1．设置帮助物体沿路径线的运动

（1）打开配书光盘\第 11 章\综合实例\穿越隧道 0.max 场景文件。场景中包括：隧道、时空线、虚拟对象 Dummy01、路径线、飞行器、灯光（环境灯和变色灯）、摄影机等。

（2）单击按钮，打开“时间配置”窗口，将动画长度设置为 300 帧。

（3）选择 Dummy01，打开运动面板，在“位置”变换项，为其指定“路径约束”控制器。

（4）单击 添加路径 按钮，并在场景中单击路径线，选中“路径参数”卷展栏下“路径选项”组中的“跟随”复选框。

2．设置摄影机运动方式

（1）选择摄影机，在运动面板中，打开“注视参数”卷展栏，在“注视目标”项下，单击 拾取目标 按钮，并在场景中单击 Dummy01，则摄影机的注视目标为 Dummy01（注意，默认状态摄影机注视它本身的目标点），选中“使用目标作为上部节点”复选框，如图 11.19 所示（读者可观察一下没有选中的动画效果）。

（2）单击主工具栏中的按钮，再单击“按名称选择”按钮，打开“选择父对象”窗口，选择 Dummy01 后，摄影机即可跟随注视目标 Dummy01 运动了。

提示：

关于链接知识将在第 13 章中详细介绍。

3．设置飞行器的运动

（1）将飞行器放在摄影机的前方，在摄影机视图中可以看到飞行器，如图 11.20 所示。

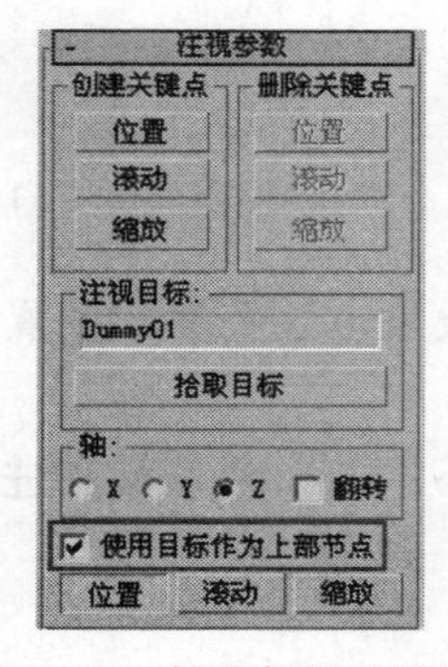

图 11.19　摄影机运动设置

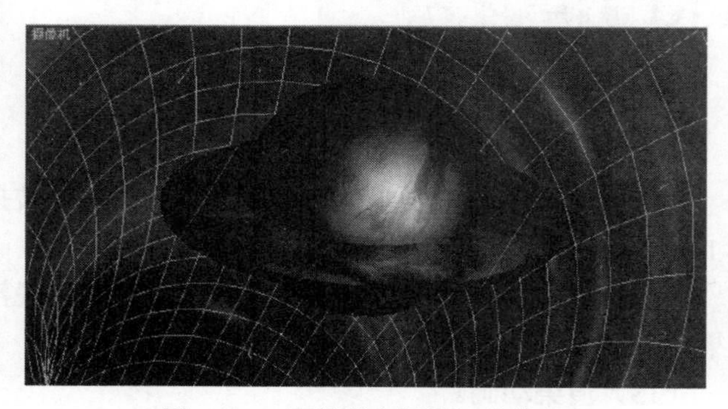

图 11.20　飞行器在摄影机的前方

（2）选择飞行器，单击"链接工具"按钮将飞行器链接到摄影机上，这样摄影机运动时，飞行器一直在跟着运动，只是在摄影机的前面，让摄影机一直照着它。

（3）单击自动关键点按钮，自动录制动画，在不同的关键帧，为飞行器设置几个简单的位移和旋转动画（注意，在隧道中不要偏离摄影机太远）。

4．设置灯光的运动

（1）选择环境灯，单击"链接工具"按钮将灯光链接到摄影机上，这样摄影机运动时，环境灯光一直在跟着运动，只是在摄影机的前面，一直照亮摄影机摄取的场景。

（2）选择变色灯，将其放置在离飞行器较近的位置，单击"链接工具"按钮将灯光链接到飞行器上，打开自动关键帧设置，在第 0 帧、第 40 帧、第 80 帧等处（后面每隔 40 帧），分别设置灯光的颜色为赤、橙、黄、绿、青、蓝、紫等颜色，生成了灯光颜色变换的动画，使飞行器产生一种比较神秘的感觉。

5．播放动画，调整合适后渲染动画

如图 11.21 所示为第 120 帧和第 240 帧时的渲染效果。

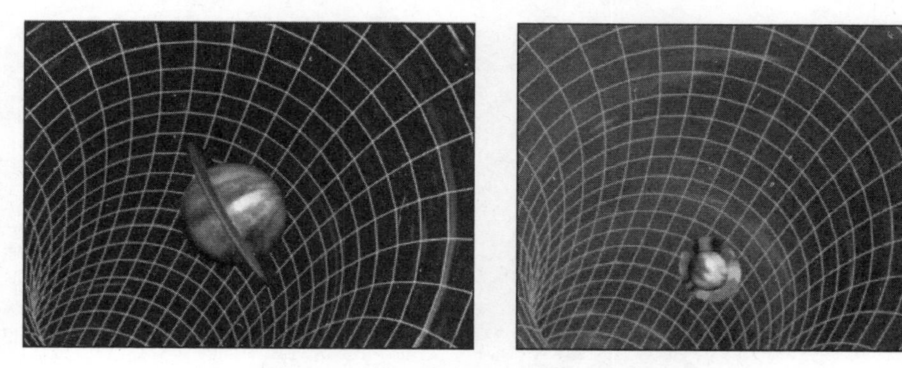

图 11.21　第 120 帧和第 240 帧时的渲染效果

11.4　课 后 习 题

思考题

1．可以在哪里为对象指定动画控制器？
2．动画控制器有哪些分类？
3．约束类动画控制器的特点是什么？
4．位置列表动画控制器的作用是什么？

操作题

设置如图 11.22 所示的摄影机游历暗室场景的动画效果（可使用帮助物体及"路径约束"动画控制器）。

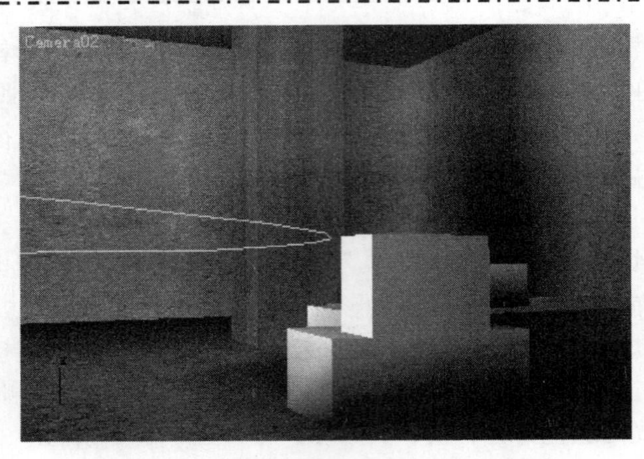

图 11.22　摄影机游历暗室场景的动画效果

第 12 章 粒 子 系 统

本章主要内容

☑ 粒子系统的分类
☑ 粒子系统的创建方法
☑ 粒子系统参数的调整方法
☑ 粒子系统应用实例的制作
☑ 课后习题

本章重点

粒子系统的分类和作用、粒子系统的参数调整方法、相关实例的制作方法。

本章难点

☑ 粒子系统参数的作用及调整方法
☑ 粒子系统实例的制作
☑ 空间扭曲工具的用法

12.1 粒子系统分类

粒子系统是 3ds max 中相对独立的系统，是非常有用的动画特效工具，常用来制作雨、雪、爆炸、流水等效果。

12.1.1 粒子系统分类

3ds max 中有多种不同类型的粒子，可以改变它们的大小、形状、材质以及运动方式。这些不同的粒子类型包含在各种粒子系统中。3ds max 包括下列粒子系统。

- 喷射：主要用来模拟飘落的雨滴、喷泉的水珠、水龙头里流出的水流等效果。可以设置为水滴状、圆点和十字形粒子。在创建后从发射表面沿直线运动。发射器是发射粒子的对象。
- 雪：主要用于模拟下雪和纷飞的纸屑。类似于喷射系统，当它们掉落时，增加了控制粒子翻滚的参数。也可以渲染粒子为六角形，像雪花一样。
- 超级喷射：是一个高级的粒子系统，可看作是增强的喷射粒子系统，它发射可控制的粒子流，用来创建喷泉、礼花、瀑布等效果。可以使用不同的网格对象，紧密堆积的粒子称为变形球粒子，或作为粒子的关联复制对象。
- 暴风雪：一个高级的雪系统，可以创建暴风雪效果，也可创建出更加逼真的雪花和碎纸屑。

- 粒子阵列：能使用一个分布对象作为粒子源，也可以设置粒子类型为碎片，创建对象破碎、爆炸效果。
- 粒子云：限制所有产生的粒子在特定的体积内，可以模拟天空的一群小鸟、夜晚的星空等。
- PF Source（粒子流源）：3ds max 6 版本以后新增的一个事件驱动型粒子系统，可以自定义粒子的行为，可以模拟非常复杂的粒子效果，功能非常强大。

12.1.2 创建粒子系统

创建粒子系统主要有两种方法：使用命令面板中的“创建”面板和使用“创建”菜单。单击创建\几何体\粒子系统选项，即可看到如图 12.1 所示的面板（单击“创建”菜单下粒子中的任一项也可打开该面板）。

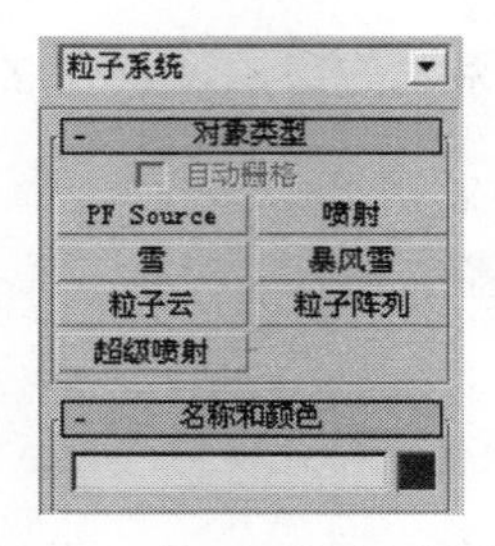

图 12.1 粒子系统创建面板

创建粒子系统的基本步骤如下：

（1）创建一个粒子发射器。粒子系统有一个共同的特点，就是每种粒子系统都有一个发射器，粒子由发射器中喷射出来。

（2）设置粒子的发射时间及数量。

（3）设置粒子的大小和形状。

（4）设置粒子运动的方式。

（5）修改粒子的运动方式。

12.2 粒子系统实例

12.2.1 喷射粒子系统

喷射粒子系统一般用来模拟下雨、喷泉、流水等现象。

【例 12.1】利用喷射粒子系统创建水龙头流水的效果

（1）打开配书光盘\第 12 章\例 12.1\厨房中的水槽.max 场景文件，如图 12.2 所示，这是一个简单的场景，包括厨房中的水槽、水龙头、墙体支架等。

（2）单击创建粒子系统面板中的 喷射 按钮，在顶视图中创建一个喷射粒子系统 Spray01。

（3）将粒子发射器图标放在水龙头出水口的位置上。

（4）打开“修改”面板，即可看到“参数”卷展栏，如图 12.3 所示。

图 12.2　厨房中的水槽场景

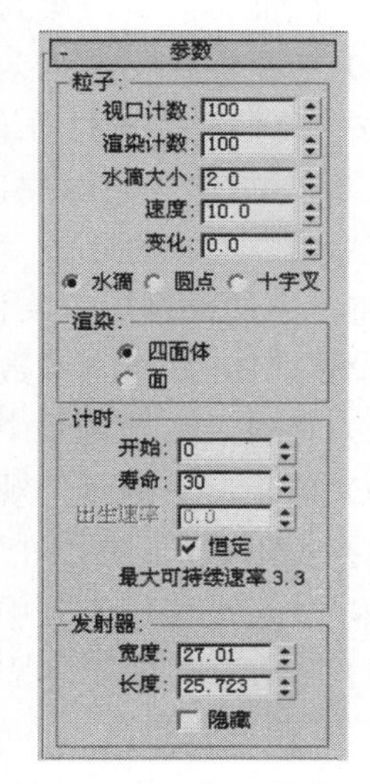

图 12.3　粒子喷射默认参数

（5）调整“发射器”选项组中的“宽度”和“长度”，使发射器大小与水龙头出水口截面大小基本一致。可以选中“隐藏”复选框隐藏发射器，不影响粒子的发射。

（6）调整“计时”选项组中的“开始”值设置粒子开始发射的时间和“寿命”值设置粒子生存的时间。本例中使用默认值即可。

（7）调整“粒子”选项组中“水滴大小”设置粒子的大小，本例中其值为 0.15；“速度”设置粒子的发射速度，本例中其值为 2；“变化”设置粒子速度的变化，其值越大发射的粒子越混乱，本例中其值为 0.1；“渲染计数”设置粒子渲染时的数量，本例中其值为 1500；“计时”项选中“恒定”复选框，使每帧发射的粒子数量为粒子的总数除以发射时间。

注意：

> 视口计数：设置粒子在视图中显示的数量。不影响渲染效果，可将该值设置得小一些，以加快视图的显示速率。

（8）在播放动画时，发现粒子穿透了水槽，可以单击“创建”面板下“空间扭曲”下拉列表中“导向器”下的 泛方向导向板 按钮将粒子挡住。设置泛方向导向板的“参数”卷展栏中“反射”选项组中的“反弹”值为 0。

（9）选中粒子系统 Spray01，单击“绑定到空间扭曲”工具按钮，拖动鼠标到挡板上后松开鼠标左键，将挡板与粒子系统绑定在一起，粒子就不会穿越水槽了。

提示：

空间扭曲对象可与粒子系统配合使用，创建出如粒子受自身重力影响下落等特殊效果。

（10）选中“渲染”选项组中的“面”单选按钮，在渲染时粒子会以面的方式渲染。如果选中“四面体”，渲染为狭长的四面体粒子，适合制作水滴、火花和灰尘等效果。

（11）为了制作出流水效果，本例中为粒子设置了一个流水材质。

① 按“M”键打开材质编辑器，选择第一个样本球，命名为“流水”。单击“漫反射”右边的快捷“贴图”按钮，打开“材质/贴图浏览器”窗口，为其设置一个“渐变”贴图，将“渐变参数”卷展栏下的“渐变类型”设置为“径向”，其他参数为默认值。

② 将上面的贴图以“实例”复制方式复制到“不透明度”贴图通道上。

③ 设置“Blinn 基本参数”卷展栏中的“自发光”值为 100，使水有明亮感。

（12）将材质赋予场景中粒子系统 Spray01。

（13）单帧渲染场景，观察效果，发现粒子呈颗粒状。

（14）右击 Spray01，在弹出的快捷菜单中选择“对象属性”命令，打开“对象属性”窗口，选择“运动模糊”项中的“图像”单选按钮，并设置“倍增”值为 1.2。

（15）再次渲染场景，观察效果，粒子为流水形状，将场景渲染为动画文件，如图 12.4 所示为第 80 帧的效果。

图 12.4　第 80 帧的效果

提示：

粒子选项组中水滴、圆点、十字叉形分别是粒子在视图中的显示方式，不影响渲染效果。

12.2.2　雪粒子系统

雪粒子系统主要用来模拟飘落的雪花和纷飞的纸屑。它与喷射粒子系统参数非常相似，只增加了雪花飞舞的参数和渲染的参数。

【例 12.2】下雪

（1）打开配书光盘\第 12 章\例 12.2\雪景.max 文件。

（2）单击粒子系统创建面板中的 雪 按钮，在顶视图中创建一个雪粒子系统。

（3）调整雪粒子系统的位置。

（4）打开“修改”面板，“参数”卷展栏中各参数设置如图 12.5 所示。

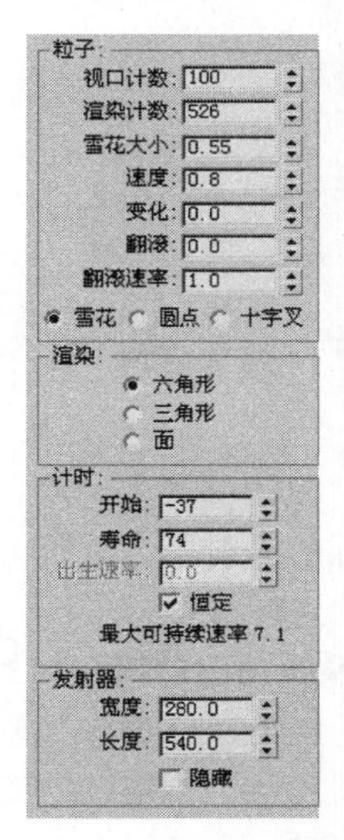

图 12.5　“参数”卷展栏

其中，“雪花大小”用来设定雪花粒子的大小。“翻滚”用来控制雪花粒子的翻滚情况，值为 0 时不翻滚，值为 1 时翻滚最强烈。“翻滚速率”：数值越大，雪花转动越快。

渲染方式有六角形、三角形和面。

其他参数含义与喷射参数意义相近，这里不再赘述。

（5）复制一个雪粒子系统，调整好位置，如图 12.6 所示。

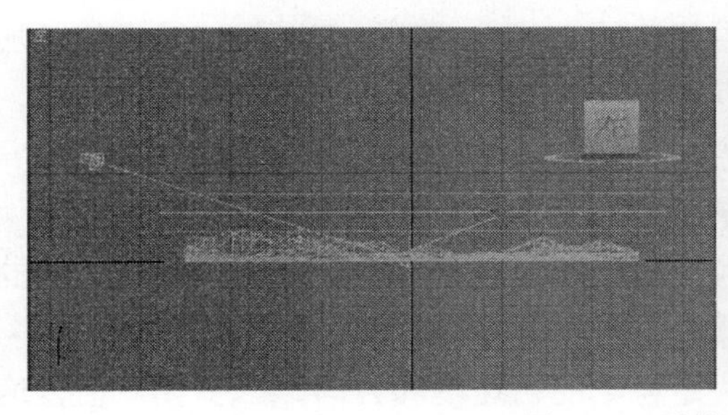

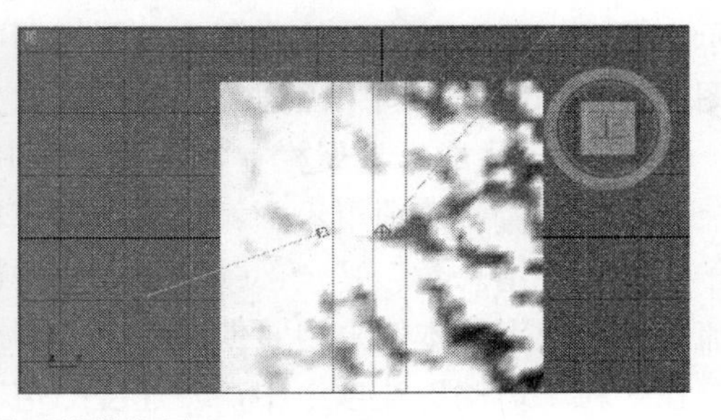

图 12.6　雪粒子系统的位置

（6）将设置好的场景渲染输出为 AVI 文件。如图 12.7 所示为第 50 帧时的效果。

图 12.7　第 50 帧时下雪的效果

12.2.3　超级喷射粒子系统

超级喷射粒子系统可看作是增强的喷射粒子系统。粒子流可控性强，可用来创建喷泉、火花、气泡等多种效果。

【例 12.3】利用超级喷射粒子系统创建群蝶飞舞的动画效果

（1）打开配书光盘\第 12 章\例 12.3\蝴蝶.max 场景文件。这是一个简单的场景，只有一个蝴蝶对象，并已经设置好了蝴蝶翅膀上下摆动的动画，动画长度为 60 帧。

（2）单击 超级喷射 按钮，创建一个超级喷射粒子，先调整其参数，稍后再设置其位置。

① “基本参数”卷展栏中各参数如图 12.8 所示。

其中，“粒子分布”选项组控制粒子的分布范围和方向。“轴偏离”影响粒子流偏移 Z 轴的角度，该角度在 XZ 平面上；“扩散”控制粒子流偏移发射器的角度；平面偏离控制粒子发射方向与发射器平面偏离的角度。

可以改变图标的大小或设置隐藏视图中的图标。也可以设置粒子在视图中的显示方式：圆点、十字叉、网格或边界框。本例中为了在场景中看到蝴蝶动画的效果，使用“网格”显示方式。“粒子数百分比”用来设置视图中显示的全部粒子数，可以保持较低值以加快视图的显示速度。本例中因为粒子数设置很少，故将该值设置得大一些。

② “粒子生成”卷展栏中各参数如图 12.9 所示。

“粒子数量”选项组设置粒子数使用速率还是使用总数。“使用速率”是每帧产生的粒子数，“使用总数”是全部帧数里产生的粒子数。如果想要在整部动画中使用稳定的粒子流就使用速率。本例中因要使用较少的蝴蝶数，所以将“使用总数”设置为 17。

在“粒子运动”选项组中，“速度”值决定粒子的初速度和方向，“变化”值以速度值的百分比改变初速度。

在“粒子计时”选项组中，设置发射粒子的开始和停止时间。使用“显示时限”值，设置在发射停止以后，还继续显示粒子。而“寿命”是指粒子存活的时间。

当发射时（例如来回移动），粒子可以在系统改变方向处聚集在一起，这种聚集效果被称为胀大。“子帧采样”选项可以帮助减少这种效果，有 3 个选项：“创建时间”、“发射器平移”和“发射器旋转”。这些设置可以放置不同类型运动的胀大，它可以和“变化”值一起指定粒子大小，也可以使用粒子成长和衰减的帧数，本例对这 3 个选项保持默认值。

“粒子大小”选项组中“大小”设置粒子的大小，“变化”设置大小的变化，“增长耗时”设置粒子由小变大所用的时间，“衰减耗时”设置粒子由大变小所用的时间。

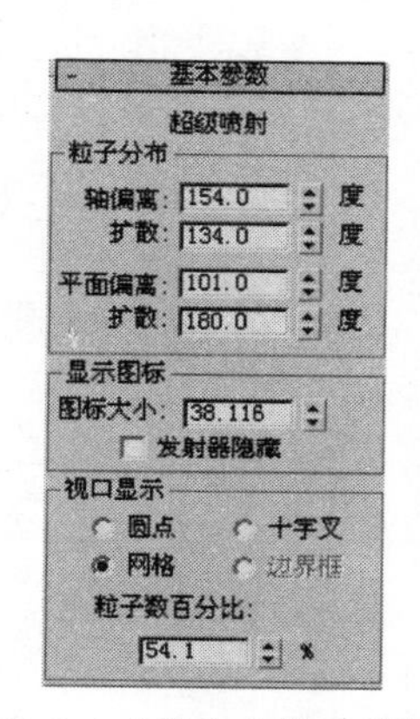

图 12.8　“基本参数”卷展栏

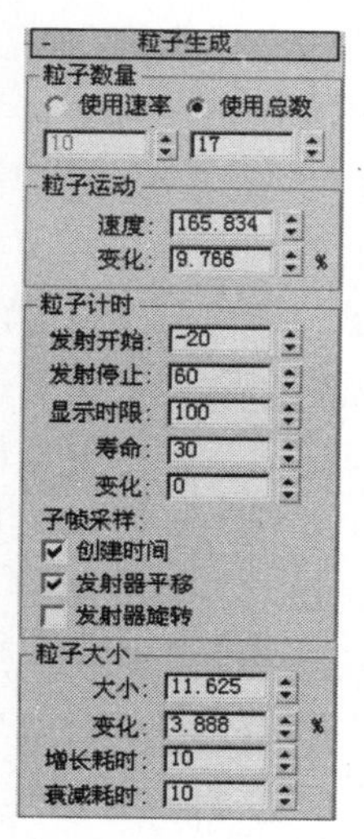

图 12.9　“粒子生成”卷展栏

③　“粒子类型”卷展栏可以设置粒子的外观形态，如图 12.10 所示。

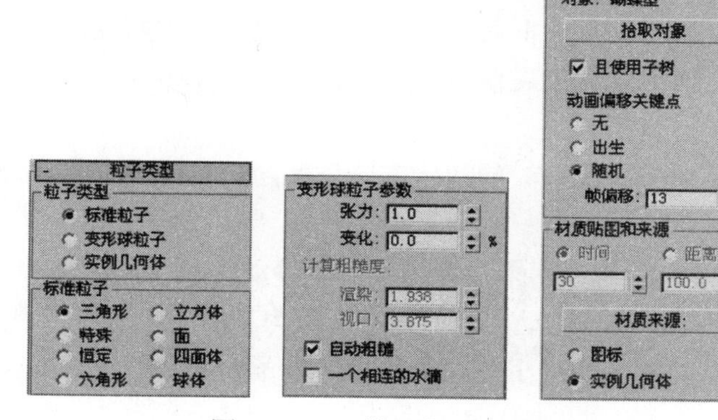

图 12.10　“粒子类型”卷展栏

在卷展栏的顶部有 3 种粒子类型：“标准粒子”、“变形球粒子”和“实例几何体”。当某一单选按钮被选中时，与其对应的选项组将被激活。

- 选中“标准粒子”单选按钮，该组参数有效。其下有 8 种标准粒子可供选择，分别是三角形、特殊、恒定、六角形、立方体、面、四面体和球体。

- 选中“变形球粒子”单选按钮，该组参数有效。可以设置一种靠近后就可以相互融合的粒子形态，通常用来模拟水和液体。主要参数有“张力”和“变化”，用来控制粒子的融合程度。张力大，则难融合。
- 选中“实例几何体”单选按钮，该组参数有效。通过单击“实例参数”选项组中的 拾取对象 按钮可以拾取场景中的对象作为发射器的粒子。本例中选中该单选按钮，并拾取场景中的蝴蝶对象作为发射器的粒子。单击“材质贴图和来源”选项组中的“实例几何体”单选按钮，并单击 材质来源: 按钮，把蝴蝶材质应用于粒子上。

④ “旋转和碰撞”卷展栏中的各项参数主要用于控制粒子的旋转和相互碰撞，如图 12.11 所示。

- “自旋速度控制”选项组中“自旋时间”用来设置粒子绕自身的Z轴向旋转一周所使用的时间。“相位”值是粒子的初始旋转角度值。“变化”参数与上几个卷展栏中的变化类似，这里不再介绍。
- “自旋轴控制”选项组用来控制粒子自旋的轴向。其中包括“随机”、“运动方向/活动模糊”和“用户定义”几个单选按钮。通过设置“运动方向/活动模糊”单选按钮下面的“拉伸”数值使对象在运动方向延长。“用户定义”可以指定绕每个轴旋转的角度。

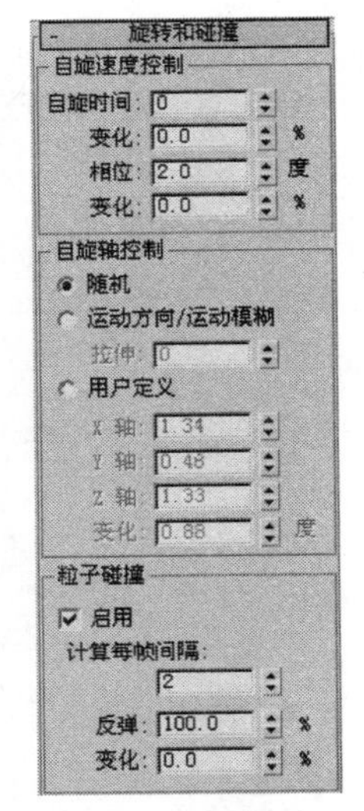

图 12.11 “旋转和碰撞”卷展栏

- “粒子碰撞”选项组用来设置粒子间的碰撞情况。选中“启用”复选框后，该组参数有效。“计算每帧间隔”设置碰撞的频度，“反弹”值确定粒子碰撞后速度是原来的百分比数。可以用“变化”值改变“反弹”值。

本例中，只设置了粒子（蝴蝶）的初始旋转角度，但不能设置其自旋，其他参数使用默认值。

⑤ “对象运动继承”卷展栏用来设置当发射器移动时粒子的运动方式，如图 12.12 所示。“影响”定义粒子受发射器运动影响的大小，值为 100 时，粒子准确跟随；值为 0 时，根本不跟随。“倍增”能放大或减少发射器移动对粒子的影响效果。本例中各项参数都使用默认值。

⑥ “气泡运动”卷展栏模拟水泡在液体里上升的摇摆运动，如图 12.13 所示。有 3 个值定义运动方式，每个都有变化值。“振幅”定义粒子从一边到另一边的距离。“周期”定义完成从一边到另一边运动循环的时间。“相位”定义粒子如何沿振幅曲线开始运动。本例中各项参数都使用默认值。

图 12.12　“对象运动继承”卷展栏

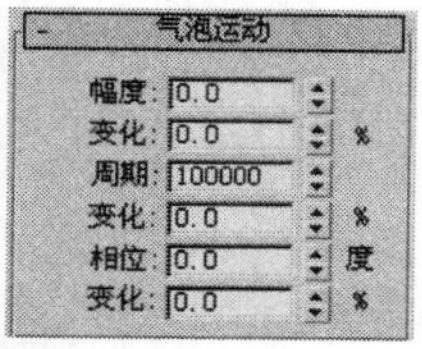

图 12.13　“气泡运动”卷展栏

⑦“粒子繁殖”卷展栏设置当一个粒子死亡或碰撞到其他的粒子时如何产生新的粒子，如图 12.14 所示。

“粒子繁殖效果”选项组控制粒子相互碰撞后，是否继续生存。如果设置为“无”，碰撞的粒子离开对方弹起，并且死亡的粒子会消失。“碰撞后消亡”选项使粒子在碰撞之后消失。“碰撞后繁殖”选项使粒子在碰撞后产生新粒子。“消亡后繁殖”选项使粒子在消亡后产生新粒子。“繁殖拖尾”沿轨迹繁殖。

本例中该项设置为默认值“无”。

⑧“加载/保存预设”卷展栏中可以使用已设置好的粒子的配置，系统提供了几种预置参数，如图 12.15 所示。可直接调用，例如使用 Bubbles（冒泡）参数，可直接用于模拟水泡在液体里上升的摇摆运动，而不必再对各项参数进行设置。

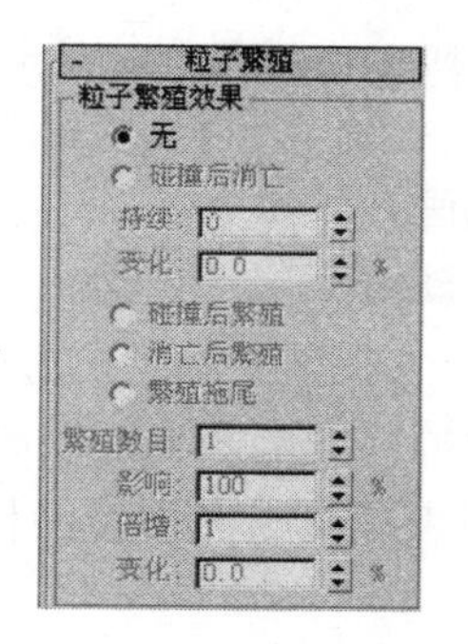

图 12.14　“粒子繁殖”卷展栏

图 12.15　“加载/保存预设”卷展栏

（3）选择“渲染”\“环境”命令打开“环境设置”窗口，选择配书光盘\第 12 章\例 12.3\背景.jpg 文件作为环境背景贴图。

（4）选择“视图”\“视口背景”\“视口背景”命令打开“视口背景”设置窗口，选中“使用环境背景”复选框。

（5）右击透视图视图名称处，打开快捷菜单，选择“显示背景”命令，可见视图的背景是一幅体现阳光明媚的夏季图片（因篇幅所限，本例没有制作真实的场景，读者可自建一个夏季有草丛的场景）。

（6）创建一个摄影机，调整好摄影机及粒子发射器的角度和位置，再创建一个泛光灯照亮粒子。

（7）设置简单的粒子发射器移动的关键帧动画模拟蝴蝶向前移动，最终渲染效果如图 12.16 所示（可将原来的蝴蝶隐藏）。

图 12.16　最终效果

12.2.4　粒子阵列粒子系统

粒子阵列粒子系统可以用某个对象作为发射源来发射粒子，也可以创建物体的破碎或爆炸效果。

【例 12.4】利用粒子阵列粒子系统制作茶壶破碎的动画效果

（1）打开配书光盘\第 12 章\例 12.4\茶壶破碎.max 场景文件。

（2）设置动画长度为 70 帧。

（3）在 0~41 帧处为茶壶对象设置简单的从桌面滑动掉落到地面上的动画（使用位移和旋转工具并自动记录动画。设置茶壶在 35 帧处摔碎。为表现落地时惯性的作用，茶壶的旋转和位移持续到第 41 帧）。

（4）创建粒子阵列粒子系统，为茶壶制作破碎效果。单击 粒子阵列 按钮，在视图中创建一个粒子阵列系统。

① 粒子阵列系统中许多卷展栏与前面介绍的超级喷射参数卷展栏一样，但也有一些差别，如图 12.17 所示。从“基本参数”卷展栏开始，粒子阵列系统能选择场景对象作为发射器。单击 拾取对象 按钮，在视图中单击茶壶对象，设置茶壶对象作为发射器。也可以在对象上选择粒子形成的位置，其中包括“在整个曲面”、“沿可见边”、“在所有的顶点上”、“在特殊点上”和“在面的中心”。在“特殊点上”可以选择使用点数。

“使用选定子对象”：对于基于网格的对象，使用它的子对象作为发射点。

② “粒子生成”卷展栏中的各参数设置如图 12.18 所示。其中“散度”值与其他粒子参数不同。这个值是沿发射器法线的每个粒子速度都有的角度变化。

③ 选择“粒子类型”卷展栏中只有粒子阵列系统才会有的一种粒子类型，即“对象碎片”。这种类型将选择的对象打成碎片。“对象碎片控制”选项组中“厚度”用来设置每个碎片的厚度，如图 12.19 所示。如果此值设置为 0，碎片就都是单面的多边形。

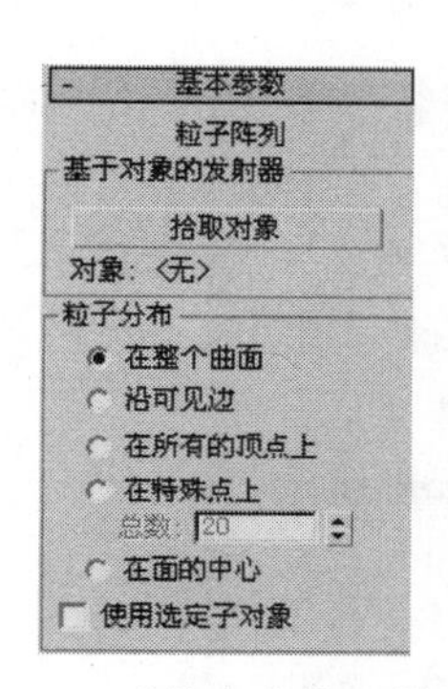

图 12.17　“基本参数”卷展栏

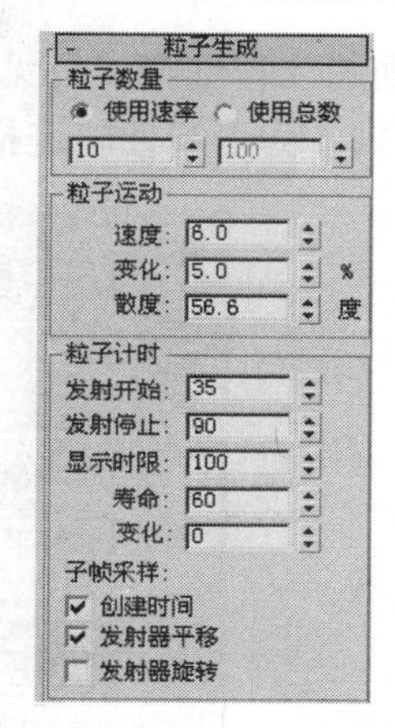

图 12.18　“粒子生成”卷展栏

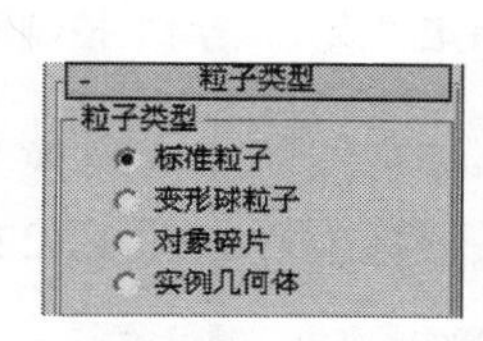

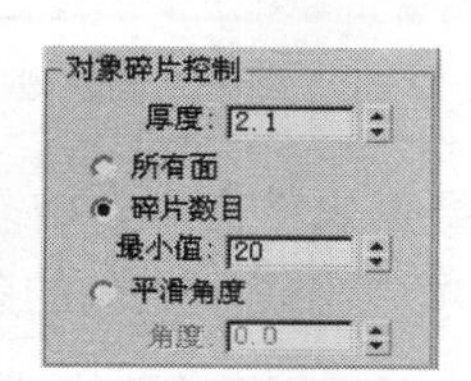

图 12.19　选择对象碎片方式并设置参数

在“对象碎片控制”选项中，“所有面”把每个单独的三角形面分离成分开的碎片。这个单选按钮的替换物是使用“碎片数目”单选按钮，可以把对象划分成块并且定义使用多少块。第 3 个单选按钮可以指定在光滑角的基础上分开对象。

在“粒子类型”卷展栏的碎片材质选项组中，可以为碎片的里面、外面和后面选择材质 ID。本例中碎片使用对象的材质。

（5）在轨迹视图中为茶壶对象设置可见性属性，使用“启用/禁用”动画控制器，第 0~39 帧可见，第 39 帧后消失。这样在第 39 帧前看到的是茶壶，第 39 帧后看到的是碎片。

① 打开轨迹视图，在左面的窗口中选中茶壶，选择菜单“轨迹”\“可见性轨迹”\“添加”命令为对象添加可视性轨迹，如图 12.20 所示。

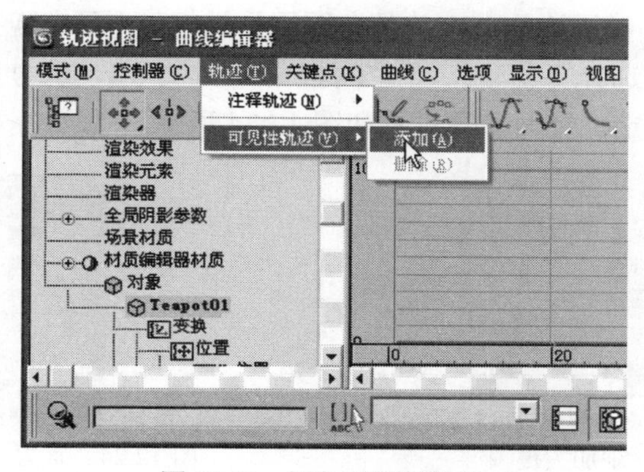

图 12.20　添加可视性轨迹

② 在左面的窗口选择“可见性”，选择菜单“控制器”\“指定”命令打开“指定浮点控制器”窗口，为可视性轨迹指定一个“启用/禁用”控制器，如图 12.21 所示。

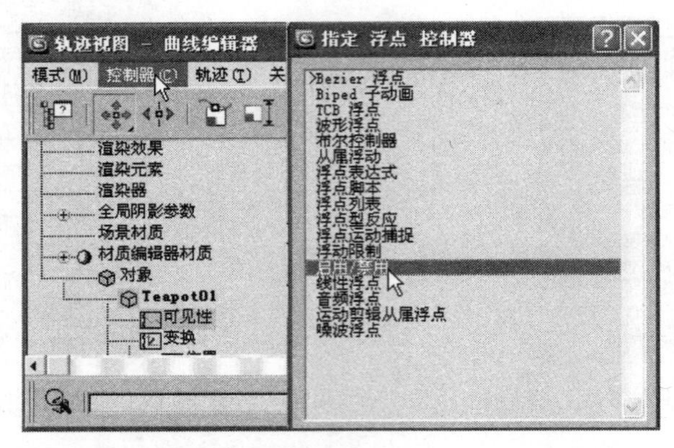

图 12.21　为可见性轨迹指定“启用/禁用”控制器

③ 选择“模式”\“摄影表”命令，将轨迹视图的模式转换为摄影表模式后，即可看到右侧编辑窗口中可见性项中出现了蓝色的条形标志，如图 12.22 所示，表示对象可见。

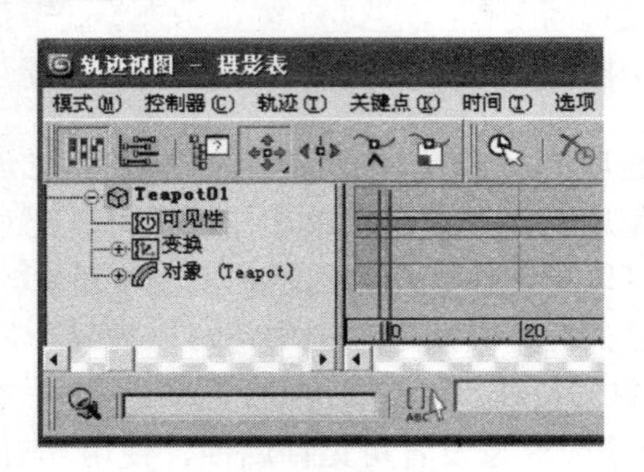

图 12.22　摄影表模式

④ 单击“添加关键帧”按钮，在第 39 帧添加关键帧，则第 0~39 帧可见，第 39 帧后为不可见，如图 12.23 所示。

（6）通常情况下，粒子阵列中碎片是向四周扩散的。为了表现茶壶在摔碎后向下落的效果，本例在顶视图中选择“创建”\“空间扭曲”\“力”\“重力”命令创建空间扭曲对象并与粒子阵列对象绑定。重力参数设置如图 12.24 所示。

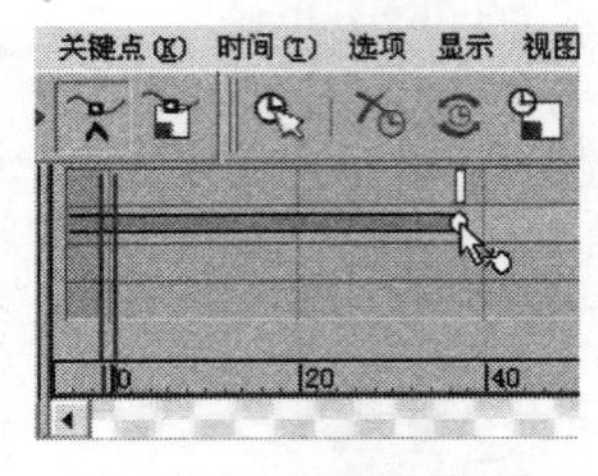

图 12.23　添加关键帧

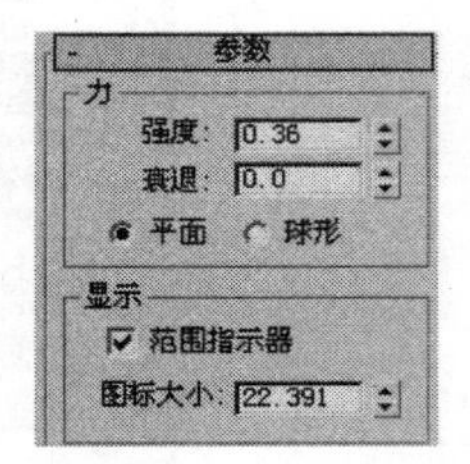

图 12.24　重力空间扭曲参数设置

（7）在碎片下落中，会穿越地面一直向下，这与现实情况是不相符的，为此使用“创建”面板\“空间扭曲”面板\“导向器”\泛方向导向板工具，在顶视图茶壶跌落的位置上创建一个挡板空间扭曲对象，模拟碎片撞在地面又被反弹的效果。其参数设置“反弹”值为 0.12（该值控制粒子反弹后动能与反弹前的比值，值为 1 保持反弹速度不变，值为 0 时不发生反弹）；“摩擦力”值为 46%（该值控制粒子在挡板表面受到的摩擦，0%表示不受摩擦，100%表示速度减为 0）；其他参数使用默认值。

（8）最后的设置效果如图 12.25 所示。将其渲染成动画文件。

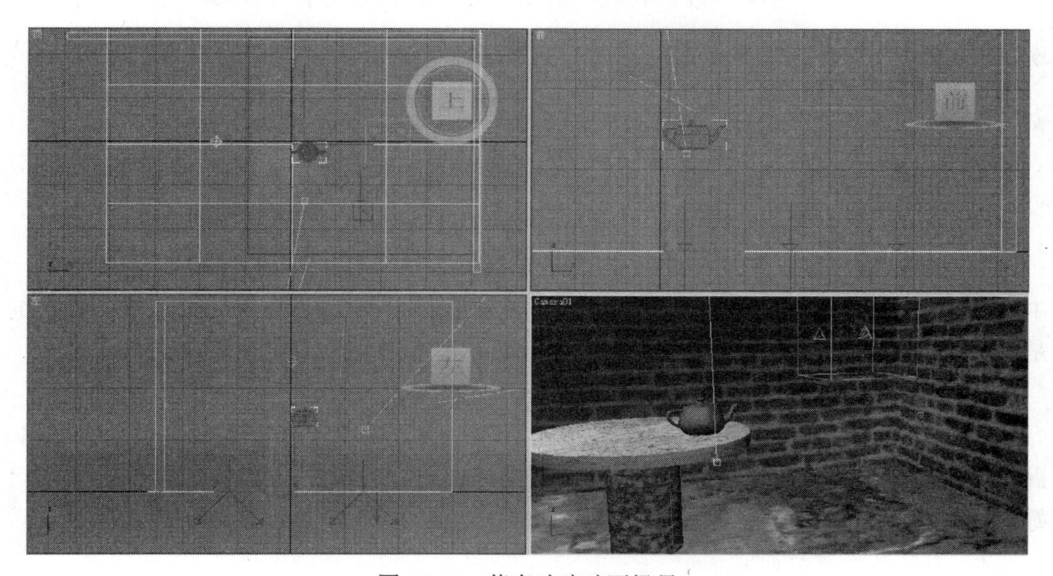

图 12.25　茶壶破碎动画场景

提示：

空间扭曲工具是不可渲染的对象。通过它们可以用一些独特的方式影响其他对象，以创建特殊的效果，例如本例中的重力效果。

空间扭曲工具共有 6 类：力、导向器、几何/可变形、基于修改器、reactor、粒子和动力学。

空间扭曲工具的使用方法是：

（1）在“创建”面板\“空间扭曲”面板中，从下拉列表中选择合适的类型，单击要创建的空间扭曲工具按钮，在视图中创建一个空间扭曲对象。

（2）使用“绑定到空间扭曲”工具将受影响的对象绑定到空间扭曲对象上。

（3）调整空间扭曲对象的参数。

（4）对空间扭曲对象进行平移、旋转、缩放等调整。

12.2.5　粒子云粒子系统

粒子云粒子系统用于指定一群粒子充满一个容器。它可以模拟天空的一群小鸟或夜晚的星空等，可以用立方体、球体、圆柱体等任何可以渲染的对象限制粒子云的边界。

粒子云粒子系统包括与超级喷射粒子系统一样的卷展栏，但也有一些细微的差别。

“基本参数”卷展栏能基于一个网格对象作为发射器。要选择这个发射器对象，单击 拾取对象 按钮，然后选择使用的对象。这个按钮只有在“基于对象发射器”选项被选中时才能使用。

其他的选项包括长方形发射器、球形发射器和柱形发射器。使用半径/长度、宽度和高度定义发射器的尺寸。

粒子云系统除了“基本参数”卷展栏的这些差别外，在“粒子生成”卷展栏中也有多个不同的粒子运动选项。粒子运动可以设置随机方向、方向向量或指定参考对象。

12.3　实践操作：粒子系统应用实例制作

综合实例：酒精灯

说明：本例要表现试管中的水受酒精灯加热后出现气泡及气泡上升的过程。在这一过程中主要是灯芯火苗窜动动画效果、气泡上升动画效果及水面微微沸腾的效果。使用的方法是粒子系统运动和网格对象子物体加入修改器后变形的动画。

（1）打开配书光盘\第 12 章\综合\酒精灯 0.max 场景文件。

场景中包括：桌面；酒精灯（灯线、盖、酒精、火焰、玻璃）；试管（玻璃管、水）；两盏灯光（一盏在火焰中心，另一盏照亮全景）；一个摄像机。场景中对象材质都已设置好。

（2）为灯芯设置动画。

① 选中灯芯，选择“修改器”\“参数化变形器”\“变换”命令为其加入可记录子对象变换的修改器，以便完成子对象的动画。

② 使用“缩放”工具调整变换的子对象 Gizmo（线框）和“中心”，结果如图 12.26 所示。

③ 选择“修改器”\“选择”\“网格选择”命令，加入“网格选择”修改器，进入“顶点”层级，选择顶部节点，并选中“使用软选择”复选框，结果如图 12.27 所示。

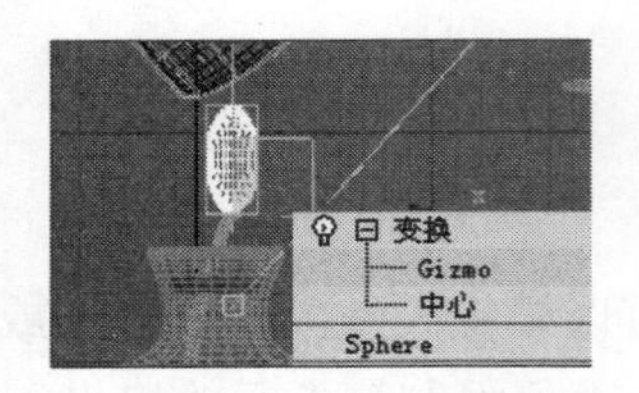

图 12.26　调整中心和 Gizmo

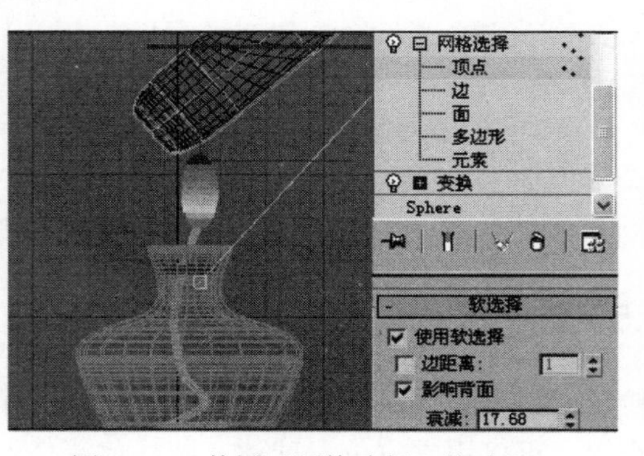

图 12.27　使用“网格选择”修改器

④ 加入“修改器”菜单\“参数化变形器”\“噪波”修改器，各参数设置及效果如图 12.28 所示，设置关键帧动画，在第 0 帧时，“动画”选项下的“相位”=0；在第 100 帧时，“相位”=66。

⑤ 加入“修改器”菜单\“参数化变形器”\“波浪”修改器，各参数设置及效果如图 12.29 所示，设置关键帧动画，在第 0 帧时，“波长”=-7；在第 100 帧时，“波长”=-20。

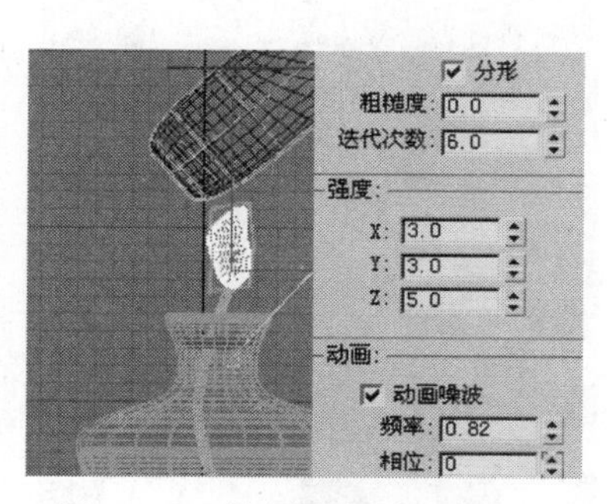

图 12.28　使用“噪波”修改器

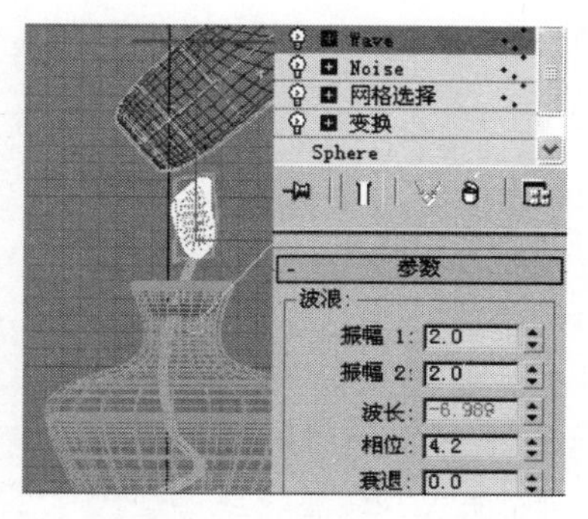

图 12.29　使用“波浪”修改器

（3）设置灯芯的光晕效果。

① 右击灯芯对象，选择“对象属性”命令，打开“对象属性”窗口，将“常规”选项卡中“G 缓冲区”选项的“对象 ID”设置为 1。

② 选择“渲染”\“效果”命令，打开“环境和效果”窗口，进行效果设置。

③ 在“效果”选项卡下“效果”卷展栏中单击 添加... 按钮，打开“添加效果”窗口，选择“镜头效果”项，单击 确定 按钮后，在打开的“镜头效果参数”卷展栏中左侧窗格中选择“Glow”（光晕），然后单击 › 按钮，会看到右侧窗格中出现了“Glow”项，表示可以设置光晕效果。

④ 将“镜头效果全局”卷展栏中的镜头“大小”设置为 3，“强度”设置为 50，其他项使用默认值，如图 12.30 所示。

⑤ 将“光晕元素”卷展栏中“选项”选项卡下“图像源”选项组内的“对象 ID”复选框选中，如图 12.31 所示。

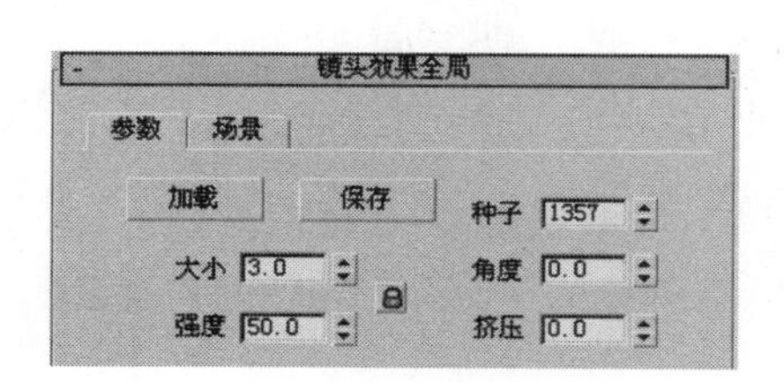

图 12.30　“镜头效果全局”卷展栏

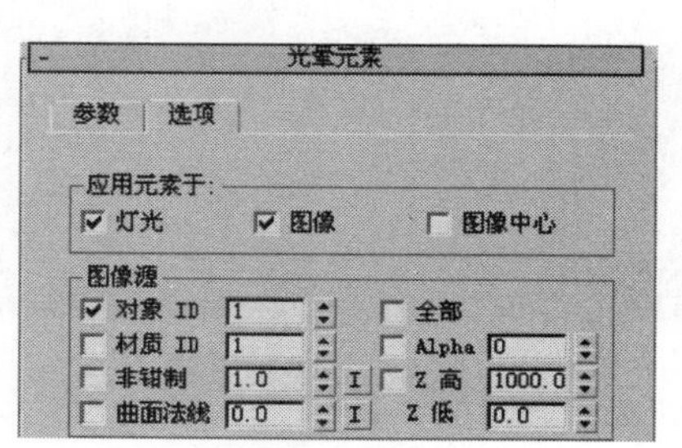

图 12.31　选择“对象 ID”

提示：

对象 ID 设置与对象属性窗口中的“G 缓冲区”下“对象 ID”要一致，否则效果不能表现出来。

⑥ 设置“参数”选项卡下“大小”=3，“强度”=60，其他参数使用默认值。调整“径向颜色”选项组中左侧颜色，其中红=252、绿=153、蓝=0，如图 12.32 所示。

⑦ 渲染效果如图 12.33 所示。

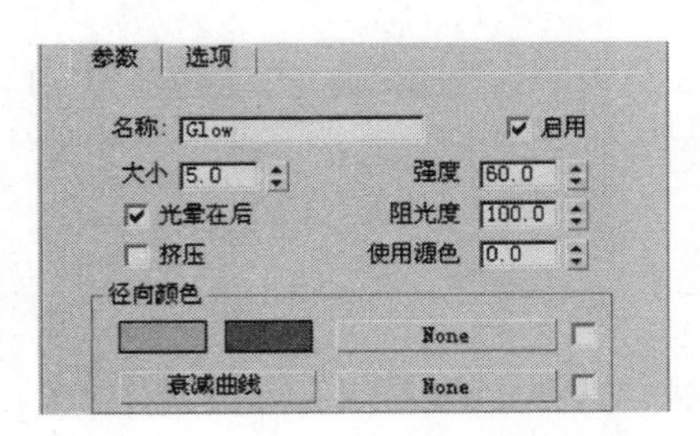

图 12.32　设置“参数”各项参数

图 12.33　光晕效果

（4）设置气泡动画效果。

① 在顶视图创建一个超级粒子，命名为气泡，在前视图调整好位置、方向，如图 12.34 所示。

② 打开参数面板，选择“加载/保存预设”卷展栏中的“Bubbles”（气泡）项后双击鼠标，将粒子运动设置为预置的气泡运动方式，如图 12.35 所示。

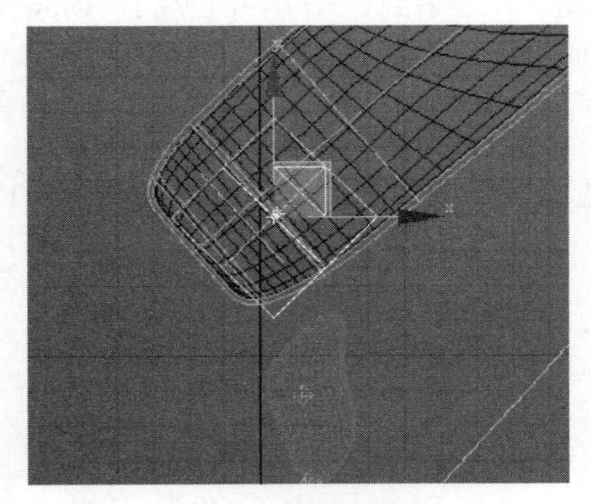

图 12.34　创建超级粒子

图 12.35　设置粒子以气泡方式运动

③ 改变“粒子生成”卷展栏下“粒子计时”选项组中粒子生命周期“寿命”=50，其他参数不变。

④ 为气泡粒子赋予透明材质，颜色与水相近，各参数设置如图 12.36 所示，在“漫反射”通道和“不透明度”贴图通道赋予的贴图都为 3ds max 自带的衰减贴图。效果如图 12.37 所示。

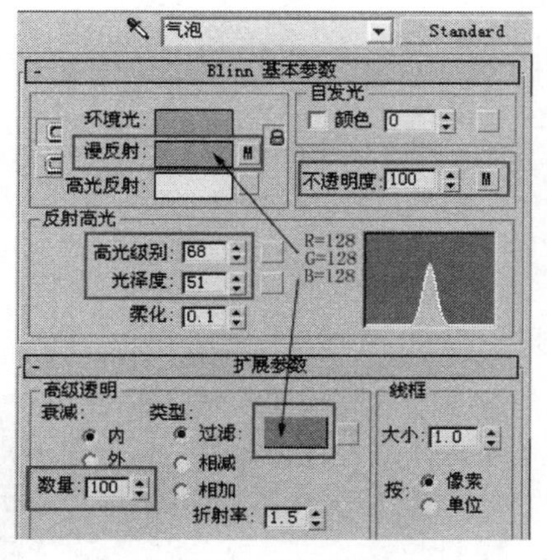

图 12.36　气泡材质

图 12.37　气泡效果

⑤ 为气泡设置挡板：创建两个挡板，一个导向板放置在接近水的上部（与桌面平行），另一个全导向器（基于对象的挡板），并拾取试管作为挡板对象。使用绑定工具将气泡粒子与两个挡板绑定。

（5）水面波动效果。

① 选中水面中间的部分节点，并设置“噪波”修改器。

② 调整“噪波”修改器各参数如图 12.38 所示。

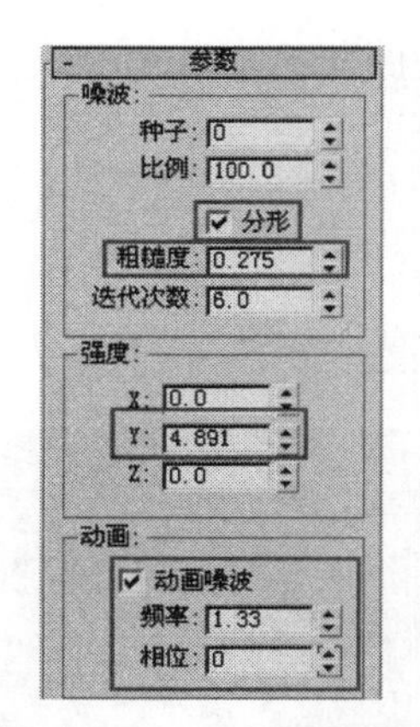

图 12.38　噪波参数设置

③ 单击“自动关键点”按钮，在第 0 帧设置动画下的“相位”=0，在第 100 帧设置“相位”=100。

（6）渲染动画。

12.4 课后习题

思考题

1．粒子系统分为哪几类？分别用来表现什么效果？

2．简述创建粒子系统的方法。

操作题

1．制作一个地雷爆炸的效果，如图 12.39 和图 12.40 所示。

图 12.39　场景制作

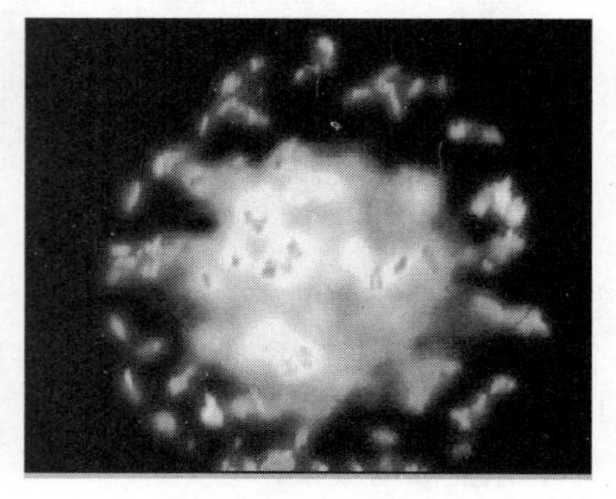

图 12.40　渲染效果

提示：

（1）使用超级粒子制作导火索燃烧效果；

（2）利用粒子阵列制作爆炸效果；

（3）使用火效果制作火效果；

（4）使用效果制作火光效果。

2．制作一个如图 12.41 所示的瀑布效果。

图 12.41　瀑布效果

第 13 章　正反向运动

本章主要内容

☑ 层级链接的工作原理及设置方法
☑ 正反向运动的设置方法
☑ 骨骼系统的创建及运动设置方法
☑ 正反向实例的制作
☑ 课后习题

本章重点

层级链接的设置方法、正反向运动的设置方法、相关实例的制作方法。

本章难点

☑ 正反向运动的设置方法
☑ 正反向实例的制作

13.1 层级链接

在使用 3ds max 进行动画设计时，要设置一组相关的对象协同运动，就会涉及正向运动（Forward Kinematics）和反向运动（Inverse Kinematics）。层级链接是正反向运动的基础，下面首先介绍层级链接。

13.1.1 层级链接的工作原理

层级链接就是将一个对象 A 链接到另一个对象 B 上，对象 B 称为对象 A 的父对象，而对象 A 便是对象 B 的子对象。当移动父对象时，与之相链接的子对象也会跟着一起移动。子对象又可以有下一级子对象，该子对象便是下一级子对象的父对象。而父对象同样也可以有上一级的父对象，该父对象便是上一级父对象的子对象。这些逐级相互链接在一起的对象，就形成了一组层级链。处在层级最上端的对象被称为根对象，它没有父对象、只有子对象，并控制着整个的层级链。在层级链中，一个父对象可以有多个子对象，而一个子对象只能有一个父对象。应用层级链接最多的要数角色动画，人体就是一个最典型的层级链，躯干是父对象，头和四肢是躯干的子对象同时又互为同级，因为它们共有一个父对象。大腿又是小腿的父对象，小腿又是脚的父对象。此外，在制作一些表现机械运动的动画时，也要用到层级链接。

13.1.2　创建层级链接

在 3ds max 中创建对象间的层级链接非常简单。下面以几个链环为例说明创建链接的方法。

1．首先在视图中创建 5 个首尾相连的链环。

（1）先创建一个圆环对象，再使用“拉伸”修改器将其拉成链环形状，如图 13.1 所示。

（2）为了防止在运动时发生链环脱节现象，将链环对象的轴心点向上移动到如图 13.2 所示的位置（两链环连接处）。

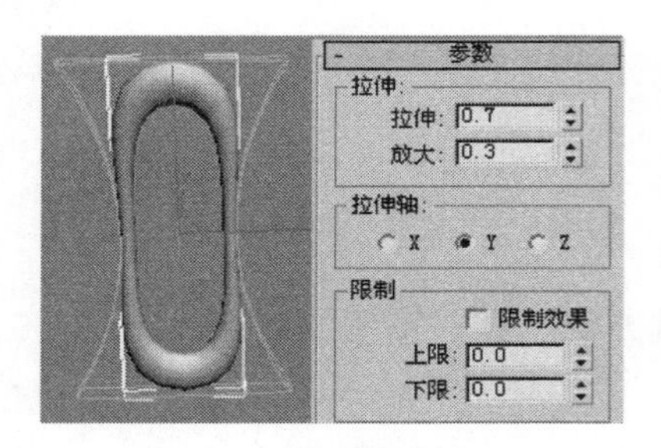

图 13.1　创建单个链环

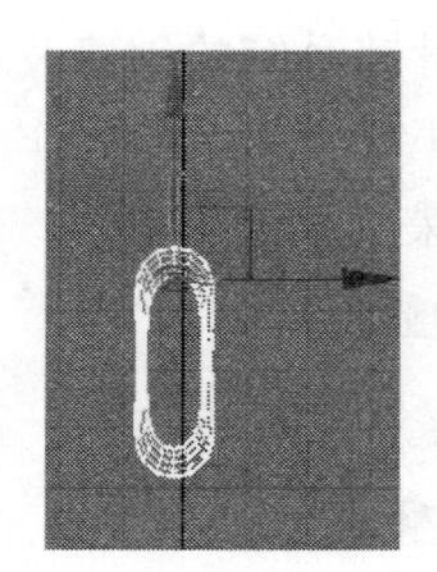

图 13.2　移动轴心点

注意：

单击“层次”面板\“轴”\“调整轴”卷展栏中的 仅影响轴 按钮后，可移动轴心点。

轴心点是对象旋转或缩放的中心，大多数修改器的应用都与轴心点有关。对象在创建时有一个默认的轴心点，而且通常在对象的中心点处。层级链中的物体也是如此。在 3ds max 中，为了满足各种动画的需要，可以将轴心点移动到对象的任意位置和方向。比如在控制模拟人体或运动骨骼系统的层级链时，便需要将层级链中各对象的轴心点从中心移动到它们的连接处（也就是连接两段骨骼的关节处）。

（3）再次单击 仅影响轴 按钮，关闭轴心点显示。

（4）按住“Shift”键并在前视图沿水平方向（Y 轴）将对象旋转 90°，复制出第 2 个链环。

（5）将第 2 个链环向上移动，与第 1 个链环形成首尾相接，如图 13.3 所示。

（6）以同样的方法完成 5 个链环的制作，如图 13.4 所示。

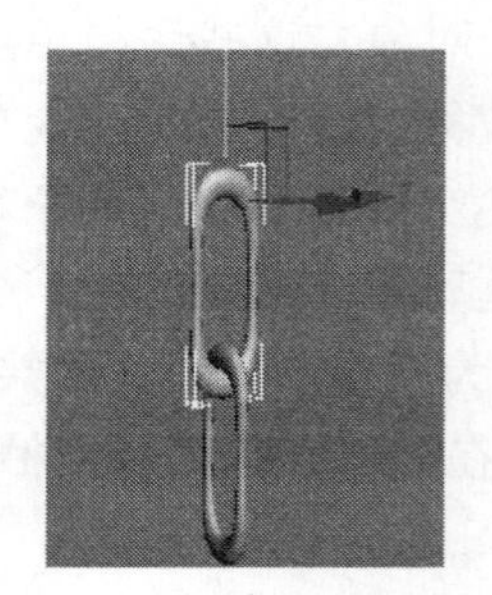

图 13.3　两环首尾相接

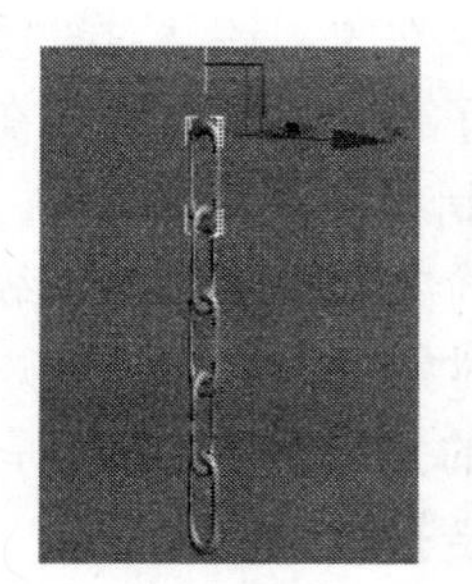

图 13.4　5 环首尾相接

2．下面将 5 个链环依次链接。

（1）选择 Torus01，单击主工具栏中的按钮，此时在 Torus01 上的鼠标光标变为两个叠在一起的方形，如图 13.5 所示。

注意：

单击按钮创建链接时，只能将子对象链接到父对象上，因此链接时要先选择子对象。一个子对象只能有一个父对象。如果将子对象先后链接到不同的父对象上，与前面父对象的链接关系就会被新的父对象所取代。

（2）按住鼠标左键拖动鼠标光标到 Torus02 上，如图 13.6 所示，松开鼠标，当 Torus02 闪烁一下时，说明链接成功，Torus01 已变为 Torus02 的子对象。

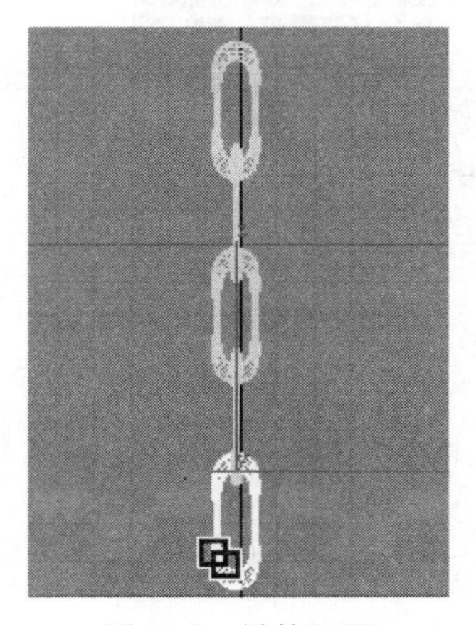

图 13.5　链接工具

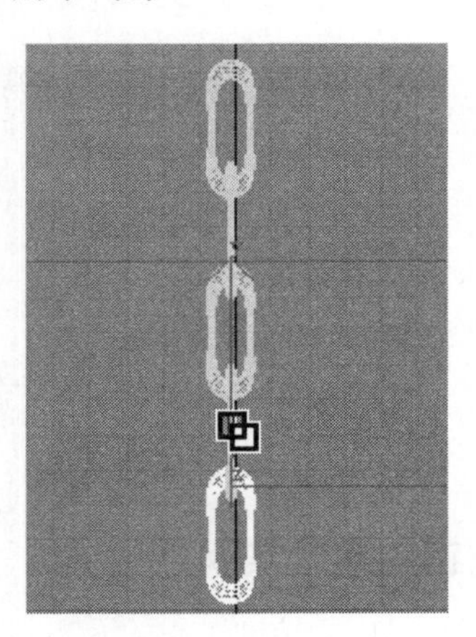

图 13.6　链接 Torus01 到 Torus02 上

（3）使用相同的方法依次将 Torus02 链接到 Torus03 上，Torus03 链接到 Torus04 上，Torus04 链接到 Torus05 上。

此时如果移动 Torus05 链环，其他链环会一起移动。如移动链环 Torus04，其他 3 个链环一起移动，而 Torus05 链环不受影响。由此可以很清楚地了解层级链之间的关系，父对象的变换永远影响着其子对象，而子对象却无法影响其父对象的变换。由于 Torus05 链环之上没有父对象而控制着其下所有对象的变换动作，因此 Torus05 链环便可看作是这个层级链的根对象。而 Torus01 链环之下没有任何子对象，对其进行任何变换都不会影响到链环，因此便可将其看作是整个层级链的末端子对象。

将链环全部选中，在“显示”面板下选中“链接显示”卷展栏中的复选框，可以将立体的链接层次在视图中显示出来，如图 13.7 所示。

3．可以在轨迹视图中看到对象之间的层级关系，也可以在图解视图中看到它们的层级树，如图 13.8 所示。

4．层级链接创建好后，如果想取消对象之间的链接关系，可先选择该对象，再单击主工具栏中的（断开链接）按钮，即可将该对象的链接断开。

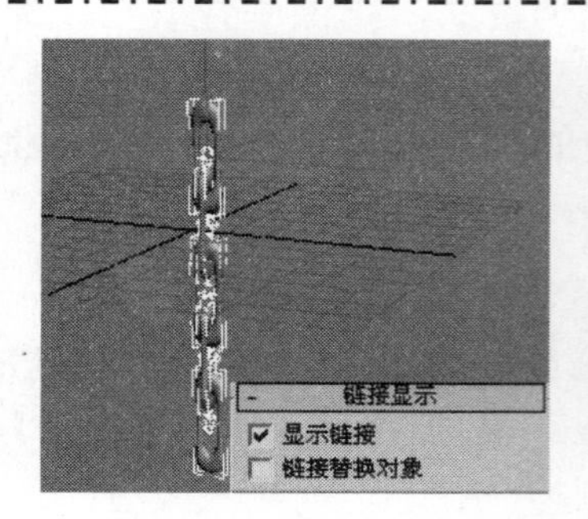

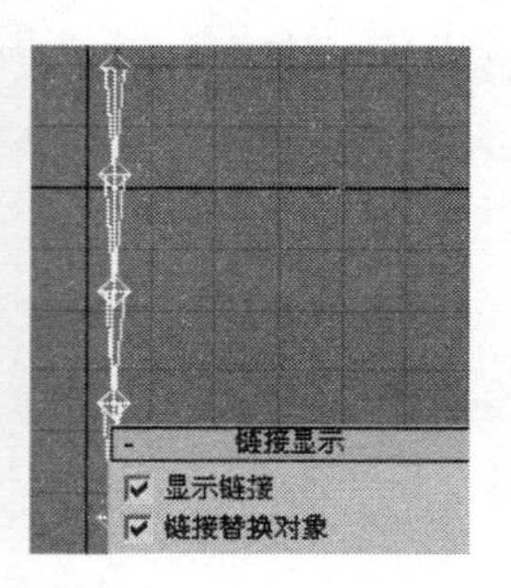

图 13.7　显示层级链接

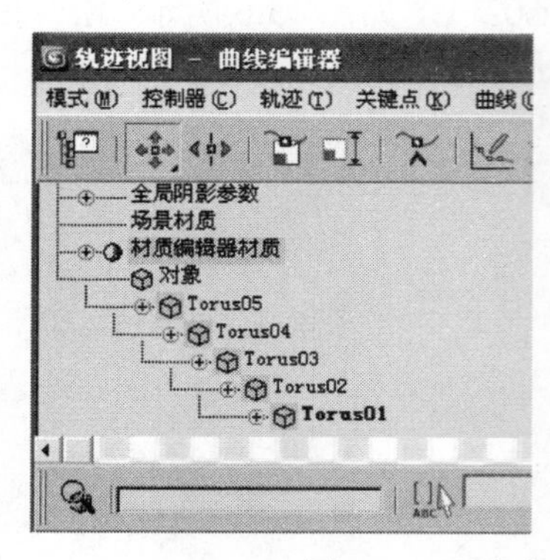

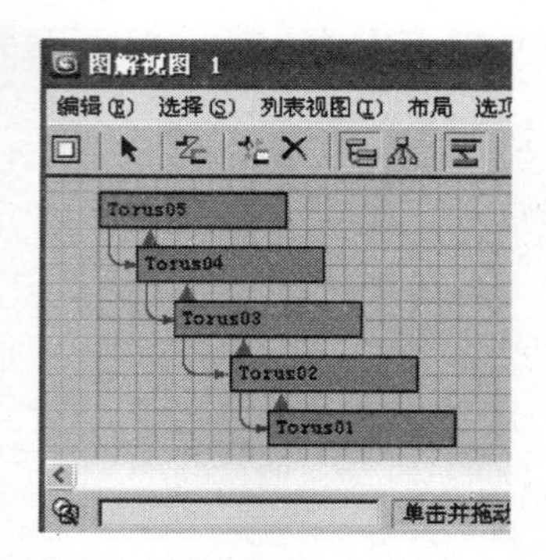

图 13.8　对象之间的层级链接

13.1.3　正向运动实例

正向运动是 3ds max 系统默认的运动控制系统。在日常的生活中，正向运动随处可见。在正向运动中，父物体带动子物体运动，而子物体本身也可以有自己的运动。下面以实例说明正向运动的设置方法。

【例 13.1】转风轮玩具

说明：本例要设置玩具的运动动画：四臂抬起，绕支架旋转，风轮跟随旋转，然后再垂落，停止运动，动画总长度为 300 帧。

1．打开配书光盘\第 13 章\例 13.1\正向运动.max 文件，如图 13.9 所示。这是一个玩具，包括支架、转轴、臂、风轮、桌面等对象，风轮自旋动画已设置完毕。

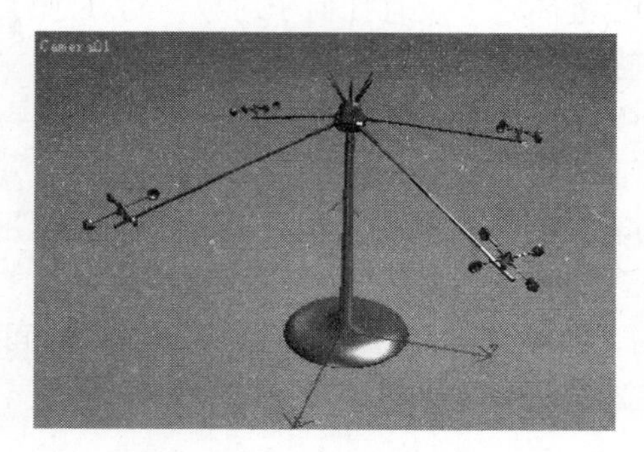

图 13.9　正向运动场景文件

2．创建层级链接。

（1）选择臂 01，单击“层次”面板中“轴”\“调整轴”\ 仅影响轴 按钮，在视图中出现坐标轴的图标，使用移动工具将轴心移动到与转轴连接处，如图 13.10 所示。

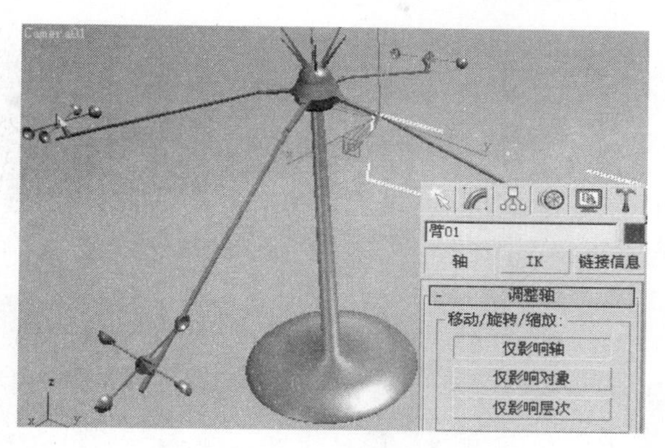

图 13.10　移动轴心

（2）以同样的方法，将臂 02、臂 03、臂 04 的轴心也移动到与转轴连接处，然后再次单击 仅影响轴 按钮，视图中的坐标轴图标消失。

（3）单击主工具栏中的按钮，选择风轮 01，拖动鼠标到臂 01 上后松开，看到臂 01 对象闪烁了一下，说明已经链接成功；再选择臂 01，拖动鼠标到转轴上后松开，将臂 01 链接到转轴上，如图 13.11 所示。

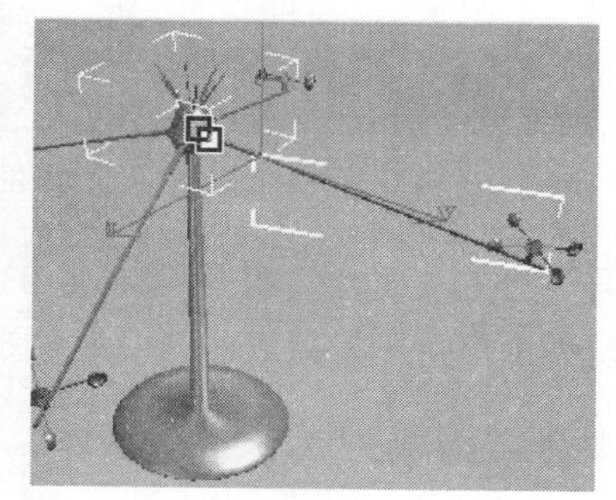

图 13.11　链接对象

（4）以同样的方法，分别使风轮 02、风轮 03、风轮 04 链接到臂 02、臂 03、臂 04 上，然后臂 02、臂 03、臂 04 又都链接到转轴上。至此，所有的链接全部完成，在图解视图中可以看到如图 13.12 所示的层级链。

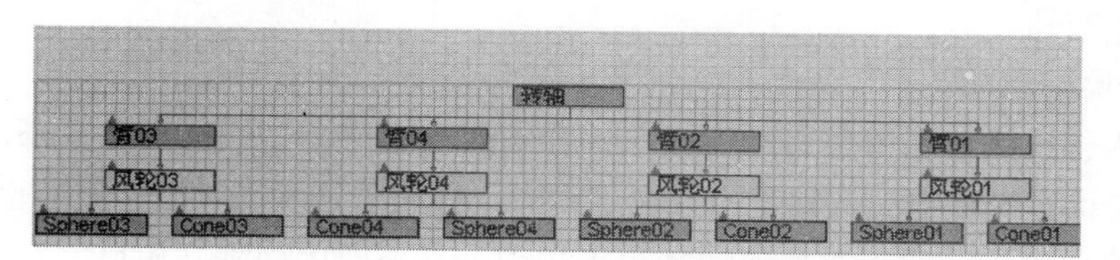

图 13.12　层级链

3．设置运动。

（1）单击自动关键点按钮，将自动记录关键帧动画。将时间滑块拖到第 300 帧处，使转轴沿 Z 轴向旋转 2000°。

注意：

可通过鼠标右击按钮，在“旋转变换输入”窗口中偏移：世界项下 Z 轴向输入 2000 完成精确设置。

（2）通过 Y 轴向的旋转（75°）设置臂 01 在第 0~87 帧由垂下变成抬起，再在第 234~300 帧由抬起变到垂下状态，在如图 13.13 所示的轨迹视图中，可以看到动画曲线。

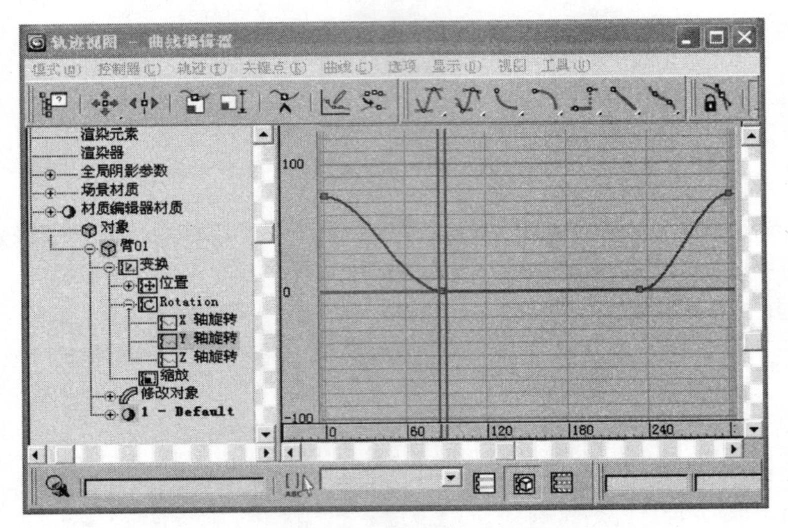

图 13.13　臂 01 的旋转动画曲线

（3）以同样的方法设置臂 02 对象、臂 03 对象、臂 04 对象运动。

4．所有动画设置完毕。播放动画，观看效果，如有不妥之处，可重新调整。

13.1.4　层次命令面板

3ds max 中的“层次”命令面板专门用于控制层级链接的运动情况，其中共有下列 3 组参数。

1．轴

该组参数面板中主要由一系列按钮组成，作用是控制对象的轴心位置，如前面介绍的“仅影响轴”按钮。

2．IK（反向运动）

拿我们人体比喻，当身体移动时，头部会随着一起移动，而当转动头部时，却影响不到身体。但是也有一种情况，就是当人在走动时，移动的是脚部，但是腿部也会随之运动，这就属于反向运动了，即子对象带动父对象运动，与正向运动刚好相反。在控制层级链的

运动时，往往是正向运动和反向运动融合在一起的。

与正向运动相比，对反向运动的控制要难得多。不过 3ds max 提供了一套反向运动系统（Inverse Kinematics，简称 IK），使用 IK 系统，只要设置得当，只需移动层级链中的某个对象便可使所有对象出现复杂的有序运动。

IK 中的参数主要用于控制对象的反向运动。

提示：

关于反向运动的设置，将在 13.3 节中作详细介绍。

3．链接信息

链接信息中的参数主要用于控制层级链中各对象的运动继承情况。

在默认的情况下，层级链中的子对象可以继承其父对象的所有变换动作，称之为运动继承特性。而用户可以在“层次”\“链接信息”参数面板中，任意锁定对象的变换方式和轴向并控制子对象的运动继承状态，如图 13.14 所示。

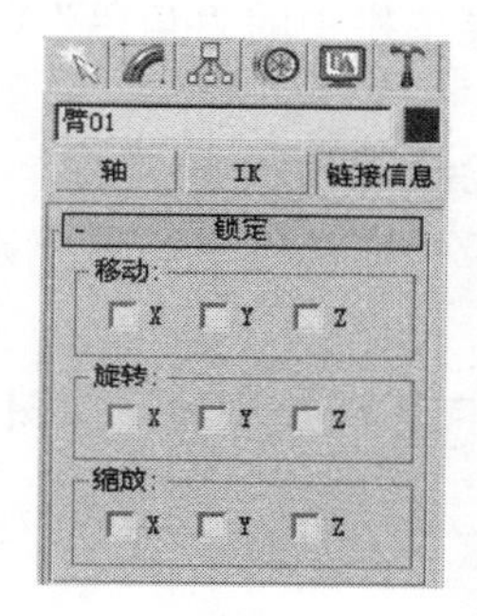

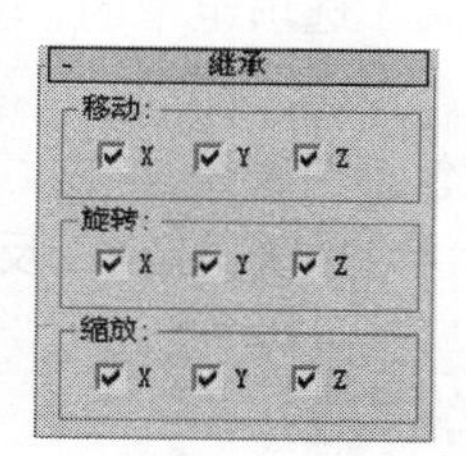

图 13.14　“链接信息”面板

在“链接信息”面板中有两组参数。

（1）锁定：通过选中其下“移动”、“旋转”或“缩放”3 种变换方式下的 X、Y、Z 复选框，从而锁定对象的变换方式和变换轴向。如只想使对象沿 Z 轴方向移动，可将除“移动”下 Z 轴外的其他复选框全部选中，如图 13.15 所示。

（2）继承：该组参数控制层级链中子对象的运动继承效果。在默认的情况下，子对象会继承其父对象的所有变换动作，包括移动、旋转和缩放。而如果将该组参数中的某复选框取消选中，则会取消子对象在此轴向的运动继承。如只想让子对象继承其父对象 X 轴上的旋转动作，则只保留对该复选框的选中即可，如图 13.16 所示。

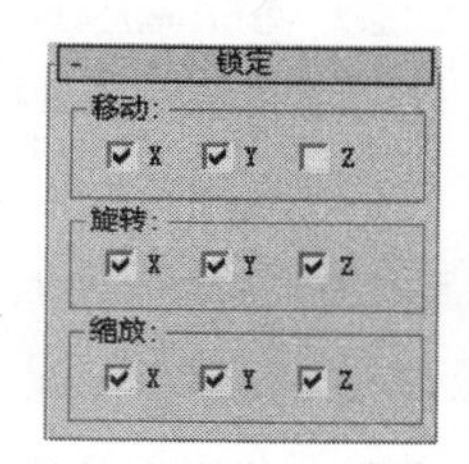

图 13.15　“锁定”卷展栏

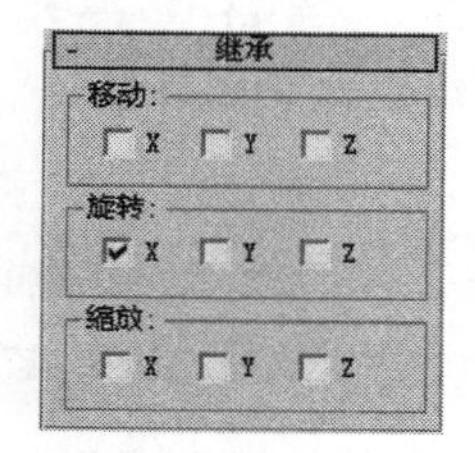

图 13.16　“继承”卷展栏

13.2 骨 骼 系 统

学习了层级链的结构后，就可以设置正反向运动了，但是要想用它们来模拟人体的骨骼系统不现实也没有必要。因为人体的结构很复杂，如果手动去创建一个个骨骼的层级链，将是一个非常繁琐的过程。3ds max 已经专门提供了一套骨骼系统。骨骼系统实际上就是一组设置好了的层级链，具有四面体结构，而且在创建时可同时为其指定 IK 反向运动系统。使用这套骨骼系统，可以快速地模拟真实的人体骨骼系统，自如地控制人体（或动物）的运动方式。

13.2.1 创建骨骼系统工具

单击“创建”\“系统”\ 骨骼 按钮可以创建骨骼系统，也可使用 3ds max 中提供的工具箱创建和管理骨骼系统。选择菜单栏中的“角色”\“骨骼工具”命令，即可打开“骨骼工具”窗口，如图 13.17 所示。

单击工具箱“骨骼工具”选项组中的 创建骨骼 按钮，会在“创建”命令面板中出现骨骼系统的创建参数。

骨骼系统的创建参数包括两部分。

（1）IK 链指定：为骨骼系统指定 IK 反向运动控制器，如图 13.18 所示。

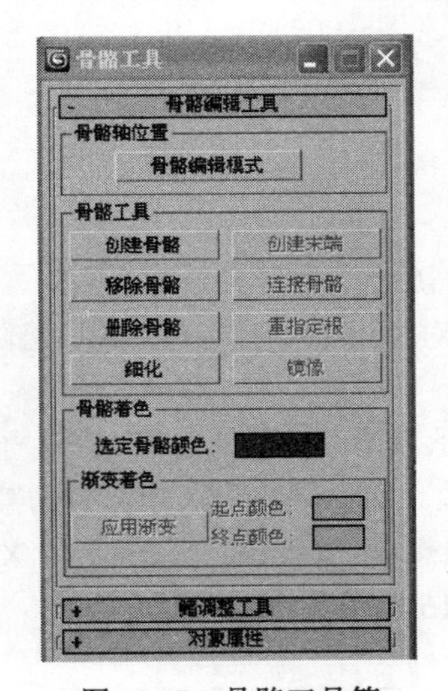

图 13.17　骨骼工具箱

图 13.18　“IK 链指定”卷展栏

提示：

一般情况下，不直接为骨骼指定 IK 控制器，等到骨骼创建完成后，需要设置运动时，再通过选择 IK 运算器中命令为骨骼系统指定 IK 运算器。

（2）骨骼参数：设置骨骼的形态和大小，如图 13.19 所示。“骨骼对象”主要设置骨

骼的宽度、高度和锥形的角度；“骨骼鳍”设置骨骼的形状。

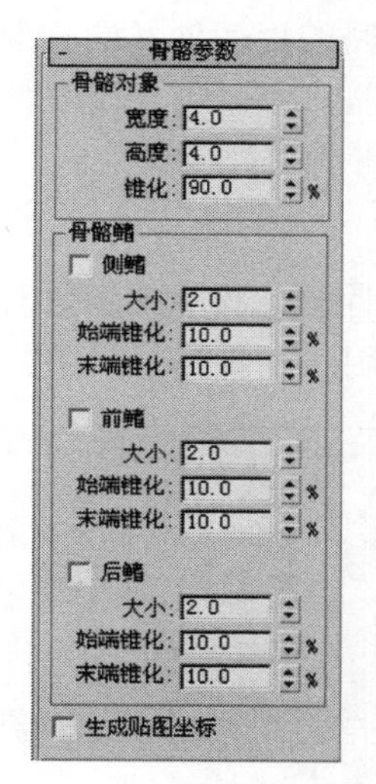

图 13.19　“骨骼参数”卷展栏

13.2.2　创建骨骼系统步骤

（1）确认骨骼工具箱中的 创建骨骼 按钮已按下，在前视图中单击，创建第 1 段骨骼。

（2）将鼠标向左下方拖动一段距离后，再次单击创建第 2 段骨骼。

（3）以此类推，再连续单击两次鼠标（共 4 次单击鼠标），创建另外两段骨骼。

（4）在最后一段骨骼处右击鼠标，完成腿部骨骼链的创建，如图 13.20 所示。

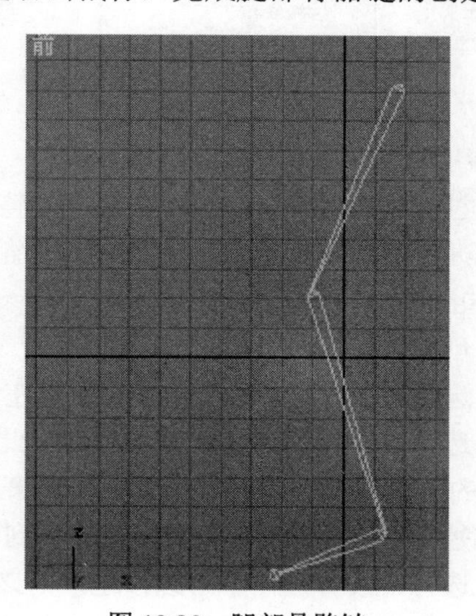

图 13.20　腿部骨骼链

此时 骨骼 按钮仍然处于按下状态，可继续创建骨骼。如果确认骨骼已创建完成，可再次右击，结束骨骼的创建。

骨骼系统创建后，当移动某个骨骼的位置时，可以看到这 4 个骨骼是链接在一起的，而且各骨骼的轴心自动位于两段骨骼的连接处（即关节处）。最上面的是根骨骼，控制着整个骨骼系统；最下面的是末端骨骼，可以将其视为骨骼系统的终结点。

13.2.3　骨骼工具

骨骼系统创建好后，可以使用骨骼工具中的工具对其进行编辑和管理。下面简单介绍一下骨骼工具中的工具和参数的作用。在骨骼工具中共有 3 组参数，如图 13.21 所示。

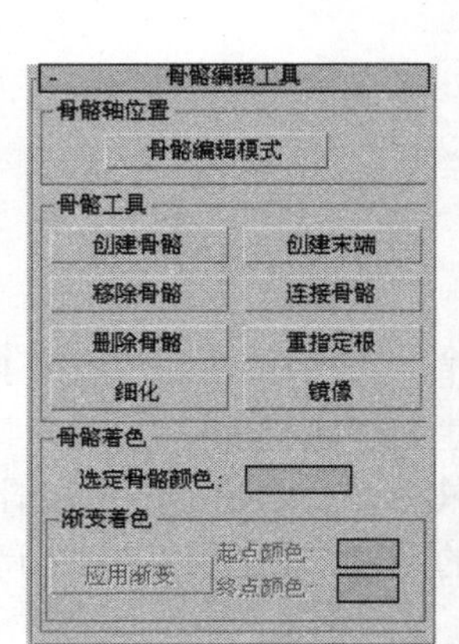

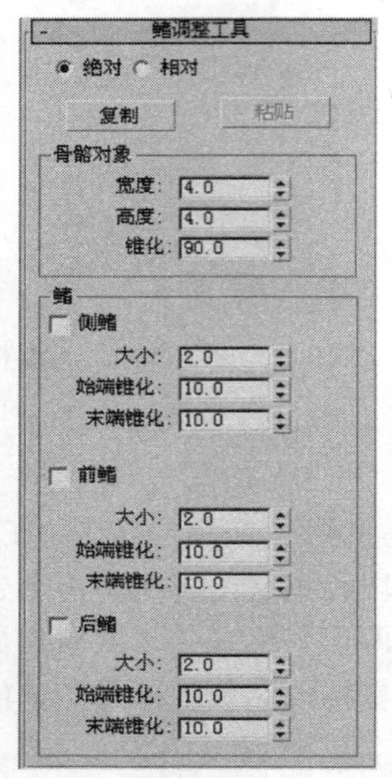

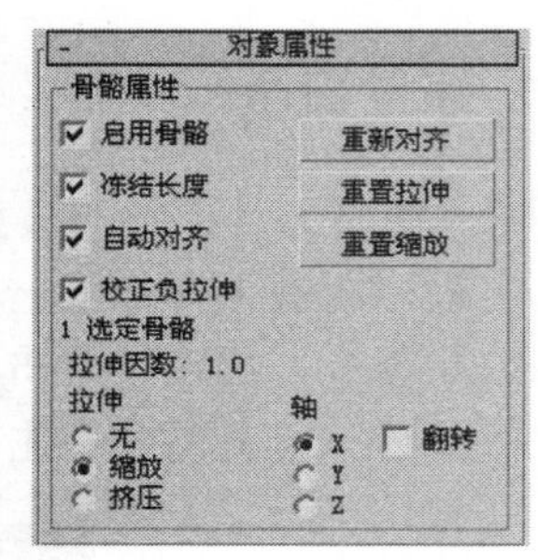

图 13.21　骨骼工具组中的 3 组参数

1．“骨骼编辑工具”卷展栏

- 骨骼轴位置下的 骨骼编辑模式 ：单击该按钮后，调整某段骨骼的长度时，与之相邻的骨骼长度也会随之变化，从而可以保证整个骨骼系统的长度不发生变化。
- “骨骼工具”选项组
  - 创建骨骼 ：创建骨骼。
  - 创建末端 ：选择某段骨骼，单击该按钮可以在该骨骼的尾部创建末端骨骼。
  - 移除骨骼 ：选择某段骨骼后，单击该按钮，此段骨骼被移除，其下的子骨骼自动与其上的父骨骼连接，整个骨骼链不断开。
  - 连接骨骼 ：使用该按钮，可将两段骨骼链接到一起。
  - 删除骨骼 ：选择某段骨骼，单击该按钮，则该骨骼被删除。其父骨骼的尾部自动生成了一个末端骨骼，整个骨骼链断为两部分。
  - 重指定根 ：可将任意骨骼指定为根骨骼，原来的根骨骼则变为其子骨骼。
  - 细化 ：单击该按钮后，在某段骨骼上单击，可将该骨骼分为两段骨骼。
- “骨骼着色”选项组：为骨骼系统设置颜色，从而方便地识别骨骼。

2．“鳍调整工具”卷展栏

“鳍调整工具”组卷展栏中的各项参数，都是用来设置骨骼的大小和翼的形状的。该卷展栏中的各项参数与骨骼创建面板中的参数相同。

- 绝对：所有选择的骨骼系统设置相同的鳍参数。
- 相对：保持不同骨骼之间相对鳍参数不变。
- 复制按钮：单击该按钮后，复制当前骨骼的形态设置到剪贴板中。
- 粘贴按钮：单击该按钮后，可将保存在剪贴板中的骨骼形态参数粘贴到被选择的骨骼上。
    - “骨骼对象”选项组
    - “宽度”：设置骨骼的宽度。
    - “高度”：设置骨骼的高度。
    - “锥化”：设置骨骼的锥度大小。
- “鳍”选项组：用来设置骨骼鳍的形状和大小，以便在蒙皮设置时更加容易和准确。可以在其中为骨骼的前、后及两侧设置鳍，如图 13.22 所示。其中“大小”设置鳍的大小；“始端锥化”设置鳍起始时的锥度；“末端锥化”设置鳍结束时的锥度。

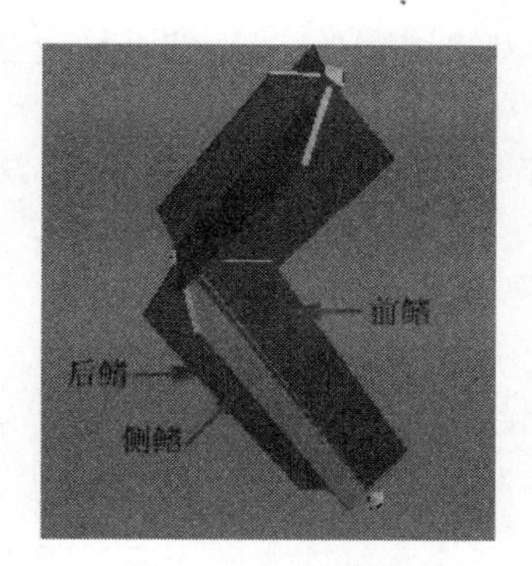

图 13.22　骨骼鳍

3．“对象属性”卷展栏

在“对象属性”卷展栏中可以设置任何对象具有骨骼的属性。

- 启用骨骼：选中此复选框后，将会使所选择的骨骼或者任意对象具有骨骼属性。取消选中时，骨骼或对象的链接只表现为正向的层级关系。骨骼对象的这一选项是默认选中的。
- 冻结长度：控制是否改变骨骼的长度。选中时，对子骨骼的变换不会影响其长度。此复选框只在选中了“自动对齐”对话框后才有效。
- 校正负拉伸：指定在移动子级骨骼时，父级骨骼的拉伸方式。此时“冻结长度”复选框应是取消选中的。
    - 无：没有拉伸变形。
    - 缩放：控制骨骼在所选定的轴向缩放变形。

- 挤压：控制骨骼的挤压变形。
- 轴：指定拉伸或挤压的轴向。

13.3 IK（反向运动）实例

13.3.1 反向运动的设置方法

在 3ds max 中有以下 3 种设置反向运动的方法。

1．交互式 IK

单击命令面板中的“层次”\“IK”（反向运动）参数面板中的 交互式 IK 按钮，然后单击 自动关键点 按钮，在不同的关键帧处录制子对象运动的动画，系统会自动计算出其他对象的动画效果。这种方法使用的关键帧数量较少，但动画效果不准确。

2．应用 IK

首先根据需要为层级链中的对象指定一个引导对象（可以是帮助物体或场景中的任何物体，并且已设置好动画），然后将层级链中的对象绑定到引导对象上，最后再单击“层次”\“IK”（反向运动）参数面板中的 应用 IK 按钮，系统便自动在每一帧处计算层级链的 IK 运动。这种方法比交互式 IK 要准确一些。

3．IK 解算器

通过动画控制器设置层级链的反向运动，使用这种方法只需较少的关键帧便可以达到指定式 IK 方法的准确度。此方法是设置角色动画的首选。

13.3.2 交互式 IK 的设置

交互式 IK 是最简单的 IK 设置方法，下面以实例说明交互式 IK 的设置方法。

【例 13.2】提水的木桶

说明：本例使用一段铁链和一个木桶在提水上升过程中的运动说明交互式 IK 的运动设置。

（1）打开配书光盘\第 13 章\例 13.2\交互式 IK（木桶）.max 场景文件，如图 13.23 所示。场景中已经设置好了层级链，最上面的链环为根对象，木桶为最下面的子对象。

（2）单击“层次”\“IK”（反向运动）参数面板中的 交互式 IK 按钮，然后单击 自动关键点 按钮。

（3）选择木桶对象，使用移动工具，分别在第 20 帧、第 40 帧、第 60 帧、第 80 帧、第 100 帧变换木桶的位置，可以看到自动关键帧设置已经自动记录了动画。如图 13.24 和图 13.25 所示为第 20 帧和第 80 帧时的运动效果。

（4）播放动画，可以看到木桶带动铁链一起摇动。

（5）在最上部的链环上面创建一个虚拟体 Dummy01，并设置它从第 0~100 帧作渐渐上升运动。

（6）单击按钮，链接最上部的链环到虚拟体上，如图 13.26 所示。

图 13.23　交互式 IK 场景文件

图 13.24　第 20 帧的运动效果

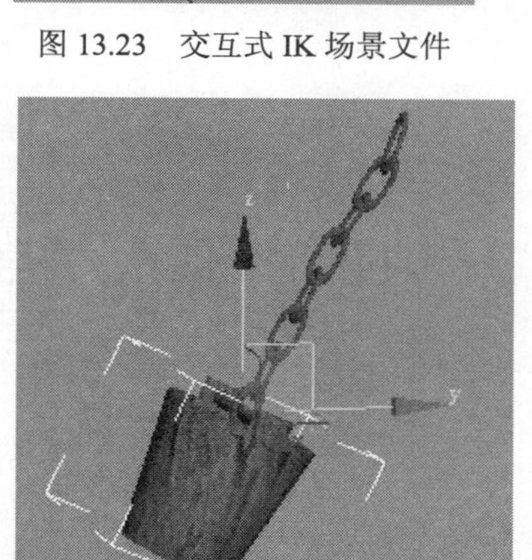

图 13.25　第 80 帧的运动效果

图 13.26　链环链接到虚拟体上

（7）再次播放动画，会看到铁链和木桶在摇动中渐渐上升，但可以看出动画的设置不太准确。

13.3.3　应用 IK 的设置

【例 13.3】腿部骨骼的运动

说明：本例中通过腿部骨骼运动的设置，首先介绍对骨骼位置和旋转的约束，再介绍应用 IK 的设置方法。

（1）创建骨骼系统。

创建腿部的骨骼系统，包括大腿骨、小腿骨、脚掌骨和脚趾骨，如图 13.27 所示。此时如移动一下脚掌骨，其动作只能影响到小腿骨和脚趾骨，大腿骨并不受影响。本例中要为骨骼设置一个 IK 运动，通过使用帮助物体，并设置应用 IK 运动，表现抬脚踢腿、收脚落下的动作。

（2）为各骨骼设置位置和旋转约束。

① 选择大腿骨，打开“层次”\“IK”参数面板，使用“对象参数”卷展栏设置大腿

骨的位置及旋转约束，如图 13.28 所示，“绑定位置”和“绑定方向”可以防止其随意移动；在“转动关节”卷展栏设置 Y 轴向是激活的，使其只能在 Y 轴旋转并在接近限定范围内减缓运动。

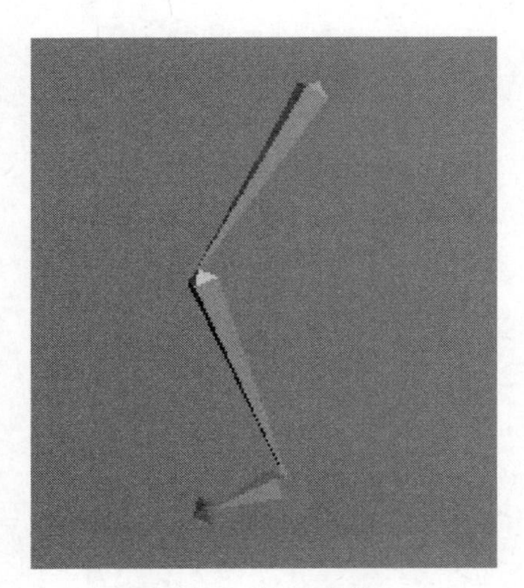

图 13.27　腿部骨骼

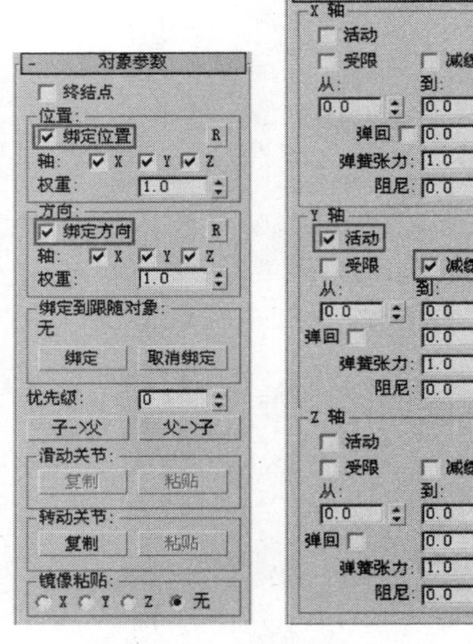

图 13.28　位置和旋转约束

提示：

（1）在为层级链设置反向运动时，子对象的运动会影响所有级别比它高的对象，直达根对象，这样便会产生一些不必要的运动。比如拉动一个人体模型的脚趾，会移动人的头部，这显然是不正确的。因此为了避免这种情况的发生，可以选中“自动终结”卷展栏中的“交互式 IK 自动终结”复选框，为反向运动设置上行链接数。这一点很重要，对于简单的 IK 运动，还看不出影响效果，但对复杂的 IK 运动，如果不事先设置终结点，可能会产生一些可笑的运动效果。

（2）“转动关节”卷展栏中的各轴向上的限制项可以设定沿某一轴向旋转时的开始角度（从）和结束角度（到），这里的轴向是指世界坐标系中的轴向。

② 选择小腿骨为其设置与大腿骨相同的旋转约束轴向，使其也只能沿 Y 轴旋转。

③ 最后选择脚掌骨，将其旋转轴向的激活选项全部取消选中，使其不产生旋转运动。

（3）单击“创建”\“辅助对象”\虚拟对象按钮，在视图中创建一个虚拟辅助对象。

（4）使用“对齐”工具将虚拟对象与脚掌骨对齐。

注意：

创建虚拟对象的目的是让它作为骨骼系统的引导对象，其位置与将要绑定它的对象基本对齐（如本例中的脚掌骨），才会产生理想的效果。

（5）单击自动关键点按钮，开始自动录制动画。将时间滑块拖到第 20 帧处，在前视图中

向前上方移动虚拟对象。

（6）将时间滑块移动到第 40 帧处，继续移动虚拟对象，模拟脚掌骨向前踢出状态。

（7）将时间滑块移动到第 60 帧处，向后移动虚拟对象，模拟往回收脚状态。

（8）将时间滑块移动到第 80 帧处，移动虚拟对象恢复原位。

（9）再次单击自动关键点按钮，关闭动画录制。

（10）播放动画，可以看到虚拟对象发生了运动。

（11）选择脚掌骨，在“层次”面板\“IK”\“对象参数”卷展栏\“绑定到跟随对象”选项组中单击绑定按钮。

（12）在脚掌骨处按住鼠标左键拖动到虚拟对象上，当光标变为笔头标志时，如图 13.29 所示，松开鼠标。虚拟物体闪烁一下，表示已将脚掌骨绑定到虚拟对象上。

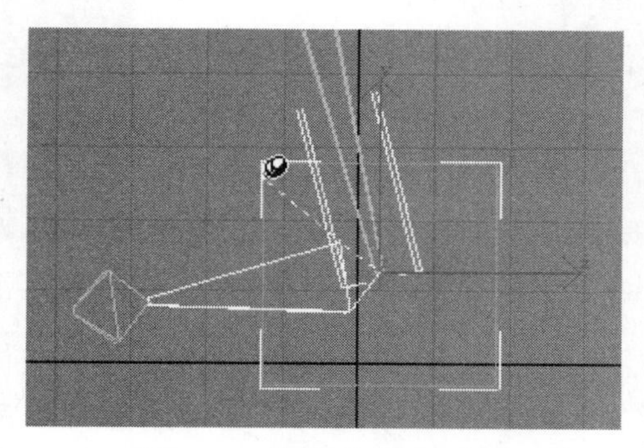

图 13.29　绑定到引导对象上

提示：

绑定到跟随对象是关键的一步，必须为对象指定了引导物体后，才能为其设定 IK 运动。如想将绑定效果断开，可选择对象，再单击取消绑定按钮。

（13）确认脚掌骨处于选中状态，单击应用 IK按钮，系统自动计算出整个骨骼系统的动画效果。

（14）播放动画，可以看到腿部的动作比较自然。

提示：

默认的状态下，应用 IK 会计算每一帧处的 IK 运动。在“IK 反向动力学”卷展栏中，如将“仅应用于关键点”选中，并设置“开始”、“结束”值，系统只在第 0~80 帧之间引导物体的动画关键帧处计算 IK 运动，能大大减少关键帧的数量。

13.3.4　IK 解算器

IK 解算器是一类特殊的动画控制器，专用于控制层级链的反向运动，主要的控制对象是骨骼系统。当为骨骼系统指定了 IK 解算器后，骨骼系统的反向运动完全由解算器控制。在 3ds max 中共有下面 4 种 IK 解算器。

- HI 解算器（历史独立解算器）：如图 13.30 所示，将其指定给层级链后，会生成

一个 IK Chain（IK 链），通过 IK 链末端的效应器控制层级链的反向运动。此种解算器的工作原理与指定式 IK 相似，IK 链的顶端相当于终结点，而 IK 链末端的效应器，相当于指定式 IK 中的引导物体。由于它具有历史独立性，变化快、容易控制，而且动画效果也不会发生抖动，因此常用于四肢骨骼的 IK 设定。

- HD 解算器（历史相关解算器）：如图 13.31 所示，将其指定给层级链后，会在层级链的最后一个子对象处生成一个末端效应器，通过移动效应器，控制整个层级链的反向运动，有时用于机械动画的设定。

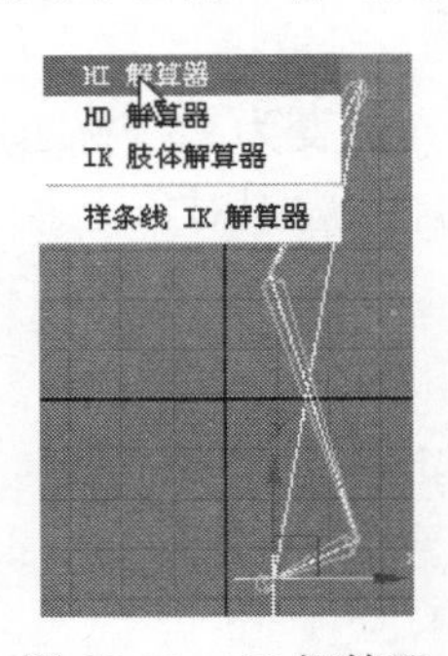

图 13.30　HI 解算器

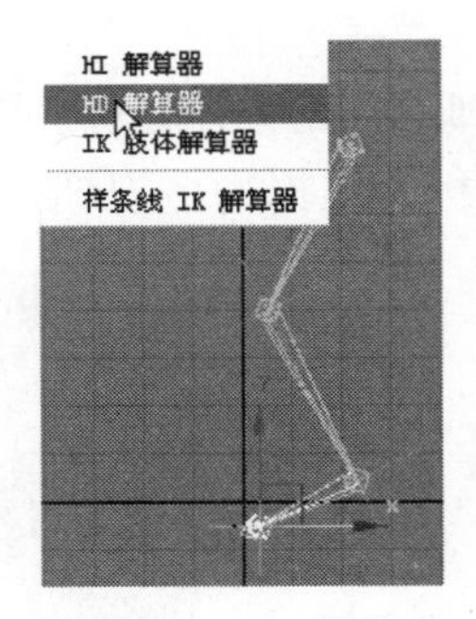

图 13.31　HD 解算器

- IK 肢体解算器：如图 13.32 所示，是用来控制人物的肢体的，它只对一条链上的两个骨骼进行操作，比如肩部和手腕部骨骼或者臀部和脚踝处的骨骼。
- 样条线 IK 解算器：如图 13.33 所示，将 IK 链约束到一条曲线上，使其能够在曲线节点的控制下进行上下左右的扭动，以此来模拟软体动物的运动效果，比如蛇、尾巴、触角等。

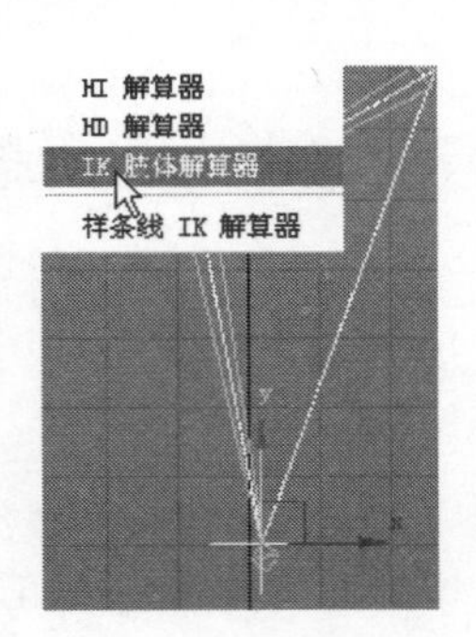

图 13.32　IK 肢体解算器

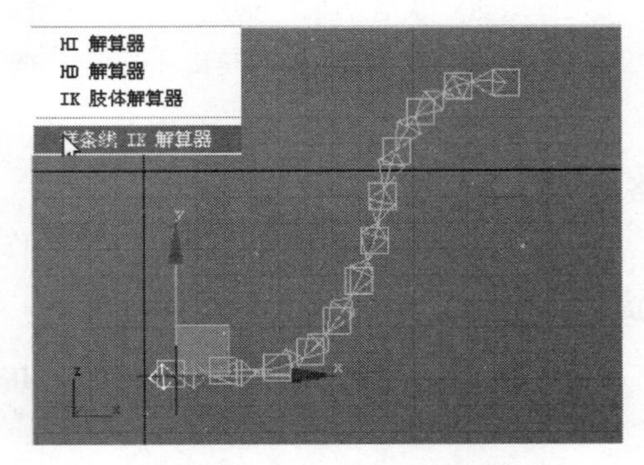

图 13.33　样条线 IK 解算器

13.3.5　蒙皮修改器

在 3ds max 中，为了真实地模拟角色的动画效果，根据人体的构造原理将角色的制作分成了 3 部分，分别是使用专门的骨骼系统来模拟角色的骨骼（在骨骼上设置所有的动画效果）；使用一系列的网格或曲面建模工具来制作角色的模型（相当于角色的肌肉和皮肤）；最后将两组物体重叠在一起（模型要包在骨骼的外面，就像人体一样），再为模型施加蒙

皮工具（如蒙皮修改器），将其与包在其内部的骨骼系统连接在一起，使得骨骼系统的运动能够影响到包在外面的模型。蒙皮是制作角色动画很复杂、繁琐的一步，由于篇幅所限，本书不作介绍，读者可查阅有关角色动画书籍学习。

13.4　实践操作：骨骼动画实例制作

【例 13.4】人体骨骼的运动——走步

说明：本例通过人体骨骼的走步运动设置，学习简单的角色动画的设置方法。

1．骨骼的建立

（1）在前视图中创建一个长方体 Box01。右击鼠标选择将对象转化为可编辑网格，编辑次物体“顶点”，使 Box01 对象成为倒梯形状态，将它作为人体的胯部，如图 13.34 所示。

（2）再创建一个长方体 Box02 和一个球体 Sphere01，调整好位置，它们将分别作为人体的胸部和头部，如图 13.35 所示。

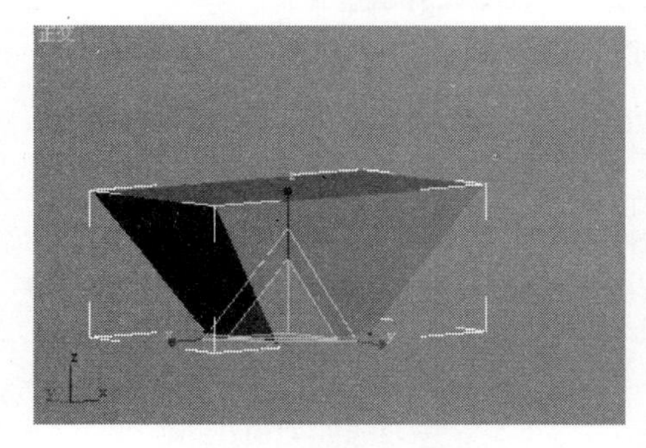

图 13.34　制作人体的胯部

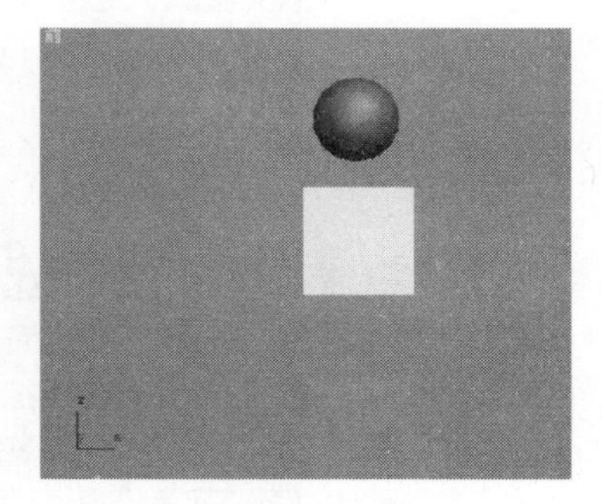

图 13.35　创建人体的胸部和头部

（3）选择“系统”\“骨骼”命令分别创建手臂、腿部和脊椎的骨骼，如图 13.36 所示。

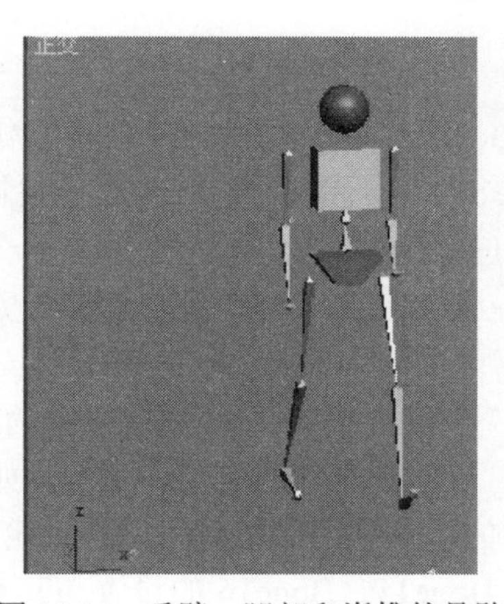

图 13.36　手臂、腿部和脊椎的骨骼

提示：

可先创建一侧手臂和腿部骨骼，再复制另一侧骨骼。

（4）单击按钮，然后将上臂和头部链接到胸部，胸部链接到脊椎，脊椎和大腿链接到胯部，如图 13.37 所示。

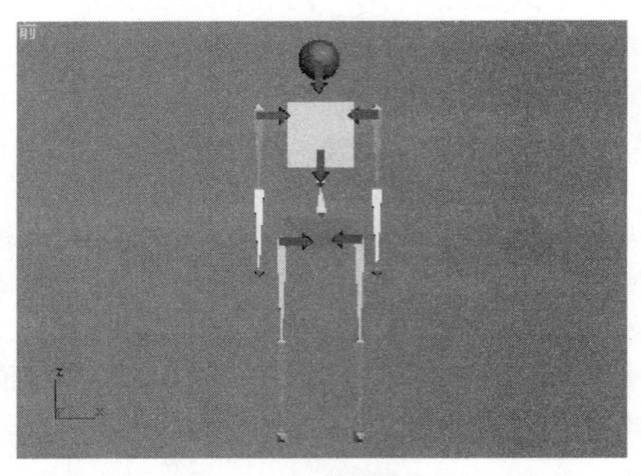

图 13.37 创建层级链接

（5）单击主工具栏上的按钮，可以显示层级链接关系，如图 13.38 所示。

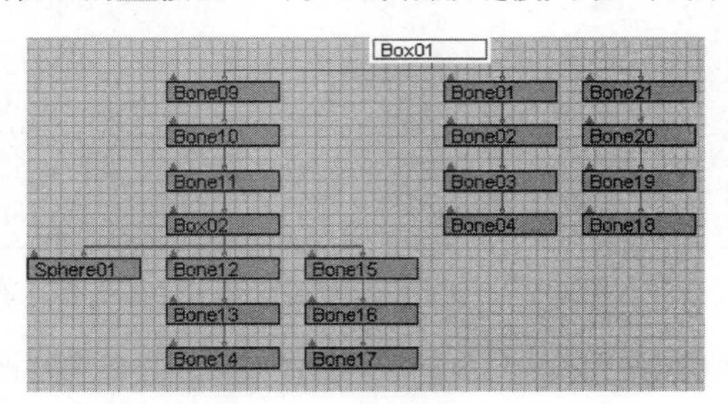

图 13.38 人体骨骼层级链接关系

2．设置骨骼的 IK

（1）选中右臂末端骨骼 Bone14，选择菜单“动画”\“IK 解算器”\“HD 解算器”命令，再单击右臂上端骨骼 Bone12，为右臂设置 IK 历史相关解算器，会看到在 IK 链末端生成了一个绿色的十字形末端效应器。

（2）以同样的方法，为左臂、右腿、左腿设置 IK 历史相关解算器，结果如图 13.39 所示。

（3）打开“层次”\“IK”（反向运动）参数面板中的“转动关节”卷展栏，分别为右臂骨骼 Bone12、Bone13 设置旋转约束，限制旋转范围，如图 13.40 所示。选中旋转轴向中的“受限”复选框，根据人体每个关节的旋转角度，设定“到”和“从”的数值。其他轴向取消选中状态。左臂骨骼 Bone15、Bone16 的设置与其对应相似。

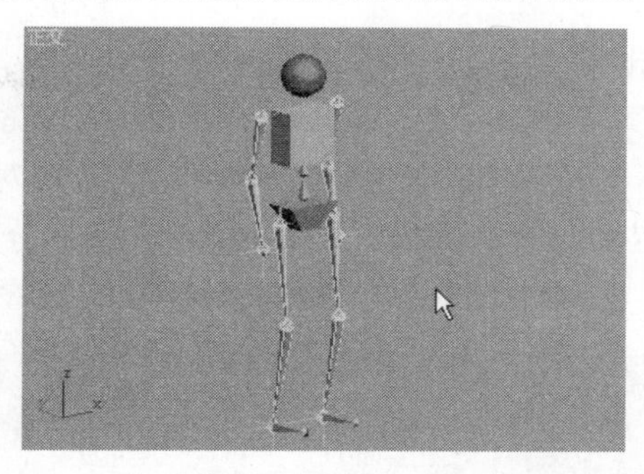

图 13.39　为手臂和腿部设置 IK 历史相关解算器

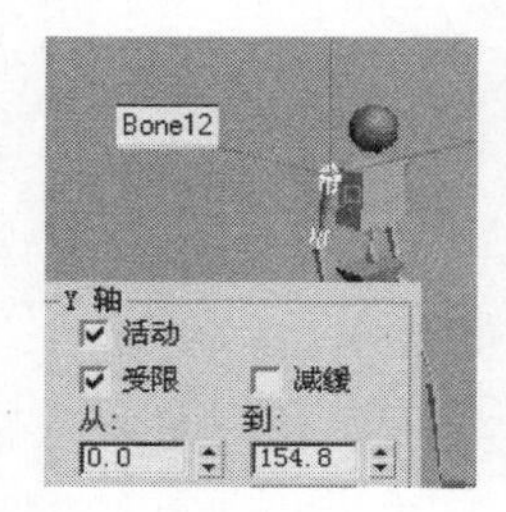

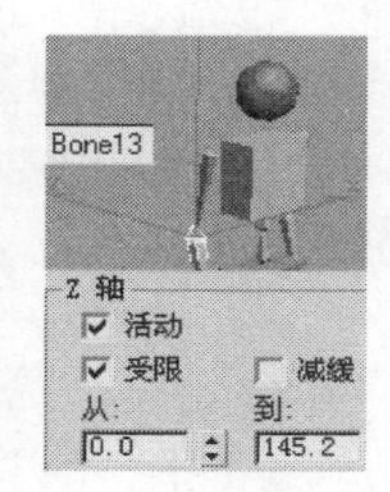

图 13.40　右臂骨骼 Bone12、Bone13 的旋转约束范围

（4）设置右腿骨骼 Bone01、Bone02 的旋转约束如图 13.41 所示，其他轴向取消激活状态。左腿骨骼 Bone20、Bone19 的旋转约束设置与其对应相似。

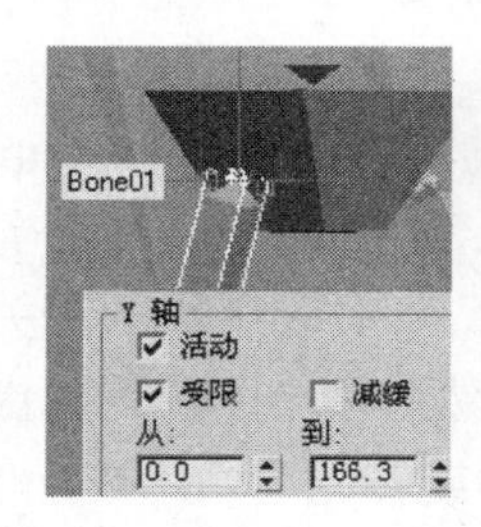

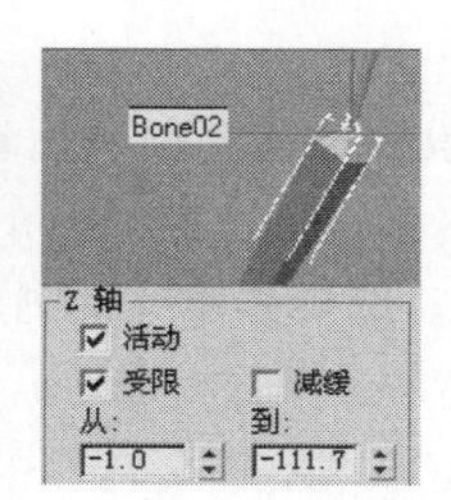

图 13.41　右腿骨骼 Bone01、Bone02 的旋转约束范围

（5）分别在手部和脚部建立一个大的和两个小的辅助虚拟对象 Dummy，如图 13.42 所示。单击按钮，再分别将小的 Dummy 链接在大的 Dummy 上面。

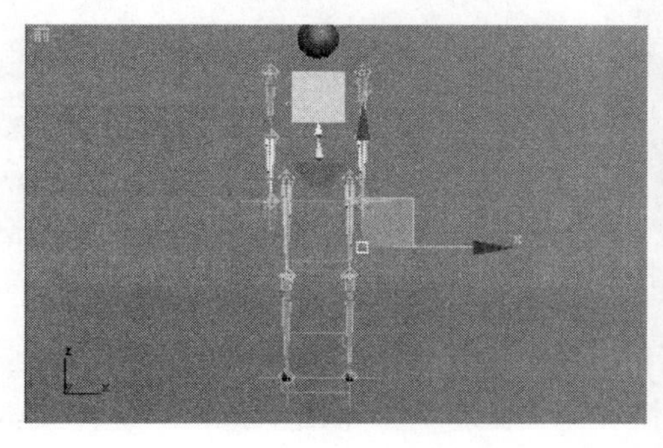

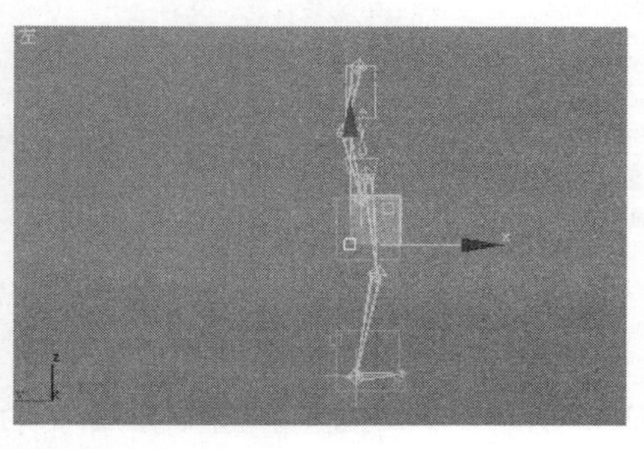

图 13.42　创建辅助虚拟对象

（6）选择 IK 链接的末端效应器（场景中的绿色十字花），进入“运动”\IK 控制器“参数”\“末端效应器”项中，单击 删除 按钮，将末端效应器删除。

（7）进入“层次”\“IK”\“对象参数”\“绑定到跟随对象”，单击 绑定 按钮，分别将手掌骨、脚掌骨绑定到对应的虚拟对象 Dummy 上面。分别旋转大的 Dummy，观察手臂和腿部运动是否正确。如果不正确可以调整 Dummy 的位置，效果如图 13.43 所示。

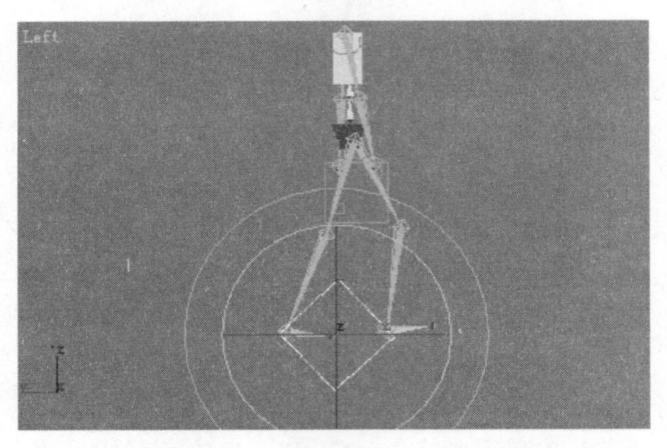

图 13.43　分别将手掌骨、脚掌骨绑定到虚拟对象 Dummy 上

（8）单击按钮，分别将两个大的 Dummy 链接在胯骨的 Box01 上面。

（9）移动胯骨 Box01，检查是否所有的对象已经链接。

3．关联参数的使用

下面使用关联参数工具完成胯骨前后运动影响虚拟对象 Dummy 的旋转，进而控制手臂及腿部的运动。

（1）选中胯骨 Box01，选择菜单“动画”\“关联参数”\“关联参数...”命令，在“变换”菜单中选择“位置”\“Y 位置”命令，然后单击上部大的虚拟对象 Dummy，在“变换”菜单中选择“Rotation”\“X 轴旋转”的旋转方向，用来控制手臂的运动。

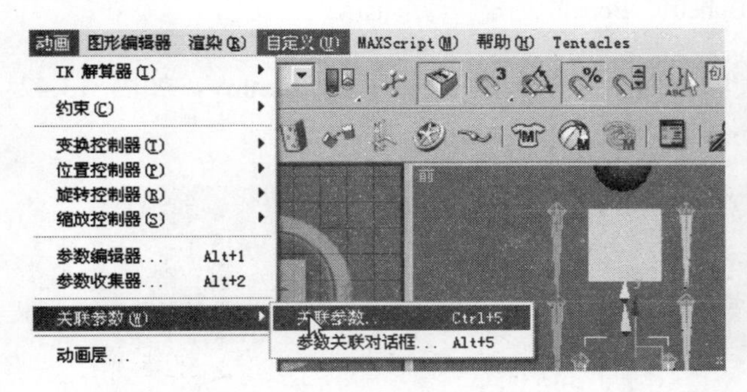

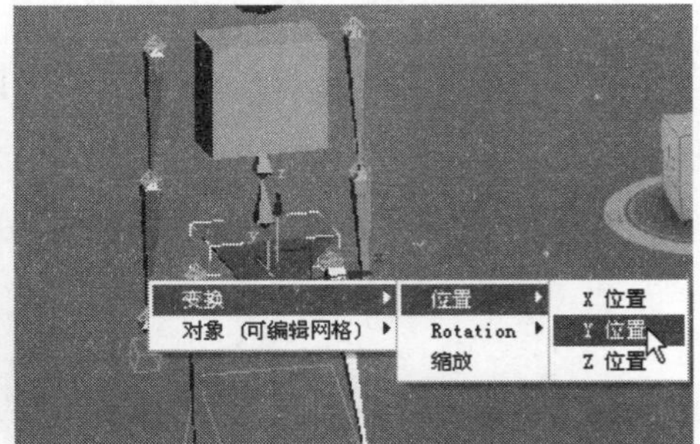

图 13.44　选择变换方向

（2）在弹出的窗口中，选择 Box 的前后移动方向影响大的 Dummy 的旋转方向，如图 13.45 所示，单击 连接 按钮后，该按钮变为“更新”，单击 更新 按钮建立影响关系。

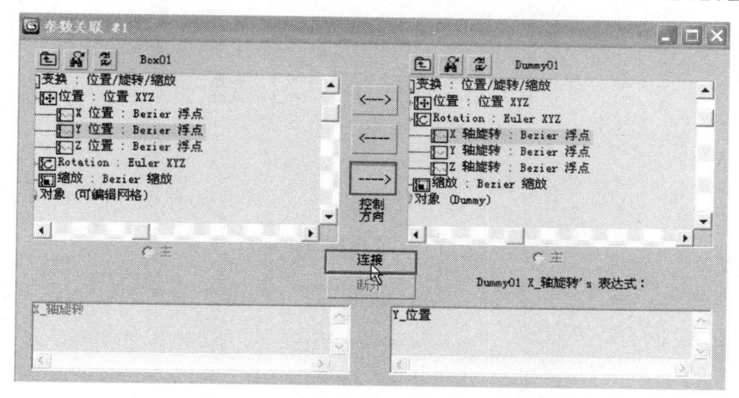

图 13.45　建立影响关系

（3）如果手臂运动过快，可以单击“断开”按钮打断影响关系。再在窗口中的“Y_位置”后面输入移动和旋转的运动速度比，如*0.1，如图 13.46 所示。

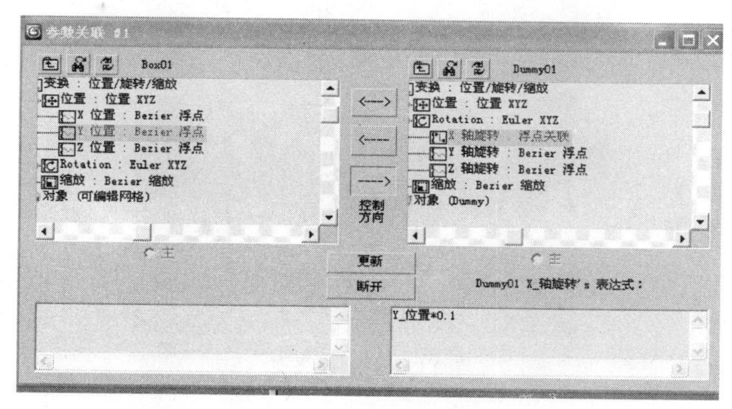

图 13.46　输入速度比

注意：

如果手臂运动方向相反，可以在窗口中的“Y_位置”后面输入速度比为负值。

（4）这时，移动胯骨 Box01 并记录动画，就可以看到人物走动的动作了，效果如图 13.47 所示。

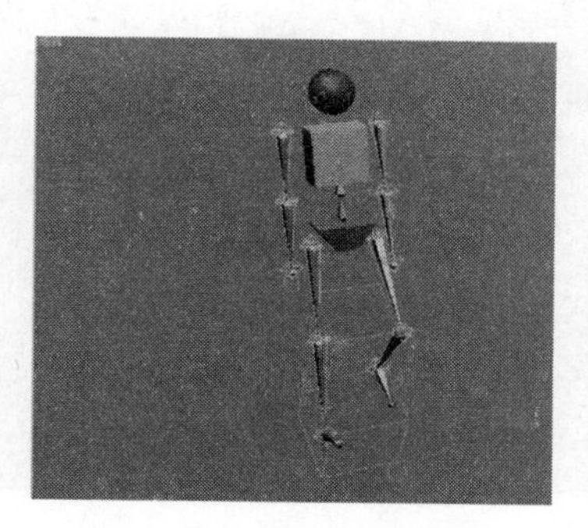

图 13.47　人物走动效果

13.5 课后习题

思考题

1．在哪些窗口中可以看到对象之间的层级链接关系？
2．如何设置正向运动？
3．设置反向运动有哪些方法？
4．简述骨骼的创建方法。

操作题

1．利用正向运动原理设置如图 13.48 所示的蝴蝶摆动翅膀在空中飞舞的运动。

图 13.48　蝴蝶飞舞

2．利用正反向运动原理设置如图 13.49 所示的简单的人物行走动画。

图 13.49　人物行走

第 14 章　使用动力学系统设置动画

本章主要内容

☑ 动力学基础知识
☑ 利用 reactor 创建动画的基本流程
☑ 动力学动画实例
☑ 课后习题

本章重点

☑ 动力学工具的用法
☑ 创建动力学动画的基本流程
☑ 参数的设定
☑ 预览动力学动画

本章难点

☑ 对象参数的设置
☑ reactor 面板各参数的作用
☑ 常用修改器参数的作用

14.1　动力学基础知识

真实地模拟自然界中物体之间的碰撞、软体和布料等运动，使用前面介绍的运动设置方法不仅很困难也非常繁琐。在 3ds max 中，有一整套用于物体碰撞等运动的动力学系统。这就是 reactor（动力学）。它能准确地模拟出动力学的动画效果，而且速度也较快。

14.1.1　reactor 工具栏

reactor 所有工具都放置在 3ds max 界面中的工具栏中，右击主工具栏，单击 reactor 可打开该工具栏，可将其移动到边界，如图 14.1 所示。

注意：

与主工具栏的使用方法一样，当鼠标在 reactor 工具栏的空白处时，会出现手形工具，上下拖动鼠标可看到更多的工具。

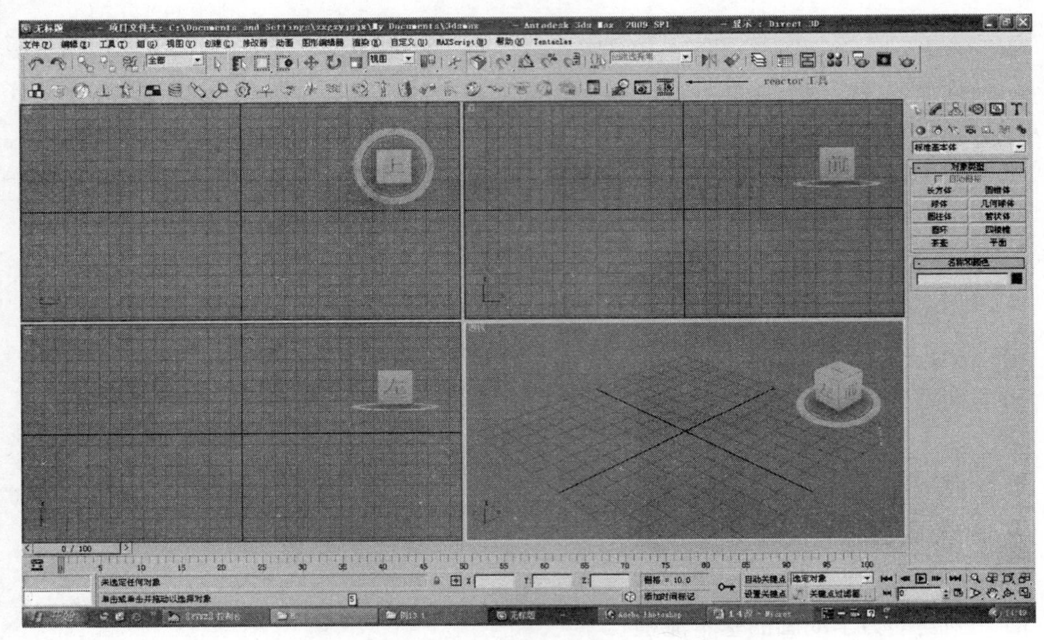

图 14.1　3ds max 界面

1．常用的工具按钮对应的含义如下。

Create Rigid Body Collection（创建一个刚体集合）

Create Cloth Collection（创建一个布料集合）

Create Soft Body Collection（创建一个软体集合）

Create Rope Collection（创建一个绳索集合）

Create Wind（创建风）

Apply Colth Modifier（指定一个布料修改器）

Apply Soft Body Modifier（指定一个软体修改器）

Apply Rope Modifier（指定一个绳索修改器）

Open Property Editor（打开属性编辑器）

Preview Animation（预览动画）

Create Animation（创建动画）

2．reactor 菜单

reactor 工具栏中及程序面板中的各项也可通过 reactor 菜单完成。如图 14.2 所示为 reactor 菜单。

14.1.2　reactor 面板

在 reactor 面板中，可以为 3ds max 中的物体指定各种物理属性，而且在 reactor 面板中包含了动力学模拟计算的各种选项。

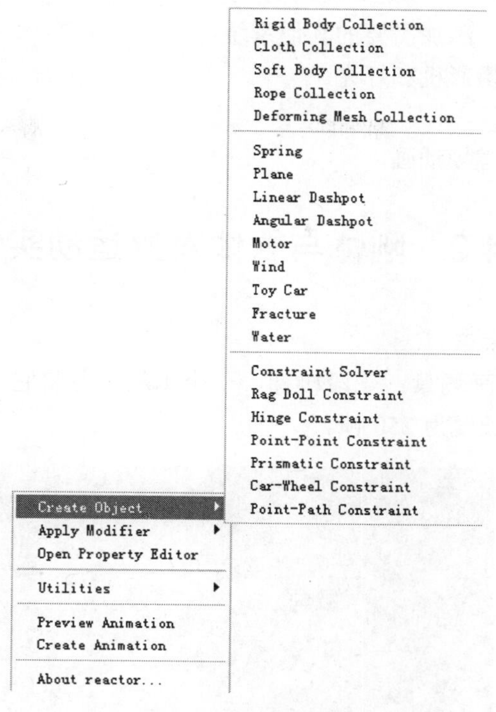

图 14.2　reactor 菜单

在 3ds max 中打开命令面板中的“工具”面板，从弹出的列表中选择 reactor 选项，可以打开 reactor 面板，如图 14.3 所示。

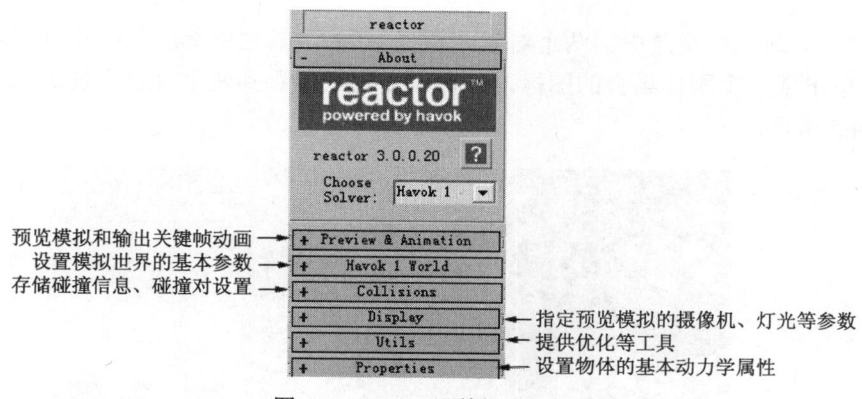

图 14.3　reactor 面板

14.1.3　使用 reactor 的基本流程

通常创建、预览一个场景需要以下几个步骤：

（1）在 3ds max 中创建场景对象。

（2）创建刚体集合或软体集合，并将物体添加到相应的集合中，使之具有相应的属性。

（3）在 reactor 面板中的 Properties（属性）卷展栏中设置场景中物体的物理属性。

（4）在场景中创建、添加需要的其他系统。

（5）在场景中创建摄影机和灯光。

（6）预览模拟效果。

（7）模拟输出成关键帧动画。

14.2　刚体与软体对象运动实例

【例 14.1】跌落的木箱

（1）创建简单的动画场景：一段楼梯、一个木箱，并将它们放在合适的位置上，如图 14.4 所示。设置动画长度为 250 帧。

图 14.4　动画场景

（2）同时选中场景中的两个对象，在 reactor 工具栏中单击按钮创建刚体集合，可在场景中出现一个刚体集合的图标，并在命令面板中看到两个对象已被加入刚体集合中，如图 14.5 所示。

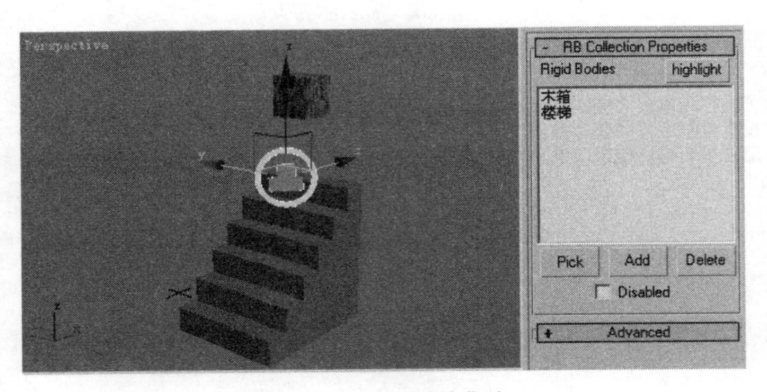

图 14.5　加入刚体集合

（3）选中木箱，单击按钮打开“属性设置编辑器”，为对象设置参数：Mass（质量）=200；Friction（摩擦系数）=0.3；Elasticity（弹性系数）=0.68；指定对象为凸面体，如图 14.6 所示。

（4）选中楼梯，单击按钮打开“属性设置编辑器”，为对象设置参数：Mass（质量）=0；Friction（摩擦系数）=0.3；Elasticity（弹性系数）=0.57；指定对象为凹面体，如图 14.7 所示。

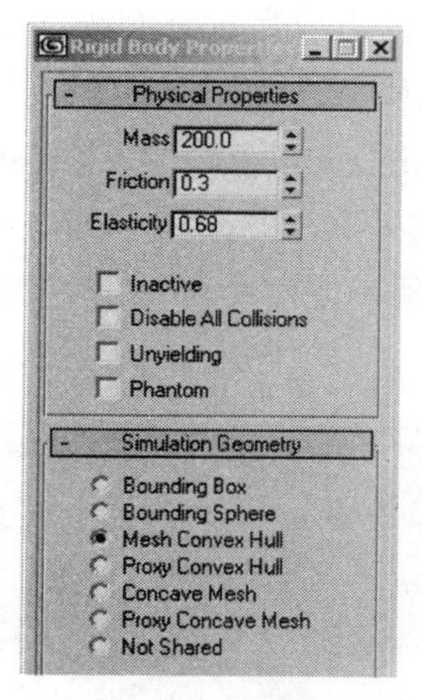

图 14.6　设置木箱属性

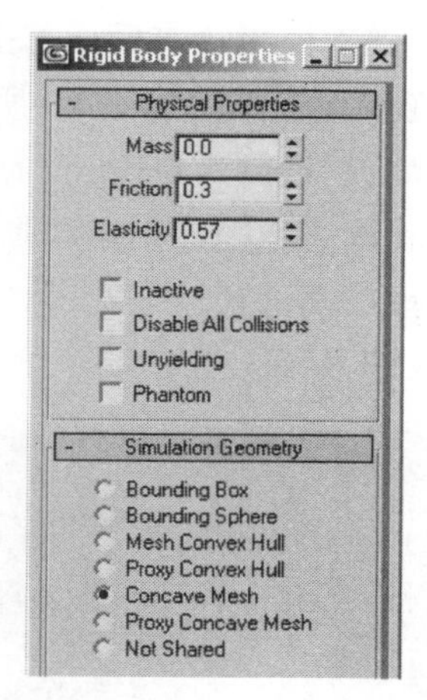

图 14.7　设置楼梯属性

注意：

（1）当 Mass（质量）设置为 0 时，表示对象是不动的。

（2）物体内部任意两点之间的连接线段都不会穿出这个物体的，称为 Convex（凸面体），否则为 Concave（凹面体），设置凸面体会提高模拟计算速度，但当其他物体位于凹面体内部时，不能将其设置为凸面体。

（5）打开命令面板中“工具”面板，从弹出的列表中选择 reactor 选项，打开如图 14.3 所示的 reactor 面板，在 Preview & Animation（动画预览）卷展栏中，单击 Preview in Window 按钮，可以打开预览窗口，如图 14.8 所示，在这里可以实时进行物体的拖动交互，也可单击 reactor 工具按钮预览动画。

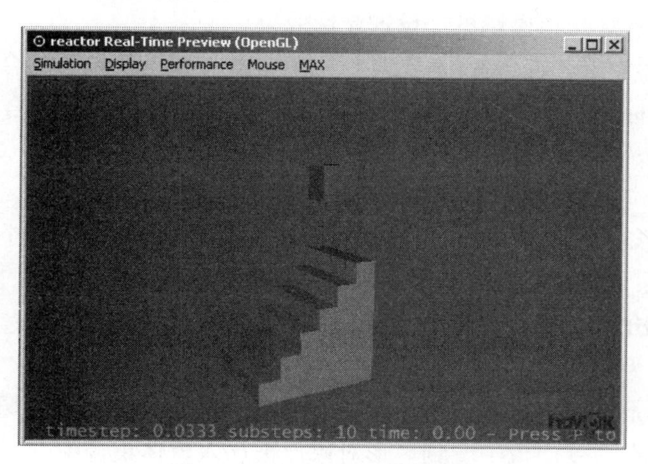

图 14.8　“reactor”预览窗口

（6）使用鼠标可以调整窗口的视角，类似于调整摄影机角度。

（7）按“P”键开始模拟，或在模拟过程中暂停，如果在模拟过程中按下“P”键暂停，然后便可以使用 MAX 菜单中的 Update MAX（更新 MAX）命令更新场景。

（8）在进入模拟状态后，单击鼠标右键并拖动对象，可以进行交互操作。按“R”键恢复场景到初始状态。如图 14.9 所示为用鼠标右键拖动木箱对象的情景。

（9）关闭预览窗口，单击 reactor 面板中 Preview & Animation 卷展栏下 Create Animation 按钮，创建动画关键帧，创建动画也可单击 reactor 工具按钮。

（10）单击动画播放按钮，可以看到场景中的对象是以动力学系统的方式进行运动的，如图 14.10 所示。

图 14.9　用鼠标右键拖动木箱对象

图 14.10　木箱跌落动画

【例 14.2】软体动画

（1）打开配书光盘\第 14 章\例 14.2\软体.max 场景文件，如图 14.11 所示。

这个场景比较简单，读者也可自己创建。包括一个槽形对象（将一个长方体对象加入“编辑网格”修改器后变形）和一个异面体（将一个星形的异面体对象加入一个“网格平滑”修改器）；一盏灯光和摄影机，设置光影效果。

（2）选中槽形对象，在 reactor 工具栏中单击按钮创建刚体集合，在场景中出现了一个刚体集合的图标，并在命令面板中看到槽形对象已被加入刚体集合中。

（3）单击按钮打开属性设置编辑器，选择 Simulation Geometry（模拟几何体）卷展栏下 Concave Mesh 项，将对象指定为凹面体。其他参数使用默认值。

（4）选中星形对象，在 reactor 工具栏中单击按钮为其指定一个软体修改器并设置修改器中 Properties 卷展栏中的参数。各参数值如图 14.12 所示，其中 Mass 为质量，单位为 kg（公斤）；Stiffness 为硬度系数，数值越小，对象越柔软，但数值过小会出现严重失真现象；Damping 为阻尼系数；Friction 为摩擦系数。

（5）在 reactor 工具栏中单击（创建一个软体集合）按钮，在场景中出现了一个软体集合的图标，并在命令面板中看到星形对象已被加入软体集合中。

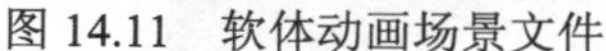

图 14.11　软体动画场景文件

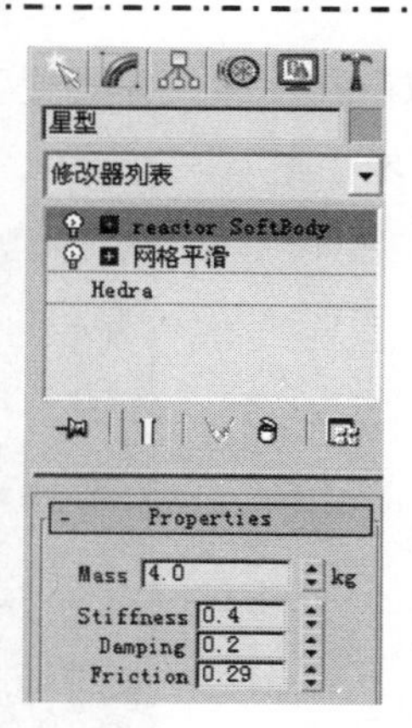

图 14.12　加入软体修改器后的参数面板

（6）打开 reactor 面板下 Preview & Animation 卷展栏，单击 Preview in Window 按钮，打开预览窗口，在这里进行物体拖动的实时交互。

（7）按 P 键开始模拟，也可在模拟过程中按下 P 键暂停，然后便可以使用 MAX 菜单中的“Update MAX”（更新 MAX）命令对场景进行更新。

（8）关闭预览窗口，单击 reactor 面板中 Preview & Animation 卷展栏下 Create Animation 按钮，创建动画关键帧。

（9）单击动画播放按钮，可以看到场景中星形软体对象受挤压后的运动方式，如图 14.13 所示。

图 14.13　软体对象受挤压动画

14.3　实践操作：动力学系统动画实例制作

【例 14.3】飘动的窗帘

本例模拟窗帘在风的吹动下慢慢飘动的动画效果，使用动力学中的风系统完成。

（1）打开配书光盘\第 14 章\例 14.3\飘动的窗帘.max 场景文件。场景中有一面墙、窗框、窗帘、木梁，并设置了环境背景。加入摄影机后调整视角，渲染后得到如图 14.14 所示的效果。

图 14.14　飘动的窗帘效果

（2）选中墙体、木梁、窗框 3 个对象，在 reactor 工具栏中单击按钮创建刚体集合，可在场景中出现一个刚体集合的图标，并在命令面板中看到 3 个对象已被加入刚体集合中，如图 14.15 所示。

图 14.15　创建刚体集合

（3）选择墙体，单击按钮打开属性设置编辑器，选择 Simulation Geometry（模拟几何体）卷展栏下 Concave Mesh 项，将对象指定为凹面体。其他参数使用默认值。

（4）以同样方法将窗框对象指定为凹面体。

（5）选择窗帘对象，在 reactor 工具栏中单击按钮为其指定一个布料修改器并设置修改器中 Properties 卷展栏中的参数。各参数值如图 14.16 中左图所示。

（6）选中 Avoid Self-Intersections 复选框，以避免发生自交叉现象。

（7）进入 reactor Cloth 修改器的 Vertex 层级，选中窗帘对象的最上面一排点，再单击 Constraints（约束）卷展栏下 Fix Vertices 按钮，在约束列表中出现 Constrain To World，如图 14.16 右图所示，表示所选择的点是固定不动的。

（8）在 reactor 工具栏中单击按钮，在场景中出现了一个布料集合的图标，并在命令面板中看到窗帘对象已被加入布料集合中。

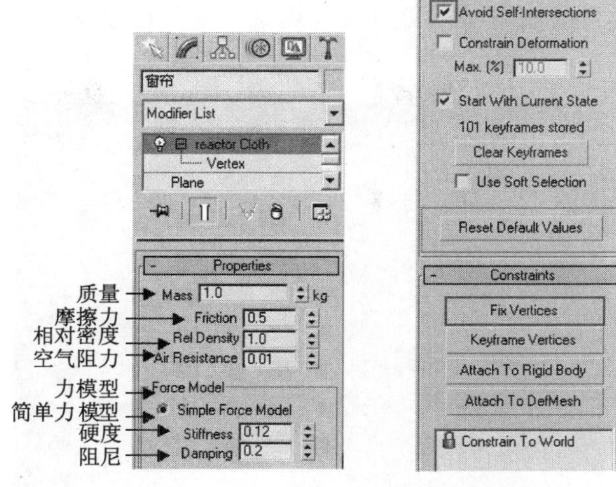

图 14.16　布料修改器参数设置

（9）在 reactor 工具栏中单击按钮，并在 Left 视图创建一个风的图标，调整方向，如图 14.17 所示。

（10）打开修改面板，设置风的各项参数，如图 14.18 所示，Wind Speed 为风力速度，Perturb Speed 为速度变化，Variance 为变化值，Time Scale 为时间变化；Use Range 为使用范围。本例中选中 Perturb Speed 和 Use Range 复选框，设置风力在指定范围内变化的动画。

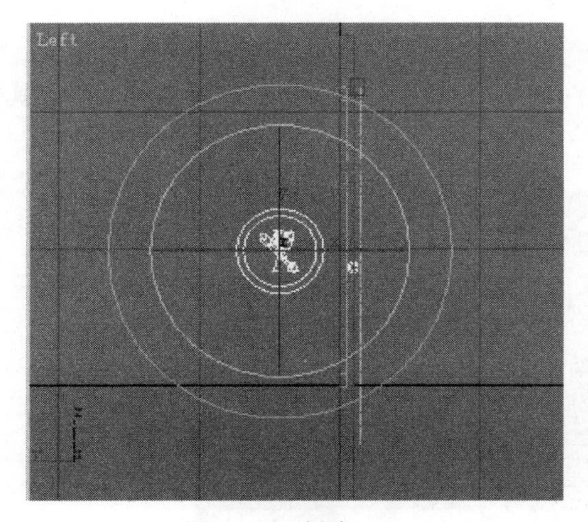

图 14.17　创建风

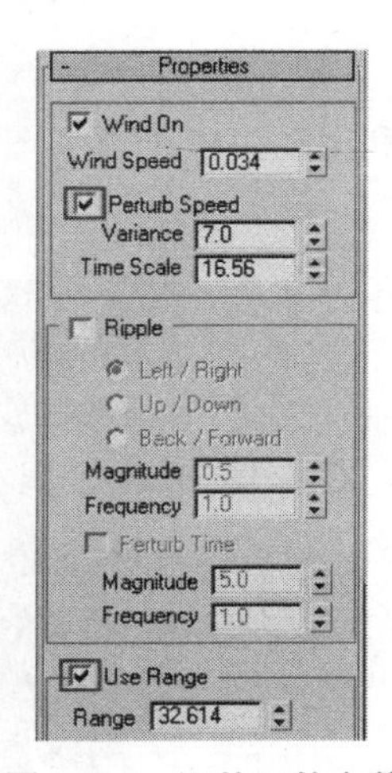

图 14.18　调整风的参数

（11）打开 reactor 面板下 Preview & Animation 卷展栏，单击 Preview in Window 按钮，打开预览窗口，在这里进行物体拖动的实时交互。

（12）按“P”键开始模拟，也可在模拟过程中按下“P”键暂停，然后便可以使用 MAX 菜单中的 Update MAX（更新 MAX）命令对场景进行更新。

（13）关闭预览窗口，单击 reactor 面板中 Preview & Animation 卷展栏下 Create Animation 按钮，创建动画关键帧。

（14）单击动画播放按钮▶，可以看到场景中窗帘对象受风吹后飘动，如图 14.19 所示。

图 14.19　窗帘飘动动画

14.4　课 后 习 题

操作题

1．利用动力学创建如图 14.20 所示的一个球体下落并与其他对象碰撞的动画（其他对象不动）。

图 14.20　球体下落场景

2．创建如图 14.21 和图 14.22 所示的一块布料落到圆桌上的动力学动画。

图 14.21　第 0 帧时场景

图 14.22　第 100 帧时场景

第 15 章　渲　　染

提示：本章效果图见彩页

本章主要内容

☑ 默认扫描线渲染

☑ 光能传递

☑ mental ray 渲染

本章重点

默认渲染的基本参数设置及作用、mental ray 渲染器、Vray 渲染的“间接照明”与“渲染器”的参数设置及作用。

本章难点

mental ray 渲染器、Vray 渲染的“间接照明”的参数设定。

当建模、材质、灯光、摄影机和动画都制作完成后，最后的工作就是对场景进行渲染输出了。在 3ds max 中提供的渲染方式中除默认扫描线渲染外，还有 mental ray 渲染方式，使用 mental ray 渲染可以达到非常真实的光能传递效果。

在 3ds max 中设置渲染方式可以单击按钮，弹出“渲染设置”对话框。通过选择“默认扫描线渲染器”或“mental ray 渲染器”来确定使用哪一种渲染器，如图 15.1 和图 15.2 所示。

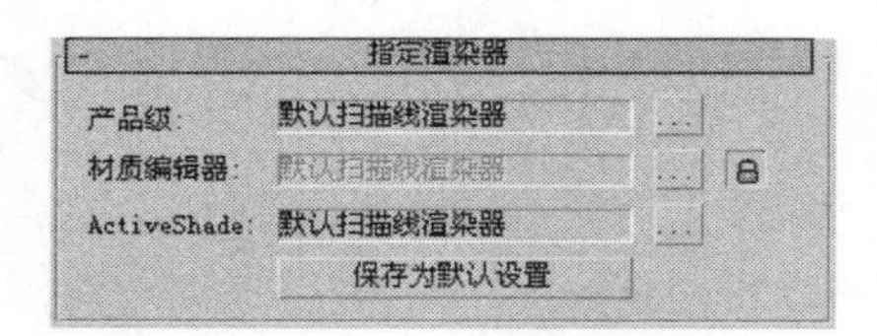

图 15.1　默认扫描线渲染

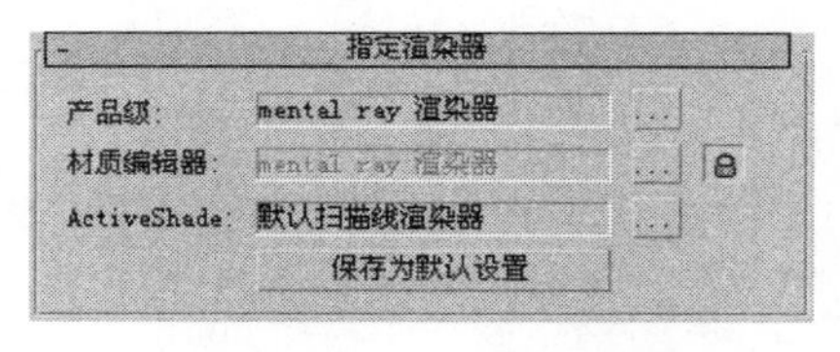

图 15.2　mental ray 渲染

在该对话框中选择不同的渲染器，“渲染器”对话框中的面板也会有所不同。“公用”和“Render Elements”（渲染元素）是两种渲染器的公用面板。

“渲染器”、“光线跟踪器”、“高级照明”是默认扫描线渲染的专用面板。

“渲染器”、“间接照明”、“处理”是 mental ray 渲染器的专用面板。

“V-Ray”、“间接照明”、“设置”是 Vray 渲染器的专用面板。

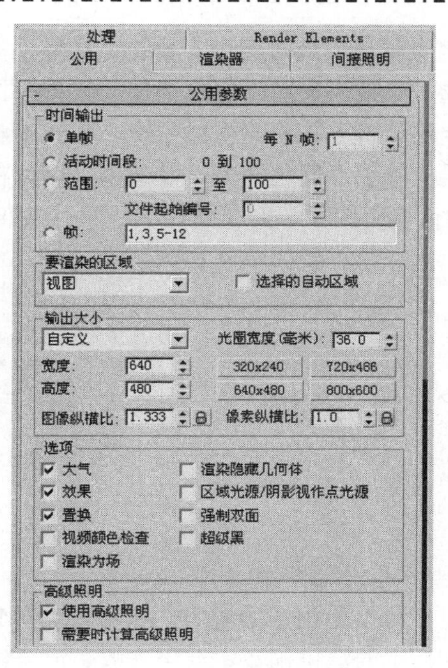

图 15.3　“公用参数”卷展栏

该面板用来设定所有的渲染级别和渲染方式的公用参数和选项。

- “时间输出”选项组用于指定渲染单帧或动画，并指定输出范围。包括：单帧、活动时间段、范围和帧。
- “要渲染的区域”选项组用于制定渲染的区域，包括：视图、选定对象、区域、裁剪和放大。
- “输出大小”选项组用于控制最后渲染的大小和比例，可以按照其下拉列表中预先设定好的工业标准制定图像的尺寸。“光圈宽度”用于设定摄影机光圈，但不改变图像。“图像纵横比”用于设置图像的长宽比。“像素纵横比”用于设置图像像素本身的长宽比。
- “选项”选项组中，选中“大气”复选框，雾效和体光等大气效果将被渲染。选中“渲染隐藏几何体”复选框，可以渲染场景中的隐藏对象。选中“效果”复选框，可以渲染场景中的特效。选中“区域光源/阴影视作点光源”复选框，可以渲染场景中的线光源和面光源作为点光源使用。选中“置换”复选框，可以渲染场景中的置换贴图。选中“强制双面”复选框，可以渲染场景中所有面的背面。选中“视频颜色检查”复选框，可以寻找视频以外的颜色。选中“超级黑”复选框，将使背景图像变成纯黑色，RGB 都等于 0。“渲染为场”将场景渲染到视频场，一幅图像由奇数行和偶数行两个图像场构成。
- “高级照明”选项组中，选中“使用高级照明”复选框，使“光度学”中的光学灯光可以进行间接光的计算。选中“需要时计算高级照明”复选框，在渲染时，自动进行间接光的计算，如图 15.4 所示。

在如图 15.5 所示的“渲染输出”选项组中，单击“文件...”按钮，可以将渲染的图像保存在指定的位置上。当选中“使用设备”复选框使用设备时，单击“设备...”按钮，可以将渲染的图像保存在指定的设备上，而不生成图像。当选中“渲染帧窗口”复选框时，可以在屏幕上显示渲染结果。选中“网络渲染”复选框，可以在弹出的对话框中设定多台机器同时渲染。当选中“跳过现有图像”复选框时，可以不渲染保存文件夹中已存在的帧。

图 15.4　高级照明

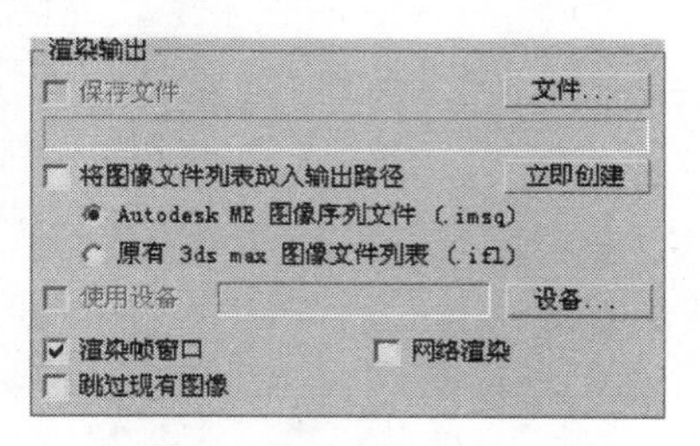

图 15.5　“渲染输出”选项组

2．“电子邮件通知”卷展栏（如图 15.6 所示）

当使用“网络渲染”时，可以为指定的渲染工作用户发送邮件通知。通过下面的选项通知事件发生情况，如达到指定的渲染帧数、渲染失败、渲染结束等。

3．“指定渲染器”卷展栏（如图 15.7 所示）

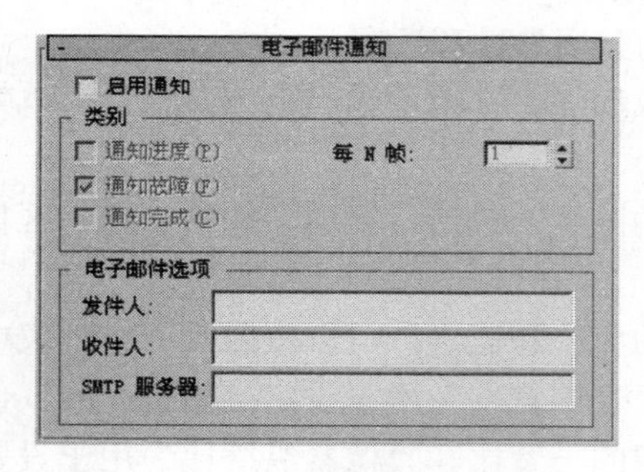

图 15.6　“电子邮件通知”卷展栏

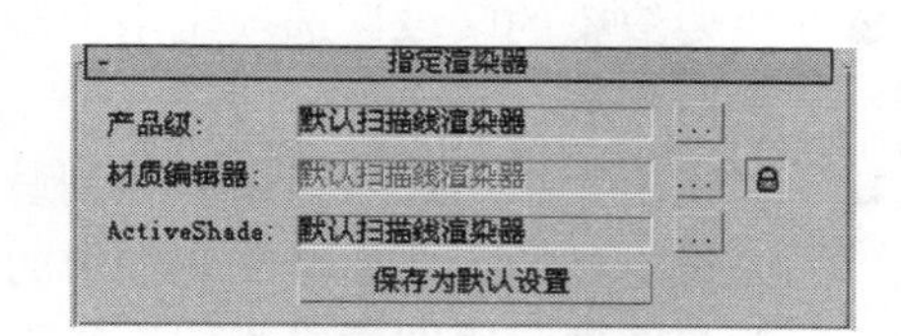

图 15.7　“指定渲染器”卷展栏

“指定渲染器”卷展栏用于指定“产品级”、“材质编辑器”、“Active Shade”（着色浮动窗）的渲染器。3ds max 下本身包括的渲染器有“默认扫描线渲染”、“mental ray 渲染”两种。如果系统添加了其他渲染插件，那么也可以在这里进行选择，例如 Brazil、Final Render、VRay 等。

单击🔒“锁定到当前渲染器”按钮，可以设定“材质编辑器”与“产品级”使用相同渲染器。

单击“保存为默认设置”按钮可以将当前设定的渲染器储存，作为默认渲染器。

15.1.2　“渲染元素”卷展栏

“渲染元素”卷展栏（如图 15.8 所示）可以灵活地、自由地选择可渲染元素，并将可渲染元素渲染到单独文件中。这种方式经常用于特效合成，可添加的内容包括：Alpha 通

道、大气效果、背景、混合、固有色等。

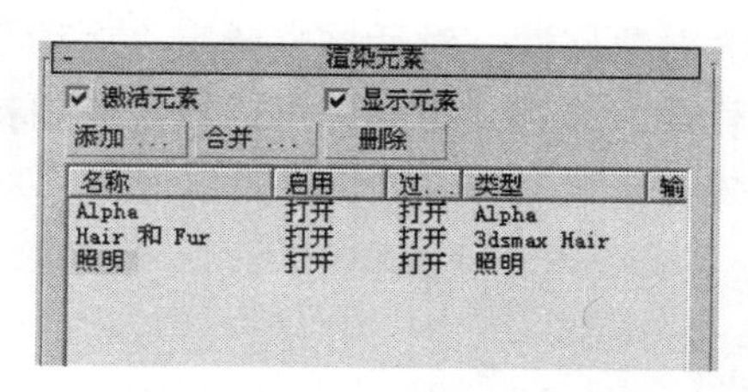

图 15.8　“渲染元素”卷展栏

- “添加…”按钮：可以用来添加渲染元素，如图 15.9 所示。
- “合并…”按钮：可以将其他 max 文件中的渲染元素合并。
- “删除”按钮：可以将已添加的渲染元素从列表中删除。
- “选定元素参数”选项组：可以用来改变元素名称，并指定渲染元素储存位置，如图 15.10 所示。

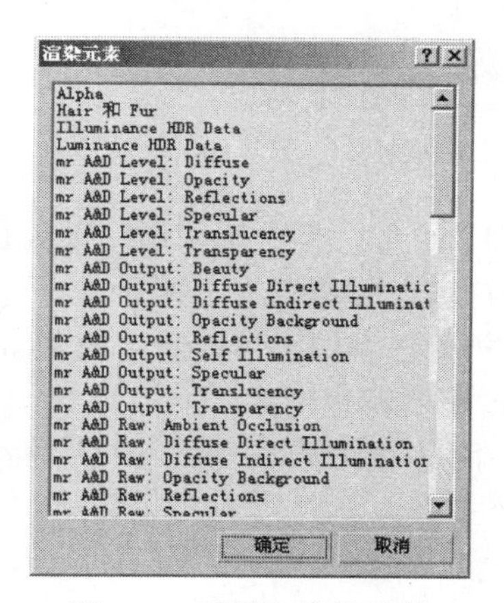

图 15.9　可添加渲染元素

图 15.10　“选定元素参数”选项组

- “输出到 Combustion”选项组：将渲染元素存储为“Combustion”的工作台文件，这样可以使用 Autodesk 公司的合成软件 Combustion 进行后期的图像编辑。

15.1.3　“默认扫描线渲染器”卷展栏

“默认扫描线渲染器”卷展栏，如图 15.11 所示。

- “选项”选项组：用来打开或者关闭对象的“贴图”、“自动反射/折射和镜像”、“阴影”、“强制线框”、“启用 SSE”。
- “抗锯齿”选项组：其中包含两个参数，一个是“抗锯齿”，用于设定渲染图像的边缘光滑程度；另一个是“过滤贴图”，用于设定材质贴图的过滤选项。
- “全局超级采样”选项组：主要是改善“凹凸贴图”对象的渲染质量，对材质表面进行抗锯齿计算。包括以下复选框：“禁用所有采样器”、“使用全局超级采样器”。

- “对象运动模糊”选项组：用来控制全局的对象运动模糊。如果使用运动模糊，必须将运动对象在“对象属性”对话框中选定“运动模糊”。选中“启用”复选框可以使运动模糊有效。“持续时间”可以设定快门打开时间。“采样数”可以设定采样率。“持续时间细分”可以设定持续时间内对象的渲染份数。

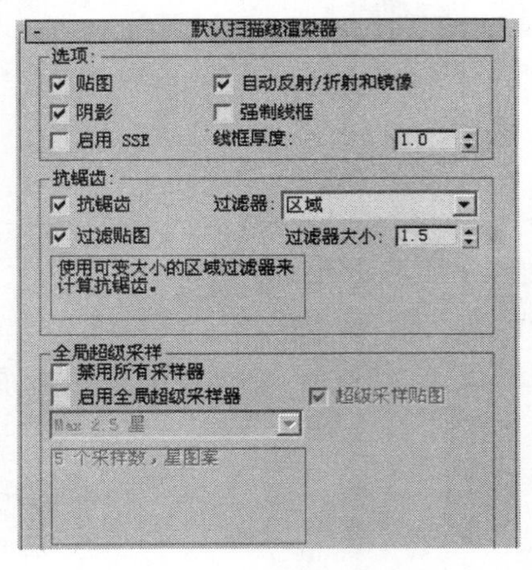

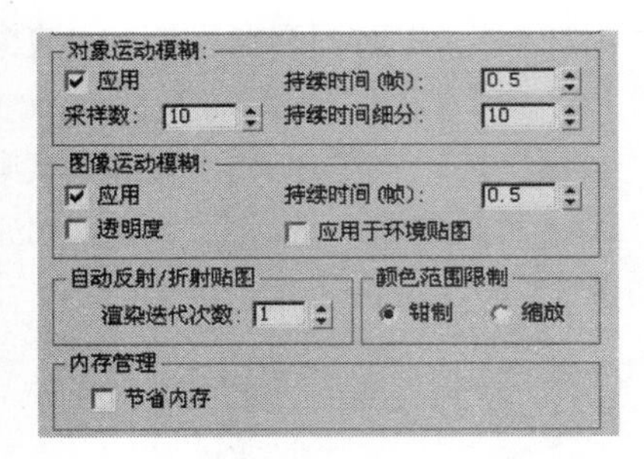

图 15.11 “默认扫描线渲染器”卷展栏

- “图像运动模糊”选项组：与“对象运动模糊”近似，但是图像运动模糊是应用于渲染的图像，而不是对象，并且受摄影机的影响，如图 15.12 所示。
- “自动反射/折射贴图”选项组：用于设定反射/折射在表面上可以看到的表面数量，数值越大反射/折射的表面越多，效果越好，占用资源也越多。
- “颜色范围限制”选项组：包含两种方式，一种是“钳制”，另一种是“缩放”。
- “内存管理”选项组：只有一个复选框，即“节省内存”。

物体运动模糊效果如图 15.13 所示。

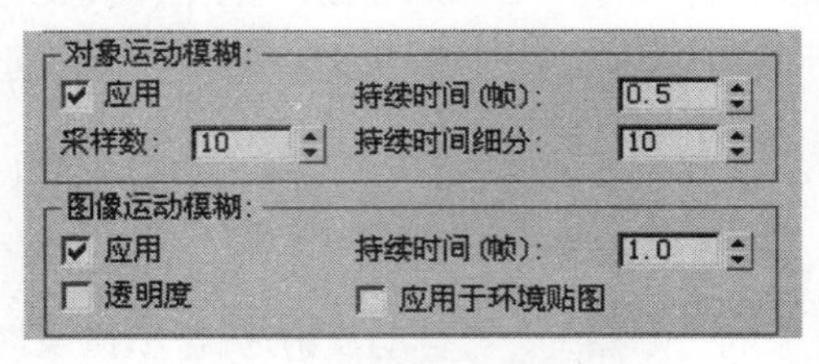

图 15.12 “图像运动模糊”选项

图 15.13 物体运动模糊效果

15.1.4 “光线跟踪器全局参数”卷展栏

“光线跟踪器全局参数”卷展栏如图 15.14 所示。

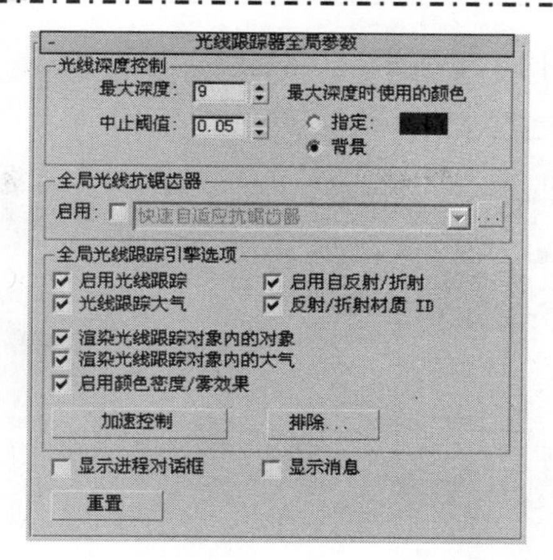

图 15.14　“光线跟踪器全局参数”卷展栏

- “光线深度控制”选项组：用于调整物体间的反射次数。可以设定：最大深度、中止阈值、最大深度时使用的颜色。
- “全局光线抗锯齿器”选项组：用于控制材质的全局反走样参数。可以通过下拉列表选择反走样过滤器。
- “全局光线跟踪引擎选项”选项组：用于控制光线跟踪的内容。包括启用光线跟踪、启用自反射/折射、光线跟踪大气、反射/折射材质 ID、渲染光线跟踪对象内的对象、渲染光线跟踪对象内的大气、启用颜色密度/雾效果、加速控制、排除。

图 15.15 和图 15.16 所示分别为“最大深度”=1 和“最大深度”=9 的效果。

图 15.15　“最大深度”=1

图 15.16　“最大深度”=9

15.1.5　高级照明

高级照明是通过计算机计算模拟光在物体间的反射过程，使渲染的图像更加接近真实场景。高级照明包含两种方式：光跟踪器和光能传递。

15.1.5.1　光跟踪器

“光跟踪器”使用一种光线跟踪技术在场景中通过采样点来计算光的反射，这种方式比较适合于室外场景制作。“光跟踪器”参数卷展栏如图 15.17 所示。参加计算的灯光有天光和日光。

“光跟踪器”效果如图 15.18 所示。

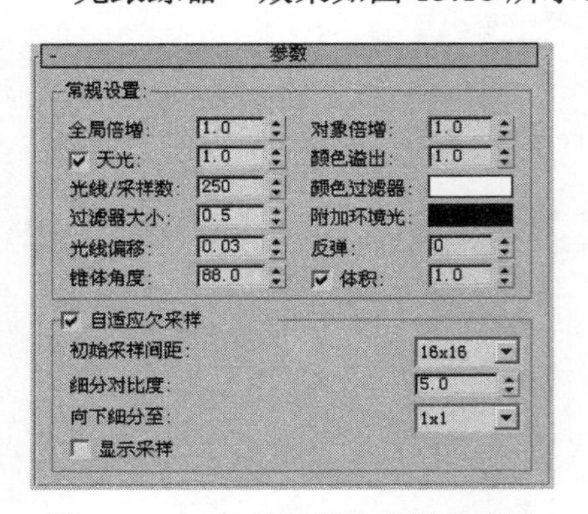

图 15.17 “光追踪器”参数卷展栏

图 15.18 “光跟踪器”效果

- “常规设置”选项组：用于控制整体场景参数，包括全局倍增、对象倍增、天光、颜色溢出、光线/采样数、颜色过滤器、过滤器大小、附加环境光、光线偏移、反弹、锥体角度、体积。
- “自适应欠采样”选项组：用于采样点的设定。包括“初始采样间距”、“细分对比度”、“向下细分至”微调框以及“显示采样”复选框。如图 15.19 所示为“光跟踪器”的采样点。

图 15.19 “光跟踪器”的采样点

15.1.5.2 光能传递

“光能传递”（如图 15.20 所示）是一种全局光照系统，通过光线在对象表面的反弹计算，显示最终效果。只有“光度学”灯光可以参加计算，“标准”灯光不参加计算。计算时依赖于细分三角面大小和光能传递材质的属性。

1. “光能传递处理参数”卷展栏

只有通过这里的光能传递计算，才能渲染出正确的光学灯光和材质的最终效果。

- 全部重置：将光能传递计算和自动细分网格结果恢复到初始状态。
- 重置：只恢复光能传递计算，更新视图，并使用标准灯光模式显示场景。
- 开始：开始光能传递计算，并在进度条中显示光能传递计算进度。
- 停止：停止光能传递计算。

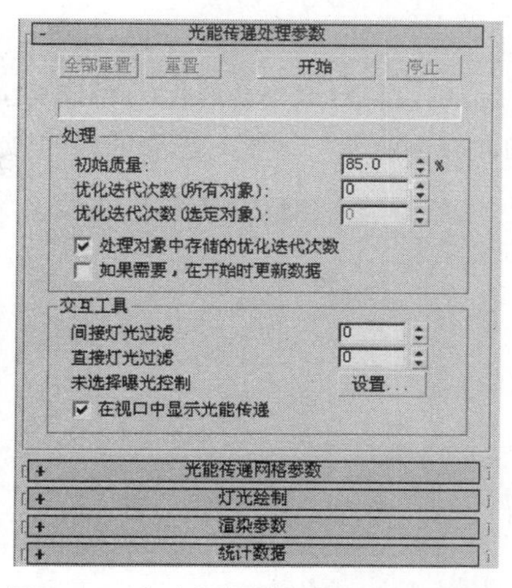

图 15.20　“光能传递处理参数”卷展栏

- “处理”选项组：设定光能传递计算过程的质量参数，包括初始质量、优化迭代次数（所有对象）、优化迭代次数（选定对象）。
- “交互工具”选项组：用于调整光能传递计算结果的显示，包括间接灯光过滤、直接灯光过滤和未选择曝光控制。如图 15.21 和图 15.22 所示分别为“间接灯光过滤”=0 和“间接灯光过滤”=4 的效果。

图 15.21　“间接灯光过滤”=0

图 15.22　“间接灯光过滤”=4

2．“光能传递网格参数”卷展栏

用于控制场景中对象细分网格的大小，如图 15.23 所示。其中包括“网格设置”、“灯光设置”等选项。

图 15.23　细分网格

3．“灯光绘制”卷展栏

光能传递计算过程完成后，可以利用这个卷展栏（如图 15.24 所示）中的画笔工具“增加照明到曲面”、“从曲面减少照明”调整对象表面照明强度。

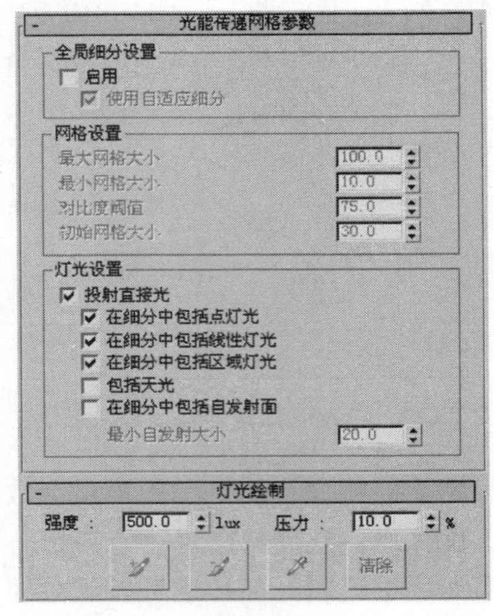

图 15.24　“光能传递网格参数”和“灯光绘制”卷展栏

4．“渲染参数”卷展栏（如图 15.25 所示）

- 重用光能传递解决方案中的直接照明：利用光能传递计算的结果，使用储存的光照，这样可以减少渲染时间。
- 渲染直接照明：渲染直接光照，并添加光能传递计算结果。
- 采集间接照明：用于对渲染好的图像进行再调整，用于弥补光能传递计算的不足。参数包括：每采样光线数、过滤器半径、钳位值。
- 自适应采样：用于对渲染图像的采样设定，用于调整光能传递计算的精细程度。参数包括：初始采样间距、细分对比度、向下细分至、显示采样。

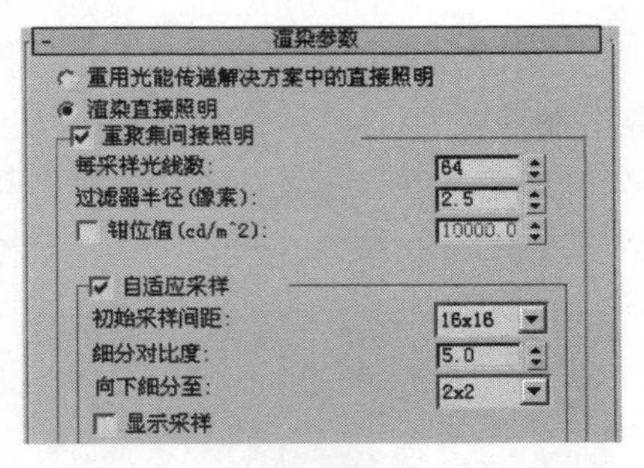

图 15.25　“渲染参数”卷展栏

5．“统计数据”卷展栏

用于显示光能传递计算的系统信息，包括“光能传递处理”和“场景信息”两个选项组。

15.2　mental ray 渲染器

mental ray 渲染器是 3ds max 在 6.0 版本以后整合进来的，mental ray 渲染器渲染的效果相比 3ds max 默认的渲染器具有更加真实的反射、折射、间接光和焦散效果。

15.2.1　渲染器面板

1．“采样质量”卷展栏

“采样质量”卷展栏中的参数主要用于 mental ray 渲染器的渲染采样控制，如图 15.26 所示。

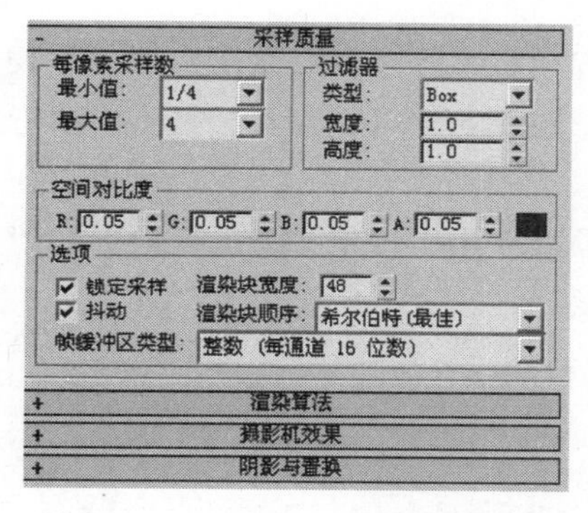

图 15.26　mental ray 的渲染器面板

- “每像素采样数”选项组：用于设定渲染时采样率的“最小值”和“最大值”，如图 15.27 和图 15.28 所示分别为渲染时采样率减小、增大时的效果。

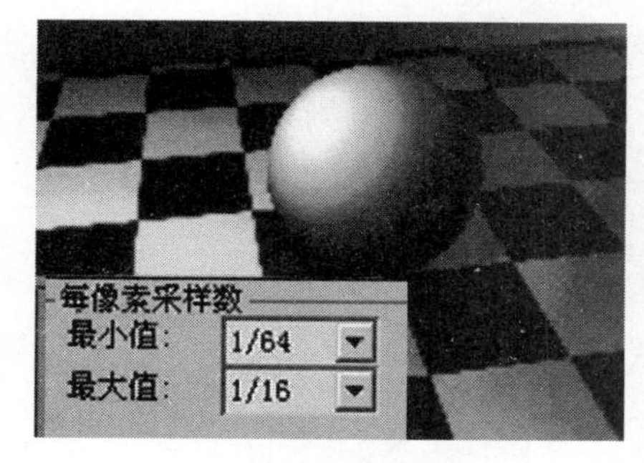

图 15.27　采样率减小时

图 15.28　采样率增大时

- “过滤器”选项组：用于设定每个像素需要多少采样，并选择过滤器类型。
- “空间对比度”选项组：用于设定控制采样的对比值，包括 R、G、B、A。
- “选项”选项组：选定“锁定采样”复选框，可以使动画中的每一帧都使用相同的采样率。选定“抖动”复选框，可以在采样位置加入随机数，减少锯齿。使用

“渲染块宽度”和“渲染块顺序”，可以设定渲染块的大小和次序。“帧缓冲区类型”可以设定渲染缓冲方式。

2. “渲染算法”卷展栏（如图 15.29 所示）

- “扫描线”选项组：其中“启用”用于启动渲染方式。选择“使用 Fast Rasterizer”（快速运动模糊）以后，可以通过“每像素采样数”、“每像素阴影数”来设定模糊效果。
- “光影跟踪”选项组：“启用”复选框被选中时，mental ray 使用光线跟踪以渲染反射、折射、镜头效果（运动模糊和景深）和间接照明（焦散和全局照明）。默认为选中状态。“使用自动体积”复选框被选中时，使用 mental ray 启动体积模式，可以渲染嵌套体积或重叠体积，如两个聚光灯光来的相交处。默认为禁用状态。
- “光影跟踪加速”选项组：可以在“方法”下拉列表中选择不同的光影跟踪的计算方式，来加速光影跟踪的计算速度。选择不同的方式，“大小”、“深度”的数值会随之改变。
- “光线跟踪深度”项目：用于设定“最大反射”和“最大折射”的次数和反射、折射的最大跟踪深度。

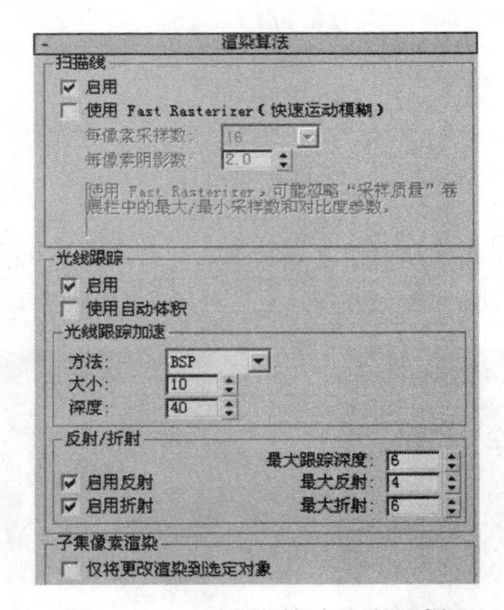

图 15.29 “渲染算法”卷展栏

3. “摄影机效果”卷展栏（如图 15.30 所示）

“景深”选项组：用于调整摄影机的景深效果。选中“启用”复选框，可以使景深效果有效，如图 15.31 所示。

4. “阴影与置换”卷展栏（如图 15.32 所示）

- “阴影”选项组：用于控制阴影显示，并调整阴影方式，包括简单、顺序和分段。

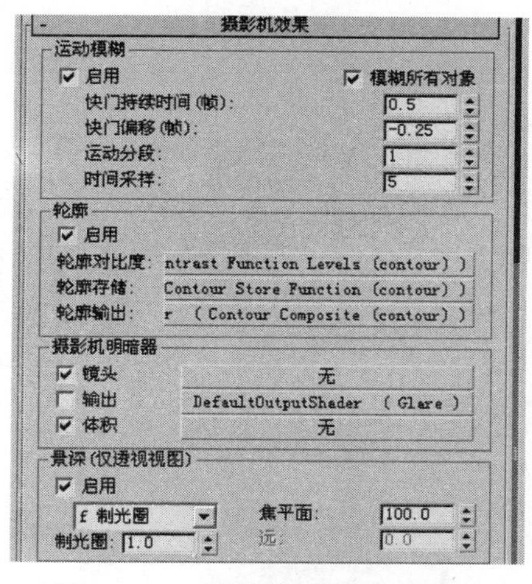

图 15.30　“摄影机效果”卷展栏

图 15.31　景深效果

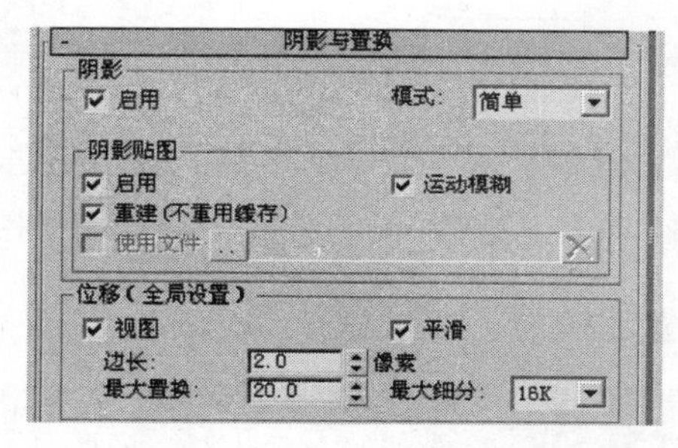

图 15.32　“阴影与置换”卷展栏

- “阴影”选项组：用于指定阴影贴图。
- “位移”（全局设置）选项组：用于指定置换贴图的设定值。包括：边长、最大置换和最大细分，如图 15.33 和图 15.34 所示分别为未使用置换贴图和使用置换贴图的效果。

图 15.33　未使用置换贴图

图 15.34　使用置换贴图

15.2.2　间接照明面板

1．“焦散和全局照明（GI）”卷展栏（如图 15.35 所示）

- “焦散”选项组：用于控制焦散效果。
  - 启用：使“焦散”效果有效。
  - 每采样最大光子数：增大采样值，可以减少噪波，但渲染时间也会增加。
  - 最大采样半径：可以控制光子的半径大小。
  - 过滤器：可以控制过滤方式。包括 Gauss、长方体和圆锥体三种方式。
  - 过滤器大小：使用“圆锥体”方式时，可以控制焦散的圆滑程度。

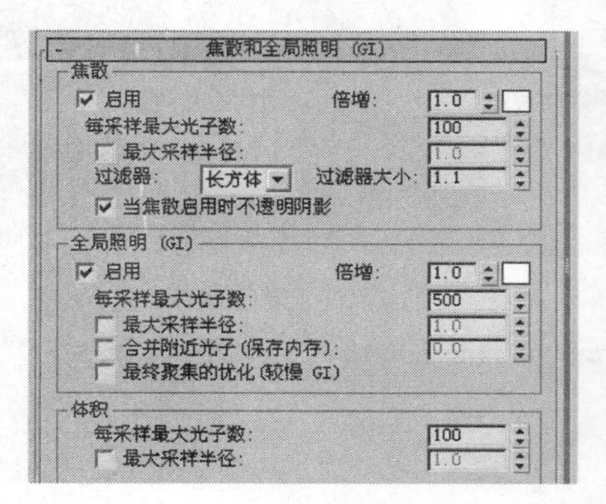

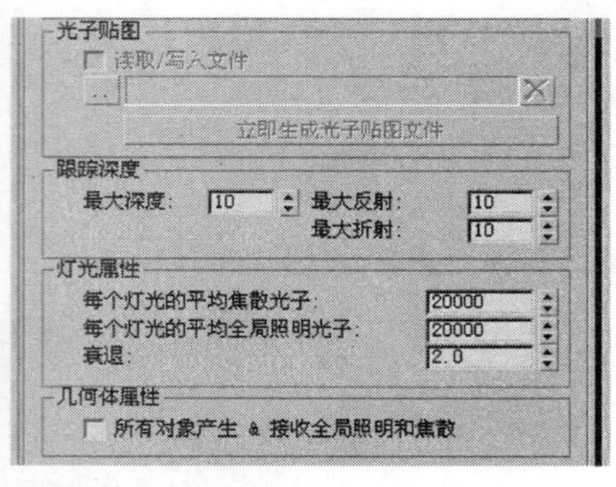

图 15.35　“焦散和全局照明（GI）”卷展栏

如图 15.36 所示为“焦散”效果。

图 15.36　“焦散”效果

- “全局照明（GI）”选项组
  - 启用：使“全局照明（GI）”有效。
  - 每采样最大光子数：设定全局光子数量，提高光子数量，可以使场景中的噪波减少。
  - 最大采样半径：可以控制光子的半径大小。关闭时，光子的半径会设定为场景大小的 1/10。
  - 合并附近光子（保存内存）：将相近的光子合并计算，节省计算时间。
  - 最终聚集的优化：优化全局照明。

- “体积”选项组
  - 每采样最大光子数：用于控制体积焦散。如果使其有效，必须在材质的“光子体积”中指定一个体积阴影材质。
  - 最大采样半径：可以控制光子的半径大小。
- “光子贴图”选项组：用于控制 mental ray 的光子存储。选中“读取/写入文件”复选框时，可以每次都重新计算光子贴图。单击 ... 按钮，可以存储光子贴图。下一次渲染时可以加载光子贴图。
- “跟踪深度”选项组

用于设定“最大反射”和“最大折射”的次数和反射、折射的最大深度。

- “灯光属性”选项组

控制全局的“每个灯光的平均焦散光子”、“每个灯光的平均全局照明光子”、“衰退”。未使用间接光和使用间接光的效果分别如图 15.37 和图 15.38 所示。

图 15.37　未使用间接光

图 15.38　使用间接光

2．“最终聚集”卷展栏（如图 15.39 和图 15.40 所示）

- 当选中“启用最终聚集”复选框时，会提高全局光的渲染质量。使用“最终聚集精度预设”可以自动设置“初始最终聚集点密度”、“每最终聚集点光线数目”和“插值的最终聚集点数”，可以设定“最终聚集”的渲染质量。

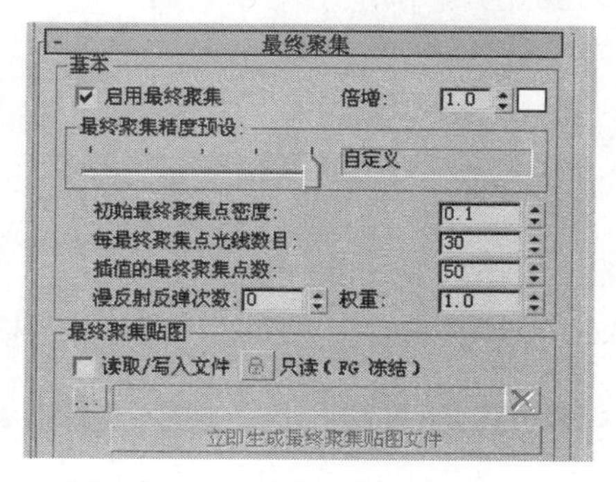

图 15.39　“最终聚集”卷展栏 1

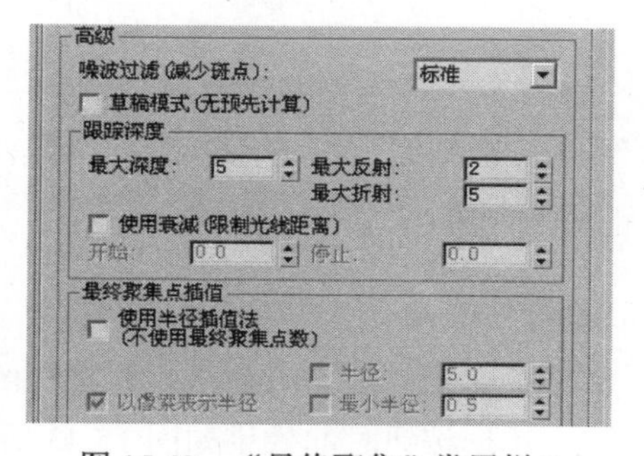

图 15.40　“最终聚集”卷展栏 2

- 读取/写入文件：选中此复选框，重新计算“最终聚集”数据。取消选中此复选框，会从文件中读取数据。

- 高级：用于深入设定“最大反射”和“最大折射”的次数和反射、折射的最大深度。

15.2.3 处理面板

1. “转换器选项”卷展栏（如图 15.41 所示）

- “内存选项”选项组
  - 使用占位符对象：选中此复选框时，对象只有在需要时才参加渲染计算，可以提高渲染速度。
  - 内存限制：保持一定的内存进行渲染计算。
  - 节约内存：保留内存，用于设定数据传送系统的内存工作，会增加系统渲染时间。
- “材质覆盖”选项组：使用材质覆盖，可以使用指定的材质覆盖场景中的所有材质。
- “导出到.mi 文件”选项组：用于将场景文件转换为 mental ray 的.mi 文件。
- “渲染过程”选项组：此选项组可以进行多进程渲染，并将每一个进程使用“保存”命令保存为.pass 格式。选中“合并”复选框，当每个进程都渲染完成时，系统会将进程合并。

2. “诊断”卷展栏（如图 15.42 所示）

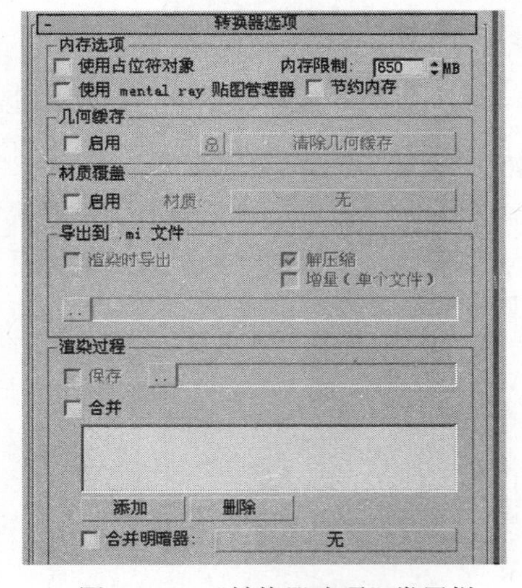

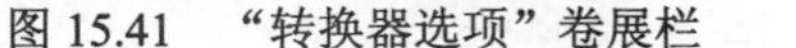

图 15.41 “转换器选项”卷展栏

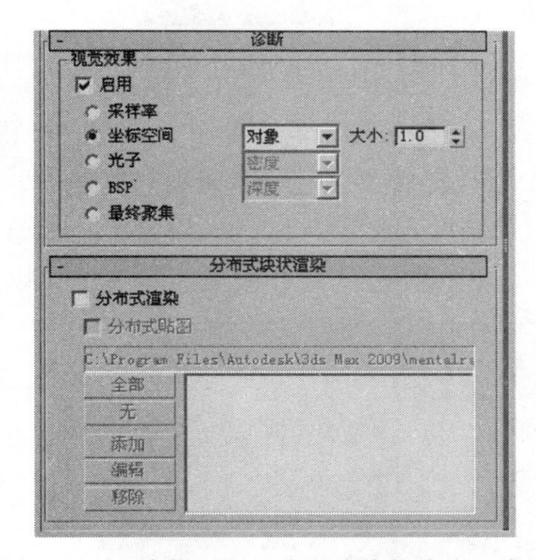

图 15.42 “诊断”和“分布式块状渲染”卷展栏

- 采样率：渲染时显示需要采样的位置。可以帮助调整采样参数。选中“采样率”单选按钮时的效果如图 15.43 所示。
- 坐标空间：渲染时显示对象的坐标空间网格，显示方式包括对象、世界和摄影机。选中“坐标空间”单选按钮时的效果如图 15.44 所示。

图 15.43 选中“采样率”时的效果

图 15.44 选中“坐标空间”时的效果

- 光子：渲染时显示光子的密度。先显示正常图片，完成时显示热度色彩图。显示方式包括密度和发光度。选中“光子”单选按钮时的效果如图 15.45 所示。
- BSP：使用 BSP 光线跟踪渲染设定。包括深度和大小。选中该单选按钮时的效果如图 15.46 所示。

图 15.45 选中“光子”时的效果

图 15.46 选中 BSP 时的效果

3．“分布式块状渲染”卷展栏

当使用分布式块状渲染时系统会自动将不同的渲染区块指派给不同的机器。当使用分布式贴图时，每台机器上的贴图文件文件名必须相同，并且保存在相同的目录下。单击“添加”按钮，可以添加渲染主机。

15.3 实践操作：mental ray 渲染实例

说明：为了熟练应用前面的命令，以及在实际创作过程中的渲染方法，本节通过简单场景的制作，对 mental ray 渲染器进行详细讲解。主要应用“混合”、“光影跟踪”、“棋盘格”等材质，mental ray 的“mr 区域泛光灯”并使用 mental ray 渲染器的间接光完成渲染，完成文件为配书光盘\第 15 章\静物.max。

15.3.1 材质的建立

1．墙壁材质（如图 15.47 所示）的制作

选择一个样本球，在“漫反射”右侧的按钮中添加“混合”材质类型，在“颜色#2”

中设定颜色为红=120、绿=110、蓝=75，在混合方式中添加 3ds max 自带贴图文件夹 maps\metal\GALVPLAT.JPG，如图 15.48 所示，选中“使用曲线”复选框，设定“上部”值为 0.5、“下部”值为 0.3，并将制作好的“漫反射”材质复制到“凹凸”贴图纹理中，设定凹凸参数为 50。

	数量	贴图类型
□ 环境光颜色	100	None
☑ 漫反射颜色	100	Map #1 （Mix）
□ 高光颜色	100	None
□ 高光级别	100	None
□ 光泽度	100	None
□ 自发光	100	None
□ 不透明度	100	None
□ 过滤色	100	None
☑ 凹凸	30	Map #2 (GALVPLAT.JPG)

图 15.47　墙壁材质

图 15.48　GALVPLAT.jpg

2．底面材质

选择样本球，在“漫反射”中添加“棋盘格”材质，设定“平铺”的 U 方向平铺次数和 V 方向平铺次数都为 50，底面的格子材质完成。

3．碗的材质（如图 15.49 所示）

碗的基本材质为“光线跟踪”材质，设定“漫反射”为纯白色，“反射”颜色的“饱和度”为 35。

4．杯子和瓶子的材质

杯子和瓶子都是玻璃的，所以设定基本材质为“光线跟踪”材质，设定“明暗处理”为“各向异性”类型，设定“漫反射”为红=240、绿=255、蓝=255，设置材质“透明度”为透明材质，设定“高光级别”值为 97、“光泽度”值为 18，如图 15.50 所示。

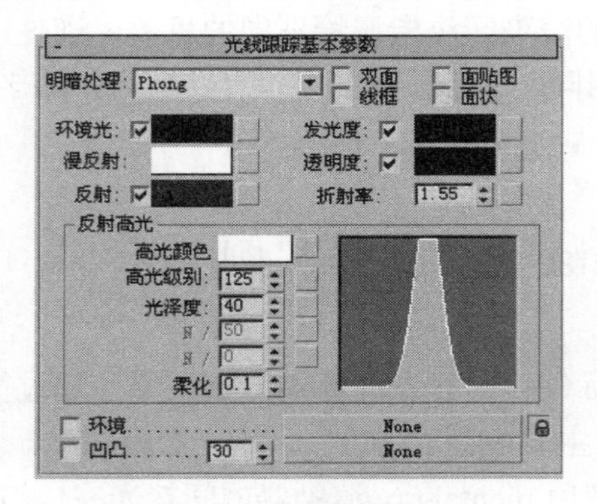

图 15.49　碗的材质

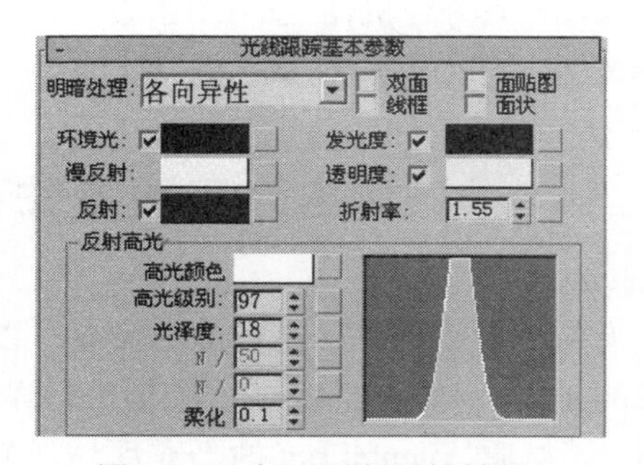

图 15.50　杯子和瓶子的材质

5．钢勺材质

钢勺也采用“光线跟踪”材质来模拟，设定“漫反射”的“饱和度”为 130，为创造钢勺的光亮效果设置“反射”的“饱和度”为 100，设置“高光级别”值为 50，设置“光泽度”值为 40，钢勺材质创建完成。

15.3.2　灯光的建立

灯光的设置是场景制作的重要环节，为了了解 mental ray 的间接光，在场景中只建立一盏 mr 区域泛光灯就可以制作真实的场景效果。

（1）直接光的设置：设定“倍增”值为 1.3，“远距衰减”中的“开始”值为 100、“结束”值为 3000，如图 15.51 所示。为创造更加真实的阴影效果，调整“区域灯光参数”中的“半径”值为 40。

（2）间接光的设置：设定 mental ray“手动设置”选项组中的“能量”值为 20000，“衰退”值为 2.1，“GI 光子”值为 10000，如图 15.52 所示。

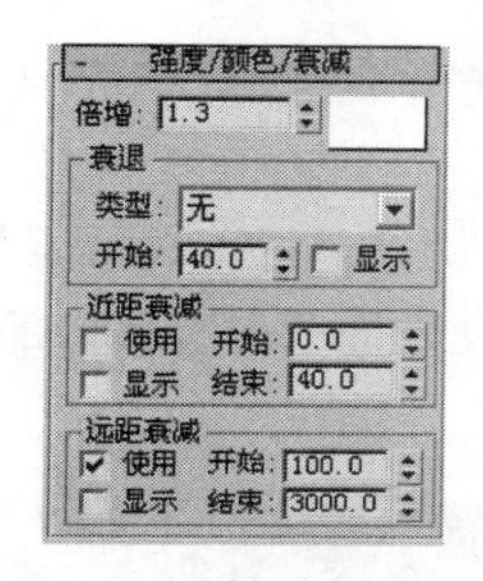

图 15.51　灯光直接光的设定

图 15.52　灯光间接光的设定

15.3.3　渲染参数设置

（1）打开“渲染设置”窗口，在“间接照明”中，选中“全局照明”中的“启用”复选框，使间接照明有效，设置“最大采样半径”=60。

（2）选中“最终聚散”\“启用最终聚散”复选框，使最终聚散有效。

（3）进入“渲染器”面板，设置“采样质量”/“每像素采样数”的“最小值”值为 1，“最大值”值为 4。

（4）单击“渲染”按钮，渲染效果如图 15.53 所示。

图 15.53　渲染效果

15.4　Vray 渲染器的使用

Vray 渲染器是 3ds max 的一个渲染插件，同“mental ray”渲染器相比参数设置更加方便、快捷，与 3ds max 默认的渲染器相比具有更加真实的反射、折射、间接光和焦散效果。

15.4.1　Vray 基本渲染设定

1．建立基本场景

打开 3d max 软件，在视图中建立简单场景。创建长方体、茶壶、环形结、泛光灯、摄影机各一个。如图 15.54 所示。

2．选择长方体，将其转换为可编辑多边形。按数字键 5，进入“元素”次物体级，选择长方体。单击“编辑元素”卷展栏\“翻转”按钮，使表面朝向物体内部。如图 15.55 所示。

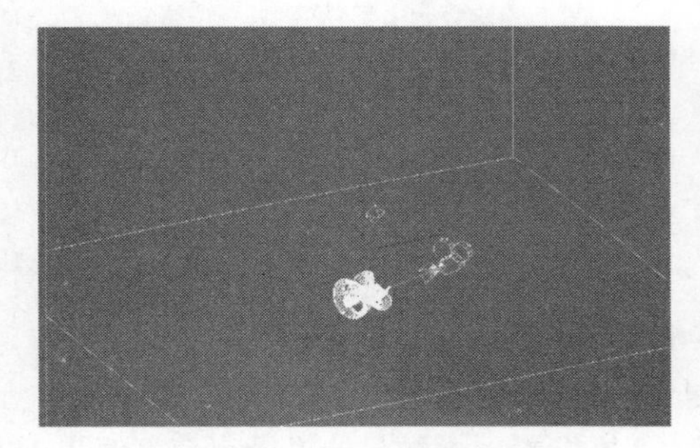

图 15.54　建立场景模型图

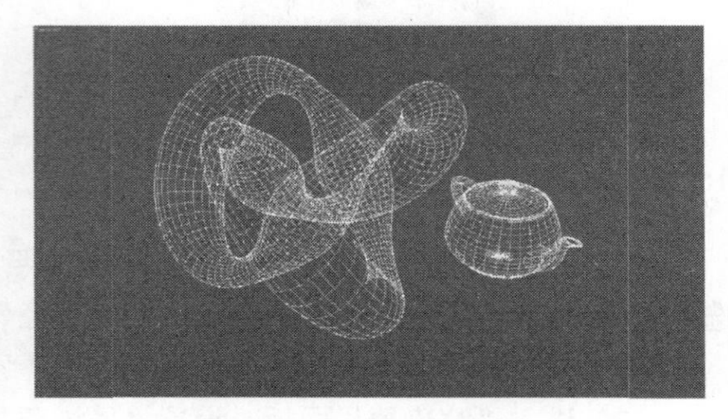

图 15.55　编辑长方体

3．调整一个标准材质

将“漫反射”颜色的“亮度”提高到 180；“高光级别”设定为 25。调整好以后赋予场景中的所有物体。

4．Vray 基本渲染参数设定

按“F10”键打开“渲染设置”窗口，单击“公用”\“指定渲染器”\“产品级”后的...按钮，选择指定 Vray 渲染器。

5．帧缓冲区设定

单击 V-Ray 标签，打开“V-Ray：帧缓冲区”卷展栏，如图 15.56 所示。选择“启用内置帧缓冲区”复选框。这样可以使用 Vray 自带的渲染窗口。这个窗口增加了鼠标跟踪渲染及简单的色彩调整工具，相比 MAX 自带的渲染窗口更加方便。

6．图像采样器设定

根据使用情况可设定不同的图像质量，质量越好速度越慢，如图 15.57 所示。

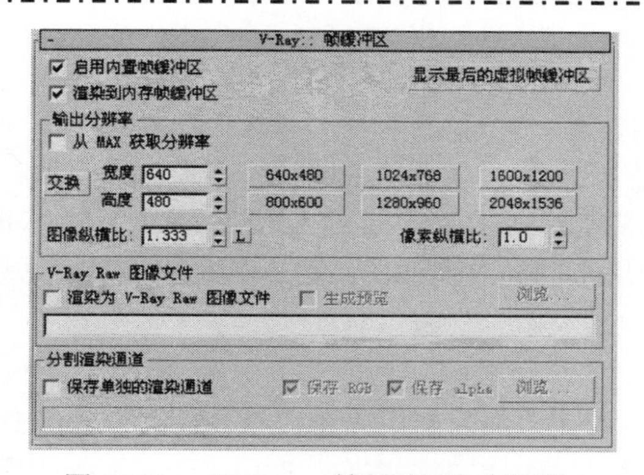

图 15.56　“V-Ray：帧缓冲区”卷展栏

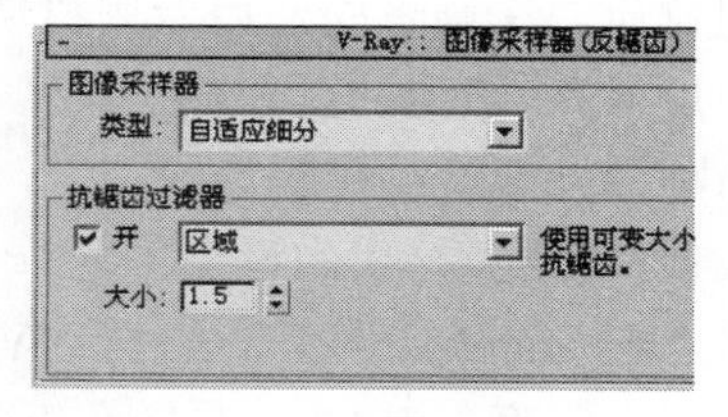

图 15.57　图像采样器

7．间接光设定

单击“间接照明”标签，打开“间接照明（GI）”卷展栏。修改“二次反弹”\“倍增器”为 0.7。“全局照明引擎”修改为“灯光缓存”。打开“发光贴图”卷展栏，设定“当前预设”为“非常低”。打开“灯光缓存”卷展栏，设定“细分”为 200，如图 15.58 所示。

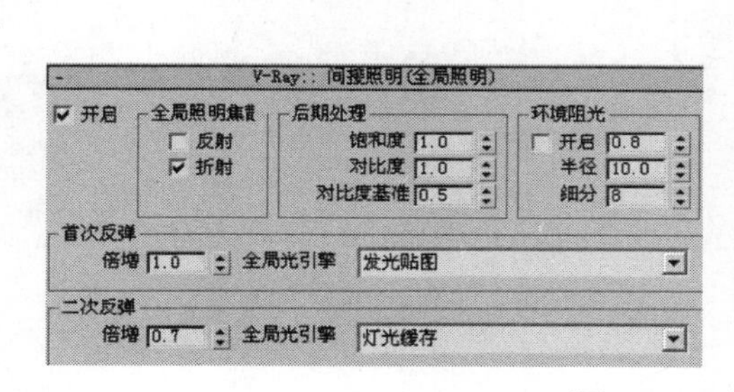

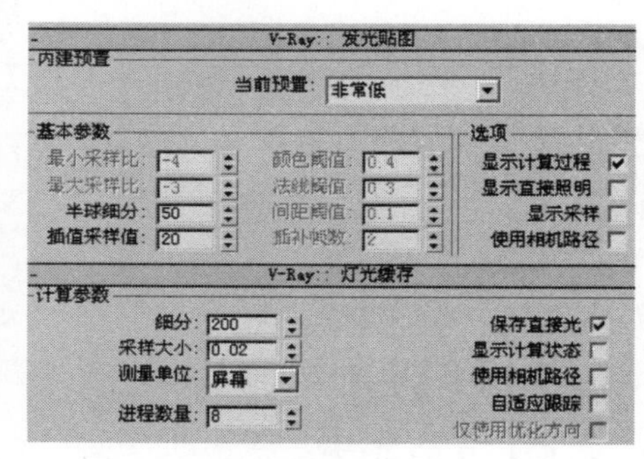

图 15.58　间接照明

8．渲染测试

激活摄影机窗口，根据渲染结果设定灯光强度，如图 15.59 所示。

图 15.59　渲染结果

15.4.2　Vray 常用材质设定

VRay 渲染器提供了多种专用材质，如 VR 材质、VR 材质包裹器、VR 车漆材质、VR 代理材质。在场景中使用专用材质能够获得更加准确的物理照明（光能分布），更快的渲染，反射和折射参数调节更方便。你可以应用不同的纹理贴图，控制其反射和折射，增加凹凸贴图和置换贴图等。

1．瓷器类材质的设定

点击 Standard 按钮，选择“VR 材质”。设定“漫反射”为橙色、“反射”为纯白色、“反射光泽度”为 0.9。选择“菲涅耳反射”复选框。单击 L 按钮，启用“菲涅耳折射率”，设定为 2.5，如图 15.60 所示。应用瓷器材质的效果，如图 15.61 所示。

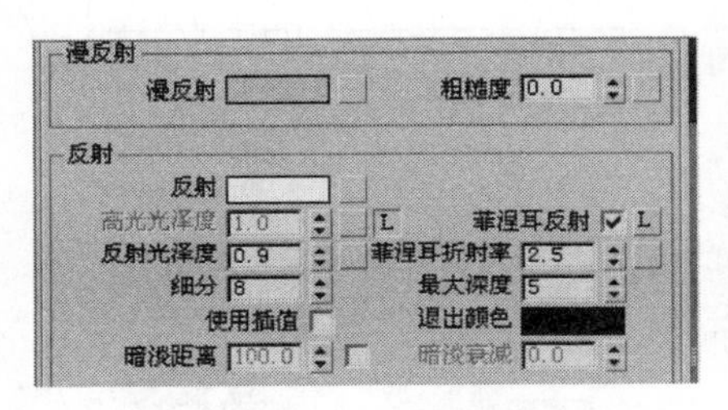

图 15.60　瓷器材质参数

图 15.61　瓷器材质

2．金属材质的设定

- 反射金属材质：选择“VR 材质”。设定“反射”亮度为 255、“反射光泽度”为 0.9、“细分”为 12、取消“菲涅耳反射”的选中状态，如图 15.62 所示。应用反射金属材质的效果如图 15.63 所示。

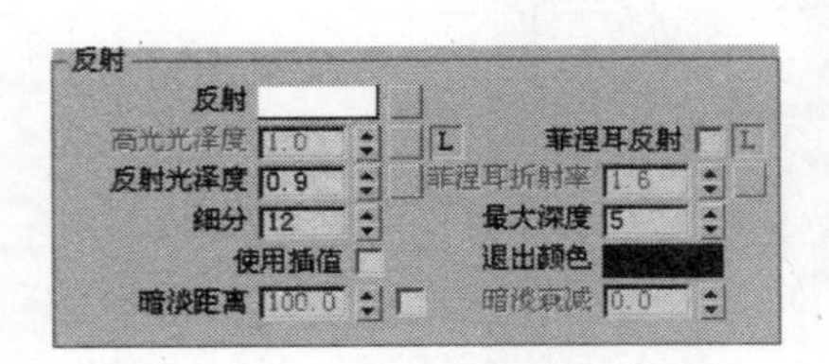

图 15.62　反射金属参数

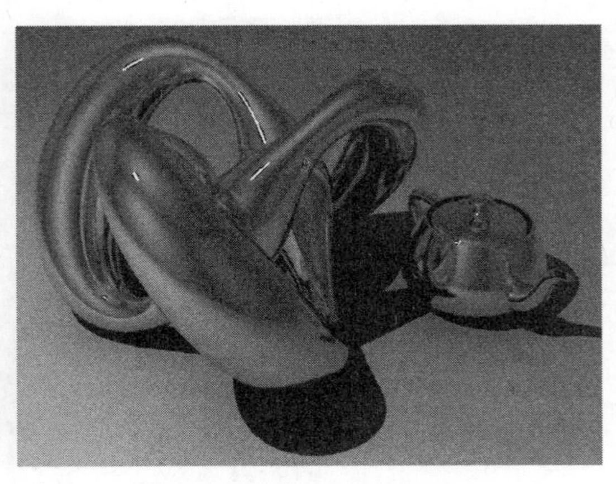

图 15.63　反射金属效果

➘　磨砂金属材质：选择“VR 材质”。设定“反射”亮度为 140、“反射光泽度”为 0.5、“细分”为 15、取消选中“菲涅耳反射”复选框。设定“双向反射分布函数”卷展栏下的方式为“沃德”，“各向异性”为 0.5，如图 15.64 所示。应用磨砂金属材质的效果如图 15.65 所示。

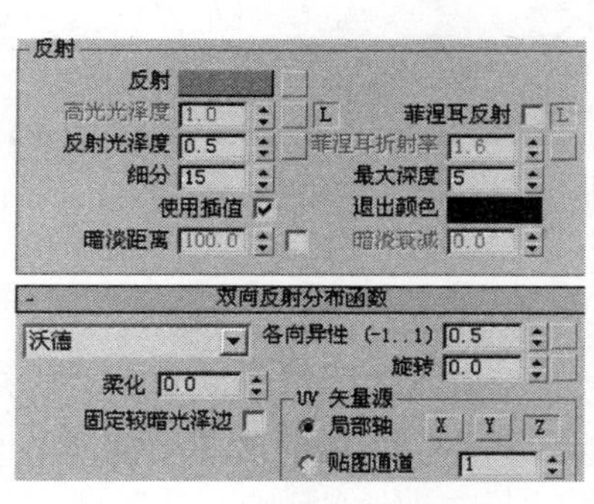

图 15.64　磨砂金属材质参数

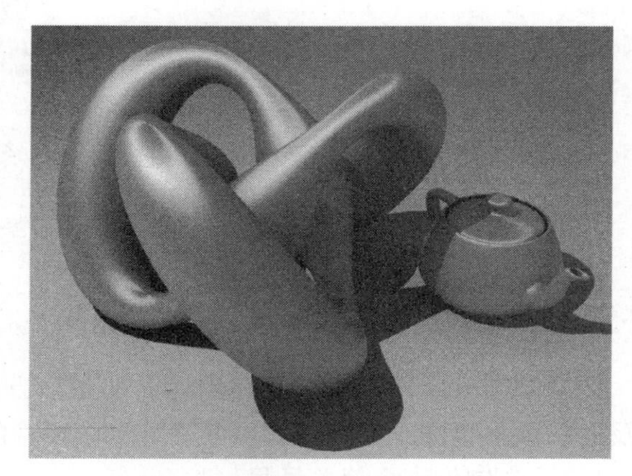

图 15.65　磨砂金属材质效果

3．玻璃材质的设定

➘　玻璃材质：设定“反射”亮度为 255、“反射光泽度”为 0.9、“细分”为 8、选择“菲涅耳反射”复选框。设定“折射”亮度为 255、“光泽度”为 0.98、启用“影响阴影”复选框、设定“烟雾颜色”亮度为 200、“烟雾倍增”为 0.1，如图 15.66 所示。应用玻璃材质的效果如图 15.67 所示。

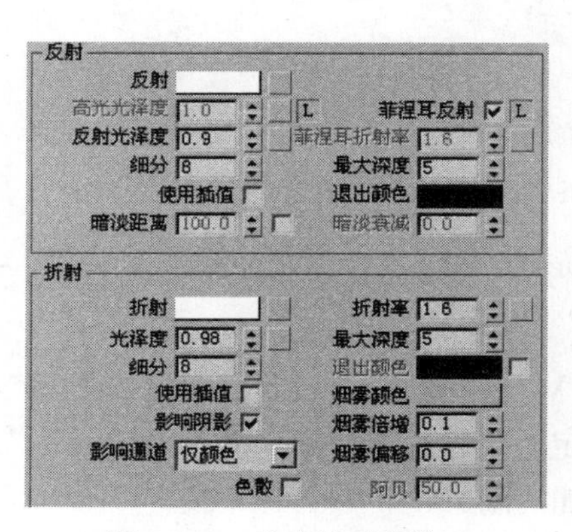

图 15.66　玻璃材质参数

图 15.67　玻璃材质效果

➘　有色玻璃材质：设定“反射”亮度为 255、“反射光泽度”为 0.9、“细分”为 8、选择“菲涅耳反射”复选框。设定“折射”亮度为 255、“光泽度”为 0.98、启用“影响阴影”、设定“烟雾颜色”红为 130、绿为 0、蓝为 0、“烟雾倍增”为 0.03，如图 15.68 所示。应用有色玻璃材质的效果如图 15.69 所示。

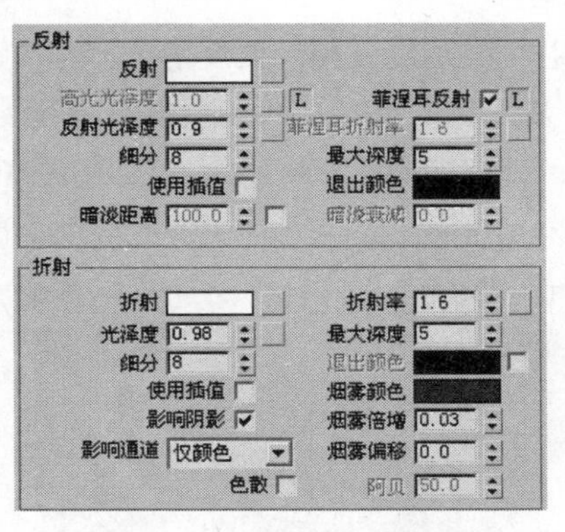

图 15.68　有色玻璃材质参数

图 15.69　有色玻璃材质效果

15.4.3　Vray 焦散效果

Vray 渲染器有“焦散王”的称号，在焦散方面的效果是所有渲染器中最好的。其天光和反射的效果也非常好，真实度几乎达到了相片的级别。下面讲解 Vray 焦散效果的设置。

1．首先制作一个简单场景

一盏聚光灯、一个平面、两个指环、一个球体，如图 15.70 和图 15.71 所示。

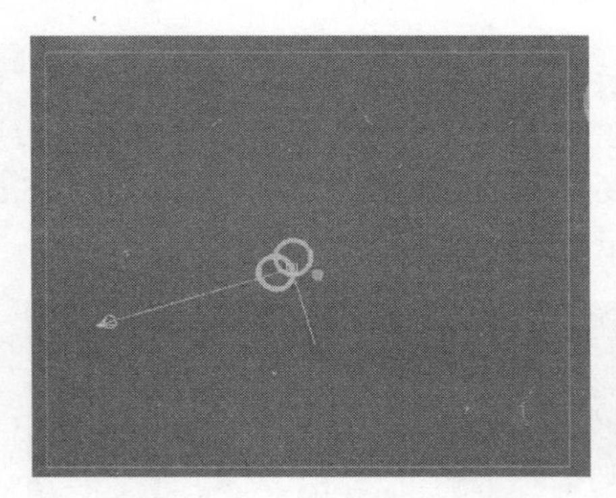

图 15.70　焦散场景

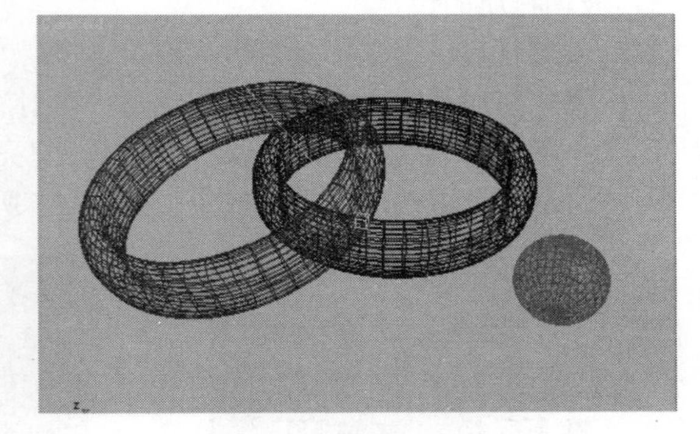

图 15.71　摄影机窗口

- 设定聚光灯“倍增”为 0.7、启用阴影，阴影方式为“Vray 阴影”，如图 15.72 所示。
- 按“F10”键，打开“渲染设置”窗口。选择 V-ray 标签栏，设定“图像采样器”\“类型”为“自适应确定性蒙特卡洛”。设定“抗锯齿过滤器”为“Blackman”，如图 15.73 所示。这样可以使渲染的图像更加清晰。

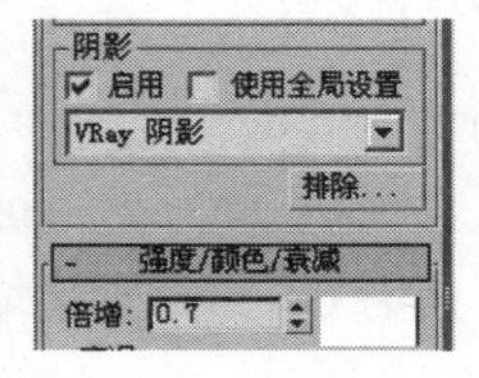

图 15.72　灯光参数

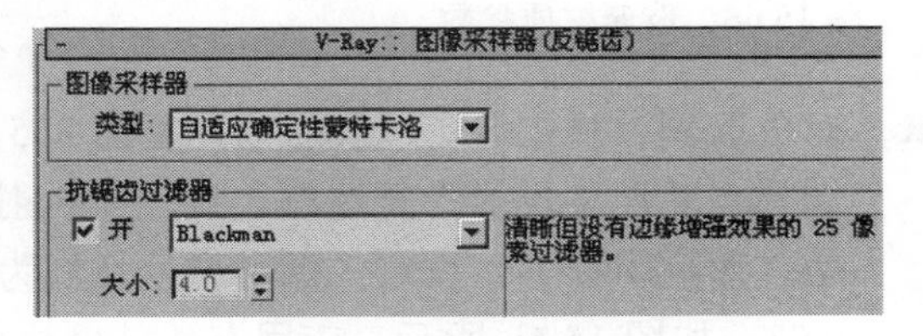

图 15.73　图像采样器

- 打开“环境”卷展栏，激活“全局照明环境（天光）覆盖”选项组，设定“倍增器”为 0.2。这样可以使画面对比柔和一些。
- 激活“反射/折射环境覆盖”选项组，单击 None 按钮，指定贴图为 VRayHDRI，如图 15.74 所示。将 VRayHDRI 拖放到“材质编辑器”的一个材质球上，复制方式为“实例”。指定 VRayHDRI 贴图路径为\3ds Max 2009\maps\HDRs\Desk_Lrg.hdr，如图 15.75 所示。这样可以获得更好的反射效果。

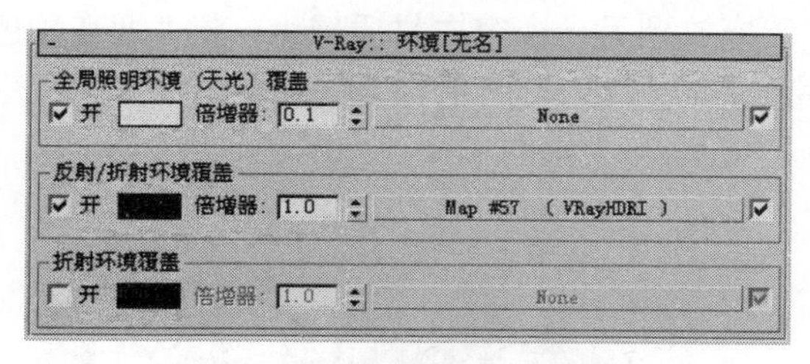

图 15.74　“环境”设定

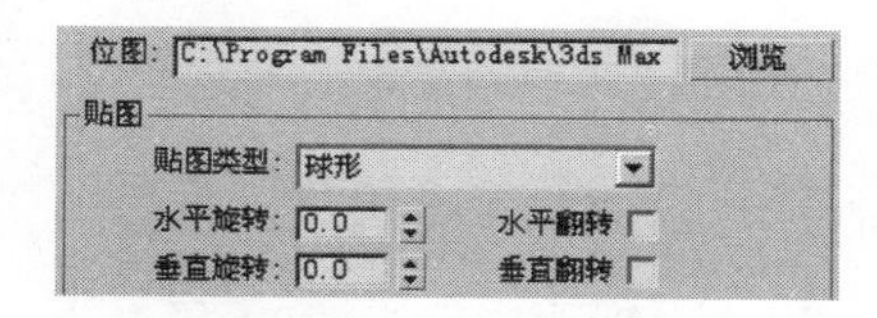

图 15.75　VRayHDRI 设定

- 单击“间接照明”标签栏，激活“间接照明”，设定“二次反弹”的“倍增器”为 0.7、“全局照明引擎”为“灯光缓存”，如图 15.76 所示。

图 15.76　“间接照明”设定

- 进入“发光贴图”卷展栏，设定“当前预置”为“非常低”，如图 15.77 所示。进入“灯光缓存”卷展栏，设定“细分”为 200，如图 15.78 所示。

图 15.77　“发光贴图”设定

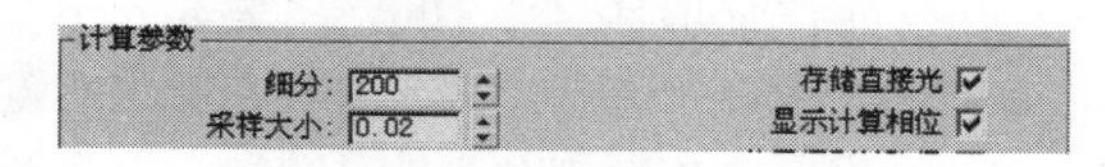

图 15.78　“灯光缓存”设定

渲染效果如图 15.79 所示。

图 15.79　渲染效果

2．材质的设定

➘ 指环的材质：选择一个材质球，单击 Standard 按钮。选择 VR 材质。调整“反射”颜色为纯白色、“反射光泽度”为 0.9、“细分”为 50。激活“菲涅耳反射”，调整“菲涅耳折射率”为 4.0。

设定调整“折射”颜色为纯白色、折射“光泽度”为 0.98、“细分”为 50。调整“烟雾颜色”为深红色，“烟雾倍增”为 0.03，如图 15.80 所示。

将材质指定给一个指环，将制定好的材质拖放到另一个空白材质球上，将“烟雾颜色”修改为深黄色，并指定给另一个指环，指环效果如图 15.81 所示。

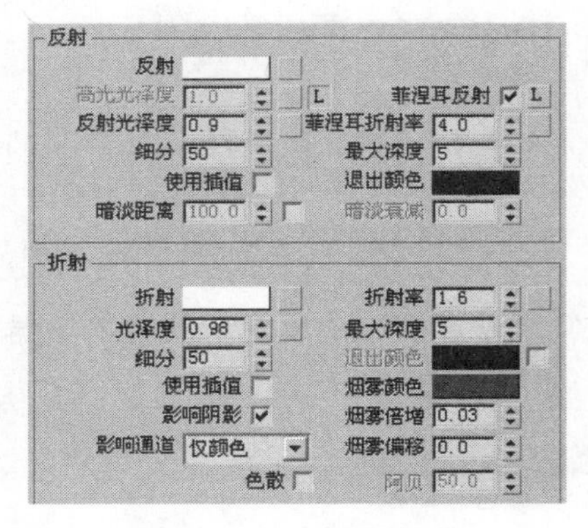

图 15.80 指环的材质

图 15.81 指环的效果

3．焦散的设定

➘ 按“F10”键进入“渲染设置”窗口，进入“间接照明”下的“焦散”卷展栏，设定“倍增器”为 100，“最大光子”为 30。

➘ 在视口中选择“聚光灯”，单击右键菜单选择“V-ray 属性”命令，在弹出窗口中设定“焦散细分”为 10000，“焦散倍增”为 3000。

渲染结果如图 15.82 所示。

图 15.82 渲染结果

15.5 课后习题

思考题

1．在 3ds max 中灯光的间接光有几种设定方式？

2．试说明光子数量与全局光子的关系。

操作题

创建简单的场景，并利用 mental ray、Vray 渲染器完成效果渲染。